中国造园论

张 家 骥 ＼ 著

ZHONGGUOZAOYUANLUN

山西出版传媒集团

山西人民出版社

图书在版编目（CIP）数据

中国造园论/张家骥著. —2 版（修订本）. —太原：山西人民出版社，1991.8（2012.4 重印）

ISBN 978 – 7 – 203 – 04179 – 5

Ⅰ. 中… Ⅱ. 张… Ⅲ. 园林建筑 – 研究 – 中国 Ⅳ. TU986.62

中国版本图书馆 CIP 数据核字（2002）第 082844 号

中国造园论

著 者：	张家骥
责任编辑：	赵世莲
装帧设计：	冀建海
出 版 者：	山西出版传媒集团·山西人民出版社
地 址：	太原市建设南路 21 号
邮 编：	030012
发行营销：	0351 – 4922220　4955996　4956039
	0351 – 4922127（传真）　4956038（邮购）
E – mail：	sxskcb@163.com　发行部
	sxskcb@126.com　总编室
网 址：	www.sxskcb.com
经 销 者：	山西出版传媒集团·山西人民出版社
承 印 者：	山西出版传媒集团·山西人民印刷有限责任公司
开 本：	787mm×1092mm　1/16
印 张：	25
字 数：	410 千字
印 数：	5001—8000 册
版 次：	1991 年 8 月第 1 版　2003 年（修订）第 2 版
印 次：	2012 年 4 月第 3 次印刷
书 号：	ISBN 978 – 7 – 203 – 04179 – 5
定 价：	80.00 元

如有印装质量问题请与本社联系调换

张家骥

苏州城建环保学院（现苏州科技大学）教授，江苏淮阴人。1932年出生，1956年通过国家考试，以优秀成绩毕业于同济大学建筑学专业。长期从事建筑与园林的规划设计和教学、科研工作。

历任哈尔滨建筑工程学院建筑设计教研室主任、哈尔滨市园林学会副理事长、黑龙江家具协会常务理事，苏州城建环保学院首届建筑系系主任、院学术委员会副主任、建筑园林研究室主任，苏州城市研究会常务理事，上海城建学院、浙江工学院兼职教授。曾任山西省古建研究所顾问。

代 表 性 著 作

论文

《试论建筑风格问题》，刊于《黑龙江日报·理论研究》，1962年7月14日。
《论斗栱》，刊于《建筑学报》，1979年6期。
《太和殿的空间艺术》，刊于《建筑师》，1980年第2期。
《中国住宅建设概况》，刊于日本《早稻田建筑》，1981年第21期。
《西周城市初探》，刊于《中国科技史论文集》(11)，1984年，上海科技出版社。
《独乐寺观音阁的空间艺术》，刊于《建筑师》，1985年第21期。
《中国的空间概念》，与同济大学罗小未教授合著，刊于《Space & Society》，1985年第12期(英、意文版)。
《圆明园造园艺术的创作思想方法》，刊于《新建筑》，1987年第2期。
《中国造园艺术的创作思想方法——借景论》，刊于香港《建筑与城市》，1990年7月。

论著

《中国造园史》，黑龙江人民出版社1987年初版。台湾明文书局1991年3月重印；台湾博远出版有限公司，1991年8月再印。
《中国造园论》，山西人民出版社，1991年8月初版。
《园冶全释——世界最古造园学名著研究》，山西人民出版社，1993年6月初版；2012年1月第3次重印。
《中国园林艺术大辞典》，山西教育出版社，1997年1月初版。
《中国建筑论》，山西人民出版社，2003年9月初版。

主要规划设计工程

"山西天龙山石窟风景区"规划设计技术顾问。
"江苏高淳泮池园"规划设计者。
"福建长乐塔山公园"规划设计者。
"浙江镇海九龙湖风景区"规划设计者。

BRIEF INTRODUCTION TO THE AUTHOR

ZHANG Jiaji, Professor of Architecture and Garden of Suzhou Institute of Urban Construction and Environmental Protection, was born in Huaiyin, Jiangsu Province, in 1932. In 1956 he passed the national examination and graduated from Tongji University at the top of class. He has been engaged in teaching and research work on architecture and garden planning and designing for many years.

He worked as dean of the architecture teaching and research section of Harbin Architectural and Civil Engineering Institute, and also as dean of the architecture department of Suzhou Institute of Urban Construction and Environmental Protection, associate director of the Harbin Garden Society, executive director of Furniture Society of Heilongjiang Province.

Now he is the associate director of the Academic Committee and chief of the Architecture and Garden Research Section of the Institute, executive director of Suzhou City Sciences Research Institute. He is also a Part-time porfessor of Shanghai Institute of urban Construction and Zhejiang Engineering Institute. Chief works of Professor Zhang:

PAPERS:

1. "An Approach to the Architecture Style", the Heilongjiang Daily(Special issue of theory research)14/7/1962
2. "On Wooden Bracket Clusters in Chinese Traditional Architecture", Architecture Journal VI, 1979
3. "Spatial Art of the Hall of Supreme Harmony", Architects Vol.2, 1980
4. "A Survey of Housing Building in China", Japanese Journal Wazcda Architecture XXI, 1981
5. "A Tentative Research on the Cities of Western Zhou Dynasty", Papers on the History of Science and Technology in China (11), Shanghai Science and Technology Press, 1984
6. "Spatial Arts of Dule Temple, Guanyin Pavilion", Architects Vol. XXI, 1985
7. "Space Concepts in China", (in coordination with Prof. Luo Xiaowei of Tongji University)Society and Space edited by the Americans and Italians, XII, Both in English and Italian, 1985
8. "Ways of Art Creation Ideas in Building the Yuan Ming Yuan", New Architecture II, 1987
9. "The Art of Chinese Landscape Gardening", Architecture and Urbanism, 1990

MONOGRAPH:

History of Chinese Garden Building(500,000 words), Heilongjiang People's Press, 1987

On Building of Traditional Chinese Garden, Shanxi People's Press, 1991

Complete Annotations on Yuan Ye, Shanxi People's Press, 1993

The Dictionary of the Art of Chinese Landscape Gardening, Shanxi Education Publishing House, 1997

On Chinese Architecture, Shanxi People's Press, 2003

PROJECT DESIGNS:

Technical Consultant of Landscape planning of Tianlong Mountain in Shanxi Province

Designer of Panchi Garden, Gaochun County, Jiangsu Province

Designer of Pagoda Mountain Park, Changle County, Fujian Province

Designer of Zhenhai Jiulong Lake Parkland, Zhejiang Province

《中国造园论》

内容简介

　　《中国造园论》是我国第一部具有现代科学意义的造园学系统理论著作。本书通过十个专题的论述，构成一个完整而系统的中国造园的思想体系。本书开宗明义，从文化与传统的概念及其与中国造园的关系，对各种园林的解释进行分析评论；从中西方造园具有不同的质的规定性，对中国"**园林**"和"**庭园**"做出科学的定义。造园的思想核心是人们的**自然观念**，不同的自然观念是形成不同造园体系的内在原因。由此阐明中国造园以自然山水为创作主题的形成与发展，以及中国园林艺术对世界文化的杰出贡献和意义。

　　从中国古代造园的特殊性，本书以空间、情景、虚实、借景、意境等五论建构成中国造园理论的主要框架。空间论，是古老的"**无往不复，天地际也**"的空间意识渗透在园林艺术之中，经长期实践形成的一种独特的往复无尽的空间设计的思想方法，这是中国园林能达到"**虽由人作，宛自天开**"在空间上必须具备的前提条件和保证。

　　就园林的创作思想方法言，情景论、虚实论、借景论、意境论，都是在传统的空间意识的思想体系下，从不同的方面和角度的深化。情景论是着重在**人**（情）与**物**（景）的关系；虚实论则着重于**物**（景）与**空间**（境）的关系；而借景论则从整体上着重**人**与**空间**（境），或者说景境之间的关系；意境论则是园林创作最终所要达到的目的。意境的创造必须是主观与客观、情与景、虚与实，即意与境的高度统一，园林才能从有限达于无限，体现出山水的自然精神，赋于生命活力之"**道**"的艺术境界。

　　中国园林中的建筑是构成景境的主体，可望、可居，既是观景处，也是被观之景。对此不乏认识模糊者，本书对园林建筑的"名"与"实"及环境作了论述，阐明中国古典园林建筑的审美价值与意义。特别指出中国的"**亭**"，是空间"有"与"无"的矛盾统一体，是融合时空于一体的独特创造，集中地体现出中国传统建筑的美学思想和艺术精神。

　　在上述基础上，对中国园林创作思想方法作了专题论述，用古典园林的典型实例，分析其规划设计的矛盾，及解决矛盾的方法和过程，从而揭示出中国园林规划设计的基本规律。

　　最后，著作从"**艺**"与"**道**"的关系结合个人的经验与心得，讨论了中国园林建筑师的修养与品德问题。

　　本书是研究中国园林者、高等院校园林专业、建筑学专业的学生和研究生、园林工作者不可不读的书；亦可供酷爱中国园林的旅游者深化对中国造园的认识、提高欣赏水平，以及对中国传统文化艺术有浓厚兴趣的广大读者阅读、参考。

On Building of Traditional Chinese Garden

Summary

On Building of Traditional Chinese Garden is the first theoretical work in China in the system of study of garden building in the sense of modern science. By discussing ten themes this book forms an integrated system of ideology and conception of traditional Chinese garden construction. From the very beginning, this book analyses and reviews various interpretations of gardens from the concept of culture and tradition and their relations with traditional Chinese garden building, and defines the Chinese "Garden" and "Courtyard" scientifically by considering the differences in qualitative features of garden design in China and in the West. The central ideas of garden building come from the perception of people on the nature and the difference in perceptions on the nature is the intrinsic origin for the formation of different system of garden building. Based on this, the formation and development of building of Chinese traditional garden which takes the natural landscape as its theme in design, as well as the contribution to and the significance in the culture of the world of Chinese garden arts, are expounded.

From the characteristics of traditional Chinese garden construction, this book frames the theory of Chinese garden building mainly with five elements of conception, i. e. conception of space, feeling and scene, void and substance, view borrowing and spatial imagery. The conception of space, as an expression in the garden arts of an ancient consciousness of space that it is "expansive and continuous between the earth and the heavens", is a unique design philosophy of continuous and unlimited space shaped in the practice over a long period of time. This ideology is the prerequisite and warrant in conception one must comprehend so that the traditional Chinese gardens can be "something constructed by human though, but like the natural one".

In the ideology for creation of a garden, the conception of feeling and scene, the conception of void and substance, the conception of view borrowing and the conception of spatial imagery are an deepening, from different aspects and angles, under the ideological system of the traditional consciousness of space. The conception of feeling and scene focuses on the relations between the People (feeling) and the Matter (scene), while the conception of void and substance focuses on the relation between Matter (scene) and Space (environment). The conception of view borrowing focuses on the People and the Space (environment) as a whole, or the relation between the scene and the surroundings. Finally, the conception of spatial imagery focuses on the ultimate goal for the design of garden to achieve. The creation of an artistic perception must be a higher unification of the subjective and the objective, the feeling and the scenery, the void and the substance, or the perceptions and the environment. The garden can then become unbounded from being limited, embodying the natural spirit of landscape and achieving an artistic state with vivid "Tao".

The architectures are the principal parts which constitute a scenic view in the traditional Chinese garden. Being visible and inhabitable, they are places to appreciate the beauty of scenery, and also a scenery to be viewed. From discussing the "Concept" and the "Objective Being" of the garden architecture and the environment, this book explains the aesthetic value and significance of classic gardens of China. As a special case, it is pointed out that the Chinese "Pavilion" is an unified entity of a contradiction of "Being" and "Non-Being", and is an unique creation which can be appreciated from any position at any time and embodies the ethics and artistic essence of the traditional Chinese architecture.

Based on the above discussion and as a special topic, the ideology guiding the creation of Chinese garden is expounded. Taking the classic garden as a typical example, the problems in its planning and design and the approach and process of solution of these problems are analyzed; hence the basic law in the planning and design of Chinese garden is revealed.

Finally, from the relation between the "Arts" and "Tao" and in conjunction with personal experience and understanding of the author, the self-cultivation and morals of the architects of Chinese garden are discussed.

This is a must book for the researchers in Chinese gardens, the undergraduate students and graduate students majoring in garden and architecture and the professionals in garden. It is a helpful book to the tourists who are very fond of traditional Chinese garden, deepening their understanding of Chinese garden building and enhancing their ability in appreciating it. It is also a reference book for those who are interested very much in the traditional culture and arts of China.

目　　录

序

艾定增

继《中国造园史》之后，张家骥先生的又一力作《中国造园论》问世了。这两部巨著是珠联璧合的姊妹篇，堪称中国园林学上的史论双峰。我应张先生的要求为本书作序，虽然明知力不从心，但却很高兴有机会向广大读者毫无保留地谈谈自己的读后感。

一　背景广阔　画面鲜明

中国的园林学之所以仍停留在就事论事的狭小天地里，究其原因，在于研究者不能从充分广阔的社会历史背景上来突出园林学这幅主景画面。格式塔心理学关于图形与背景的原理看似单纯，含意却颇发人深思，耐人寻味。"功夫在诗外"的名言也启发人们的为学之道，这都是众所周知的常识。然而，巡视一番已有的中国园林学论著，或从文学艺术、诗情画意而论其意趣；或从王公生活、文人爱好而论其功能；或从曲径通幽、小中见大而论其手法；或从亭台楼阁、掇山理水而论其构图。虽不乏高论，却难出前人樊篱。张先生的著作突破了前人的局限性，应用全息理论来研究问题，把社会历史文化的大系统与园林学有机地结合起来进行剖析，既从微观到宏观，又从宏观返回到微观，全方位地观察与思考。在张先生笔下，历史、哲学、美学、社会、经济、政治、伦理、文学、宗教、考古、文献、文字等学科博引广征，信手拈来，古今中外，皆为我用，文思泉涌，下笔有神。古人提倡"读万卷书，行万里路"，张先生是个身体力行者。读他的书，我脑子里就浮现出一位"蛀书虫"的学者形象。

二 汲深钩沉 海底探宝

研究园林学从深度上可分为三个层次：表层的研究，仅考证形式制度，纹样做法，相当于西方所谓"居住之机器"的范围；中层的研究，则探讨空间组合，构景规律，提高到了"凝固的音乐"的水平；深层的研究，紧抓住意境神思，文化哲理，揭开那"石头的史书"的奥秘。或者另打个比喻，研究一朵花，必须从枝叶干茎再寻根究柢，方能窥其全豹。张先生这本书的特点主要是紧紧抓住了中国哲学的核心观念：天人合一，顺应自然的宇宙人生观；无往不复，往复无尽的时空观；儒、道、释互渗互补，以小农血缘家族伦理为核心的文化特点；情景交融，虚实相生，思与境偕，道与艺合的文艺创作理论。这一切又集中体现在园林艺术上形成一种文人写意自然精神的象征表达方式，从而得出中国园林与西方或外国园林本质上的区别。中国园林是中国哲理与文化的浓缩型载体，正如西方人体雕塑是西方智慧与文化的典型符号；中国园林是天人合一、顺应自然的颂赞诗，西方雕刻是天人分立、征服自然的宣言书。从深层意义看，中国园林的佳作杰构是江南文人的私园，哪怕只有片山勺水，其意境之深远比号称万园之园的圆明园有过之而无不及。原因就在于中国园林艺术的精神"不仅是景的视觉无尽，更为重要者是在境的无终"。因此，任何堆金砌玉、铺陈排比的场面正如金碧山水、工笔花鸟一样，不如逸笔草草、虚处传神的水墨写意更富于意蕴。清代恽格《瓯香馆画跋》云："意贵乎远，不静不远也；境贵乎深，不曲不深也。一勺水，亦有曲处；一片石，亦有深处。绝俗故远，天游故静。古人云，咫尺之内，便觉万里为遥。其意安在？"这一问问得好，正如张先生指出的，不理解中国写意山水画真意的，绝不可能造出好的佳构杰作来。这就是为什么《园冶》中反复强调造园意匠以及意在笔先的道理。

三 高瞻远瞩 溯源顺流

中国钻故纸堆的人，往往为故纸的海洋所淹没。他们在浩如烟海的古文化宝库面前惊呆了，匍匐在古人膝下，成为抱残守缺的"国粹奴"。原因是他们不谙时代智慧，没有用当代人类的新理论武装自己。张先生不仅博古，更为通今；他把握了当代新学科的精神，站在人类智慧积累的新高峰上，可谓登泰山而小天下，胸怀全局，溯源顺流，看历史的来龙去脉，知传统之过去未来。因此，他一方面批判了那些貌似激进、实则对传统浅薄无知者企图割断传统的作为，同时又批判了食古不化，以古代今的复古者的观点。世上既无无源之流，也没有无流之源。张先生深刻地指出：

> 传统是时代的传统　时代是传统的时代

多么言简意赅的辩证语言啊！

四　严谨考据　精密论证

本书作者不仅视野广阔，论点鲜明，而且每论一题，无不尽可能荟萃古今中外各家之言，加以评述比较，以求得出超过前人一步的新认识。例如，关于文化的界说，传统的解释，园林的定义，意境的蕴涵，均可作为治学严谨慎密的楷模。特别是对中国文艺美学的最重要范畴"意境"的论述，从哲学、美学、文学、宗教、艺术、画论而园林学，层次分明，条分缕析，将一个前人把握不定的模糊概念讲得头绪清楚，涵义透彻。这一概念的形成远溯到先秦经典，有一个长期酝酿的过程，甚至可以说直到清代才正式诞生，到现代才有学者专门去研究。张先生的研究在现有水平上又提高了一步。这个人人都在讲、都爱讲、都常讲的术语，人言言殊，莫衷一是。经张先生一番苦心梳理，其文脉已清晰如鉴。然而，这工作实不容易。即以本书对《周易》的引证而言，可以看出，对历来研究《周易》的主要成果，张先生已通晓神会。古人皓首穷经，往往不得要领，甚至误入歧途，原因是缺乏人类学、宗教学、考古学、训诂学等正确全面的理论基础和辩证的、系统的方法。今人掌握了这些理论和方法，结论就越来越准确。在此，我想从张先生研究从《周易》到"意境"的形成，又从意境的涵义到园林的意境所得出的结论可以说明，以往的中国园林学之所以不能深入虎穴，得其三昧，就在于对中国哲理尤其是众经之首的《周易》缺乏应有的修养。可以说，全部中国文化的核心和根底就在于此。曾有人说，不明中国画理，就不懂中国造园学。我想说的是，不明中国哲理，就不会懂中国造园学，而不明《周易》，则无从谈中国哲理。因此，本书的精华与要义就在于"中国造园艺术的意境论"一章。

五　方法多元　慧眼独具

本书所采用的研究方法是多元的，这也许可以叫一把钥匙开一把锁。方法论的片面与贫乏必然导致结论的偏颇与短见。例如，何新先生写《诸神的起源》一书，偏爱训诂学方法，又专取音训一法。最近何先生又出了新书《龙：神话与真相》，仍然情不自禁地更专守一法。诚然，何先生考证了浩繁的资料，发现了许多前人未及的领域，为学术开拓了新路，可谓神话学中一位怪才。但是，我宁愿倾向于方法多元，十八般武器都用，所以，我更赞扬张先生的做法：思辨法、实证法、系统论、全息论、结构主义、解释学、比较研究、文献学、训诂学……左右逢源，得心应手。发现者往往是方法多元，思想灵活，目光敏锐，独具慧眼的人，在人人习以为常、见惯不惊的地方看出点新东西来。例如，应用文献学方法，考查了历代园的名称沿革后，张先生发现从园名沿革中"反映出特定时代园居生活方式的多样性，造园有着不同的类型或模式"，"反映在造园内容与形式上的差别"，据此，园林史上许多模糊观念、错误猜测得以廓清。另一个生动而精彩的例子是对"亭"的微观研究，历来的学者专注此事者颇不乏人，亭子的样式也收集了百种之多，其成绩堪称大观，为人们提供了宝贵资料。然而，从亭子的空间意义却理解到"吐纳云气"的宇宙生命哲理，将古人片断分散的一得之见汇集为一个完整的系统，从而认识到小小一亭竟能吞吐万象，统摄乾坤，达到画论之画龙点睛、全神凝聚之境界，却只有张先生深明哲理才能达到此境。张先生在书中写道：

> 中国的"亭"，在形象创造上，可说是集传统建筑艺术之大成，它运用了古代建筑最富于民族形式特征的屋顶精华，从方到圆，自三角、六角到八角，扇面、套方、梅花、十字脊、单檐、重檐、攒尖挺拔，如翚斯飞，形象非常丰富而多姿，气势生动而空灵……

> 中国的"亭"，在造型上，它充分地表现出传统建筑的飞动之美，静态中具有动势的美学思想；在空间上，它集中地体现了有限空间中的无限性，也就是"无中生有"的"虚无"的空间观念。

> 庄子说："惟道集虚"，正由于"亭"的集虚，才有"纳万境"的独特妙用。

这一段精辟的论说启发我们，"亭"这种中国园林中最有代表性的建筑形式是老庄哲理最有效的艺术载体——或者说是通过艺术而表现哲理的最佳符号。

当然，这种哲理是已经感情化了的，而不是说教。古人说："此中有真意，欲辨已忘言。"然而，张先生的慧眼，替我们找到了被我们忘却的"言"，更唤回来那"言"后隐藏着的深意。古人曾说，听君一席话，胜读十年书。信哉斯言！

六　卅载辛勤　半生心血

巨著问世，字字珠玑。然而，其得来之不易，却鲜为人知。近年来，张先生日以继夜，几乎无休止地在工作。一个月前，我接到他的来信说：

> 我终于如三峡纤夫一样挣扎（的确如此）着昨天全部完稿。写完最后一句，突然一阵头晕，在椅上躺了一会儿。本想看一遍，修改字句，也不行，就算了。眼睛再不休息也得坏了，一写字就模糊，昨夜倒真正地睡了半年来第一次熟觉，梦也无力做了，真如小死……

这是一种学者的献身精神，是中国人所讲的"痴"，是西方人所讲的"下地狱的勇气"。正是这种精神，支持着张先生卅年如一日地悄悄地在钻书堆，爬"格子"，孤灯独守，寒窗伏案，耗尽半生心血，献出两本奇书。古人说，文章千古事，得失寸心知，张先生治学的精神，是值得我们钦佩和学习的。

我与张先生素昧平生，但却久为文友。《中国造园史》问世后，我们开始书信往来。1989年10月，中国建筑师学会成立大会在杭州花港饭店举行，我出席了会议，张先生也在此时到了花港饭店，但因事先未取得联系，使见面之机会失之交臂，深以为憾。现在，当我执笔为《中国造园论》写序之际，有感于张先生卅年辛勤、半生心血为中国园林学所做的贡献，以及古人所谓"朝闻道，夕死可矣"的那种追求真理的精神，心向往之，情不自禁，以拙诗一首，志于序末，云：

> 负笈海上意翩跹，江南幽境甚留连。
> 神游山川几万里，梦绕泉石三十年。
> 皓首作《论》知往复①，潜心著《史》悟园林。②
> 寒山寺外残月夜，枫园灯火照无眠。

注：
①② 张先生在著作中引用《周易》"无往不复，天地际也"的哲理阐释中国园林的空间意匠。《中国造园史》、《中国造园论》二书中也均贯串着深邃的哲学意义。中国园林空间之真谛，非悟其本源，难窥其堂奥矣。

1990年8月13日于华南热带作物学院园林系

传统的园林文化与
研究园林的传统思想（自序）

对传统的园林文化，视为帝王贵胄、达官显宦奢靡生活产物的封建糟粕，从而一概否定者有之；视其为中华文明的精粹、国之瑰宝，全盘肯定者亦有之。究其实质，两者形色虽异，却都是根植于缺乏辩证唯物史观思想贫瘠的土壤之中永不结实的花朵。这就是我国造园学界长期形成理论上极为贫困的原因。

问题的麇结，首先是对传统园林文化认识上的偏颇。中国历史上的造园，从秦汉时代的帝王苑囿，到明清时代的私家园林，本质上都是为了满足封建统治者生活享乐需要而发展起来的。造园艺术与文学、绘画、音乐等艺术最大的不同，它首先是物质构成的生活环境，是财富。在以往阶级对立的社会里，只有在社会的物质生产和精神生产上居于统治地位的阶级，为满足其物质生活的享乐与精神上的欲求，才有条件建造这种文化上高层次、经济上高消费的园林。所以，中国古代造园必然是体现封建统治者的生活方式，充分反映出他们的思想意识和审美要求。

但是，造园是一种社会实践，具有两方面的社会意义：一方面，由于中国社会历史的特定条件，历代园林多出自具有高度文化修养的诗人画家之手，融合了古代灿烂文化中思想艺术的精华；另一方面，任何社会没有劳动者的生产活动都无法生存，造园必先生产。因此，在中国传统园林文化的高度成就中，凝聚着历代工匠和劳动者的血汗和智慧，这就是以往的历史。

长期以来，人们将古代园林所体现的封建主的生活方式和思想意识，视为"糟粕"而加以否定。殊不知，这些"糟粕"的东西，正是决定中国园林艺术形式的生活思想内容，皮之不存，毛将焉附？正如恩格斯所说：

> 自从各种社会阶级对立发生以来，正是人的恶劣的情欲——贪欲和权势欲成了历史发展的杠杆①。

从这个意义上可以说，没有中国的封建社会，没有封建社会统治阶级的园居生活欲求，就不会有中国的园林和传统的园林文化。它已成为中华民族的文化传统之一，不论对它是褒是贬，是肯定还是否定，也丝毫改变不了历史的客观存在。

在狭隘的阶级偏见的思想禁锢下，过去研究中国造园者，讳言园林的内容，只谈形式，加之受传统思维方式的影响，从感性直观的景象，分析园林的空间意匠和艺术手法。这种研究方法，"虽然在某一多少宽广的领域中（宽广程度要根据研究对象的性质而定）是合用的，甚至是必要的，可是迟早它总要遇到一定的界限，在这界限之外，它就变成片面的、局限的、抽象的，而陷于不能解决的矛盾之中了"②。因为，不讲园林的内容，就不了解其形式产生之根由，也就看不到历史上的造园实践是个不断发展变化的运动过程，即有它产生、发展和衰亡的历史过程。在不同的历史发展阶段，园林在形式上之所以有其时代的特征，正是随着社会经济的发展，人的生活方式和思想观念的变化而发展的。

单从形式出发去研究中国园林，封建社会后期的明清园林尚有遗存实物可见，再早的均已湮没不存，只能凭借文字记载的材料。而古籍所载大多是阔略而无征，散漫而难究的。从文字很难看出园林在形式上的变化，无非是池沼竹树、亭阁楼台而已。从而造成以往研究园林的文章专著分不清唐宋园林与明清园林有什么质的不同，似乎中国自有园林，就历来如此，只有大小繁简之别，规划布局的不同而已。这就不仅是歪曲了历史，实际上是抹杀了中国造园还有它的发展历史。甚至有权威学者发出"中国造园根本没有历史"的惊人之论，这也是不足为怪的。

任何事物的内容与形式是无法割裂开来的，内容必有其表现形式，形式必反映其内容。把内容与形式主观地割裂分离的研究方法，只究形式，非但说不清形式，也必然会歪曲了内容。在造园学领域中，一个非常典型的例子，就是对秦汉苑囿性质的认识了。以往研究中国造园者，多按古籍辞书的文字解释加以发挥，如《说文》："苑，所以养禽兽。"段注："今之苑，是古为之囿。"又："囿，苑之有垣也。一曰所以养禽兽曰囿。"《诗经》毛苌注："囿，所以域养禽

中国造园论

兽也。"（较有垣之圈，扩大了空间范围）《三辅黄图》卷四："养鸟兽者通名为苑，故谓之牧马处为苑。"从这些解释，苑囿并无娱游的内容，也不包含后世造园学的意义。

汉代太仆牧师所管辖的 36 苑，是为军事需要的"军马场"性质。汉代桓宽在其名著《盐铁论》中，所指"园池"、"苑囿"等词，既与狩猎活动无关，也没有休憩观赏的意思，而是从生产资料这个意义上使用的。但以往我国造园学者据《说文》、《诗经》文字解释秦汉苑囿广袤数百里，是为了域养禽兽，供帝王狩猎娱游之用。这种说法，多年来几乎成为定论。

而秦汉苑囿规模如此之大，并非如今所指那种未经人化的自然原始森林保护区，它是地近京畿，农业生产发达的膏腴之地。如果有点经济学的概念，就不难想像在以农为本的封建社会早期，帝王为一己之私欲，去毁掉七八个县的大量农田和山林，去豢养禽兽供狩猎娱游之用了。

任何社会现象，归根到底都是社会经济的反映。人们的物质生活和精神生活，不同时代有不同的生活方式，这种生活方式的变化，正是它赖以形成的社会经济状况的反映。秦汉苑囿规模之庞大，内容也十分复杂，用现代汉语的说法，其中除了离宫别馆以外，它包罗有动物园（兽圈）、植物园、果园、菜圃、林场、矿场，以及竞技场和各种游乐园等等。实质上，**秦汉苑囿是帝室物质生活资料的生产领地，正是在这个经济基础上，加以开发成为供帝室娱游观赏的苑**。这种造园与生产结合的特殊性质，是同秦汉时代帝室与国家财政分开，即分别运筹管理的制度有直接的关系，是奴隶社会食采邑俸禄制的沿袭与残余，是属封建社会早期的一种"自然经济的山水宫苑"③。

秦汉苑囿中盛行供狩猎域养禽兽的宫观，如班固《西都赋》有上林苑的长杨榭（亦称射熊观），"天子乃登属玉之馆，历长杨之榭，览山川之体势，观三军之杂获"的描写。这种冬狩活动，也并非产生于帝王娱乐观赏的需要，据研究《周易》学者宋祚胤的考证，爻辞中的"南狩"和"南征"，都是说向南方用兵。"因为'征'可以讲成征伐，而'狩'的本义虽然是冬天打猎，但打猎和用兵在古人却看成是一回事。"④所以苑囿中养禽兽供狩猎，同开凿昆明湖练水军，起初都是为了军事上的需要。

由此可以说明，不承认内容与形式的辩证关系，不把造园实践置于广泛的社会生活背景下，和历史发展的运动过程中去考察，就不可能真正地了解民族的文化传统，更谈不上科学地揭示出中国造园的历史发展规律。

对传统建筑和园林文化的研究，由于历史的原因，开拓者和先驱们不得不用考古学的方法，从古代建筑法式和型制的考证入手。我国先辈建筑家梁思成、刘敦桢、童寯、杨廷宝教授等为此付出毕生的精力，做出巨大的贡献，他们的光辉业绩不可泯灭。但在建筑、造园史学中，却形成以建筑考古为正宗的传统思想，视非考古式的研究为无据而浅薄，不登大雅之圣堂。

当然，用考古和考据的方法弄清古代建筑的型制和方式，不仅必要，而且非常重要。问题是法式和型制本身还不是历史，仅是研究历史的前提之一，是不可少的史料，它只能为揭示历史发展的规律奠定基础。当研究跨入历史的门槛以后，单以考古学的方法就很难前进一步了，因为这种研究思想方法有很大的局限性，它重在形式方面，虽能说明这"是什么"，却不能解释"为什么"。这种基本上是静止的非动态的研究方法，常忽略了建筑的本质——空间，这个随时空在不断变化的活跃因素，甚至对构成空间的物质实体——构架及其构件的演变，也难做出科学的合乎规律的解释。

以往，在我国建筑史学中通行的斗拱蜕化论，就是只见斗拱的形式由简而繁，由结构构件演变为装饰构件的局部现象，却不见斗拱与整体构架间相互联系与制约的关系，斗拱结构作用的消失，正是构架体系整体结构发展的结果。由于这种只见树木、不见森林的思想方法，形成明清建筑不如唐宋的历史倒退观念。⑤

建筑和园林，首先是具有使用价值的物质生活资料，消费时间很长，若非天灾人祸的毁坏，一般可达数十年、百年、数百年以至千年之久，日剥岁蚀必经不断的维修、翻建或重建，绝不可能全部是原貌和原物，往往渗透了多代的工程技术成果。所以，单从遗构实物和文字考据去鉴定古建筑的年代，也难免失误。

多年来为建筑史学界认定为金代的古建筑，河北正定隆兴寺的摩尼殿，就是断错时代的一个典型例子。10多年前，我在研究古建筑构架空间与活动空间的矛盾中发现，摩尼殿与山西太原晋祠的圣母殿，有着内在的同一性，虽然两者的外部造型和内部空间看来毫无共同之处。摩尼殿四面抱厦，造型雄厚而朴实，内部空间封闭而幽冥；圣母殿廊庑周匝，造型雄飞而钜丽，内部空间开朗而豁敞。但是，两殿构成空间的间架结构方式却是完全相同的。不同处是：摩尼殿全部柱子落地，形成内外槽两部分空间，除四面入口抱厦，外墙不辟窗牖；圣母殿则减柱18根，将内外槽间墙与殿堂外墙合二为一，从而扩大了殿内的空间，目的是为了解决在殿内陈列数十躯侍女塑像的空间要求。

　　根据我的看法，任何时代的建筑实践，人们所要求的生活活动空间，与物质技术所能构成的空间始终存在着的矛盾，也是建筑实践的一个主要矛盾，正是这种不断解决和产生的矛盾运动，推动着建筑学和结构技术等科学的发展。从这个观点看，就不难发现摩尼殿无论在结构技术和空间意匠上，都落后于圣母殿。因此，推论摩尼殿的建造年代，不是晚于宋构的圣母殿，而应是比圣母殿更早。

　　1977 年，我在撰著《论斗拱》⑥论文中，曾提出摩尼殿定为金代之谬，应是宋初的遗构。对我这种非考古式研究，建筑史学界的"权威"学者们不以为然，也不屑一顾，是意料中事。意料之外的是，在文章待刊之时，河北邢台地震，摩尼殿被震塌一角，震后进行翻建，在拆下的斗拱构件上，发现了宋初工匠题字，这个无需论证的确凿证据出现，才使摩尼殿的建造年代得以纠正，我的文章也就于无声处随之出现。研究建筑历史若要靠死人出来说话，科学对于历史就是多余的了。

　　在古典园林研究中，若按当时所记文字同今天的遗存实物对照，如元代的苏州狮子林、明代的拙政园等，都非原建时旧貌。明显的差别，是园林的建筑密度增高，庭院多了。这种变化却反映出一个深刻的社会内容，随着历史的向前发展，城市经济的繁荣，人口向城市集中，城市的生活空间日趋缩小。反映在造园实践中是园林规模的缩小和原有大中型园林建筑庭院的增多，说明园林的"可居"已发展为住宅的一个组成部分，这是居住生活园林化的结果。这同唐宋时代的私家园林与居住生活分离，以"有水一池，有竹千竿"建锦厅，造广榭，只是为了满足园主"宴集式"娱游的园居生活方式的需要，在性质上是不同的。⑦要透过园林建筑庭院增多的现象，看到造园在内容与形式上质的变化，单靠建筑考古和文字考据，是难以做到的。

　　这些问题说明什么呢？笔者深感恩格斯曾说过的一句话，那就是："传统在思想体系的所有领域内都是一种巨大的保守力量！"这种历史的堕力必须打破。但要打破的不是历史上已经形成的传统园林文化——历史上客观存在的东西，**而是要打破我们在学术研究中形成的传统思想方法即囿于形式的考古式研究和将内容与形式割裂开来的形而上学的思维方式**。我们反对把传统园林文化统统视为封建的糟粕，持全盘否定态度的虚无主义倾向；也反对把传统园林文化视为神圣的典范和亘古不变的模式，只能去复制和再版的狭隘民族主义倾向。

我们要弘扬中国造园的文化传统，首先要了解传统。要真正地了解它，就要不惜以消耗大量生命力为代价，去深入地研究！今天的造园实践，大都凭经验而缺乏科学的、系统的理论总结和指导，模仿者众，创造者少，重形式者多，有"意境"者甚微，谈的是传统园林文化，却极少了解什么是"传统"，如叶朗在其《中国美学史大纲》中所说：

> 中国古典园林的历史虽然悠久，但是中国古典园林美学方面的著作却很少。到了明清两代，由于园林艺术有很大的发展，吸引了很多知识分子关心这门艺术，甚至亲自从事这门艺术，这才陆续产生了一些有关园林艺术的著作。其中比较有名的，有计成（1582—?）的《园冶》（成于1631年）、文震亨（1585—1645）的《长物志》、李渔《闲情偶寄》中的《居室部》和《种植部》。但是，从美学的角度看，这三部著作的理论性都很差。无论是明代或是清代，都没有出现一部系统的园林美学著作。⑧

上列3部著作，实际上只有计成的《园冶》是我国历史上惟一的造园学专著，文震亨的《长物志》、李渔的《闲情偶寄》等，在明清笔记类之中，涉及造园的内容较多，都非专论造园之作，更谈不上系统的造园学论著了。但其中不乏精辟之论和独到的见解，是研究中国造园不可缺少的资料。此类古籍甚多，较重要的如早期的汉代司马相如的《上林赋》，南北朝时谢灵运的《山居赋》，北魏杨衒之的《洛阳伽蓝记》，唐白居易的《太湖石记》，北宋李格非的《洛阳名园记》，明刘侗与于奕正的《帝京景物略》、张岱《陶庵梦忆》，清代李斗的《扬州画舫录》等等。还有历来的大量园记之作，虽然多阔略而无征，散漫而难究，但对了解历史上的造园思想和创作实践情况，都是必读的书。但就这些与造园直接有关的文字，还是远远不够的，何况仅此也得下一番苦功去艰辛地扒剔呢。

迄今之所以尚无一部系统的中国造园学理论专著，不仅说明我们对传统的造园文化还缺乏深入的研究，更重要的是，在研究思想方法上，还没有彻底摆脱形而上学的传统思想的束缚。我用数年前所写的未发表文章作为本书的代序，正是想说明我的观点和研究思想方法，以便向海内外的专家学者求教；对读者阅读本书也会有所帮助。

笔者奋惭怒臂多年，在写出拙著《中国造园史》之后，即继续本书的著作。在划时代的中国造园学理论巨著诞生之前，向世人奉献这部《中国造园论》，填空补缺，聊胜于无，以应高校园林专业教学之需，并望能对广大园林建筑师的创作有所裨益。

　　惜乎，真正了解传统园林文化者不是很多，而是极少，这就很难做到去粗取精，继往开来了。关键还是个思想方法问题，要摆脱传统思想的束缚，必须以科学的理性审视传统的园林文化，以马克思主义辩证唯物史观为指导，既要探本溯源，融会古今，又要吸取当代一切优秀的思想成果，经过长期的不懈努力，使中国传统的园林文化成为现代世界文化中的一门独特的科学。

著者　张家骥

1989 年 11 月于苏州江枫园

注：

①恩格斯：《费尔巴哈与德国古典哲学的终结》，第 27 页，人民出版社，1960 年版。

②《马克思恩格斯选集》，第三卷，第 418～419 页。

③张家骥：《中国造园史》，第二章"秦汉时代"，黑龙江人民出版社，1987 年版。

④宋祚胤：《周易新论》，第 15 页，湖南教育出版社，1982 年版。

⑤⑥张家骥：《论斗拱》，刊于《建筑学报》，1979 年第 11 期。

⑦张家骥：《中国造园史》，第四章"隋唐时代"，黑龙江人民出版社，1987 年版。

⑧叶朗：《中国美学史大纲》，第 439 页，上海人民出版社，1985 年版。

第一章　传统时代　时代传统

——论文化、传统与中国的造园艺术

第一节　传统的困惑

"传统"是常常悬之于口、书之于笔的一个词，人们对"传统"一词的概念，似乎是不言而喻，其实是人们最模糊的概念之一。就如法国哲学家狄德罗（D. Diderot，1713—1784）谈到人们对美的概念时所指出的那样："人们谈论得最多的东西，每每注定是人们知道得很少的东西。"[①]对"传统"谈论得最多的，大概要算建筑和造园学界了，但引起最大混乱的，大概也是建筑艺术和园林艺术了。几乎所有的人都同意有"传统"，也都强烈感觉到"传统"在建筑和园林中的存在，但对"传统"的理解和所持的态度不仅差别很大，甚至完全相反。老一代的建筑师多尊重传统，珍惜传统，强调对传统的继承与弘扬；汲取了20世纪50年代把传统当形式的复古主义思潮的教训，借古典画论语言：不求形似，提倡"神似"之说。虽没有对"传统"本身的概念加以阐述，但从"神似"说，可以理解"传统"是主要指建筑文化的精神内涵方面。青年一代建筑师们多半感到传统的巨大的历史堕力，传统对思想的束缚，竭力想摆脱它、甩掉它，否定传统对现实存在的意义，从而抓住20世纪50年代的复古主义思潮，以至超越历史范围和社会背景加以扩大，断言"苏联、德、日、意和我国推行'民族形式'的结果，都毫无例外地被证明是走向复古的形式主义道路"，提倡现代主义"国际式"是我国建筑现代化的必由之路。[②]这条从复古主义的"民族形式"到现代主义的"国际式"道路，毫无疑问地说明仍然是20世纪50年代的

"传统＝形式"的观念，对传统的理解是指建筑文化的物质形式方面。

可见，问题并不在于对传统是肯定还是否定，因为两者对传统的概念本就不同，是各敲各的锣，各打各的鼓，所以谁也说服不了谁，喧闹了一阵，仍如一潭深水归之于平静。

在 20 世纪 80 年代建筑界这场"传统"之争中，最能说明学术思想上的混乱状况，有个非常奇妙也最能发人深省的例子，莫过于对日本建筑师丹下健三设计的东京代代木游泳馆了。这幢大跨度空间建筑是用现代的新的结构和技术设计建造的，而又具有相当浓厚日本风味的成功作品。奇妙的却是作为否定传统的例证被提出来的，理由是根据丹下健三本人曾说过：在他这一代日本建筑师的作品中，之所以还存在着显著的传统风味，是由于他们的创作能力还没有成熟，还处在他们向新建筑创新的过渡时期。并且强调说他没有任何愿望把他的作品表现为传统形式（参见图 1-1　日本东京代代木游泳馆）。

图 1-1 日本东京代代木游泳馆

要知道，当建筑师把材料、结构等僵死的东西从睡梦中唤醒，按照特定的生活需要构成建筑，成为现实生活的一个组成部分，它就获得了自己的"生命"，它的存在价值和意义，将由社会生活实践去判断，至于作者本人的愿望如何，他怎么说和说过些什么，却是无关紧要的。对建筑和一切文学艺术作品是如此，对一个人也如此，正如马克思所说"我们判断一个人不能以他对自己的看法为根据"③一样，在变革的时代反映在意识形态中的矛盾以至某些混乱现象，只有从物质生活的矛盾中，从社会生活现存的冲突之中才能得到解释。

发人深省的是，从这个对"传统"的否定之否定的例子中，却有助于我们对"传统"这一概念的认识，至少可以说明几点：

1．建筑实践证明，运用新的结构技术，满足现代化的特定生活功能要求，完全可以创造出具有一定传统风格的建筑

创造并非意味着传统的消亡。传统更非是历史上过去的某种固定不变的模式，而是"主体在历史实践过程中，不断地主动选择，吸收人类一切可能吸收的先进的、优秀的文化成果，自我变异，不断更新自己的形式和内容，开创出新传统"④。

2．传统并非形式

人们对游泳馆的活动要求和这种活动过程所要求的空间环境，只有在现代科学技术发展水平所提供的条件下才能实现，或者说，正由于人们对现代的生活空间的要求，才促进了满足这些要求的科学技术的发展。因此，在以往的历史实践过程中形成的，反映过去生活空间内容的建筑形式，不可能适合今天的生活要求。否则，就只有把今天的生活硬塞进已逝去的、僵死的生活模式里。打开建筑史就可看到，任何民族在其历史发展过程中，各个时代的建筑既体现着传统的继承性，也都强烈地具有其传统的时代性，没有一个民族的传统是从古到今永恒不变的。

同时也说明，传统并非单纯地、直接地以人们实践的文化成果的形式表现出来，而是以这些文化成果所体现的人的智慧、意向、观念和精神所表现出来的。

3．如果说，建筑师创作出"他没有任何愿望把他的作品表现为传统形式"的作品，而实际却具有传统的风味，这岂非说明，传统不仅存在，无法否定，而且是有着生命力和潜影响力的东西，业已积淀为人的普遍心理和生理素质的内在因素，在影响着甚至支配着人们的思想行为。

人们在生活中，受传统的潜移默化作用，自觉不自觉地为这种看不见、摸不着的无形力量所控制。有人生动地将传统比喻为幽灵，它在人世间游荡，无影无踪，却无处不在；它无声无息，却无时不有。它顽强地表现在人们的生活和思想行为之中，使人们自觉或不自觉地受它的制约和支配。人们都强烈地感觉到它的存在，有人珍惜它，却难以把握；有人想摆脱它，又总是脱不掉，甩不开。要超越这种困境的办法，看来只有去探讨它、研究它、理解它，只有真正地理解它，才能掌握它，才能批判地继承它，开创出新的传统。

第二节　传统的认识

传统，是文化的传统。没有文化，也无所谓传统；没有传统，文化也无以传承。

传统文化，也就是民族文化。因为，任何民族都有其民族的文化传统。

正是中国的传统文化土壤，孕育和培植了根深叶茂的造园学，结出奇葩异果的园林艺术。传统园林文化，是中国传统文化的一个组成部分，也是传统文化的载体之一，它深刻地体现着我们民族的智慧和精神。

中国传统的造园文化，早在18世纪就引起西方建筑师的重视，英国钱伯斯（Sir William Chambers，1723—1796）深感中国园林的艺术境界，"是英国长期追求而没有达到的"。德国温泽（Ludwig A.Unzer）赞扬中国园林可为一切造园艺术的模范，"除非我们仿效这民族（指中国）的行径，否则在这方面（指造园）一定不能达到完美的境地"。⑥这些评价，较之今天人们只能欣赏园林的形式美来说，在认识上要深刻得多了。

单从艺术理论方面，中国园林同其他艺术一样，都与中国的传统哲学不可分割地交融在一起。这就是说，对中国的传统文化缺乏起码的知识，没有一定的了解，是很难真正领会什么是中国园林艺术境界的。从形式上去仿效中国的造园，即使全盘照抄，也不可能体现出中国园林的艺术精神，达到所谓完美的境地。

非常遗憾和令人痛惜的是，由于我们长期以来不重视传统文化的研究，人们往往认为"传统文化"就是指历史上已经凝固的、僵死的"过去的文化"，这种形而上学的观念造成"传统"在人们心目中，常常同"成见"、"权威"、"保守"、"落后"，甚至"陈腐"等等否定的意义等同起来，以至于否定"传统"成为一代人的心态。正由于不能对"传统"作客观的理性的理解，对"传统"概念的模糊，而困囿于新的"成见"，以至抹杀"自我"。有位德国的学者说得好："如果一个民族过分否定自己的传统，那就没有根了。"⑦

对传统造园文化，有人"褒"之，亦有不少人"贬"之，"褒"也好，"贬"也好，有多少人真正理解它呢？不要说是旅游观光园林的普通人了，即使是在建筑和造园学领域里，那些竭力贬低传统、否定传统的"专家"们，也并不理解传统，甚至是对传统的无知，这就不能不令人感叹了，就如狄德罗对人们并不了解美时所发出的感叹："知道什么是美（园林）的人竟如此之少！"

人们对自己民族的历史和传统文化熟知与否，是一个民族文化素质高低的标志之一。

马克思曾指出："人们自己创造自己的历史，但是他们并不是随心所欲地创造，并不是在他们自己选定的条件下创造，而是在直接碰到的、既定的、从过去承继下来的条件下创造。"⑧

传统先我们就存在，不管我们是否意识到，传统总是影响我们，决定我们，我们始终已经被浸入传统之中，只能在传统中进行理解。但人们也能对传统和历史进行反思和批判，人们在改造客观世界的同时也在改造自己的主观世界，对传统和成见不断加以扬弃，从而主动地创造历史。

传统绝非只是"过去存在过的一切"，不管是反思，是批判，都必须先去理解，理解得愈深，也愈能认识自己；理解过去，就意味着把握未来。因此，我们说**传统是时代的传统，时代是传统的时代**。

我们在讨论传统的造园文化之前，对"文化"和"传统"这两个基本的、模糊的概念，总要有个比较明晰的看法，才能使问题的讨论有个较明确的基础。

一、文化的界说

"文"和"化"这两个字，远在殷代武丁至周代的甲骨文和金文中就有了。《说文解字》："文，错画也。"王注："错者，交错也。错而画之，乃成文也。"《说文解字》："匕，变也，从倒人。"甲骨文 ∬（化），从人为一正一倒，有把倒人变正，二人相顺不背之意。即变正相顺，含有教化的意思。

"文化"联结成词，最早见于汉代刘向《指武》："圣人之治天下也，先文德而后武力。凡武之兴，为不服也，文化不改，然后加诛。"⑨南齐王融《曲水诗序》："设神理以景俗，敷文化以柔远。"中国古代所指的"文化"，是文治教化的意思。

文化作为一种社会历史的普遍现象，首先由德国学者 C.E. 克莱姆（1802—1867）开始研究，并于 1854 年出版《普通文化学》一书。文化人类学进化学派的开创者泰勒（E.B.Tylor，1832—1917），在其名著《原始文化》（1871 年出版）一书中运用了"文化科学"（the science of culture）的名称。至 20 世纪 20 年代出现了英美文化人类学之后，文化已成为一门科学的独立研究对象。同时，西方建立了各"文化学"学派，如文化人类学进化论学派、文化人类学功能学学派、文化心理学学派、文化哲学学派等等，从不同的学科背景、不同的角度，提出对"文化"的种种界说。近 10 年来，在世界范围对中国文化兴起一股新的研究热潮，我国学者在文化学方面也产生了一批理论研究成果。

何谓"文化"？历来是众说纷纭，美国人类学家克罗伯（A.L.Kroeber）和克拉克洪（C.Kinc Khoha）在 1952 年出版的《文化，关于概念和定义的检讨》一书中，统计了自 1871 年—1951 年 80 年间所提出的文化定义就有 164 种。特别是 20 世纪 50 年代以后，各国多开展了文化讨论，也就很难说有多少文化定义了。"所谓文化，无论是中国的或世界的、东方的或西方的，都只能是一个概括的、复杂的统一体"⑩。但是，我们从下面的一些有代表性的文化定义中，还是可以对"文化"获得较明晰的概念：

（1）文化或文明，就其广泛的民族学意义来说，乃是包括知识、信仰、艺术、道德、法律、习俗和任何人作为一名社会成员而获得的能力和习惯在内的复杂整体。⑪

（2）文化是历史上所创造的生存式样的系统，既包含显型式样又包含隐型式样；它具有为整个群体共享的倾向，或是在一定时期中为群体的特定部分所共享。⑫

（3）文化从它一开始就存在于人类在懂得利用环境提供的机会上所进行的有组织的开发之中。文化不过是人类的有组织的行为。⑬

（4）所谓文化，它指的是某个人类群体独特的生活方式，他们整套的"生存式样"。⑭

（5）一种文化就如一个人，是一种或多或少一贯的思想行动的模式。⑮

（6）文化是象征的总和，是"肉体之外的"基于象征系统的事物和行为在时间上的连续统一体，是人区别于其他动物的主要标志。⑯

（7）一个文化即是学到的行动及行动结果的统一形态，其构成要素为特定社会成员们所拥有，所传授，是作为"社会的生活方式（Ways of life）"加以继承的。⑰

（8）文化包括各种外显的或内隐的行为模式，它们借符号之使用而被学到或被传授。而且构成人类群众的出色成就，包括体现人工制造的成就；文化的基本核心包括传统（即由历史衍生和挑选的）观念，尤其是价值观念；文化体系虽然可被认为是人类活动的产物，但亦可被视为限制人类作进一步活动的因素。⑱

（9）文化是人类实践活动的各种方式和产物的总和，在这个含义上，文化同"自然"、"天然"相对立。⑲

（10）从现代意义上讲，应把文化理解为是人类活动的物质和精神成果的总和，是服务于社会的组织形式的总和，是人的思维过程和状态及活动的企图的总和。⑳

（11）文化是从人类诞生开始，人类的生物性（自然性）不断以扬弃的方式转化为人性（社会性）的全部过程及全部表现形式。㉑

（12）文化，从最广泛的意义上说，可以包括人的一切生活方式和满足这些方式所创造的事物，以及基于这些方式所形成的心理和行为。㉒

（13）文化乃是人类在实践中所建构的各种方式和成果的总体。㉓

（14）所谓文化，就是人们在长期的社会生活中凝聚起来的生活方式之总体。㉔

以上汇列出的历来中外学者对"文化"的定义，仅仅是众多难计的定义中之极小部分。由此也不难看出，这些定义间既有共同性的东西，也有矛盾、更嬗和相互补充的关系。笔者的主观愿望是想从这些不同学派、不同理论观点、不同分析角度所界定的概念比较之中，能对"文化"的含义容易理解一些。无意也无能为力去统一各种定义，事实上也不可有尽善尽美的永恒的定义。

但为了便于思考和讨论问题。我们采用"整个生活方式（designs for living）之总体"的概念，完整点说，**"文化是人们在实践的历史过程中，所形成的生活方式之总体"**。

人们的生活方式决定于社会的生产方式，是随着生产方式的变革而演变的。生活方式不但要受社会环境和社会条件的制约，同时也要受到自然环境和自然条件的制约。生活方式既包含着人们的物质生活方式，也包含着精神生活方式，即思维方式和行为方式。由血缘和地缘结合而成的民族群体，就形成民族的生活方式（the mode of life of this or that people）。一定的社会生产发展阶段，就形成一定的社会生活方式（Ways of life）。"从横向上看，文化是一个民族共有的一致的生活方式总体；从纵向上看，文化是凝聚在一代代人身上和历史财富中的生活方式。凝聚在一代代人身上的生活方式之总和，就成为民族性格；凝聚在历史财富中的生活方式总和，构成文化遗产。"㉕

建筑和园林，既是一种物质生产，也是精神生产，它属于物质型文化，也属于精神型文化。建筑首先是满足人的物质生活需要，同时才成为人们的艺术审美对象。建筑是人类最早的社会实践，但迄今"建筑"一词仍然是个很难准确说出含义的词。

何谓建筑？对这个问题，我在 20 世纪 60 年代出于建筑设计理论教学的需要，曾从原始社会的古典家庭结构形式（Familiensformation）、生活方式与建筑的空间功能、空间组合方式的内在联系，探讨建筑的本质及其发展的客观规律，从生活方式的概念回答了这个问题。

所谓建筑，**是指社会一定的生产发展阶段，形成人们的一定生活方式，人们总是以社会可能提供的物质技术条件，改造和利用自然，建造适于自己生活方式的空间环境——建筑。**如车尔尼雪夫斯基所说，生产出大自然所不能产生的东西——建筑。

从"整个生活方式之总体"这个概念出发，对"传统的园林文化"，可以说是：中华民族在长期的造园实践的历史过程中所形成的园居生活方式之总体。其中包括：人们园居生活的活动方式，园林创作实践的思想方法、美学观念等等，园林生产实践的生产方式等三方面的内容。这里就不展开阐述，可参见笔者拙著《中国造园史》(黑龙江人民出版社，1987 年版)。

二、传统的解释

传统之"传"，在甲骨文、金文中已有。《说文解字》："传，遽也。"、"遽，传也。"传与遽互训。郭璞注："皆传车驿马之名。"是指古代急速传递信息的驿站中所备的车马。即《国语》韦昭注："传，驿也。"汉刘熙《释名·释典艺》："传，传也，以传示后人也。"王先谦《释名疏证补》："汉儒最重师传"，传授的意思。唐陆德明《经典释文》："传者，相传继续也。"又"延也"，即延续、继续，代代相传之意。

传统之"统"，《说文解字》："统，纪也。"段玉裁注："众丝皆得其首，是为统。"本义是缲丝时，女工从众多蚕茧中抽出的头绪，引申为万有归于一统。如《公羊传·隐公元年》："何言乎王正月？大一统也。"《孟子·梁惠王下》："君子创业垂统，为可继也。"如子孙相传的"血统"，王位继承的"皇统"，佛教衣钵相传的"法统"，儒家师承相传的"道统"等等。

"传统"二字联结成词的概念，可见于《后汉书》："倭在韩东南大海中，依山岛为居，凡百余国。自武帝灭朝鲜，使驿通于汉者三十许国，国皆称王，世世传统。"⑤是说在汉代日本有 30 余国与中国通好，并已世代系统相传。传统一词，是取"传"的相传继续，和"统"的世代相承的意思。传统在中国的古典含义，"是指历代沿传下来的，具有根本性模型、模式、准则的总和"㉗。

现代意义上的"传统"，是由英文 Tradition 而来，是指历史相继承传下来的，具有一定特质的文化思想、观念、信仰、心态、风俗、艺术、制度等等。是个外延宽广，反映事物最一般规定性的概念：

在振兴中华的社会变革时代，为了加速实现我国现代化的需要，建构现代社会主义的新文化，继承中华民族的优秀传统，吸取、借鉴西方的有益的文化成分，对传统文化的研究在日益扩展和深入。我国的学者已开创"传统学"，将"传统"作为一门独立科学的研究对象，从文化学中分离出来。㉘无疑地这对我们讨论"建筑"和"园林"文化，在明确"传统"这一模糊的概念上，是十分有益的。下面我们简要地介绍有关传统的一些基本论点。

"传统的现代含义，可以规定为：人类创造的不同形态的特质经由历史凝聚而沿传着、流变着的诸文化因素构成的有机系统。"㉙

古希腊的哲学家，列宁称之为"辩证法的奠基人之一"㉚的赫拉克利特（Herakleitos，约公元前 540—前 480）有句名言："一切皆流。""传统"并非只是过去历史上存在过的一切，也非固定不变的东西。

> 传统文化不是静态的存在，而是动态的观念之流；不是静态的积淀物，而是动态的价值取向。所谓传统文化不仅仅意味着"过去存在过的一切"，其更深的含义在于：传统文化是一种观念之流，是一种价值取向，是肇始于过去融透于现在直达未来的一种意识趋势和存在。㉛

传统并非就是物质型文化的外在形式，对建筑艺术来说，构成空间的实体的物质形式本身并非传统，但从其时代的某些共同特征中显示出传统。

> 传统是凝聚在物质型文化和精神型文化中的观念、意识、心理等。它既体现了相对稳定的文化结构的本质特征，这往往是指内藏在物质型文化中所凝聚的传统观念；又体现了实践主体心身文化结构的观念形式，这往往是指内藏在精神型文化中所凝聚的传统观念。㉜

传统与文化是有所差别的，文化是外在的、显露的，在文化成果中体现着传统。传统是内在的、隐藏的，传统凝聚在文化成果之中。这就是说，"传统并不单纯地、直接地以实践活动的文化成果的形式表现出来，而是这些文化成果所体现的主体智力、意向中某种精神、风格、旨趣、神韵的凝聚"。但文化是有形的实体，文化现象、样式、类型，是传统的存在的前提和基础，没有文化，就无所谓传统。传统是文化的延续和凝聚为系统的内在要素因子，是通过文化活动的形式特征来体现的。

20世纪50年代我国的建筑界出现的复古主义思潮，是同"传统"的概念模糊，即将建筑风格看成为建筑实体的外在形式有很大的关系。60年代初，全国开展建筑风格的讨论，我在《黑龙江日报》发表了《试论建筑风格问题》一文，曾对建筑风格作如下定义：

> **建筑风格，是建筑在一定的历史时期中，反映当时当地社会集团的生活方式和社会意识的、在建筑的内容上和艺术形象上所具有的共同性的特征。**[33]

其中的"社会意识"采用了前苏联康士坦丁诺夫《历史唯物主义》一书中的解释："社会意识这一概念包括政治、法权、道德、宗教、艺术、哲学等社会观点，包括科学知识（连自然科学在内）以及各个民族和部族的心理素质的民族特点，在阶级社会中又包括各个社会阶级的心理。"[34]

在上述的"建筑风格"的定义中，用"艺术形象"而不用"形式"一词，显然是从建筑艺术角度来谈的。因为在我的观念中，"建筑"与"建筑艺术"还是有所区别的。

因为建筑首先是人的物质生活资料，就如马克思所强调指出的："人们为了能够'创造历史'，必须能够生活。但是为了生活，首先就需要衣、食、住以及其他东西。因此第一个历史活动就是生产满足这些需要的资料，即生产物质生活本身。"[35]这说明：建筑作为"住"（广义的）的物质生活资料，在阶级对抗的社会里，一个普遍的事实，那就是"劳动者替富者生产了惊人作品（奇迹），然而，劳动替劳动者生产了赤贫。劳动生产了宫殿，但替劳动者生产了洞窟。劳动生产了美，但给劳动者生产了畸形"[36]。在现实生活中，大量的简陋房舍或只供栖身的住所是建筑，但却连生活美也没有，更不用说有什么艺术性了。

从社会实践而言，建筑也不同于纯精神型文化的艺术，作为物质生活资料，它不是再现或表现生活，而是人的生活的直接体现。建筑师所创作的建筑物，并非都能成为艺术品，现代解释学者伽达默尔（Hans - Georg Gadamer，1900—?）曾说："如果一个建筑物是胡乱地建在一个任意的地方的，并成了一个破坏环境的任意的建筑物，那么它就不是艺术品，只有当一个建筑物表现为对某个'建筑构思'的实现之时，它才是艺术品。"[37]伽达默尔所说的"建筑构思"，不仅包含了物质生活的使用功能要求和精神生活的艺术审美要求，同时也包含着建筑物与周围环境的协调与和谐的意思。他下面的一段话，虽无新意但对建筑学子还是很有教益的：

> 一个建筑物从来没有首先是一件艺术品，建筑物由其从属于生活要求的目的规定，在建筑物没有失去现实意义的情况下，同样也没有让自身脱离生活要求。如果建筑物只是某种审美意识的对象，那么，它就只具有虚幻的现实意义，而且在旅游者要求或照相复制的退化形式中就只存在一种扭曲的生命，"自在的艺术作品"就表现为一种纯粹的抽象。[38]

所以，建筑与建筑艺术不是同一概念。**建筑艺术，固然是指"建筑"的艺术性，并非所有建筑都具有艺术性。但不论是否有艺术性的建筑，都是建筑。**

园林则与建筑不同，造园固然离不开、少不了建筑，但中国造园的生活要求的目的规定性，不在于满足物质生活的可居，主要是为了满足精神生活的可望、可游，而园林建筑之可居，目的还是为了"可望"、"可游"。宋代画家兼画论家郭熙在《林泉高致》中说："世之笃论，谓山水有可行者，有可望者，有可游者，有可居者，画凡至此，皆入妙品。但可行可望，不如可居可游之为得。"山水画的创作强调可居可游（生活的理想），正深刻地反映了我国古代人与人、人与自然的和谐统一关系这个古典哲学"天人合一"的基本精神和居山水之中，以寄情丘壑，借山水的自然精神而得以超越的生活理想。而园林建筑之可居，则是把理想生活转化为现实的一种艺术创造。

我国有的造园研究者，从他们的农林学科背景出发，片面地强调园林植物在生态平衡方面的作用，认为园林建筑是可有可无的东西，甚至否定建筑在园林中存在的价值和意义。如此对传统园林文化的理解，恐怕还不如西方园景建筑师（Landscape Architect）对中国文化的认识了：

"西方人传统的情形是关切围绕在结构或形象周围的，相反地，东方人却更关切所围成空间的特质，及这些空间对去经验它的所产生的智慧及感情方面的影响"[40]。

我认为，园林和园林艺术是同一概念，和建筑不同，凡造园都是一种艺术，园林艺术就是指中国的园林。**园林艺术有高低雅俗之分，却没有不是艺术的园林。**

第三节　园林的定义

一、名词沿革

"园林"是什么？也似乎是不言而喻的，若深究其义，却又混沌模糊。可谓人人心领神会，又难以明确道出其含义来。

"园林"一词，最早见诸文字者，是在西晋以后的诗文中，唐代的诗人亦多用之。但以"园林"一词泛称私家建造的宅园，自唐宋直到明清还不是个专有名词。仅指称城市中私家建筑的宅园名词就很多，如：宅园、园宅、园池、园圃、池亭、林亭、园亭等等。在明清笔记类的书中，更多的却是用"园亭"或"亭园"，用"园林"这个词的反而较少。这种现象，反映出在很长的历史时期中，对园林的含义，在概念上还不很明确，且无确切的定义，造园还没有成为一门独立的学问。

"园林"一词成为造园学中的专有名词（主要用来指称私家宅园），则是在明末造园学家计成写出世界上第一部造园学名著《园冶》一书以后。

计成，字无否，江苏吴江人，生于明万历十年（1582），卒年不详。是中国17世纪时出现的杰出的造园艺术家和理论家。《园冶》一书据计成《自序》，定稿于崇祯四年（1631），《后记》云梓行于崇祯七年（1634），时年53岁。计成能成为一个专业的造园家，并写出这部划时代的造园学名著，是有其特定的社会历史条件的。

明清时代随城市商业经济的发展，江南一带筑园之风盛行，大量园林兴建。造园作为一种专业，也就必然成为社会的需要。事实说明，只有社会生产和经济发展对科技形成需要时，科学技术才能得到真正的发展。计成原是个"传食朱门"的寒士，他诗画兼长，中年四方游历，遍览名园。计成以自己的博学和艺术修养，留心造园之学，以便获得更好的谋生手段是很自然的事。他"中岁归吴"，在今江苏镇江由于偶然的机会，为人叠石而闻名，遂以造园叠山为业，成为当时名声卓著的造园艺术家，这种偶然性中可说有其必然性。

在《园冶》一书中，他引用了历史上大量的有关造园典故，可见其对造园学的长期钻研，积累了丰富的历史资料，并通过自己的园林创作实践，在总结前人和当时造园经验的基础上，才能写出《园冶》这部永垂史册的不朽名著，在中国和世界造园史上写下光辉的一页。

《园冶》共三卷，一卷分兴造论、园说及相地、立基、屋宇、装拆四篇。二卷专讲栏杆。三卷分门窗、墙垣、铺地、掇山、选石、借景六篇。从园林设计的总体到个体，从结构构架到装修，从景境的意匠到具体手法，涉及造园创作的各个方面，内容十分丰富，是研究中国造园的经典著作。

在《园冶》中有不少精辟之论，并富于一定的辩证思想，如计成反对"匠为雕镂是巧，排架是精"，提倡"巧于因借，精在体宜"；建筑与环境的关系是"亭安有式，基立无凭"；地形改造的"高阜可培，地方宜挖"的原则；庭院空间要"曲折有条，端方非额"；掇山艺术在"有真为假，做假成真"；特别是由他独创的"借景"之说，提出"借景有因，因借无由"等等，都体现出朴素的辩证法思想。

任何科学技术的重大成就，都是时代的产物，也都必然要受到历史的及其个人的时代局限。《园冶》是中国第一部造园艺术理论著作，在思想体系上，不可能超越古代哲学和艺术理论的从整体重感性直觉的思维方式和特点，多从造园景境的精神感受出发，强调意境和情趣，加之计成很重视写作的文学性，骈骊行文，讲究文句的排比和大量运用典故，作为一部造园学论著，就缺乏严格的逻辑推理和系统性与理论上的高度概括，许多极有价值的东西，东鳞西爪，一言半语，甚至拘于文字排比，言不达意，令人费解。如在"装拆"篇中的"砖墙留夹，可通不断之房廊"；"出幕若分别院，连墙僛越深斋"。由于"留夹"、"出幕"、"连墙"未明所指，弄得现代学者注释《园冶》大伤脑筋，只好望文生义，释出的现代汉语，恐怕现代也无人能读通看懂，使这一非常重要的空间概念和设计方法埋葬在生硬艰涩的文字里（本书在第三章"无往不复　往复无尽"一章有详细剖析）。

《园冶》虽有这些局限性，但毕竟不同于随感笔录式文字，是一部理论性的著作。计成不随时俗，对私家建造的宅园，未从形式特征上名之为"园池"、"池亭"、"亭园"等等，而用"园林"一词，虽未加明确的定义，但在现代造园学界用"园林"泛指中国私家建造的具有特定内容与形式的宅园，而且已成为中国造园学中公认的专有名词，正说明计成之用"园林"一词在学术上的意义。

为了对"园林"的性质能有个合乎历史发展规律的科学的认识，显然很有必要从园的名词沿革作一些分析。我们还是先从历史上用"园林"这个词开始，如：

暮春和气应，白日照园林。（西晋·张翰）

驰骛翔园林。（西晋·左思）

饮啄虽勤苦，不愿栖园林。（南朝宋·何承天）

南山当户牖，沣水映园林。（唐·岑参）

天供闲日月，人借好园林。（唐·白居易）

同为懒漫园林客，共对萧条雨雪天。（同上）

春归似遣莺留语，好住园林三两声。（同上）

园林一半成乔木，邻里三分作白头。（同上）

霁日园林好，清明烟火新。（唐·祖咏）

迟日园林悲昔游，今春花鸟作边愁。（唐·杜审言）

......

　　以上集录唐以前用"园林"一词的诗句，并不是说魏晋至唐人的诗中只用"园林"这个词，仅仅说明"园林"一词非自计成《园冶》始，更非是今人所创造，而是由来已久。

　　但并没有能说明"园林"的含义是什么。事实上，魏晋南北朝时代诗中的"园林"一词，既同唐代诗人所说的园林有所不同，更非我们今天所理解的"园林"。东晋大诗人陶渊明的《读山海经》诗中有"欢然酌春酒，摘我园中蔬"之句，他的园居生活之"园"，并非为了娱游观赏所建，而是于山水形胜之地的"庄园"或"田园"。如果说此孤例难证，我们可以拿研究南北朝时期造园的重要资料，北魏杨衒之《洛阳伽蓝记》为例。南北朝是佛教自东汉传入后的鼎盛时期，"京城表里，凡有一千余寺"。可谓"昭提栉比，宝塔骈罗，争写天上之姿，竞模山中之影。金刹与灵台比高，广殿共阿房等壮"[41]。不少名刹大寺都非常重视庭院的绿化布置，池沼竹树，土山钓台，十分幽美。举数例言之：

景林寺："寺西有园，多饶奇果。春鸟秋蝉，鸣声相续"，"禅阁虚静，隐室凝邃，嘉树夹牖，芳杜匝阶，虽云朝市，想同岩谷"[42]。

法云寺："伽蓝之内，珍果蔚茂，芳草蔓合，嘉木被庭"[43]。

白马寺："浮屠前，柰林蒲萄，异于余处，枝叶繁衍，子实甚大"，"蒲萄实伟于枣，味并殊美，冠于中原"[44]。

劝学里："里有文觉、三宝、宁远三寺"，"周回有园，珍果出焉"。"承光寺亦多果木，柰味甚美，冠于京师"[45]。

龙华、追圣、报恩三寺："京师寺皆种杂果，而此三寺，园林茂盛，莫之与
　　争"㊻。

……

　　大略翻阅一下，杨衒之在《洛阳伽蓝记》中 3 处用了"园林"这个词，除
在闻义里提到将军郭又远时说他"堂宇园林，区于邦君"外，其一就是指的寺
庙之"园"，而云"园林茂盛，莫之与争"者，是因洛阳寺内都种植各种果树，
以龙华等三寺的品种栽培最好。

　　这就说明了，当时寺庙中的"园"，基本上还保持着《说文解字》的"园，
所以树果也。圃所以种菜曰圃"的本义。显然"既是有花木果蔬的地方，当是
可供玩乐的所在"㊼。所以，杨衒之在讲到士人游寺时描述："或置酒林泉，题
诗花圃，折藕浮瓜，以为兴适。"

　　另一处是在讲昭德里的司农张伦住宅里，仿造华林园的景阳山时说："园林
山池之美，诸王莫及。"园的具体情况：

　　"伦造景阳山，有若自然。其中重岩复岭，嵚崟相属；深蹊洞壑，逦递连
接。高林巨树，足使日月蔽亏；悬葛垂萝，能令风烟出入。崎岖石路，似壅而
通；峥嵘涧道，盘纡复直。是以山情野兴之士，游以忘归。"㊽

　　这是座在都城里闾之中，以写实的手法再现自然山林的"园"，它不同于以
园艺为主具有某种经济意义的"寺园"，而是"托自然以图志"以娱游观赏为目
的的"宅园"。

　　在魏晋南北朝时期，造园的主流并不是张伦景阳山式的宅园（当时亦称
"园宅"），大量的却是门阀士族地主们所建的，同他们自给自足的庄园经济生活
结合在一起的庄园。特别具有造园学上意义的是那些建在自然山水中的庄园，
由于园主多诗文大家，有着高深的传统文化修养和艺术家的深微的审美观察能
力，通过他们山居生活的建筑实践，从空间艺术上提出许多精辟的论点，并诉
诸文字而流传百世。如石崇的《金谷园序》、潘岳的《闲居赋》、谢灵运的《山
居赋》，以及大量的山水诗等等。对后世的造园创作思想和园林艺术的发展都有
很深的影响。

　　不言而喻，自然山水中的庄园，即使是具有娱游观赏的内容，在性质上同
寺园或城市里的宅园也是不同的，只是指称其住宅时叫"园宅"或"园"，通常
则称之为"别业"、"别墅"或"山居"。而叫别业、别墅、山居的"园宅"，并
不一定都具有娱游观赏的性质；反之，有娱游观赏性质的庄园，也不限于在自

然山水中的园宅。

从造园的社会实践角度或者说宏观视野来看，"园"有这些不同的名称，正反映出特定时代园居生活方式的多样性，造园有着不同的类型或模式。不仅南北朝时如此，唐宋、明清时代也莫不如此。

这里，我们仅从直接与造园有关的资料来说明，不计题名的或以人、地名定称的"园"，在北宋李格非的《洛阳名园记》中有：

> 洛阳园池，多因隋唐之旧；
>
> 河南城方五十里，中多大园池；
>
> 河南园宅，又号最佳处；
>
> 文潞公、程丞相宅旁皆有池亭；
>
> 赵韩王宅园，国初诏将作营治；
>
> 故洛中园圃，花木有至千种者；
>
> 园圃之胜，不能相兼者六；
>
> 在唐为裴晋公宅园；
>
> 而伊水尤清彻，园亭喜得之；
>
> 园圃之废兴，洛阳盛衰之候也。

李格非在《洛阳名园记》中就用了"园池"、"园宅""池亭"、"宅园"、"园圃"、"园亭"6个泛指"园"的词。因所记都是城市中的私家宅园，但在山林、郊野的宅园，仍沿用南北朝时的"别墅"、"山庄"、"别业"等名称。如唐代文宗朝宰相李德裕除在长安城内的宅园外，"东都于伊阙南置平泉别墅"⑲，并著有《平泉山居草木记》，既称"别墅"，也叫"山居"。著名的诗画家王维（701—761）的辋川别业，原"得宋之问的蓝田别墅"⑳，宋之问（656？—712）有《蓝田山庄》诗，就称庄园为"别业"、"别墅"、"山庄"等等。

从李格非的《洛阳名园记》所泛称园的用词，有两点是值得注意的，其一，除了沿用了宅园、园宅、园圃外，出现了园池、池亭、园亭的新词；其二，以"池"入名者较多，如两处用园池，一处用池亭。其原因以后再分析，暂且存而不论。

明清时代，我们以中国造园学的经典著作《园冶》为主，再结合其他有关的造园资料来看，《园冶》一书的情况（单用一个"园"字者，不计）：

《兴造论》："园林巧于因借，精在体宜。"

《园　说》："凡结林园，无分村郭，地偏为胜。"

《村庄地》："古云：乐田园者，居于畎亩之中。"

《立　基》："凡园圃立基，定厅堂为主。"

《厅堂基》："凡立园林，必当如式。"

《亭榭基》："花间隐榭，水际安亭，斯园林而得致者。"

《房廊基》："园林中不可少斯一断境界。"

《屋　宇》："惟园林书屋，一室半室，按时景为精。"

　　　　　　"意尽林泉之癖，乐余园圃之间。"

《台》："园林之台，或掇石而高上平者。"

《门　窗》："斯为林园遵雅。"

《墙　垣》："园林之佳境也。"

《铺　地》："大凡砌地铺街，小异花园住宅。"

《乱石路》："园林砌路，惟小乱石砌如榴子者，坚固而雅致。"

《太湖石》："罗列园林广榭中，颇多伟观也。"

《选　石》："夫葺园圃假山，处处有好事，处处有石块。"

《借　景》："夫借景，林园之最要者也。"

《自　识》："逃名立壑，久资林园。"

书中共18处，除沿用旧称"园圃"3次，"田园"、"花园"各一次，以"园林"一词用得最多，为9次，占一半之多，"林园"这种颠倒的用法有4次。

"花园"这个词，非今天的莳花植木绿化、美化庭院的意思。《洛阳名园记》在"天王院花园子"中解释："花园子，盖无他池亭，独有牡丹数十万本。"是专指花农的花圃。

对照《园冶》和《洛阳名园记》，《洛阳名园记》中未见有"园林"一词，而《园冶》中则广为应用，主要指称城市的私家宅园。但"园池"、"池亭"和"园亭"，则未见于《园冶》文。这是文字游戏吗？非也，这个用词上的变化，却深刻地说明时代的不同，园居生活方式的不同，反映在造园内容与形式上的差别，或者说反映了造园在时空上的变化与发展。这就需要从唐宋和明清时代私家宅园的性质上去了解，这一点，笔者已在《中国造园史》一书中作了比较系统的分析论述，这里仅做些概括性的介绍。

唐宋城市宅园的主要功能，是为园主的邀朋会友，饮酒赋诗，宴平享乐的集会，提供一种赏心悦目的活动场所。当时的公卿显贵们很时尚与名流高士进行"宴集式"的活动，这种人际交往有一定的"圈子"，《宋史·文彦博传》记载："彦博（文潞公）其在洛也，洛人邵雍、程颢兄弟皆以道自重，宾接之如布衣交，与富弼、司马光等十三人，用白居易九老会故事，置酒赋诗相乐，序齿不序官，为堂，绘像其中，谓之'洛阳耆英会'，好事者莫不慕之。"此时的园并不经常使用，同园主的家庭生活亦无什么密切联系，大多与住宅不建造在一起。所以"耆英会"成员之一的邵雍的《咏洛下园》有"洛下园池不闭门"，"遍入何尝问主人"之句，范仲淹亦曾说："西都士大夫园林相望，为主人者，莫得常游，而谁得障吾游者？岂必有诸已（园）而后为乐耶？"不了解唐宋时的园居生活方式，是无法理解的。

　　唐宋时代的园居生活方式，决定了唐宋私家宅园的特征，总的说：空间规模较明清时代大，大者如归仁园占一坊之地。园内建筑多用锦厅、广榭，且率务高峻宏大，采取单幢分列的布局方式，因园不在"可居"，而在"可游"、"可望"。造景无叠石为山之作，⑪而以池为主。总体规划大体如白居易在《池上篇》中所总结的，"十亩之宅，五亩之园，有水一池，有竹千竿"。这可以视为唐宋宅园的基本模式。"园池"一词，正是从唐宋宅园的形式特征命名的。从上面的阐述说明，不同时代的园林由于园居生活方式的不同，在内容与形式上各有其不同的特征。

　　这说明：我们在未充分论证"园林"的概念之前，均用"宅园"一词泛指私家所建的园。

　　历史上的造园，自隋唐的"苑园"（皇家之园已不称"苑圃"）、"亭"的建筑增多，故《洛阳名园记》中有"池亭"、"园亭"、"亭园"等名称，这也是从宅园形式上的主要特征而言。《园冶》一书中，不用"亭"来命名园，不是明清宅园中亭用得少了，恰恰相反，而是日益增多。如果我们查阅明清笔记一类的书，就会发现倒是用"园林"者少，用"园亭"者多。如与《园冶》差不多同时梓行问世的刘侗、于奕正合著的《帝京景物略》就多用"园亭"一词：

"泡子河"条："东西亦堤岸，岸亦园亭。"

"金鱼池"条："池阴一带，园亭多于人家。"

"草桥"条："草桥去丰台十里，中多亭馆。"

"英国公新园"条："左之而绿云者，园林也。"

明末清初的文学家张岱《陶庵梦忆》"日月湖"条："湖中栉比皆士夫园

亭"，"于园"条："瓜州诸园亭，俱以假山显。"

清代文学家李斗《扬州画舫录》：嘉庆阮云序有"园亭寺观，风土人物，仿《水经注》之例"。书中"草河录下"："湖上园亭，皆有花园，为莳花之地。"

清代戏剧理论家李渔在《闲情偶寄》中自诩："生平有两绝技：一则办审音乐，一则置造园亭。"

这样的资料还有，不必多加列举。足以说明在明清时用"园亭"一词是很普遍的现象。计成不用，是可以理解的，因为《园冶》是研究造园学的专著，用"园林"这个词来指称宅园，显然有从"园"的本质上探讨的意义。

费了不少笔墨对这些名词进行讨论，不是没有意义的事，就像日本一位研究中国造园学者所说："如果对中国有关宫苑和园林的文字进行文献方面的研究，单就这方面而言，其重要性就能达到可以编出可观的历史沿革资料的程度。"②

历史上对"园"和"圃"的园艺生产的最根本的含义一直保持不变，沿用至今，但随着社会的物质和精神文化的发展，园圃已发展有各种各样的形态，从而产生许多指称不同内容和形式的园圃的名称，研究这些词的不同含义与变化，是揭示和把握中国造园实践历史发展规律的一个方面。就以尚未谈到的皇家所造之园为例，如秦汉时代多称之为"苑囿"，一般从辞书解释：

《说文解字》："苑，所以养禽兽也；囿，苑有垣也，一曰所以域养禽兽也。"
段注："囿，今之苑，是古谓之囿。"

意思是凡域养禽兽的地方都可叫苑或囿，所以汉代的三十六个军马场，就称"三十六苑"，并无造园学上娱游观赏的意义。汉代桓宽著名的《盐铁论·园池第十三》中，在辩论国家盐铁政策时所用的"园池"、"苑囿"等词，根本同我们今天所理解的造园无关，都是作为自然资源，从生产资料的经济学意义上使用的。称之为帝王"苑囿"者，只是说明园里域养着野生动物的这一个特点，而域养禽兽的目的，我认为其义有二，一是供帝室的生活消费，是一种物质生活资料的生产；二是供狩猎，所谓帝王在冬狩时看"三军之杂获"，也不能简单地看成是娱乐活动，因为在古代"狩"（猎）和"征"（伐）同义。③举行这种大规模的狩猎同上林苑凿昆明池练水军具有同样的军事上的意义。实质上，秦汉时代的帝王"苑囿"，是古老的"食采邑"俸禄制的一种沿袭现象，本质上"苑囿"是帝室的物质生活资料的生产领地，在这个基础上又具有娱游观赏的性质"。⑤④

认为秦汉苑囿的主要功能是供帝王狩猎娱乐的"传统"说法，只是望文生义罢了。

亦有学者从秦汉苑囿"以宫殿建筑群为主体"的特点，称之为"秦汉建筑宫苑"，这也并不确切，因为以宫殿建筑群为主体，既非秦汉所特有，也非本质。如从秦汉时代的建筑特征而言，《三辅黄图》在"咸阳故城"条中有"诸庙及台苑皆在渭南"句，不用"苑囿"，而用"台苑"一词，却很生动形象地反映出当时"高台建筑"的时代特征，称为"秦汉台苑"岂不更好！从区别秦汉苑囿不同于后世帝王所造之园已脱离物质生产的特殊性质，笔者在《中国造园史》中称之为"自然经济的山水宫苑"要更确切一些。在秦汉以后的有关造园的古籍中，多用"园苑"一词，极少再用"苑囿"，正是反映了造园史上的这种变化。

我们再回到"园林"这个词的用法，计成在《园冶》中，选择"园林"一词，主要用来泛称宅园，从学术上是很有道理的。

我认为，"园林"这个名词，较之从造园的形式特征上的命名，如"园池"、"池亭"、"林亭"、"园亭"等等，更能反映出传统宅园在艺术上的特征，体现出园的内在本质，有利于区别中国造园与外国造园的不同特殊性质。

"园"的字义，不用赘述，"林"字在中国诗词文学中，常同"山"、"泉"连用，如"山林"、"林泉"等。"山林"，是指自然山野或自然山水；"林泉"，则是指山野之胜者。所以，古籍中常誉园之佳构"有林泉之美"。

"园林"一词的含义深广，还可以从古代人们对园林的要求，即审美意义上去了解。如：

北魏·杨衒之《洛阳伽蓝记》：

　　伦（张伦）造景阳山，有若自然。

宋·张淏《艮岳记》：

　　玩心惬意，与神合契，遂忘尘俗之缤纷，而飘然有凌云之志。

唐·白居易《草堂记》：

　　凡所止，虽一日、二日，辄复篑土为台，聚拳石为山，环斗水为池，其喜山水病癖如此！

明·刘侗、于奕正《帝京景物略》：

　　夫长廊曲池，假山复阁，不得志于山水者所作也。

明·王世贞《安氏西林记》：

　　游客亦以近廛市，且不能得自然岩壑以为恨。

明·文震亨《长物志》：

　　混迹市廛，亭台具旷士之怀，斋阁有幽人之志。

清·钱大昕《网师园记》：

　　虽居近廛，而有云水相忘之乐。

其实，凡园记之作，都会从不同角度谈到造园的目的、理想和要求的。但从上列数条材料，我们也不难从园居生活的理想看出，中国人对大自然的酷爱，人与自然那种统一和谐的精神，大诗人白居易酷爱自然山水到"病癖"的程度。

人离开了大自然，不得不生活到人世尘俗缤纷、非常嚣烦的城市生活环境里，而引为恨事，既不得志于山水，园林就成为人们精神上的需要和补充了。人们对人工创造的山水——园林的要求，就是"有若自然"，也就是计成在《园冶》中所提出的"虽由人作，宛自天开"的创作原则。在园林的景境之中，要能令人忘尘脱俗，有云水相忘之乐，而飘然有凌云之志。

中国园林所体现的人与自然统一和谐的精神，已为现代西方的学者所理解，如西蒙德《景园建筑学》中说：

　　欧洲艺术界在艺术中背弃大自然的根本概念已有几世纪之久了。西方人想像他们自己与自然是对立的，实际上，他那非常夸张的个人的人格是一种幻想。东方显现给他的真理是：他自己的本体，并非是和自然及其伙伴离开，而是与她和他们同为一体。[55]

　　中国的明代，此种艺术（造园）造诣颇深，在一个数亩大小的花园里，我们可以见到高山风光、湖畔雾景、丛生绿竹的安静池塘，松树拱顶下的林阴以及奔泻而下的瀑布。透过计划的巧妙手法，各风景观测点之间的地区也予以锐意经营，以致与各主要风景同样悦人而富戏剧性。[56]

从这些现代语言的表述里，西蒙德的观察已非园林景物的直接的外在形式，而是具象中所显现的意象了，虽未深入领悟中国造园艺术的精髓——意境，但对一个具有完全不同的文化背景的美国景园建筑师来说，有如此深刻的见地，是令人敬佩的。可悲的是，我国今天有的研究园林者却在宣扬："凡是靠植物改善环境的地方，一律可以称为园林。"（?）真可谓语不惊人誓不休，独唱高调第一流。恐怕多少了解点中国造园文化的西方景园建筑师，也会闻之而瞠目结舌的，真是令人汗颜而感慨系之了！

二、园林的含义

我们给"园林"以科学的定义，使模糊不清的概念能有一个比较明确的认识，对继承和弘扬传统园林文化是十分必要的。以往，我国学者很少给"园林"明确地下过定义，近年辞书出版兴旺，研究园林日多，园林的定义也多了起来，角度不同，说法也不一，都有一定的道理。有比较才便于分析，我们还是采取汇列的方式，集录如下：

我国建筑家童寯教授（1900—1983）在其旧作《江南园林志》中从园的规划布局解释：

> 园之布局，虽变幻无尽，而其最简单的需要，实全含于"園"字之内。今将"園"字图解之："口"者，围墙也。"土"者，形似屋宇平面，可代表亭榭。"口"字居中为池。"K"在前似石似树。日本"寝殿造"庭园，屋宇之前为池，池前为山，其旨与此正似。园之大者，积多数庭院而成，其一庭一院，又各为一"園"字也。[57]

童寯先生不引经据典，囿于旧说，而是以建筑师和艺术家的形象思维，从字的象形图解园林，这是他在 20 世纪三四十年代，"遍访江南园林，目睹旧迹凋零"，"虑传统艺术行有渐灭之虞，发奋而为此书"。是在大量调查研究的基础上，对传统园林规划布局的一个概括，虽非园林的定义，但对中国园林文化的传播与弘扬之功，是不可泯灭的。

我国造园学家陈植教授（1899—1989）在其《长物志校注》一书的注释中说：

> 园林，在建筑物周围，布置景物，配植花木，所构成的幽美环境，谓之"园林"。亦称"园亭"、"园庭"或"林园"，即造园学上所称的"庭园"。[58]

这是个简约而十分概括的定义。陈植先生可能是从造园学上有将中外术语统一起来的意思。这个定义的优越性，在于其外延宽广，中外适用。故云"园林"即造园学上所称的"庭园"（garden）。定义的局限性，也正因外延过广，其内涵也就无法说明中国"园林"不同于西方"庭园"的特殊本质了。

刘致平教授在《中国建筑类型及结构》中曾从园林起因的角度说：

中国园林"主要原因是一般统治者以及士庶人等终日住着左右对称、千篇一律的呆板严肃的三合院或四合院式的房屋，整天埋头在人事纠纷或工作烦闷的环境里，他们非常需要摆脱一切人事苦恼而投到大自然的怀抱里，又加上老庄的哲学鼓励人们清高、脱俗、无为、返回自然，所以人们在居住的第宅以外，常喜建置一片极其自然的富于曲折变化的园林"⑤。

这也不是为"园林"定义，但从园林的起因，却说明中国传统园林与住宅的区别，特别是中国造园艺术与哲学不可分离的历史传统，对了解中国园林是大有裨益的。

陈从周教授在《说园》一书中，没有直接为"园林"定义，有个近乎于"园林"定义的解释：

中国园林是由建筑、山水、花木等组合而成的一个综合艺术品，富有诗情画意。叠山理水要造成"虽由人作，宛自天开"的境界。⑥

这个解释，可谓言简意赅，寥寥数语从造园的素材、景境创作的要求（引《园冶》"虽由人作，宛自天开"句）、园林的境界——诗情画意，都作了概括。并强调中国园林是综合性的艺术品。只"诗情画意"的境界稍感抽象，有失之于过简之憾！

孙筱祥教授《园林艺术及园林设计》中的定义是：

园林是由地形地貌与水体、建筑构筑物和道路、植物和动物等素材，根据功能要求，经济技术条件和艺术布局等方面综合组成的统一体。⑥

这是从现代造园意义上所下的定义，较详细地列举出造园的素材，并较全面地提出了功能要求、经济技术条件、艺术布局等造园的构成因素，但含义不够明确，很难反映出中国园林的特质。缺乏广阔的社会历史视野，尚未把传统园林文化纳入历史过程中考察。

彭一刚教授在《中国古典园林分析》中，从"园"与"庭"或"院"的区别作如下界说：

园"以人工的方法或种植花木，或堆山叠石，或引水开池，或综合运用以上各种手段以组景造景，从而具有观赏方面的意义，简言之就是赋予景观价值。而庭或院间或也点缀一点花木、山石，但究竟还不足以构成独立的景观。由此看来，凡园都必须有景可观，而没有景观意义的空间院落，即便规模再大，也不能当做园来看待"②。

这个定义所涉及的方面比较全面，其中包含着中国园林在形式上的特点。特别有意义的是，对"园"（园林）和"庭"（庭园）作了界说。但从文字的逻辑上容易误解，如从园林艺术的表现手段而言，除综合运用所列手段以外，前面 3 个"或"字，就意味着用其中任何一种手段或方法，只要"具有观赏方面的意义"，都能构成"园"林。这显然不是著者分析中国古典园林的本意，简言之很难说都能构成中国的古典园林，或者说构成具有传统风味的园林。再说园林和庭园的界定，具有园林意义的庭院，不在于庭院空间规模的大小，这是正确的，也是个重要的界定。但从"点缀一点"，"究竟还不足以构成"来说，似乎构成为园的庭，在于其表现物质手段的"量"的多少，如果理解不错，这就大可商榷了。如郑板桥（1693—1765）描写他的小院只不过是"一方天井，修竹数竿，石笋数尺，其他无多"，"构此境，何难敛之则退藏于密，亦复放之可弥六合也"（《郑板桥集·竹石》）。"庭园"也是个概念模糊的词，我们将在下一节"庭园今释"中专门论述。

杨鸿勋教授在《中国古典园林结构原理》中，对"园林"下的定义是：

> 在一个地段范围之内，按照富有诗意的主题思想精雕细刻地塑造地表（包括堆土山、叠石、理水的竖向设计），配置花木，经营建筑，点缀驯兽、鱼、鸟、昆虫之类，从而创作一个理想的自然趣味的境界。③

从前面所列举的历史上有关造园的目的与要求的那些材料来看，这个定义是较明确地说明传统园林艺术的含义的。说它明确，并不在于定义所列举的造园素材之多，而是提出园林创作的主题思想和创作成果具有什么样内容和性质。稍感不足的是："富有诗意"的主题思想，抽象而难于把握；"境界"一词较广，似不如"意境"之明确。一般讲"意境"是指艺术品本身，而"境界"则不仅用于艺术品，也可以指艺术家的创作对象和人心中的审美心境。这种差别，可见王国维《人间词话》中两段话：

> 夫境界之呈现于吾心而见于外物者，皆须臾之物。惟诗人能以此须臾之物，镌诸不朽之文字，使读者自得之。④

> 境非独景物也，喜怒哀乐亦人心中之一境界。⑤

"意境"是中国古典美学的一个重要范畴，"意境，不是表现孤立的物象，而是表现虚实结合的'境'，也就是表现造化自然的气韵生动的图景，表现作为宇宙的本体和生命的道（气）。这就是'意境'的美学本质"⑥⑥。

中国的"意境说"是以老庄哲学为思想基础的，所以刘致平教授在解释园林起因中，从园主的生活思想谈到老庄哲学的影响。若不了解"意境"的含义，可以说就不了解中国的造园艺术，前引郑板桥文，何以身居小院，而有"放之可弥六合（天地之意）"的境界，也就无法理解了。

下面我们将近年出版的辞书中列有"园林"条目的定义，抄录如下：

《美学辞典》："一切以模拟自然山水为目的，把自然的或经人工改造的山水、植物与建筑物按照一定的审美要求组成的综合艺术。"⑥⑦

这个定义明确了"园林"的创作主题思想和"园林"是一门综合性的艺术。但有语病。如果是自然山水，就无所谓按照人的一定审美要求去组成了，而"人化的自然"不能纳入园林的范畴，何况"园林"的人工山水，也并非是对自然的一种"模拟"，如苏州古典园林的所谓山水，更非是"人工改造的山水"。

《中国大百科全书》（建筑·园林·城规）中解释园林："在一定地域运用工程技术和艺术手段，通过地形（或进一步筑山、叠石、理水）、种植树木花草，营造建筑和布置园路等途径创作而成的美的自然环境和游憩境域。园林包括庭园、宅园、小游园、花园、公园、植物园、动物园等，随着园林学科发展，还包括森林公园、风景名胜区，自然保护区或国家公园的游览区以及休养胜地。"⑥⑧（着重号为笔者所加）

这是我国当前对"园林"一词权威性的解释了，文字通俗，包罗万象。意深而难解，如"美的自然环境"似无须通过"等途径创作而成的"，自然界里就客观存在着。人工创作的美的环境，已非自然环境。对园林的规模大小用"地域"和"境域"亦难理解。域，古作"或"，《说文解字》："或，邦也。"是指国家。通常理解，是指范围较广的一定疆界内的地方，如疆域、领域，汉时称新疆中亚一带为西域等等。用"域"来界定园林，对定义中的"庭园、宅园、小游园、花园"等等岂非大得不当。从"园林"所包括的类型来看，小到庭园，大到自然保护区和休养胜地，百思不得其解，想来这里的"园林"是作"造园"一词来用的吧？若猜测不错的话，这就不够科学了。因为任何一门与生产实践密切相关的科学，都是从社会实践中探索事物历史发展的内在的客观规律性；即使在我国古籍和有关文献资料中，从实践角度讲"园"的建造时，都用"造园"而不用"园林"一词。例言之：

元末明初·陶宗仪《曹氏园池行》：

浙右园池不多数，曹氏经营最云古。我昔避兵贞溪头，杖履寻常造园所。

明代·周晖《金陵琐事》：

姚元白造园，请益于顾东桥，东桥曰：多栽树，少建屋。

明末·郑元勋《园冶·题词》：

古人百艺，皆传之于书，独无传造园者何？曰：园有异宜，无成法，不可得而传也。

清初·李渔《闲情偶寄》：

然叠石造园，多属缙绅颐养之用。

清·钱泳《履园丛话》：

造园如作诗文，必使曲折有法，前后呼应，最忌堆砌，最忌错杂，方称佳构。

这些多为研究园林所常见的资料。最显易的比喻，造园之与园林，就同建筑与房屋（建筑物）的关系，造园与建筑是动名词，含有实践的意义；园林和房屋是名词，是实践的结果，是一种以物质形态所体现的文化成果。

我认为，用"园林"一词替换"造园"，含义既不准确，也无意义，还会造成概念上的混乱，《中国大百科全书》在"庭园"条解释中，就与"园林"的解释产生矛盾，而无法说清楚。

国内对"园林"的定义已大致如上所列。再看看西方的情况，就以美国西蒙德（John Ormsbee Simonds）所著的《景园建筑学》来说，这是一本近年来在我国建筑、园林专业中很受欢迎的书，20世纪80年代由台湾成功大学学者王济昌译成中文。景园建筑的英文是 Landscape Architecture，童寯先生生前所著《造园史纲》中译为"园景建筑学"。陈植先生曾著文介绍："Landscape Architecture 一词，始见于 1828 年英国孟松氏（Laing Meason）《意大利画家造园论》中，今已成为造园国际通用的英文术语，将此英文术语与中文术语通译系于 20 世纪十几年代中期由日本东京帝国大学农学部权威教授、林学博士本多静六与农学博士原熙两教授共同参照我国《园冶》一书研究决定的。"⑰ 说明中国和日本所用"造园学"术语，即国际上所通用的"景园建筑学"。1860 年"园景建筑"这词确立后美国于 1899 年成立全国性的"美国园景建筑家协会"American Society of Landscape Architecture。1948 年国际景园建筑家联合会成立，International Federation of Landscape Architecture，并在伦敦召开首次会议。⑱

据《景园建筑学》译者序："按，景是含有雅趣的形式，园是种植花木果蔬的地方。既是含有雅趣的形式，当是可供观赏的事物；既是有花木果蔬的地方，当是可供玩乐的所在，将 Landscape Architecture 译为景园建筑学，窃以为是恰当的。译者文中不用"园林"一词，可见在国外并不通用，但把《园冶》、《造园学》均纳入景园建筑学之中。据《景园建筑学》可说明几点：

（1）西蒙德在《景园建筑学》序中就这门学科的内容说，"凡在大自然中计划一个结构、一种花园、一个公园"等等，是包含一切类型的园。

（2）Landscape 意思是指陆地上的风景，Architecture 是建筑学，组合成一个词"LA"，这个词的产生不是始于造林和园艺，而是从建筑环境的绿化美化开始。如英国哲学家培根（Francis Bacon，1561—1626）早就在《论造园》（*Of Gardens*）一文中说："文明人类先建美宅，营园较迟，可见造园艺术比建筑更高一筹。"⑲造园是环境的规划设计，需把握的空间范围较大，如公园、风景区，在艺术上较之有限视界的建筑要求更高、更难些。

（3）景园建筑学（造园学）内容包含中西造园的所有类型，"园林"是类型之一，是中国具有独特民族风格的和高度艺术成就的，并对世界造园有深刻影响的一种"园"的文化类型。"园林"为中国所特有，就如中国艺术哲学中的"意境"一样，是中华民族优秀的传统文化中精华的东西。无须妄自菲薄，去给它找个什么国际通用的名字，更无须把园景建筑改成园林建筑，于是乎就国际化了。

（4）西蒙德在《景园建筑学》序言中说明，他在著作中借用了许多建筑师和城市规划师的知识，这说明景园建筑师不同于建筑师和城市规划师，但在专业上的联系是非常密切的。

笔者是建筑师，30 余年一直从事建筑、城规、造园设计和理论教学，也做过一些设计方面的工作。深有体会的是：如果我没有建筑和规划的专业知识、修养、技能和设计的经验积累这样的一些基础，在中国造园学的研究中，面对浩瀚的造园史料，不是从造园的创作实践角度，只从文字本身去理解，我是写不出什么造园理论著作的。《园冶注释》一书，其中有的关键词句的译文，不仅不够准确，有的甚至同原义相反，大概就是望文生义的缘故。中国古典画论，多有真知灼见，论画者多是画家也。《园冶》的著者计成，在他成为造园学家之前，他首先是个著名园林规划和设计的专家。写这一段的意思，只是想说明，在中国造园学学派（如果有派的话）中，那种否定建筑和建筑学在造园学中的意义的观念，是无助于造园科学的发展的。

所谓"园林"，各家定义的说法虽然不同，但还是有共同之处的，只是缺乏公认的科学定义。正如列宁曾经指出的：

> "太简短的定义虽然很方便，因为它概括了主要内容，但是如果你要从定义特别明显地看出它所说明的那个现象的各个极重要的特点，那就显得这个定义很不够了。因此，一方面要记住，所有一般的定义都只有有条件的、相对的意义，永远也不能包括现象的全部发展上各方面的联系……"⑳

任何事物及其相互关系，都是在变化发展的，反映它的思想上的概念，也同样会发生变化和转型。我们对"园林"的定义，不是为了说明历史上某个时期是怎样的，而是从社会历史文化发展的背景，说明"园林"在形成中的特点，既要有横向的视野，也要有纵向的视角和分析，有利于今天，也有助于明天对传统园林文化的理解。从上面的所有定义来看，都没把"园林"界定在"宅园"的范围，就说明在这一点上看法是一致的。

既然定义永远也不能包括现象的全面发展上的各方面联系和现象所包含的各种因素，我们就不必去更多地罗列它们。

既然所有的一般定义都只有有条件的、相对的意义，我们就要抓住中国"园林"不同于其他的"园"的内在的特殊本质，或者说概括出"园林"的主要内容和特点。

综合上述诸定义所给予我们的启迪，我认为"园林"的定义需包含3个方面，即园林创作的主题思想、创作的特点（手段和方法）、创作成果的特殊性质。

我对"园林"的定义是：

> **园林，是以自然山水为主题思想，以花木、水石、建筑等为物质表现手段，在有限的空间里，创造出视觉无尽的，具有高度自然精神境界的环境。**

恩格斯说得好："从科学观点来看，一切定义都只有微小的价值"，"可是为了日常的运用，这样的定义是非常方便的，没有它们有些地方就不行；假使我们不忘记它们不可避免的缺点，那么它们就无能为害。"⑳

三、庭园今释

"庭园"一词，在古代有关造园的史料中，限于笔者之孤陋，尚未见诸文字，望专家指教。但是具有景观意义的庭院却并非没有，只是不称之为"庭园"而已。这个词的来源，据日本冈大路《中国宫苑园林史考》"与园林有关的字义"一节中说：

> 想必是到了日本明治时代，翻译英语 *Garden* 和 *Park* 而成庭园和公园等词，作为术语而沿用下来。现在中国各地也用庭园和公园等词，书刊文章中都这样用，它们是从日语词引入的。[②]

中国用"庭园"这个词，是否从日本语引入，笔者未作考证，可备一说。但可说明的是，英文 Garden，在日本叫"庭园"，并没有把它和"园林"等同起来，这应是事实。

在我国，对"庭园"这个词的用法也不一致，从上节所引的园林诸定义中，就有两种界定不同的概念。如：

《江南园林志》：

"园之大者，积多数庭院而成，其一庭一院，又各为一'园'字也。"

《中国古典园林分析》：

"凡园都必须有景可观，而没有景观意义的空间院落，即便规模再大，也不能当做园来看待。"

两者都是指庭院，不同的是：前者指的是园林中的院子，后者则是指一般的庭院，即传统的宅院。在这两者之外，还有《中国大百科全书》中所列"庭园"条目的解释：

庭园（Courtyard Garden）

> 建筑物前后左右或被建筑物包围的场地通称为庭或庭院。在庭院中经过适当区划后种植树木、花卉、果树、蔬菜，或相应地添置设备和营造有观赏价值的小品、建筑物等以美化环境，供游览、休息之用的，称为庭园。"庭园"一词，现在一般指低层住宅内外，多层和高层居住小区中以及大型公共建筑室内外相对独立设置的园林。一般建筑绿化不称庭园。有些庭院或露地专门栽植、摆设、布置花卉的则称花园。

庭园的定义，确是难下，日本早将 Garden 译成"庭园"，已成通用术语，而我们古代又无"庭园"一词，但"庭"字则由来已久，且有确定的含义。要使定义能涵盖古今中外，既要有纵向视野，古今皆宜；又须有横向视野，中外适用，岂不难哉！

《中国大百科全书》的"庭园"条，首先对"庭或庭院"的含义，做出外延十分广阔的解释，即"建筑物前后左右或被建筑物包围的场地"，这"前后左右"的界定，方向明确，空间范围却是个模糊概念；被建筑物包围的场地，是封闭的还是开放的？定义在空间范围上，可以说包罗古今中外，从室内到室外，从个体建筑到组群，从街坊到小区；从空间性质上，既包括封闭的和私秘的，也包括开放的和公享的，如果都称为"庭"或"庭院"，这就离中国人对"庭院"的概念相去甚远，也不符合实际的工作情况，在城市规划中，无论是低层、多层、高层的居住街坊和小区，除划归住户专用的闭合的露天空间称为"庭院"（一般称院子）以外，此外所有的公用绿地（不论其规划内容如何），都不称之为"园林"。

定义说明"一般建筑绿化不称为庭园"，限定的条件，必须是"相对独立设置的园林"？就更加费解了。因为在同书中"园林"条明确"园林是包括庭院……"在内的，即庭园是园林的一种类型，也是园林之一。这句话是否可以说，庭园是"相对独立设置的庭园"？如果说"园林"一词与"造园"同义，那么，"相对独立设置的造园"，就不成其为中国话了。

庭园英译成 Courtyard Garden，这个中国化的英语词，也很难涵盖"现在一般指低层住宅内外，多层和高层居住小区中以及大型公共建筑室内外，相对独立设置的园林（Park and Garden）"的。

庭园，既与"庭"字相关，就不能离开"庭"这个字或"庭院"这个词义。

《说文解字》：

"庭，宫中也。"注："宫者，室也。室之中曰庭。""院（窦之或字）周垣也。"

《玉海》：

"堂下至门谓之庭。"

《新方言·释宫》：

"庭者，廷之借字，今人谓廷为天井，即廷之切音。"

庭或庭院，都是有墙垣和房屋围合的室外空间，亦称院落或庭除（庭前台阶下面的地方），诗曰：

> 白云生院落，流水下城池。（黄滔）
> 月移花影过庭除。（刘兼）
> 梨花院落溶溶月。（晏殊）
> 庭除常见好花开。（李成用）

中国庭院的空间构成特点：是木构架建筑体系，"由架而间，由间而幢，由幢组合成院，庭院沿轴线层层而'进'，'进'也就是室内外空间有机组合的基本单元，具有相对独立性，建筑空间与自然空间（指庭院）是互相融合的。'进'作动词解，表示空间的序列、层次、空间上的无止尽。这种空间平面的组合方式，是多向的、四方连续的结构，所以有无限的广延性"⑬。可见，中国的庭院不是个空间无界定的抽象概念，是与建筑不可分离地组合在一起的、有一定量的空间单位。同西方建筑的"庭院"有质的区别，西方是砖石结构建筑，空间上是集合的，是把"原来零散的因素结合成为统一体"（亚里士多德语），强调建筑体量的可见性与"整一性"，建筑空间与自然空间（"庭院"）是相对独立的，互相对峙而非融合的。在这样的"庭院"空间里造园而称之为"庭园"的话，根本不同于中国的"园林"。因为中国的园林是独立的空间整体，不论是唐宋时代与住宅分离，还是明清时代与住宅的结合，同庭院都没有直接的联系，更非是庭院的组成部分。

苏州的"残粒园"小得只有百余平米（12×10m），仍然是住宅中的一个独立的空间部分，而不是在庭院里所造的园（参见图1-2 苏州装家桥吴姓住宅及残粒园平面空间组合、图1-3 扬州永胜街某宅鸟瞰、图1-4 扬州永胜街某宅居住与庭园平面空间组合）。这就足以说明，将"园林"和"庭园"看成为同一性质或类型的"园"，都不合乎中国的实际情况，也不符合中国人对"庭"的一切组合的词的概念。

按照中国"庭"的字义，"庭园"可以简单地解释为：是具有造园意义的庭院，或者说是具有景观意义、景观价值的庭院。这恐怕是不会引起中国人误解的吧！

问题是，中国是否存在有这样的庭园呢？回答是肯定的，不仅存在，而且还不止一种类型。童寯先生所说的园林中的庭院，毫无疑问地就可称之为"庭园"，这种"园中之院"，其意义就如同皇家园林中的"园中之园"一样，是园的组成部分，也是庭院。如苏州拙政园西南角"枇杷园"后的"海棠春坞"小院，小小庭院。槐阴匝地，院中只点缀了一点竹石，不仅是清幽雅洁，庭院在空间上给人以无尽的情趣，形式虽然端方、空间则曲折而富于变化，具有很高的艺术性(参见图1－5苏州拙政园海棠春坞庭院小景)。

"海棠春坞"小院，如果只从景物"量"的多少来评价，整个庭院只两间小舍，数块顽石，几竿修竹而已，但从整体的空间环境来说，是个很有景观意义的院落，如何不能当做园来看待呢？(具体分析在以后的有关部分展开)

如果说，这本是"园中之院"，不是一般庭院的话，除了前面已经讲过的郑板桥小院，再以明张岱《陶庵梦忆》中的"不二斋"为例：

　　不二斋，高梧三丈，
翠樾千重，墙西稍空，
腊梅补之，但有绿天，
暑气不到。后窗墙高于

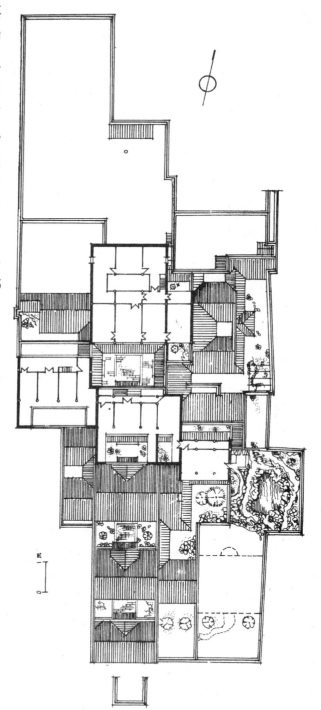

图1-2　苏州装家桥吴姓住宅及残粒园平面空间组合

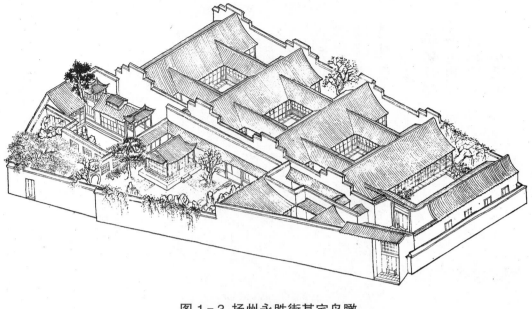

图 1-3　扬州永胜街某宅鸟瞰

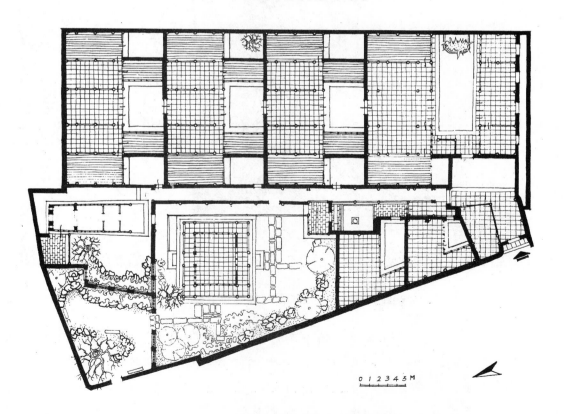

图 1-4　扬州永胜街某宅居住与庭园平面空间组合

中国造园论

苏州
拙政园
海棠春坞
庭院修篁
一丝湖石
数块境出
具空间高
趣余今
邱瞵

海棠春坞小景

图 1-5 苏州拙政园海棠春坞庭院小景

槛，方竹数竿，潇潇洒洒，郑子昭"满耳秋声"横披一幅。天光下射，望空视之，晶沁如玻璃、云母，坐者恒在清凉世界。图书四壁，充栋连床，鼎彝尊罍，不移而具。余于左设石床竹几，帷之纱幕，以障蚊虻，绿暗侵纱，照而成碧。夏日，建兰、茉莉、芗泽浸入，沁人衣裾。重阳前后，移菊北窗下，菊盆五层，高下列之，颜色空明，天光晶映，如枕秋水。冬则梧叶落，腊梅开，暖日晒窗，红炉毷氉。以昆山石种水仙列阶趾。春时，四壁下皆山兰，槛前芍药半亩，多有异本。余解衣盘礴，寒暑未尝轻出，思之如在隔世。⑭

"不二斋"的大致情况，从"槛前芍药半亩"来看，庭院亦不算大，大概是"三间两柱，二室四牖"的小斋，也是惟一的建筑。有后窗又讲有北窗，想来小斋非坐北朝南，多半是背西面东，因张岱（1597—1679）是晚明时绍兴人，明亡后避居山中，从事著述，所忆均江浙一带生活之故。他以清新而富有诗意的笔法，从外部空间（庭院）写到内部空间（小斋），又从内景观照到外景，时历春夏秋冬，环境之清幽，从审美的感受上，虽未如郑板桥"放之可弥六合"与天地相往来的精神境界，却用"解衣盘礴"，"如在隔世"抒发出旷士幽人的情怀。

这个庭院的景物也很少，院中只一株高梧（梧桐，亦称青桐），后窗外数竿方竹（竿方形之竹，亦称四方竹）外，四时花卉而已。这样庭院不仅有景观的意义，而且富有自然精神的空间"意境"。所谓"意境"的形成，不在景物之多少，但要有景物，重要的是在于其整体空间环境的意匠。

文学家的描绘，写的是情中之景，景中之情，但必须有景，若无景物何以见景生情？张岱未讲如何具体布置，也不必去讲。他所描绘的景境，必然体现他的生活方式和对生活环境的审美观念和审美要求，当然也就具有他生活的时代性和当时文人的生活情趣和理想。对此，我们可以拿与他同时的、经历相似的文人文震亨的《长物志》序里的看法，作大致了解：

> 室庐有制，贵其爽而倩、古而洁也；花木、水石、禽鱼有经，贵其秀而远、宜而趣也；书画有目，贵其奇而逸、隽而永也；几榻有度，器具有式，位置有定，贵其精而便、简而裁也。⑭

其中，最关键词是一个"远"字，中国的山水画，论画者有高远、深远、平远的三远之说，"远"概括了山水画创作的"意境"，也概括了中国园林艺术创作的要求。中国园林不同于其他国家造园的特殊性，不论是外部的景物，还是内部的环境，都讲究空间上的"视觉无尽"，视觉无尽则"远"，"远"则达于无限。中国造园意境的美学本质就是表现老庄哲学的"道"，"远"之极致就通向"道"，也就是宇宙的自然精神。

"不二斋"小小的空间院落，意境的创作不能离开整体的空间环境，但却又可从一点突出地体现出来，那就是后窗的空间意匠，所谓"后窗墙高于槛"者，窗大概比例高而阔，类似中国画的"横披"，窗后定有隙地，故可种方竹数竿，从而室内构成一幅如郑子昭的"满耳秋声"图，画用耳听有联想生动之妙，但这是一幅活的有"生命力"的图景，并与窗后的天空流通而联系，正是这图景的"动"将有限的室内空间与虚"静"的外部的无限空间融合起来，使人从有限观照无限，达于无限，又归之于有限，这就是张岱之所以"解衣盘礴"，郑燮（板桥）之所以"放之可弥于六合"的道理。归根到底，是体现了中国人的与宇宙天地相往来，人与自然的统一和谐的传统精神。

一位西方学者说得好："在西方，人与环境间互相感应是抽象的，在东方人与环境间的关系是具体的、直接的，是以彼此之间的关系做基础的。西方人对自然作战，东方人以自身适应自然，并以自然适应自身。"⑮

可以说，不了解中国人与自然的这种统一的、和谐的传统精神，就不可能真正理解古典的造园艺术。

"不二斋"体现了这种精神，当然具有景观的意义和价值，应予以"园"来看待，称之为"庭园"，同一般的"庭院"、"院落"、"天井"相区别。

可见，中国的"庭园"有两种类型，一是园林中的庭园，二是住宅中的庭园。

住宅中的庭园，在明清时代不会很少，但见诸文字者不多。究其原因，庭园的主人多寒士，若建有园林，何必去庭中园之。但他们又多是有艺术造诣的文人墨客、诗人画家，寄情山水而胸有丘壑，既无买山力，只得庭而园之矣！并借文字以抒怀，故得以流传。

如果说，大中型园林在历史发展中的变化，是园中的庭院（庭园）增多，如苏州的拙政园、留园等，反映着城市人口集中，建筑密度的提高，园林生活化的趋势（这种生活变化《红楼梦》里大观园就有典型的描写）；那么，在住宅的庭院中进行景境的意匠，就反映出传统园林文化的发展与普及，城市市民生活园林化的倾向（当时文学作品《金瓶梅》、《聊斋志异》等都有此类生活环境的描写）。这种与住宅密切融合不会分离出来的庭院，当时人不会称之为"庭园"，是自然的事。

实质上说，"庭园"，是具有造园意义的庭院，就如说：建筑，是具有建筑意义的房屋一样，是同义反复，等于什么也没说。如果一定要给"庭园"定义的话，实际上已经包含在我们对"园林"的定义里了，但要略加空间和条件上的界定。

所谓庭园，就是在庭院的有限空间里，以花木、水石、禽鱼等物质表现手

段，创造出视觉无尽的，**具有自然精神境界的环境**。

在小小的住宅生活庭院里，不提"自然山水"的主题思想，是可以理解的，但已包含在成果的"自然精神境界"之中。不提建筑，庭院本身就是由建筑物围合的空间，非建筑围合的庭院，不是中国所称的庭院，开敞的无界限的非闭合的空间，多不能称之为庭院。

人们在习惯上如何使用"庭园"和"园林"是一回事，作为科学的专业术语则是另一回事，作为专门的术语应从事物的内在本质特性去界定。

我认为，园林，就是中国的园林，也只有中国为娱游观赏的可游可居之园才可称之为园林（明清皇家苑园，称为皇家园林，本质上也可以说是皇室私有园林，不详加讨论）。

庭园，有中国的庭园，它有自己的特殊性质和特殊的含义。庭园包括在中国造园之中，但"庭园"并不等于"园林"。如果说 Garden 汉译"庭园"已习惯地沿用了，在"庭园"的词义解释中，至少应对东西方"庭园"在本质上的不同特点加以界说。我不赞成将世界不同国家民族的传统文化抹杀，提倡什么"国际化"的倾向和做法，如果有这种倾向的话。

~~~~~~

注：

①狄德罗：《美之根源及性质的哲学研究》，《文艺理论译丛》，第1页，1958年第1期。

②所引论点均参见《建筑学报》1981年第5期所刊载的论文。

③马克思：《政治经济学批判·序言》，第3页，人民出版社，1964年版。

④张立文：《传统学引论》，第1～2页，中国人民大学出版社，1989年版。

⑤英国造园学家杰利克 G.A.Jellicoe 1954年在国际园景建筑家联合会维也纳第四次大会上的致辞说，世界造园史三大派是中国、西亚和古希腊。转引自童寯《造园史纲》，中国建筑工业出版社，1983年版。

⑥窦武：《中国造园艺术在欧洲的影响》。

⑦德国学者傅敏怡于1986年1月在上海召开的"首届国际中国文化学术讨论会"上的发言。

⑧《马克思恩格斯全集》，第8卷，第121页，人民出版社，1961年版。

⑨《说苑》，卷15。

⑩《多维视野中的文化理论》，第1页，浙江人民出版社，1987年版。

⑪〔英〕泰勒（Tylor, Sir Edward Burnett 1832～1917）。参见《多维视野中的文化理论》，第99～100页。

⑫C.克鲁柯亨和 W.H.凯利《文化概念》，参见《多维视野中的文化理论》，第119页。

⑬〔英〕马林诺夫斯基（Bronislaw Kaspar Malinowski, 1884—1942），参见《多维视野中的文化理论》，第

105 页。

⑭克鲁柯亨（Dlyd Kluckhohn，1905—1960)，参见《多维视野中的文化理论》，第 117 页。

⑮〔美〕怀特（Leslie White，1900—1975)，参见《多维视野中的文化理论》，第 239 页。

⑯〔美〕本尼迪克特（R.F.Benedict 1887—1948)，参见《多维视野中的文化理论》，第 125 页。

⑰林顿（R.Lenton)：《文化人类学入门》，1936 年，转引自《多维视野中的文化理论》，第 371 页，浙江人民出版社，1987 年版。

⑱〔美〕克罗伯（A.L.Kroeber，1876—1960)，转引自祖慰《快乐学院》，见《十月》1983 年第 5 期。

⑲〔苏〕卡冈（M.KaraH，1921—　），《作为系统的艺术文化》，参见《多维视野中的文化理论》，第 274 页。

⑳〔苏〕索科洛夫，见《苏联历史》，第 100 页，1984 年第 6 期。

㉑艾定增：《文化·文明·文脉》，载《建筑学报》，1989 年第 7 期。

㉒庞朴：《文化结构与近代中国》，《中国社会科学》，1986 年第 5 期。

㉓张立文：《传统学引论》，第 22 页，中国人民大学出版社，1989 年版。

㉔沙莲香：《文化积淀与民族性格改造》，《传统文化与现代化》，第 158～159 页，中国人民大学出版社，1987 年版。

㉕沙莲香：《文化积淀与民族性格改造》，《传统文化与现代化》，第 159 页，中国人民大学出版社，1987 年版。

㉖《后汉书·东夷传》，卷 85，第 2820 页，中华书局，1965 年版。

㉗张立文：《传统学引论》，第 3 页。

㉘㉙中国人民大学哲学系张立文教授已著作出版《传统学引论——中国传统文化的多维反思》一书。

㉚列宁：《哲学笔记》，《列宁全集》，第 38 卷，第 390 页。

㉛王杰：《传统文化的价值取向与主体价值问题》，见《传统文化与现代化》，第 86 页。

㉜张立文：《传统学引论》，第 33 页。

㉝张家骥：《试论建筑风格问题》，载《黑龙江日报·理论研究》，1962 年 7 月 14 日。

㉞康士坦丁诺夫：《历史唯物主义》，第 326 页，人民出版社，1957 年。

㉟马克思、恩格斯：《德意志意识意态》，《马克思恩格斯选集》。

㊱马克思：《经济学——哲学手稿》，第 54 页，人民出版社，1963 年版。

㊲㊳伽达默尔：《真理与方法》，第 229、230 页，辽宁人民出版社，1987 年版。

㊴〔宋〕郭熙《林泉高致》，《历代论画名著汇编》，第 65 页，文物出版社，1982 年版。

㊵〔美〕西蒙德《景园建筑学》，第 108 页，台隆书店，1971 年版。

㊶杨衒之撰、范祥雍校注《洛阳伽蓝记校注》，"序"，上海古籍出版社，1982 年版。

㊷㊸㊹㊺㊻《洛阳伽蓝记校注》第 62、201、196、146、158 页。

㊼西蒙德：《景园建筑学》，"译者序"。

㊽《洛阳伽蓝记校注》，第 100 页。

㊾《旧唐书·李德裕传》。

㊿《旧唐书·文苑传》。

51张家骥：《中国造园史》第五章第四节，"洛阳园林'无叠山'论"，黑龙江人民出版社，1987 年版。

㊼冈大路著、常瀛生译：《中国宫苑园林史考》，第8页，农业出版社，1988年版。

㊽宋祚胤：《周易新论》，第15页，湖南教育出版社，1985年版。

㊾张家骥：《中国造园史》，第二章第四节"秦汉苑囿的社会经济性质"，黑龙江人民出版社，1987年版。

㊿西蒙德：《景园建筑学》，第13、20页，台隆书店，1972年版。

57童寯：《江南园林志》（第二版），第7页，中国建筑工业出版社，1984年版。

58文震亨原著、陈植校注、杨超伯校订《长物志校注》，卷二，"花木·蔷薇·木香"，注〔三〕，第54页，江苏科技出版社，1984年版。

59刘致平：《中国建筑类型及结构》（新一版），第12页，中国建筑工业出版社，1987年版。

60陈从周：《说园》，第2页，同济大学出版社，1984年版。

61孙筱祥：《园林艺术及园林设计》，《绪论》第2页，北京林学院出版社，1981年版。

62彭一刚：《中国古典园林分析》，第14页，中国建筑工业出版社，1986年版。

63杨鸿勋：《中国古典园林艺术结构》，见《文物》1982年第11期。

64 65王国维：《人间词话附录》一六。《人间词话》六。

66叶朗：《中国美学史大纲》，第276页，上海人民出版社，1985年版。

67陈植：《对改革我国造园教育的商榷》刊《中国园林》1985年第2期。

68童寯：《造园史纲》，第55页，中国建筑工业出版社，1983年版。

69引自《造园史纲》，第1页。

70《列宁全集》第22卷，第258页，人民出版社，1958年版。

71恩格斯：《反杜林论》，第84页，人民出版社，1961年版。

72冈大路：《中国宫苑园林史考》，第8页。

73张家骥：《中国造园史》，第20页。

74《长物志校注》"序"，第11页。

75西蒙德：《景园建筑学》，第13页。

第二章　征服自然　顺应自然

——东西方的自然观念与中国的造园艺术

第一节　人与自然的辩证关系

　　人从动物分离出来进入历史，是从制造工具的劳动开始，恩格斯说："劳动创造了人类本身。"制造工具的行为，是有意识地按一定目的实现的行为。有意识的生活活动直接把人类和动物的生活活动区别开来。但无论是人类还是动物，生理上首先要依靠有机的自然来生活。马克思在《经济学——哲学手稿》中说：

　　　　人靠自然来生活，这就是说：自然是人类的身体，为了不致死亡，他必须始终和自然一道在连续不断的过程中。所谓人的物质和精神的生活和自然联系着，也就是说：自然和自己本身联系着，因为人类是自然的一部分。①

　　人类是自然的一部分，就是说：人在未从大自然中分化出来以前，和人类从动物中分化出来开始人类的历史以后，人与自然都是一个有机的整体。

　　固然动物也劳动，它们也生产，但同人类的生产有本质的区别，马克思曾举过很生动的例子，对理解建筑师和景园建筑师的劳动很有意义：

　　　　蜘蛛的工作与织工的工作相类似；在蜂房的建筑上，蜜蜂的本事，曾使许多以建筑师为业的人惭愧。但是最拙劣的建筑师都比最巧妙的蜜蜂更优越的，是建筑师用蜂蜡在构筑蜂房以前，已经在脑海里把它构成了。劳动过程终末时取得的结果，已经在劳动过程开始时，存在于劳动者的观念中，已经观念地存在了。他不仅引起自然物的一种形态变化，同时还在自然物中实现他的目的。②

不仅是蜘蛛、蜜蜂，还有海狸和蚂蚁它们构筑巢穴的本领，那空间结构之巧，绝妙得实在令人惊叹。但正如马克思所说的，它们没有观念上的"建筑蓝图"。它们的这种本领，是以某种遗传信息的方式存在于群体的遗传记忆中，是一种本能的直接的物质需要的生产，也就是马克思说的"动物只在直接的物质需要的统治下生产，而人类本身则自由地解脱着物质的需要来生产，而且在解脱着这种需要的自由中才真正地生产着"③。建筑师的劳动是智慧的创造性劳动，建筑生产是社会的普遍的生产。动物只是片面地生产着自然本身，人类则再生产着整个自然。

动物的生产不改变自然，总是处在自然生态的平衡运动之中，并以"食物链"的方式保持着大自然的永恒的循环的运动。如果它们的自身生产超出了它们所赖以生存的自然环境与条件时，甚至于只有采取无情的自我淘汰来保持其繁衍生存。北欧的旅鼠就是个很有意义的自然现象。

旅鼠，产于北欧瑞典和挪威某些深山密林中，是全身浅棕黑色有白色斑点的一种鼠类。身长约15厘米，以树根、野草、苔藓植物为食，繁殖力非常强，每年可产八胎，每胎六七只；产下的小鼠一个半月即成熟繁殖。因此，几十对旅鼠数年间就能繁殖出数以十万计的旅鼠。在其生活地区，到达"鼠口爆炸"的时候，由于食物困难就难以生存。

旅鼠为了生存繁衍，不至绝灭，每隔五六年大部分旅鼠出走，往往多达十万、百万计，蜂拥而出，漫山遍野，进行一次集体自杀的长途旅行。一往直前，不管天上成群的鹰鹫，地上的野狗、狼群的啮啄残食，绝不逃避，也不回头，过溪沼沟渠，淹死者填满沟壑，后继者踏尸而进，遇大江大河，直到全部溺死为止，真可谓毫不畏惧地走向死神的怀抱。这是自然界"自我淘汰"的一种特殊显例。

但人类的生产，是改造自然，生产着大自然本身所不能产生的东西。并且人在改造自然的同时改造着自己，使人类不断获得征服自然的能力，使得人的生活水平不断地提高。"并且人类越是比动物宏阔，那么，他借以生活的非有机的自然范围也越加广阔"④，但是，"人类是自然的一部分"，同样，也不能不受到自然规律的制约，对自然的任何改造，都意味着对大自然的某种破坏，只要人的活动与大自然和谐协调时，或者这种活动不致干扰大自然的自新循环，那么自然的生态就继续处于平衡状态。如果人口的增长和人类的活动达到足够破坏大自然的均衡时，就必将受到大自然的报复和惩罚。

6000 年前的幼发拉底河流域，由于当时灌溉技术的发展，曾使沙漠变为良田，兴起了古巴比伦（Babylon）的文明。但也因此引起地下水位的提高，使土地盐碱化，以致荒芜，使巴比伦文明成了历史上的遗迹。

中国的古代，在人与自然的关系上，是强调客体的自然万物与主体人原来就是一体，自然就是人，人就是自然，人与自然融合为一，应是一种和谐协调的关系。这种"天人合一"的精神，反映在春秋战国时期的城市建设上，很重视城市与农村在生产上的配合关系，如《管子·八观篇》："夫国城大而田野浅狭者，其野不足以养民。""凡田野，万家之众，可食之地方五十里，可以为足矣。万家之下，则就山泽可矣。万家之上，则去山泽可矣。"这是从当时生产力发展水平来说的。

到中世纪，中国人对人与自然的关系有了进一步的认识。唐代的韩愈提出人自身的生产和人对自然的索取要与自然相适应的观点。他说：

> 物坏，虫由之生；元气阴阳之坏，人由之生。虫之生而物益坏，食啮之，攻穴之，虫之祸也滋甚。其有能去之者，有功于物者也；繁而息息者，物之仇也。⑤

韩愈（768—824）认为，虫对物体的啮食、攻穴的祸害，犹如人之垦田野、伐山林、凿水泉、疏河流，开山冶金、大兴土木等等，对天地自然界的祸害是一样的，甚至比虫害更甚。所以，他说：

> 吾意有能残斯人使日薄岁削，祸元气阴阳者滋少，是则有功于天地者也；繁而息之者，天地之仇也。⑥

减少人口的增长繁衍，而且能"日薄岁削"逐年减少，也就会减少对天地自然的祸害，是有功于天地的。反之，如人的生育不加节制，任其繁衍增长，便是天地的仇敌了。

在一千多年前，韩愈就已意识到人对自然的索取应是有限量的，自觉地提出减少人口的看法是很有远见的。他在封建社会盛期提出这种看法，显然是同中国的"不孝有三，无后为大"的传统观念相抵触，因而未能引起人们的注意和重视，甚至遭到柳宗元等人的批判，如果这还可以理解的话，那么，在一千多年以后，20 世纪中期，马寅初教授提出控制人口的生产这样一个非常现实而又严重的问题时，仍然遭到比韩愈所遭到的更为激烈的政治批判，就难以理解了。⑦这 10 多亿人口的历史重负，将压得数代人透不过气来。

现代工业的高速发展，给人类带来前所未有的文明，但也给自然界带来巨大的祸害，以至愈来愈严重地危及人类自身的生存空间环境。仅据一般的资料而言，地球上 1/3 的土地是贫瘠的，而世界森林资源在迅速枯竭。人类每小时就失去 3000 英亩的热带森林。由于滥伐森林，尼泊尔的地表在流失，洪水泛滥成灾，毗邻的印度农田在遭到毁坏……

由于这种直接的破坏，以及消耗的大量能源，又造成大气层中二氧化碳的含量不断增加，造成"温室效应"，全球气候转暖，从而又加速冰雪的融化，导致海平面上升，拉丁美洲的海地正被冲蚀为海，波蚀海浸等将会成为人类的灾害和浩劫。

这种到处暴露出来的连锁反映，正证明宇宙有机体的统一性、自然性、有序性与和谐性这一古老的中国的传统的哲学思想。如英国著名的科技史学家李约瑟所指出的：

> 当希腊人和印度人很早就仔细地考虑形式逻辑的时候，中国则一直倾向于发展辩证逻辑。与此相应，在希腊和印度发展机械原子论的时候，中国人则发展了有机宇宙的哲学。⑧

英国著名的历史学家汤因比（Arnold Joseph Toynbee，1889—1975）用法国古生物学家、地质学家泰亚尔·德·夏尔丹（Teilhard De Chardin，1881—1955）创造的"生物圈"（biosphere）一词，指出地球上生物有机体能够存活的空间区域——只占地球表面的一个薄层，其范围大致相当于自海面下 1 万米、地表下 300 米至地表上约 15 万米的大气层，即生物圈虽然是限定的，但并不是自足的。

> 生物圈在其容积上是严格有限的，因此，它仅包含储量有限的资源，这些资源是各个生物物种为了维持其本身而必须汲取的。有些资源是可以更新的；其他则是无法弥补的。任何物种如果过分汲取了它可以更新的资源，或者耗尽了无法弥补的资源，都注定会使自己灭亡。在地质记录中曾留下遗迹而现已灭绝的物种，与现在仍然存在的物种相比，其数量大得惊人。⑨

> 生物圈借助于一种巧妙的自我调节和自我维护的力量平衡而生存着、延续着。生物圈的各个组成部分是互相依赖的；而人类正如生物圈目前的

任何其他组成部分一样，依赖它本身与生物圈的关系。⑩

人们已经认识到西方现代工业社会，虽在"征服自然"方面创造了奇迹，但那种主体人只追求客体自然满足人的需求，而对自然无限定索取的前景，"看来仿佛人类将不能挽救自己免于自身的恶魔般的物质权力和贪婪的报应!⑪

人作为自然的一部分，人与自然的关系，既有着冲突斗争，也有和谐与合作。恩格斯在《自然辩证法》一书中就曾说过：

> 自然界中死的物体的相互作用包含着和谐与冲突；活的物体的相互作用则既包含有意识的和无意识的合作，也包含有意识的和无意识的斗争。因此，在自然界中决不允许单单标榜片面的"斗争"。但是，想把历史的发展和错综性的全部多种多样的内容都总括在贫乏而片面的公式"生存斗争"中，这是十足的童稚之见。⑫

如果说，中国的人与自然的协调和谐的观念中，对自然征服的精神不足，而西方的人与自然单方面索取的观念中，强烈地征服自然的精神已直接地导致危及人类自身的生存。这种意识也都说明人类更加深入地认识自然界的一个普遍规律：

> 我们一天天地学会更加正确地理解自然规律，学会认识我们对自然界的惯常行程的干涉所引起的比较近或比较远的影响。……人们愈会重新地不仅感觉到，而且也认识到自身和自然界的一致，而那种把精神和物质、人类和自然、灵魂和肉体对立起来的荒谬的、反自然的观点，也就愈不可能存在了。⑬

第二节　中国造园的自然精神

> 一个民族的文化，都是由它的精神本性决定的，它的精神本性是由该民族的境况造成的，而它的境况归根到底是受生产力状况和它的生产关系所制约的。⑭

> ——普列汉诺夫

东西方的造园，都要求自然，如英文 Landscape Gardening 汉译"庭园布置"，就有模仿天然景色的意思。我们在园林的定义里，用"高度自然精神境界"对传统造园的艺术精神所作的概括，这一概括根据什么？未及展开加以阐述。在前一节"人与自然的辩证关系"中，谈到中国与西方对自然的价值观念不同，西方人与自然是一种相对、相斥、相离、相敌的关系，人的最大愿望就是控制自然、战胜自然、征服自然。中国人与自然是一种相亲、相近、相合、相融的关系，即人与自然的和谐，重"天道"与"人道"的统一，强调"与浑成等其自然"，"万物与吾一体"，物与我与自然，交融而符契，这是一种深层的感情和精神上的交流。如铃木大拙所说：

> 东方人"他们热爱自然爱得如此深切，以致他们觉得同自然是一体的，他们感觉到自然的血脉中所跳动的每个脉搏。大部分西方人则易于把他们自己同自然疏离。他们认为人同自然除了欲望有关方面之外，没有什么相同之处，自然的存在只是为了让人利用而已"⑮。

东西方的这种差异，是与中西方的经济结构、政治结构和地理环境等有着密切的联系。近年中西方比较文化研究日兴，借有关资料综合概要地加以阐述，有助于对中国传统造园艺术精神的深入了解。

> 中国地处东亚大陆，东南濒临大海，西北横亘沙漠，西南耸立高山，与外部世界的交往联系比之海洋民族的希腊、罗马、斯堪的纳维亚，要困难得多。这种半封闭的大陆地理环境曾给中华民族以生殖繁衍之利，免受埃及文化因亚历山大的占领而希腊化、罗马文化因日耳曼人南侵而中断之灾，当雅利安人越过山口而进入印度时，他们面对高耸入云的世界屋脊，只有望洋兴叹，而不可能入侵中国。这就形成了一种与海洋民族外向不同的大陆民族内向文化心理⑯。

大陆的地理环境，为农业经济生存与发展提供了有利的得天独厚的条件，而气节有序、耕作有时、安定而有节奏的自给自足的田园生活，使人们依赖自然，顺应自然，与自然建立了一种亲和而和谐的关系，以及对自然生命活力的深切情感。《庄子》："山林与！皋壤与！使我欣欣然而乐与！"⑰是人与大自然在精神上的愉悦和融合。而《老子》："人法地，地法天，天法道，道法自然。"⑱即人取法地，地取法天，天取法"道"，"道"纯任自然。把人与自然的关系看成是有序的统一体。从而凝聚为中国传统的人与自然统一和谐的观念。

这种统一的、有序的、和谐的整体观念。反映在科学技术方面，也具有中国民族性的特点，如祖国的针灸、气功等，过去只知其"所当然"，而不去追求

中国造园论

其"所以然"，而被人认为不科学的事，今天已为生理学、生物化学和医学方面的专家用最新的科学成就，如信息和全息理论说明了针灸穴位与全身生理结构的关系。祖国医学的统一整体观念的"辨证施治"的诊断方式，最近已为上海医学界的专家们通过实验解剖证明其科学的意义与价值。中国古代哲学中，整个自然界是被当做生命不息（包括人在内）的运动变化去观察的，而这种思想和观察方法，同中国的医学有着直接的联系。现代的西方科学家们认为：

> 由于现代自然科学揭示了宇宙是一个不可分割的有机整体，在中国古代的自然科学和哲学可以找到它的历史雏形，因而一些现代科学家从中国古代自然科学和哲学中寻找发展自然科学的启示。美国科学家 *R.A.* 尤利坦在《中国传统的物理和自然观》一文中说："当今科学发展的某些倾向所显露出来的统一整体的世界观特征，并非同中国传统无关。完整地理解宇宙有机体的统一性、自然性、有序性、和谐性和相关性是中国自然哲学和科学千年探索的大目标。"[19]

中世纪的欧洲处于宗教统治的黑暗时代，而中国不仅在文学艺术方面而且在科技方面不断涌现出群星灿烂的科学家和发明家，出现举世公认的名著《本草纲目》、《齐民要术》、《天工开物》、《梦溪笔谈》和世界上最古老的一部造园学专著《园冶》等等，对中国文化和世界文化都是杰出的贡献。

"没有希腊文化和罗马帝国奠定的基础，也就没有现代的欧洲。"[20]

古代希腊的地理环境和自然条件与中国殊异，半岛的土地贫瘠，农业衰败，不适于农耕而利于海运，多从事海上贸易的商业活动。海洋的瞬息万变令人莫测，狂涛巨浪的自然威力令人震惊，人们在感情上，对土地、海洋恐惧而疏远，精神上为生存而向自然拼搏去冒险探求；"而基督教认为大洪水之后出现的山峰，破坏了造物主的完美，将山视为自然界的羞耻和病态，更加剧了对自然的恶感"[21]。所以，西方人把自然看做凌驾于人之上的神秘崇拜对象，或者把自然看做是"可恶的敌人"[22]，人与自然的关系是对立的、疏远的、仇视的，人的意愿就是去战胜自然，征服自然。

在社会结构上，中国以家族为本体的小生产自然经济的特点，就要求在同一空间区域内，达到安定的长期共存的目的，因此，原始氏族以血缘关系为基础的制度、风俗、观念、意识大量地存留和沿袭下来，血缘关系就成为一定区域的家族之间，家族成员之间维系的纽带。这种建立在"以农为本"基础上的宗法制度，对中国传统的精神文化有很深刻的影响。这又同古希腊是不同的，氏族社会的传统、遗迹在希腊进入奴隶社会以后就被彻底清除了。恩格斯在《家庭、私有制和国家的起源》一书中，很具体地阐明了雅典的奴隶制民主国家在形成的过程中"部分改造氏族制度的机关，部分地用设置新的机关来排挤掉它们，并且最后全部以真正的国家权力机关来取代它们"[22]，直到氏族血缘关系和制度的残余被消灭。人与人的关系是和血缘无关的公民之间的政治法律关系。而在中国既是政治法律关系，又是宗族血缘关系，两者完全合而为一。儒家所倡导的人际间的和谐感情，就是一种和社会政治伦理道德合一的社会性感情，重视个体与群体的和谐统一。这种合群、友爱在古代艺术中那种"感荡心灵"的社会性感情表现达到极高的水平。同西方人际关系的冷漠、无情、孤独、为金钱所异化的感情形成强烈的对比。这正是孔子之所以引起当代西方哲学家和艺术家感兴趣的原因。应该看到在封建统治下这种强调群体的社会性感情，却又成为压制个性自由发展的精神桎梏。

　　道家揭露儒家为仁义道德所蒙上的一层温情脉脉的面纱，憎恶社会的种种虚伪罪恶现象，主张超脱一切功利，竭力要从大自然中求得个体生存和自由发展，达到所谓"天乐"的境界。但过分强调天道自然无为，忽视人的主观能动性作用，而不同于西方对宗教的迷狂和求真求知的探索精神。

　　这两种文化没有绝对的优劣，而是各有优劣。早在春秋战国时期，中国人就摆脱了神的阴影，如老子哲学中的"道"，"'道'作为规律来看，是不脱离物质的；作为物质来看，它又是离不开有规律运动的；规律和物质就这样变成了同一范畴——'道'，用不着区分开来"[23]。但不论怎么看，"道"作为哲学范畴提出，总是企图摆脱超自然的力量，或从上帝的意志中去寻找世界统一性的束缚，是对宗教世界的挑战。

　　因此，中国没有西方那种长达2000年之久的自然神秘论体系，而使中国在中世纪成为人类文明的第二个高峰。历史是辩证的，正如鲁迅先生在他早年所写的《科学史教篇》和《文化偏至论》等文章中，认为近代西方发达的科学成就，又正是基督教文化的结果。可以说，中国的偏于人伦的、实用的、"天人合一"的文化，在自然天地万物的静谧、有序、安适的情况下，与中国宋代以前的文明发展相适应，人们对自然的挑战能够做出成功的回应。但由"天地万物本吾一体"的文化，造成中国人观察世界的朴素辩证的整体观念，在哲学、美学及艺术理论中，注重直觉体悟的思维方式，尤其在人与自然的矛盾运动中，趋于追寻对立面的统一，而不注重从对立面的斗争中去深入揭示其本质的规律；在涉及社会伦理范畴时，满足于现实存在的合理性，而很少去探索现实存在的不合理性。正如恩格斯所指出的：

> 在发展的进程中，凡从前是现实的一切，都会成为不现实的，都会失掉自己的必然性，失掉自己存在的权利，失掉自己的合理性。㉕

中国历史上朝代的不断更替，加之落后民族的统治，社会生产力遭到严重的破坏、恢复、兴盛、再破坏……所以自元明至清，中国传统文化在自然和西方文化的挑战面前，也就愈来愈失去成功回应的能力了。如果说"天人合一"的观念影响形成："中国传统思维方式一方面具有朴素的整体和辩证思维的优点，又存在着笼统思维、偏于直觉体悟、忽视实际观察和科学实验、轻视分析和逻辑论证等缺点。因此，它一方面注意从总体、运动和联系的角度看问题，具有整体系统思想的萌芽；另一方面又不能充分认识整体的各个细节，使人们容忍思想的朦胧性、概念范畴的不确定性，以至忽视科学的理论体系的建立。"㉖的确中国古代有非常丰富的美学思想和精辟的论点，却没有一部如西方广博精深、逻辑严密的系统美学著作。世界上最早的造园学专著《园冶》也正由于缺乏逻辑论证和科学的理论体系，太重审美感兴和文学趣味而难于理解。这种对思维方式特点的分析，在意识形态特别是对艺术理论来说，无疑是深刻的。

但推而广之，对整个中国的传统文化言，认为整体性是中国传统思维方式的惟一特征，就难以理解了，古代科技史大量成就则说明并非如此。如中国古代天文学，奥利维耶曾指出，公元 1500 年以前出现的 40 颗彗星，其近似轨道几乎全部来自于中国的观测。巴耳代也说过："彗星记载最好的当推中国的记载。"㉗《五星占》给出秦汉之际金星与土星的会合周期比现测值仅小 0.48 日和 0.09 日。数学上祖冲之圆周率演算求出第七位有效数，为世人所知。李时珍《本草纲目》收药 1892 种，其先进性就在于"析族、区类、振纲、分目"的科学分类上。早在春秋战国时，《考工记》中有世界上最早的一份铜锡合金配方表，经分析，大体上正确地反映了合金配比规律等等。可见，如把中国传统文化一概认定为笼统而不精确也并不科学，这是值得认真研究的问题。㉘

就是认为"直觉体悟"的思维方法不合科学精神的看法，我看也并不合乎事实，即使在逻辑思维领域也不排斥直觉体悟，更不用说是艺术了。德西迪里厄斯·奥班恩（Desiderlus　Orban，1884—?）在《艺术的涵义》一书中，列举中国写意画后说：

> 那些不能被解释或者甚至不能完全描述的东西，就是作品的精神。我
> 们西方人感激东方的艺术和东方人的思维方法发现了这种精神，因为千百
> 年来西方人总是把精神的和神的看成同义语。[29]

近年一位美国音乐家，在称赞中国的青年小提琴演奏家在国际琴坛上取得
辉煌成就时说：

> 使我感触特别深的是，中国传统文化熏陶，使那些最好的中国小提琴
> 手们对富于诗意的表达具有着异乎寻常的直觉，他们对音乐的理解非常深
> 刻。这在其他许多国家的年轻琴手中是很难见到的。[30]

可见，感性直觉这种不必进行推理分析、心灵就能直接领会到事物真相的
能力，绝非愚昧无知者所能领会的和真正具有的能力，这种能力是以长期的知
识积累所获得的深厚修养为基础，对事物的理解愈深刻，心灵所能直接领会到
的事物真相也就愈深入。

中国的道家思想注重直观的思维方式，具有审美特征，对创造灿烂的民族
文化艺术有深刻的影响。庄子的"天地与我并生，而万物与吾为一"[31]的世界
观，认为，世界及其规律是绝对的、无限的、永恒的、伟大的，他对大自然的
崇拜五体投地，而发出由衷的赞叹：

> 吾师乎！吾师乎！齑万物而不为义，泽及万世而不为仁，长于上古而
> 不为老，覆载天地刻雕众形而不为巧。此所游已。[32]
> 夫道，覆载万物者也，洋洋乎大哉！[33]
> 夫道，于大不终，于小不遗，故万物备。广广乎无其不容也！渊渊乎
> 其不可测也！[34]
> 庄子将死，弟子欲厚葬之。庄子曰："吾以天地为棺椁，以日月为连
> 璧，星辰为珠玑，万物为赍送。吾葬具岂不备矣，何以加此！"[35]

《庄子》的这些话，集译之就是：我的大宗师啊！我的大宗师啊！调和万物
却不以为义，泽及万世却不以为仁，长于上古却不算老，覆天载地、雕刻各种
物体的形象却不显露技巧。这是游心的境地啊！道是覆载万物的，浩瀚广大啊！
道，对于任何大的东西都不穷尽，对于任何小的东西都不遗漏，所以具备在万
物内。广大啊，无所不容，渊深啊，不可测量。庄子快要死的时候，弟子们想

厚葬他。庄子说："我用天地做棺椁，用日月做双璧，星辰做珠玑，万物做殉葬，我的葬礼还不够吗？还有什么比这更好的!"

庄子对大自然是采取一种"乘物以游心"，"独与天地精神相往来"的审美态度，把主体的我与客观的自然之"道"相融合，而且把大自然本身看成是有人的情感的东西（物自有情），把自然美人间化、现实化，追求人与无限的自然合一，充分表现了人与自然的和谐和统一。道家这种身与物化、乘物以游心的思想，极大地推动了中国古代艺术想像力的发展。如亚里士多德所说："心灵没有想像就永远不能思考。"

道家"天人合一"的观念，也有其消极的一面，认为生命存在的价值，是一种合于生命的自然无为状态，乐而无忧的生活。《庄子》有云：

> 圣人之生也天行，其死也物化。静而与阴同德，动而与阳同波；不为福先，不为祸始；感而后应，迫而后动，不得已而后起。去知与故，循天之理。故曰无天灾，无物累，无人非，无鬼责。不思虑，不预谋。光矣而不耀，信矣而不期，其寝不梦，其觉无忧。其生若浮，其死若休。其神纯粹，其魂不罢。虚无恬淡，乃合天德。⑧

用现代汉语说：圣人存在时顺自然而行，死亡时和外物融化；静时和阴气同隐寂，动时和阳气同波流；不做幸福的起因，不为祸患的开始；有所感而后回应，有所迫而后动作，不得已而后兴起，抛弃智巧伪作，顺着自然的常理。所以说，没有天灾，没有外物牵累，没有人间是非曲直，没有鬼神责罚。不须思虑，不作预谋。光亮而不会刺耀，信实而不必期求。睡着不做梦,醒来不忧愁。生时如浮游,死去如休息。心神纯一,精力不疲。虚无恬淡,才合自然的德性。

这里不仅有避俗弃世、淡泊无为的思想，还由于过分强调天道的自然无为，从而抹杀了人的主观能动作用。所以，强调生命奋发进取精神的儒家荀子，批评庄子是"蔽于天而不知人"（《荀子·解蔽》）。但以老庄为代表的道家哲学思想，既有过于强调人与自然高度和谐的一面，也有追求自然在时空上的无限与永恒，反对儒家束缚人的性情的一面。而这种对自然在时空上的无限与永恒的追求，对中国的古代艺术，特别是对以自然山水为创作主题的造园艺术不仅影响深刻，而且对造园的创作思想有非常重要的意义。

这种"天地万物与吾一体"的观念，对儒家来说，一切自然现象都只有作为人的道德象征才有意义。特别是孔子提出的"智者乐水，仁者乐山"（《论语·雍也》）的"比德"说，就是把观照天地自然的过程，看成是主体道德观念寻求客体再现的过程。把自然山水幻化为人格的象征。如《论语》中所提到的山、水、松柏、芷兰、北斗等都是如此。儒家认为，只要人忘却私我，存其本性，便可达到"天人合一"的境界。这种自然的价值观念，直接影响着民族的文化心态和思维方式。

　　"比德"说作为一种自然审美观念，对以后的影响也很广。如刘安《淮南子·俶真训》、司马迁《史记·伯夷列传》、王符《潜夫论·交际》等等，都曾引用并发挥孔子的"比德"思想，以岁寒比乱世，或比喻事难，或比喻势衰，但无不以松柏比喻君子的坚贞和美德。在中国的绘画艺术中，如郭熙的《林泉高致》、黄公望的《论山水树石》等画论，在构图上把松柏比喻为君子，将石比喻为小人。而松、竹、梅、兰等等被比喻成人的品德的自然物，在中国造园艺术中已成为传统的观赏植物。在人与自然的审美关系中，以生活的想像和联想，将自然山水树木花草的一些形态特征看做是人的精神拟态，这种审美心理特点已成为我们民族的历史传统了。⑤

　　以人的道德品质比附自然之物的思想，不止限于有生命的植物，而且渗透到无生命的石头里。太湖石成为欣赏的对象，自唐代始有文字记载。宰相牛僧孺嗜石，与石为伍，白居易为作《太湖石记》志其事。记云：

　　　　古之达人，皆有所嗜。玄晏先生嗜书，嵇中散嗜琴，靖节嗜酒，今丞相奇章公嗜石。石无文、无声、无嗅、无味，与三物不同，而公嗜之何也？众皆怪之，吾独知之。昔故友李生名约有言云，苟适吾意，其用则多。诚哉是言，适意而已，公之所嗜可知矣。公以司徒保厘河雒，治家无珍产，奉身无长物。惟城东置一第，南郭营一墅。精葺宫宇，慎择宾客。性不苟合，居常寡徒，游息之时，与石为伍。石有聚族，太湖为甲，罗浮、天竺之石次焉。今公之所嗜者甲也。先是公之僚吏，多镇守江湖，知公之心，惟石是好，乃钩深致远，献瑰纳奇，四五年间，累累而至。公于此物独不廉让，东第南墅，列而置之。富哉石乎，厥状非一，有盘拗秀出如灵芝鲜云者；有端俨挺立如真人官吏者；有缜润削成如珪瓒者；有廉棱锐剀如剑戟者。又有如虬如凤，若跧若动，将翔将踊；如鬼如兽，若行若骤，将攫将斗。风烈雨晦之夕，洞穴开豁，若欲云歔雷，嶷嶷然有可望而畏之者；烟消影丽之旦，岩壑霜霁，若拂岚扑黛，蔼蔼然有可狎而玩之者。昏晓之交，名状不可。撮要而言，则三山五岳，百洞千壑，覙缕簇缩，尽在其中。

百仞一拳，千里一瞬，坐而得之，此所以为公适意之用也。会昌三年
（843）五月丁丑记。⑧

　　白居易的这篇记"石"文章，对中国造园学是很有意义的，这是最早见于
文字的对"太湖石"的审美意义与审美价值的阐发，唐时太湖石作为审美对象
还不普遍，太湖石"因在水中，殊难运致"（《扬州画舫录》），除如牛僧儒这样官高
位显极少数人外，一般人很难得到。白居易（772—846）在苏州和杭州做刺史
时，也只得到一块天竺石和五块太湖石。所以当时太湖石还没有作为园林塑造
景境的手段，只是在庭院中"列而置之"，当做独立的观赏对象。太湖石的审美
价值，不仅由于石的形态千奇百怪，可以给人拟人、拟兽，似虬似凤，"若跧若
动，将翔将踊"这些生动的联想和想像。更为重要的意义，是"三山五岳，百
洞千壑，覼缕簇缩，尽在其中"，给人以峰峦岩壑的自然山水的精神感受。而且
是"百仞一拳，千里一瞬，坐而得之"，不出户牖，不下堂筵，而得山水之乐。
这正是太湖石不断得到开采，而成中国造园山水景境创作的重要手段的缘故。

　　到宋代宋徽宗赵佶建造"艮岳"，是中国历史上一次大规模的采集湖石，可
谓"括天下之美，藏古今之胜"（祖秀《阳华宫记》）。

　　艮岳（阳华宫）的"石"在造园艺术上占有重要的地位，作为艺术表现手
段，用石有三种方式，一是集中散立如石林自成一景区；二是分散点缀于庭院
或景境之中；三是作为山的造型手段。概言之：

　　一是在进入阳华宫门内驰道两旁，大石林立，星罗棋布，但却主次分明，
中心突出。以体量最大的神运峰为主，左右二石为辅，三石以亭庇之。"品"字
形布置，并封神运峰为"盘固侯"题字刻石，以金饰之，象征王朝统治固若磐
石，形容此石有"正容凛若不可犯"的威严。其余诸石"或战栗若敬天威，或
奋然而趋，又若伛偻趋进"。这种布置的整体构思，是将石拟人化，要从石的形
象与相互位置中，体现君臣间封建等级关系，充分体现出儒家的人与自然的
"比德"观念和封建伦理道德的精神。

　　二是分散布置考虑形象与景境联系和协调。如"翔鳞"在于渚；"舞仙"立
于溪；"留云、宿雾"处于沃泉；"伏犀、怒猊、仪凤、乌龙"附于池上；抱犊
黄石，朴于亭际；而"卿云万态奇峰"、"玉京独秀太平岩"置于堂……，石的
形象与景境结合，更加生动而富于情趣。

　　三是用于山的造型，艮岳的万岁山是全由人工堆筑的，体量很大的模拟自
然的山林，"山周十余里，其最高一峰九十步，上有亭曰介，分东西二岭，直接

南山（名寿山）"。石的造型大体亦有两种手法，即"以土载石"和"以石载土"之法：

> 以土载石，石多置峰岭冈脊之上。冈阜连续之山，多叠石冈上为夹道，随势高下曲折。峰岭之颠，则置大石，以增其势。如寿山顶上的"南屏小峰"，万岁山颠前列之"排衙"巨石。小山石立于颠，大山石置峰的"前列"，石后与土结合，则浑然一体，林木翳然；峰前石骨裸露，如断层之劈裂风化，有若自然，加以藤萝蔓衍，富苍劲天然之趣。[39]

以石载土，多用于悬崖峭壁、岩涧洞壑的造型。如万松岭、万岁山之磴道，"碧虚洞天"等的造景，均以石载土，或外石内土，或石上载土，再"辅以蟠木瘿藤，杂以黄杨青竹荫其上"，巉岩嶙峋，峰棱如削，有功夺造化之妙。这已非止从石的拟态中得到的"物趣"，而是从整体形象的气势和神韵中领略到自然山水的无穷意趣，是中国造园的审美思想和艺术形象的升华，为后世园林的写意式山水奠定了基础。[40]

由此可见，在中国艺术中所表现的自然，经常是和社会的伦理道德感情渗透在其中的自然。但是，不论是儒家所强调的伦理道德感情的内在修养而达到的"天人合一"精神，还是道家所强调的"乘物以游心"遨游于无限的宇宙之中，同宇宙天地合为一体。在中国古代哲学家和艺术家的眼里，自然的外在现象是"道"的表现形式，只有作为"道"的表现形式才能成为艺术的表现对象，才具有艺术价值。

所以，中国艺术中特别是造园艺术中的自然，不是对自然山水形态的摹仿，而是依据对"道"的理解对自然山水的概括、加工、提炼了的自然，是充分显示了生命的和谐和宇宙的生生不息的运动变化着的自然，富有深邃的哲理性。

中国古典哲学这种"合内外，平物我"的"见道"方式，在艺术创作思想上的特点，就是空间上不囿于有限，超越有限，追求空间的无限性；不局限于所描绘的事物本身，所谓神超形越，就是始终放眼于体现天地造化之"道"的宇宙中去观察，即使寥寥数笔，如齐白石的《虾》、牧溪的《六柿图》，也会给人一种深邃的无尽的时空感和生命的活力。在中国艺术家看来，艺术所表现的东西，都是贯通宇宙的"道"的具体显现。这就是中国的艺术精神，而这种与宇宙相通的"道"的观照和表现方法，正是中国艺术的一个极为重要的特点。

这是西方艺术家所不能解释却体会到的中国艺术的精神价值。以往有的美学著作在艺术分类里把建筑和造园归入空间艺术一类，对于中国古典建筑和造园艺术来说并不确切，中国造园，是一种时空融合的艺术。**传统的造园艺术精神，不同于西方的是：任何有限的空间之间是相对的、流动的、变化的，而且与无限的自然空间相贯通，追求的是达于宇宙天地的"道"。**这是中国园林与西方"庭园"（garden）在本质上的区别。

这正是我们在"园林"定义中，从园林的创作目的所界说的"在有限空间里，创造出视觉无尽的，具有高度自然精神境界的环境"的含义。因为任何造园实践在空间上总是有限的，要从有限达于无限，必须在视觉上是无尽的。中国造园艺术为取得"视觉无尽"的效果，在景境的空间意匠上，积累有丰富的独特的艺术手法，这是本书在以后各章中加以阐述的内容。之所以云："**高度的自然精神境界**"正是从中国的自然哲学思想体现在造园历史实践中的"意境"的美学本质所作的一个概括。

可见，中国造园，绝非是放上一两座中国形式的亭子，叠点假山，挖个池塘，就算是中国的园林了。那著称世界具有高度艺术成就的园林，岂不太简单了？中国造园艺术创作，既不在空间范围的大小，也不在景物的多少（指园林物质表现的各种手段的运用），而在于创出什么样的环境。不了解传统园林艺术精神——高度自然精神境界和中国造园不同于西方造园的特殊本质，是不可能创造出具有艺术"意境"的中国园林的。

第三节 造园是向往自然的精神欲求

人与自然的关系，是随着人类的实践对自然的认识而变化发展的。

在人类的早期，自然并非是人的审美对象，首先是人类的膜拜对象，如图腾崇拜、自然崇拜等，一切自然界的现象和事物，因为人还不能理解作为其对象的自然和秘密，便成为人的膜拜对象。正如恩格斯所说："最初的宗教表现是反映自然现象、季节更换等庆祝活动。一个部落或民族生活于其中的特定自然条件和自然产物，都被搬进了它的宗教里，"[①]人类早期的这种现象已为考古发掘所证明。

随人类文明的进步对自然认识的发展，在中国的周代已萌发了"天人合一"的思想。这种人与自然和谐统一的思想，到战国以至秦汉的哲学和美学思想中得到充分的发展，如《诗经》中不乏对自然优美景物的描写，如"风雨凄凄，鸡鸣喈喈"（《郑风·风雨》）；"杨柳依依"、"雨雪霏霏"（《小雅·采薇》）；"瞻彼淇澳，绿竹青青"（《卫风·淇澳》），等等，但如朱熹所说是"先言他物以引起所咏之辞也。"自然景物（他物）只是咏事（辞）的一种比兴手段，并非为了表现自然本身的美。

《庄子》中对大自然的无限热爱和赞赏，主要是宣扬从大自然中求得人生超脱的思想，也还不是对自然美本身的探求。《论语》中孔子的"山水仁智说"以及《荀子》一书中对山水松柏等自然景象的赞美，不是从人与自然的关系去理解自然之美，而是"智者"对于"水"和"仁者"对于"山"的一种主观感情的外移。自然山水的美既非山水本身所具有的属性，也不在人与自然的社会实践关系里，而是智者、仁者从自然山水那里看到与智者、仁者相似的性情和品德，完全是借自然景物的某些特征来比喻人（主要指君子）的道德品质。

在汉代的皇皇大赋中曾大量地描写到自然山水，如《上林赋》、《长杨赋》、两京、三都等赋，也非将自然山水作为审美对象来描写，而是作为铺陈汉天下之广袤无垠、物产之富饶和山川之形胜来颂扬帝王的业绩。

汉代董仲舒继承了"比德说"，将自然与人的功利关系说得很清楚：

> 孔子曰：山川神祇立，宝藏殖，器用资，曲直合，大者可以为宫室台榭，小者可以为舟舆桴楫。大者无不中，小者无不入，持斧则砍，折廉则艾。生人立，禽兽伏，死人入，多其功而不言，是以君子取譬也。[42]

君子之所以取譬于山水，孔子也说过，有了山水才"万物以成，百姓以飧"。韩婴亦云，依靠山水才"群物以生，国家以平"。董仲舒则说得非常具体，宫室台榭，舟舆桴楫，衣食住行，从生到死，都离不开这山山水水的自然界，他未直接说自然何以美，实际已说明山水之美在人与自然的功利关系。

山川自然之作为自觉的审美对象，始于汉末。"但山水之美作为审美对象，也有一个历史发展过程。所谓'山水方滋'于汉末，并非说汉末例如仲长统（'颇征山水方滋，当在汉季'）、荀悦（'悦山乐水，家于阳城'）之例，已经说明了山水之美成了人的自觉审美对象，而是借山水以为精神上的慰藉。荀以'悦山乐水，缘'不容于时'；统以'背山临流'，换'不受时责'。又可窥山水之好，初不尽于逸野兴趣，远致闲情，而为不得已之慰藉。达官失意，穷士失职，乃倡幽寻胜赏，聊用乱思遗老，遂开风气耳。'"[43]

这就是说，自然山水作为审美对象，是始于人（达官、穷士）的失意失职的生活，"而为不得已之慰藉"。有了闲情才有逸趣，要有闲情，首先就要有个衣食温饱的物质生活条件和环境。

　　自然山水成为人的自觉审美对象，兴起于魏晋南北朝时期，可以从当时特定的社会环境来分析，魏晋南北朝是政治上动乱、战祸不已、生灵涂炭的痛苦时代。王朝不断更迭，社会上层的争夺砍杀，皇室内部兄弟相残，父子相戮，斗争异常残酷，世家大族不可能都摆脱出上层的政治旋涡，他们当中不少著名之士如何晏、嵇康、二陆（陆机、陆云）、张华、潘岳、郭象、刘琨、谢灵运、范晔、裴顾……等等被一批批送上断头台。当时门阀士族中许多著名文士，为保全自己逃避政治迫害而隐迹山林。他们这种隐迹与后世不同，经济上是对自然山林进行掠夺性的开发，封山锢水建立庄园，如石崇之"河阳别业"（金谷园）、谢灵运之"始宁墅"、孔灵符之"永兴别墅"等等，都是"僮仆成军，闭门为市"、规模很大的自然经济庄园，也多是自然山水风景优美的地方。所以石崇称他的山居生活为"肥遁"，谢灵运则称之为"嘉遁"。但他们这种"隐逸"和后世文人的"隐居"不同，并非是看破世态炎凉，对人生的了悟，而是怀激愤之心，避君侧之乱而已。

　　在精神上，他们崇尚老庄之学，自诩"不为物累"，正由于他们已占有足够的财富；他们倡导"虚无"，"以无为本"，正由于他们用政治和法律的形式，把农民束缚在庄园的土地上，可以坐享其成。正是有了这样的条件和环境，自然山水之美，终于成为人的自觉的审美对象。如：

　　　　爱有山水之好。（雷次宗《与子侄书》）
　　　　夫衣食、人生之所资，山水、性分之所适。（谢灵运《游名山恋》）
　　　　又性知绘画……故兼爱山水，一往迹求，皆仿像也。（王微《报何偃书》）
　　　　性好山水……纵意游肆，名山胜川，靡不穷究。（《晋书·孙淖传》）
　　　　（谢安）寓居会稽，与王羲之及高阳许询、桑门支遁游处。出则渔弋山水，入则言咏属文，无处世意。（《晋书·谢安传》）
　　　　于是游览既周，体静心闲，害马已去，世事都捐。投刃皆虚，目牛无全，凝思出岩，朗咏长川。（孙绰《游天台山赋》《昭明文选》）。

　　从这些材料可知，晋代人已充分发现自然山水之美，不仅游山玩水，流连忘返，而且于恣意游览中常竞相吟咏。自然山水不仅是审美的对象，已成为诗歌散文的重要创作题材。这正是魏晋南北朝间山水诗盛行的道理。

历史上夺得统治权力的帝王贵族，为满足一己之私，无不殚力以兴宫室园苑。这时的园苑已不具有生产性质，因战祸频仍，园多建于都城之内或近傍，平地造园，很少筑山，筑山者如北魏华林园中的景阳山，是模拟自然的人造之山。私人宅园，见于文字者极少，如果从当时"舍宅为寺"的寺庙园林看，均以果木花草为主，人工山水的创作还不兴。只有《洛阳伽蓝记》中所记的张伦所造景阳山，大概是仿华林园之作。这是以人工造山为主的城市私家宅园：

> 伦造景阳山，有若自然。其中重岩复岭，嵚崟相属；深蹊洞壑，逦递连接。高林巨树，足使日月蔽亏；悬葛垂萝，能令风烟出入。崎岖石路，似壅而通，峥嵘涧道，盘行复直。是以山情野性之士，游以忘归。④

张伦的景阳山，从城市园林人工造山来看，其体量可说是相当大的，既有"深蹊洞壑"、"崎岖石路"、"峥嵘涧道"的景观，又有深邃的意境。显然山非土筑，只有石构才能具崎岖、峥嵘的形象，但"高林巨树"、"悬葛垂萝"，无土难以种植成活，可见是土石兼用。景阳山正因其有"足使日月蔽亏"的高林巨树；"能令风烟出入"的悬葛垂萝，才给人以"有若自然"的山林野致。

北魏的景阳山在造园史上是很有意义的，它标志着造山艺术的一个飞跃和转折：这个转折，就是造园从自然山水转入城市，而以人工山水为创作主题。景境的创作由秦汉时的池沼台观和象征性海上神山，大空间远景构图转向建筑与模拟山水结合，空间构图由远景向中景和近景的变化。这个变化，同中国绘画艺术的"澄怀味象"思想，讲究"以形写神"在形似中求神韵的发展阶段相适应。

在中国造园史上，魏晋南北朝时期是以自然山水为造园艺术创作主题的开始和兴起期。摹写自然也是一种创造，必须把握自然山水发育形态的某些典型特征，以艺术形象表现出自然山水的精神。自然山川，广土千里，结云万里，若自然主义地追求其体量之大和形似之"真"，其结果只能像模型似的"假"。所以人工造山的体量大小和形象塑造，必须从造园的空间范围、人的视觉心理活动特点出发，适应人在园中可望、可游、可居的生活活动需要。造园空间，总是随城市经济的繁荣和生活的发展而日益缩小，造山艺术由形似中见神似，逐渐向神似中见形似发展，同绘画艺术一样，是合乎历史发展规律的。⑤

景阳山这种模拟式的人造之山，虽然已具有相当水平，但还不能仅据文字的描绘，把它想像得很高，实际上只是开创之初，还不可能成熟，这同当时的山水画情况是一致的。唐代张彦远《历代名画记》中曾对这一时期的山水画评论说：

> 魏晋以降，名迹在人间者，皆见之矣。其画山水，则群峰之势，若钿饰犀栉，或水不容泛，或人大于山，率皆附以树石，映带其地。列植之状，则若伸臂布指。

可见，当时山水画还相当稚拙，所以，宋代郭思在《画论》中提出："或问近代（指唐宋）至艺与古人如何？"结论是：

> 近代仿古多不及，而过亦有之。若论佛道、人物、仕女、牛马，则近不及古。若论山水、林石、花竹、禽鱼，则古不及今。

初期的山水画是这样，造园的人工山水也不可能超越时代的局限。从姜质为张伦的景阳山所写《亭山赋》（《元·河南志》"亭"作"庭"）中，就有"纤列之状一如古，崩剥之势似千年"的描绘，也可想像山林的"纤列之状"的稚拙形象。

山水画到唐代初期还很不成熟，张彦远《历代名画记·画辨》云："尚犹状石则务于雕透，如冰澌斧刃；绘树则刷脉镂叶，多栖结菆柳，功倍愈拙，不胜其色。"山水画到中唐前后才发生重大变化，《历代名画记》总结为"山水之变，始于吴（道子），成于二李（李思训、李昭道父子）"。

绘画史上有名的故事，是唐玄宗命吴道子和李思训同作《蜀道图》于大同殿壁，吴道子绘嘉陵江三百里山水，一日而成，李思训则数月方毕。唐玄宗有"李思训数月之功，吴道子一日之迹，皆极其妙"的评语。

自然山水是千变万化的，对山水形质特征的把握，必须要有一个不断深入实践的探索过程。自唐代到宋元，古代画家们对各地的自然山水进行了大量的写生。如：

> 李思训写海外山，董源写江南山，米元章写南徐山，李唐写中州山，马远、夏圭写钱塘山，赵吴兴写苕雪山，黄子久写海虞山。
>
> ——董其昌《画禅室随笔》

五代的荆浩，在太行山写生"数万本"，才达到"气质俱盛"、"方如其真"的功夫，他的山水画被誉为唐末之冠，正是在长期的大量的实践的基础上，概括提炼而创造出用笔墨表现不同山水形质的特殊线的技巧"皴法"。到五代时，荆浩在其《山水诀》一书中说："夫山水，乃画家十三科之首也。"把山水画提高到首要地位。

自然山水成为人自觉的审美对象，到成为艺术表现的对象有个历史过程，在各类型艺术间的发展也不是同步的。山水诗在魏晋南北朝时已很兴盛，并达到很高水平。而山水画到中唐前后才取得独立地位，至宋臻于成熟。

由此之中，说明一个现象，山水诗盛行于开发自然山水的庄园经济时代，造园艺术则同山水画同步，却兴起于远离自然山水的城市经济繁荣的生活时代之中。其道理宋代的画家郭熙在他的《林泉高致》一书中作了精辟的解释：

> 君子所以爱夫山水者，其旨安在？丘园养素，所常处也；泉石啸傲，所常乐也；渔樵隐逸，所常适也；猿鹤飞鸣，所常观也。尘嚣缰锁，此人情所常厌也；烟霞仙圣，此人情所常愿而不得见也。直以太平盛日，君亲之心两隆，苟洁一身出处，节义斯系，岂仁人高蹈远引，为离世绝俗之行，而必与箕颍埒素黄绮同芳哉。白驹之诗，紫芝之咏，皆不得已而长往者也。然则林泉之志，烟霞之侣，梦寐在焉。耳目断绝，今得妙手，郁然出之，不下堂筵，坐穷泉壑，猿声鸟啼，依约在耳；山光水色，荡漾夺目，岂不快人意，实获我心哉！此世之所以贵夫画山水之本意也。⑯

这里还须了解当时社会变革情况，否则，何以魏晋的士大夫多安于山林的田园生活，而唐宋的士大夫们多集居于城市的嚣烦生活中不得志于山水呢？

唐初开疆拓土，实行"重冠冕"的政策，当时著名的诗人很少没有经历过大漠苦寒的戎马生涯，均以军功获得官阶爵禄视为最高的荣誉。特别是唐朝实行科举制度，陈寅恪《元白诗笺证稿》所说："唐代科举之盛，肇于高宗之时，成于玄宗之代，而极于德宗之世。"使大批世俗地主阶级的知识分子可以通过考试而做官，参与和掌握各级政权，这就从社会结构中打破了魏晋以来门阀世胄的政治垄断，唐王朝的政权就比南北朝具有更为广泛的社会基础。

唐代大批由科举出身的士大夫，或由"丘园养素"的乡村，或由"泉石啸傲"的山林，或由"渔樵隐逸"的江湖，为了功名利禄集中到"尘嚣缰锁"的都邑城市，远离了自然山水，对大自然的向往寄托在表现自然山水的艺术之中，山水画和园林也就成为他们一种心理上的补充和精神上的慰藉了。这正是山水画和城市园林不发展于庄园经济山居、别墅盛行的魏晋南北朝，反而在城市经济繁荣的唐宋兴盛的一个重要原因。

古代城市的发展是以商业发展为条件的，随着商业经济的繁荣，城市的发展人口的相对集中，人对自然改造的范围就愈大，人化自然的程度也愈高，自然山水地貌地域就日益缩小，人离开大自然也就愈远。正因为车马喧闹人事纷纭的生活为人所常厌。而林泉之志，烟霞之侣，已耳目断绝。处身宦海闹市的官僚士大夫们，很少再有机会去遨游名山大川，像谢灵运一样穿上木屐去攀岩涉壑，或者如陶渊明似的乘着蓝舆去游山玩水。只能寄情笔墨以卧游，或于闹处寻幽，在园林中寻求云水相忘之乐了。

概言之，**以自然山水为创作主题思想的园林，肇始于魏晋，盛行于唐宋，成熟于明代，至清代达到高峰。**

园林的兴起与发展，反映人们在远离自然的城市生活中，对自然的怀恋与向往，是心理上的一种补充和精神上的需要和追求。这就是说，中国园林从一开始就不是简单地为了散散步，休息休息，像我们今天通常所说的对环境的绿化和美化活动，而是在精神文化上的更高层次的一种生活的理想与追求。

人们随着城市生活的发展，环境的不断恶化，对大自然产生一种怀恋与向往的心情。这是一种普遍性的心理现象。不仅中国如此，西方也如此，就如马克思对 18 世纪流行的"毫无想像力的虚构"——鲁滨逊的故事一样。马克思指出："这种鲁滨逊式的故事决不像文化史家设想的那样，仅仅是对极度文明的反动和想要回到被误解了的自然生活中。"马克思称之为是种"美学的错觉"，这种错觉是"因为，按照他们关于人类天性的看法，合乎自然的个人并不是从历史中产生的，而是由自然造成的"[47]。当然，鲁滨逊离开人间社会的孤岛自然生活纯是"乌托邦"。这同我们中国的老子，为反对人间的战争与残酷的剥削和压迫，而为人们绘制出一幅没有战争，没有剥削，没有压迫，安居乐业，生活富裕的小国寡民、老死不相往来的原始社会的蓝图一样。同样，这种不能实现的"乌托邦"幻想，从历史发展的观点而言，也是对"文明的反动"开历史的倒车。但从人与自然的关系而言，不能不说人对大自然的向往心理具有其普遍性。

尤其是在现代，"我们人为环境已显示出愈来愈无法控制的不良倾向，人类离开完整均衡的自然愈远，他的实质环境愈益变得有害"[48]。甚至令人感到，"像我们今日所受的被缰陷在不自然且不正常的环境中，漫长地消磨生命，这正是我们应该得到的一种处罚"[49]。

城市生活环境愈来愈恶化，人们对自然的向往和怀恋之情也就愈来愈强烈。

一个颇有意思的现象，"今天当西方的城市噪音已经占全部声音环境66%，而自然音降至6%的时候，风声、鸟声、流水声就成了他们最美妙的音乐，于是，自然声音乐和模仿自然声的作曲家便应运而生了"㉚。且不谈对这种发展如何评价，但却说明西方由原来崇尚人工为美而转向注重自然之美了。

城市经济的繁荣，必然带来人口向城市的相对集中，人们的生活空间随之减少，城市的造园空间也不可能如唐宋占一坊之地的大，而是日益在缩小。这种空间上的矛盾，对中国造园非但没有受到抑制而萎缩，相反地却使它得到精炼而升华。以自然山水为主题的中国园林，突破了狭隘的有限空间的局限，从模拟山水的"形似"，升华为写意式的"神似"，创造出视觉无尽的意象，往复无尽的流动空间景象，体现出具有高度自然山水精神境界的环境。

在烦嚣而狭隘的城市生活空间里，中国人却借方丈之地，为人们创造出具有"高度自然精神境界"的园林，无论在物质和精神文化上，无疑地都是对世界文化做出的杰出的贡献。这个意义，并非皆能为人们所理解。

我们要弘扬传统造园的艺术"精神"，不只是说明过去，不是简单地复旧，而是立足于现代，从现代人们的生活方式和生活需要出发，使现代的造园能给人以更高的精神享受，使中国的造园学成为一门现代的科学。

模拟与写意

我们在文中曾多次用了"模拟"、"摹写"和"写意"这个词，有必要做些解释。所谓"摹写"和"写意"都是借用中国绘画艺术中的术语。"摹写"，是绘画六法中所说的"摹移传写"，是写生、临摹的意思。"写意"一词的概念比较模糊，对绘画中的"工笔画"和"写意画"，人们都能意会，细究其义，也很难说清楚。而造园又不同于绘画，"摹写"可以用"模仿"，则意义自明；要说"写意"若不加界说，则更难体会了。

"写意"一词的含义，清代恽正叔在《南田论画》中就曾提出质疑，他说：

> 宋人谓能到古人不用心处，又曰写意画，两语最微，而又最能误人。不知如何用心，方到古人不用心处；不知如何用意，乃为写意。

说明在清代对"写意"并不很明确。所谓模写与写意的不同，写意就在于不是客观具体事物的再现，即不求形似，而求神似。所谓不求形似，并非任意涂抹，而是画家在深刻的观察、把握对象形质的基础上进行高度的提炼与概括，并以纯熟而精湛的笔墨技巧借物抒情，表达出画家的感情、思绪、情操和精神，这就要抓住对象的内在精神——生命的活力去表现对象，即神似中见形似。我们可以从清代画论中有关写意画的见解得知：

> 写意画落笔须简净，布局布景，务须笔有尽而意无穷。（王昱《东庄论画》）
>
> 画（写意）以简为贵，简之入微，则洗尽沉滓，独存孤迥。
>
> （清·恽正叔《南田论画》）
>
> 妙在平澹，而奇不能过也；妙在浅近，而远不能过也；妙在一水一石，而千崖万壑不能过也；妙在一笔，而众家服习不能过也。
>
> （清·恽正叔《南田论画》）

由此可见，写意画讲究以简练的构图取得丰富的意境，以精湛的笔墨获得变化无穷的趣味，要在以少总多，寓全于不全之中，寓无限于有限之内，借笔墨以抒怀，这是画中有诗的一种创作。

如果说，中国的诗文与实际的教化功用相连（诗言志、文以载道），造园与绘画（包括书法）则具士大夫的个人情趣。以致诗文上多闪烁着儒家思想，园林、书画中多弥漫着道家精神。从艺术哲学角度讲，造园与书画同源，在创作思想上是互通、互透、互融的，但在表现方法上，三度空间的园林与两度空间的绘画则不同，绘画可借艺术的幻觉"咫幅之内，写千里之遥"，园林的山水造景，不可能以模写手法再现自然山水，只能"以少总多"，用写意的方法。园林创作的所谓写意，可用文震亨在《长物志》中的两句话来概括：即"一峰则太华千寻，一勺则江湖万里"。

园林中用一块势态飞舞欲举的湖石，在特定的空间环境里，可以体现出山峰耸立的精神；曲曲池水，给人以江湖万里的遐想，具有"水令人远"（《长物志》）的艺术效果；叠石为山，高不及屋，却有山林涧壑的意境……。所谓造园艺术的**"写意"就是以局部暗示出整体，寓全（自然山水）于不全（人工水石）之中；寓无限（宇宙天地）于有限（园林景境）之内。**其奥妙就在于：中国艺术是立足于贯通宇宙天地的"道"去观察和表现自然万物的，所以"咫尺山林"的小小园林，却给人以一种深邃的、无尽的时空感。

注：

① 马克思：《经济学——哲学手稿》，第57页，人民出版社，1963年版。

② 马克思：《资本论》，第1卷，第202页，人民出版社，1975年版。

③马克思：《经济学——哲学手稿》，第 58 页。

④马克思：《经济学——哲学手稿》，第 57 页。

⑤⑥《天说》，《柳宗元集》卷 16 引韩愈语，第 442 页，中华书局，1979 年版。

⑦张立文：《传统学引论》，第 134～135 页。

⑧李约瑟：《中国科学技术史》，第 3 卷，第 337 页。

⑨⑩⑪汤因比"生物圈"，《多维视野中的文化理论》，第 182、184、202 页，浙江人民出版社，1987 年版。

⑫恩格斯：《自然辩证法》，第 283 页。

⑬恩格斯：《自然辩证法》，第 159 页。

⑭普列汉诺夫：《美学论文集》，第 1 卷，第 346 页，《没有地址的信》。

⑮铃木大拙：《禅与心理分析》，第 18～19 页，中国民间文艺出版社，1986 年版。

⑯张立文"中国传统文化及其形式演变"，《传统文化与现代化》，第 35 页，中国人民大学出版社，1987 年版。

⑰陈鼓应：《庄子今注今译》，第 588 页，中华书局，1983 年版。

⑱陈鼓应：《老子注译及评价》，第 163 页，中华书局，1984 年版。

⑲《传统文化与现代化》，第 17～18 页。

⑳《马克思恩格斯选集》，第 220 页，第 3 卷。

㉑张立文：《传统学引论》，第 137 页。

㉒克罗齐：《美学原理·美学纲要》，第 346 页。

㉓《马克思恩格斯选集》，第 105 页，第 4 卷。

㉔严北溟：《儒道佛思想散论》，第 150 页，湖南人民出版社，1984 年版。

㉕恩格斯：《费尔巴哈与德国古典哲学的终结》，第 4～5 页，人民出版社，1960 年版。

㉖陈传才"中国民族文化的特质与变革"，《传统文化与现代化》，第 53 页。

㉗㉘吾敬东：《中国古代科学技术是笼统而不精确的吗》，《光明日报·哲学》，第 430 期。

㉙〔澳〕奥班恩：《艺术的涵义》，第 70 页，学林出版社，1985 年版。

㉚亨利·罗斯：《一个美国人的印象》，刊《北京晚报》，1986 年 10 月 3 日。

㉛㉜㉝陈鼓应注译：《庄子今注今译》，第 71、203、297 页。

㉞㉟㊱《庄子今注今译》，第 354、850、396 页。

㊲《中国造园史》第一章第二节"古代自然美学思想与造园艺术"。

㊳《旧唐书·白居易传》。

㊴《中国造园史》第五章，第二节"三、艮岳的'石'与山艺术"。

㊵〔宋〕张淏：《艮岳记》，《中国历代名园记选注》，安徽科学技术出版社，1983 年版。

㊶《马克思恩格斯全集》，第 27 卷，第 63 页。

㊷董仲舒：《春秋繁露·山川颂》。

㊸敏泽：《中国美学思想史》，第一卷，第 499 页，齐鲁出版社，1987 年版。

㊹杨衒之：《洛阳伽蓝记校注》，第 100 页。

㊺《中国造园史》，第 71 页。

㊻〔宋〕郭熙：《林泉高致》，《历代论画名著汇编》，第 64～65 页，文物出版社。1982 年版。

㊼马克思：《政治经济学批判》，第 197～198 页。

㊽㊾〔美〕西蒙德：《景园建筑学》，第 6 页。

㊿《未来的音乐向何处去》，《读书》杂志，1987 年第 3 期。

第三章　无往不复　往复无尽

——中国造园艺术的空间概念

第一节　开高轩以临山　列绮窗而瞰江

在 3000 多年前，中国古代人对事物的矛盾对立和运动变化的现象已经有所认识，这种认识虽简浅不够完整，尚未形成系统，但已具有朴素的辩证的宇宙观念。如《易经》中的"无平不陂，无往不复"，《象》中则明确提出："无往不复，天地际也。"是说："宇宙事物未有平而不陂者，未有往而不返者。""此乃天地之法则，自然之规律。（天地际也，谓此理贯于天地之间）。"①这些认识正是从日常的自然现象或生活现象中观察思考而来的，如复卦《彖传》："反复其道，七日来复，天行也。"《系辞下传》第五章："日往则月来，月往则日来。""寒往则暑来，暑往则寒来。"第八章："变动不居，周流六虚。"等等。

《易经》中这种往复循环，周流无穷的机械循环论，归根到底，是由本体论的"道"的观念所决定的。因为"道"化分阴阳二气，二气分为天地，二气合而成万物，由万物孳生万事，一切由"道"产生、发展，即万事万物都是由"道"那里演化出来，又都还得回到它那里去。否则，一往直前就离道了。"道"主宰一切，高于一切，所以事物都是"道"的体现，循环归根到底是"道"的循环，回到"道"就是"归真返璞"。《易经》的直接继承者和发展者道家，对于"道"的阐述，就更加系统，更加完整了。《老子》云：

　　有物混成，先天地生。寂兮寥兮，独立而不改，周行而不殆，可以为天地母。②

　　他认为"道"是个浑然一体的东西，在天地形成以前就存在。它静而无声，动而无形，独立长存而永不消失，循环运行而不息，可以为天地万物的根源。前面我们还引过老子"道法自然"的思想，认为自然（包括人在内），是个统一的、有序的、和谐的整体。正如西方人所说：

　　　　道，为中国人的基本信仰，相信大自然中是有秩序的且和谐的。这一伟大的概念是始自遥远的古代人对苍天与自然的观察而来，即太阳、月亮与星星的升落，白昼与夜晚的周而复始，及四季的交替，暗示着自然法则的存在，一种神圣的立法，规律着天上与地上的模式。③

　　中国这种古老的宇宙观，有其深邃的思想合理的内核，不是把宇宙看成是静止不变的，不是由超自然的神（上帝）所主宰，万事万物都是由天地（自然）的运动变化所产生所发展，有着朴素的唯物辩证精神。但人如何去体察和把握"道"？《老子》说：

　　　　致虚极，守静笃。
　　　　万物并作，吾以观其复。
　　　　夫物芸芸，各复归其根。归根曰静，静曰复命。④

　　就是要人有"致虚"和"守静"的功夫，并且要做到极笃的境地。万物蓬勃生长，我看出往复循环的道理。万物纷纭，各自返回到它的本根，返回本根叫做"复命"。"复命"，就是复归本性。所谓"致虚"就是排除主观的成见和欲念；"守静"就是要保持内心的安宁和平静。而且要达到"无己"的忘我境地。因为，正是在这"静"的境界中孕育着生命的活力和运动，只有心灵在虚静的极笃状态，客观事物的本来面目才能在你面前呈现出来。老子认为人的心灵深处是透明的，好像一面镜子，除去蒙上的纷杂思虑、情欲的灰尘，就可洞察一切。"这和西方思想家或心理分析家的观点迥异，他们认为人类心灵的最深处是焦虑不安的，愈向心灵深处挖，愈会发觉它是暗潮汹涌，折腾不宁的。"⑤所以，老子说他"不出户，知天下；不阚牖，见天道。其出弥远，其知弥少"。⑥说明老子不重外在的经验知识，重在直观自省。强调自我修养，净化心灵，以本明的智慧，虚静的心境，去观照外部世界，去了解宇宙和自然规律。

　　基于这种宇宙观和观照事物的直觉体悟方式，中国人的空间概念与西方人是大不相同的，对宇宙的无限空间，不是力行地追求和冒险地探索，而是"与浑成（宇宙）等其自然，与造化（天地）钧其符契"（葛洪《抱朴子》）的自我心灵抒发；不是实证求知，而是"神与物游"（刘勰）、"思与境偕"（司空图），是从"身所盘桓，目所绸缪"（宗炳《画山水序》）出发，不是追求无穷，一去不返，而是"目既往返，心亦吐纳"（刘勰《文心雕龙》）。也就是说，是从有限中去观照无限，又于无限中回归于有限，而达于自我。概言之，即**"无往不复，天地际也"**的空间意识！

　　这种空间意识，在人与自然的审美关系上就是一种仰视俯览的观察方式，反映在汉代和魏晋时的诗歌中很多。如：

　　　　俯观江汉流，仰视浮云翔。（汉·苏武）

　　　　俯视清水波，仰看明月光。（三国魏·曹丕）

　　　　俯降千仞，仰登天阻。（三国魏·曹植）

　　　　仰视碧天际，俯瞰绿水滨。（东晋·王羲之）

　　　　仰视乔木杪，俯听大壑淙。（南朝宋·谢灵运）

　　　　目送归鸿，手挥五弦。俯仰自得，游心太玄。（三国魏·嵇康）

　　王羲之《兰亭集序》中名句："仰观宇宙之大，俯察品类之盛。所以游目骋怀，足以极视听之娱，信可乐也。"陶渊明亦有"俯仰终宇宙，不乐复如何？"的诗句。宗白华先生指出：

　　　　俯仰往还，远近取与，是中国哲人的观照法，也是诗人的观照法。而这种观照法表现在我们的诗中画中，构成我们诗画中空间意识的特质。[7]

　　这个精辟之论，也完全适用于中国的造园艺术，而这种俯仰的观察方式却说明一个事实，那人是在相对静止的状态中，靠视觉的运动去观察（观赏）自然的。这种空间意识和观察方式反映到建筑和造园中，则与秦汉的台苑和魏晋时的山居生活有密切的联系，但随着历史的发展，不同时代由于园居的生活方式的变化，在空间意识上的具体表现是不同的。我们可以从汉赋中来看，这一时期建筑和造园的有限空间与自然的无限空间的关系。如：

　　　　崇台闲馆，焕若列宿。

　　　　排飞闼而上出，若游目于天表。（东汉·班固《两都赋》）

　　　　伏栏槛而颎听，闻雷霆之相激。（东汉·张衡《西京赋》）

结阳城之延阁，飞观榭于云中。

开高轩以临山，列绮窗而瞰江。（西晋·左思《蜀都赋》）

从这些描写可知，都是人在仰视巍峨崇高的建筑和人在高出云表的建筑中远眺俯瞰的景象。秦汉时代是我国建筑史上高台建筑最盛的时期，不仅宫殿建造在高大的台基上，并在宫殿和苑囿中大量建造非常高峻的台观。《淮南子·氾论训》有云：“秦之时，高为台榭，大为苑囿，远为驰道。”这“高”、“大”、“远”3个字非常形象地概括了秦汉（袭秦制）时代建设的宏伟面貌。

台观建筑，早在春秋战国时就兴起，秦汉时非常盛行。当时所用“台观”和“台榭”一词中的“观”与“榭”，同今天所指的道教建筑的“观”和园林建筑的“亭榭”、“水榭”不是一回事，概念完全不同，从古籍有关文字解释来看观与榭的原义：

> 台，观西方而高者也。（《说文解字》）
>
> 榭，台有屋也。（《说文解字》）
>
> 土高曰台，有木曰榭。（《左传·袁公元年》）
>
> 台，持也。言筑土坚高能自胜持也。（《尔雅》）
>
> 四方而高曰台。（《尔雅》）
>
> 观其所由。（《论语·为政》）
>
> 注曰：“观，广瞻也”。
>
> 宫室不观。（《左传·哀公元年》）
>
> 注曰：“台榭也”。
>
> 禁妇女无观。（《吕氏春秋·季春》）
>
> 注曰：“观，游也”。
>
> 观，观也，于上观望也。（《三辅黄图》）

综上所释，从“台”本身的形式，大多是用土堆筑成四方形，从“观四方而高者”只说可以观览四方，指台的观览作用，台不一定就是方形。

台上建房屋，称“台榭”或“台观”。如上林苑的“长杨榭”又称“射熊观”，昆明池中的“豫章台”又称“豫章观”或统称“豫章宫”等等。

秦汉的台，很少见台上无建筑物的记载，所以多台观、台榭连称。台榭是指台的形式，而台观则是指其高而可广瞻的功能特点。台榭的建筑不一定只是单幢的，也可能是一组非常壮丽辉煌的建筑，有的台也高得很，如甘泉宫的通天台，遥距三百里可"望见长安"（《三辅黄图》）。这样高的台绝非土筑，从有关资料可知是利用孤立独峙的山峰，削平山顶建造观榭的台。杨子云的《甘泉赋》形容通天台说：

> 是时未臻夫甘泉也，乃望通天之绎绎。下阴潜以惨廪兮，上洪纷而相错。直峣峣以造天兮，厥高庆而不可弥度。

用现代语言说："这时，还未达甘泉之宫，眺望于高耸云霄的通天之台。台下阴阴森森，顿生寒冷之感啊，台上宏伟错综，光辉灿烂。直立高耸以达天穹啊，那高度最终无法测量得清。"[8]可以想见台的宏伟高峻了。

台榭的"榭"，高台虽消失了，台上的建筑"榭"却留传下来，可能取其形式开敞，可以"广瞻"之义，成为园林建筑的一个重要类型，或隐花间，或枕水际，如《园冶》中云"籍景成榭"了。

台观之"观"，成为道教的宗教活动场所名称，是同秦皇汉武迷信方士荒诞的妄言、筑高台可以"候神明，望神仙"，求长生不老之术有关，《三辅黄图》云这是汉武帝"多兴楼观"的缘故。东汉末五斗米道称静室，南北朝称仙馆，北周武帝时改"馆"为"观"；唐代尊奉老子为宗祖，并以高祖、太宗、高宗、中宗、睿宗五帝画像陪祀老子，因而"观"也称"宫"。以后道教祠宇遂称道宫或道观。[9]

秦汉时苑囿中的"台观"很多，用途亦很广，除了候神会仙的高台，如通天台、神明台等，还有"观祲象，察氛祥"的天文台；纪念死者的通灵台、归来望思之台；观赏校猎，供帝王"览山川之体势"，"观三军之杂获"的射熊观，以观看赛马、跑狗和动物的观象观、走马观、犬台、鱼台、鸟台等等；还有赏观植物、风景、竞技等等的台观。

总之，这种能登高眺远的台观建筑，既有观赏自然山水和动植物的，也有供娱乐的，甚至以生产活动为观赏对象的台观。从观赏而言，既是高台就可远眺俯瞰广瞻八方，其景观内容亦可兼而有之。[10]

台观，这种高视点的观赏建筑，从视觉活动特点来说，有两种基本的观察方式：

一是仰眺俯瞰

空间景象随着视线在时间中由远而近的运动。这就形成后来山水画"三远"的画法中，"高远"和"深远"的透视和章法，从而出现中国独特的长条形立轴的画面构图。人们欣赏条幅山水，也是由上（远）往下（近）看，这同高视点的视觉活动方式是一致的。

二是游目环瞩

空间景象随视线在时间中左右水平向运动。这就是"平远"之景，从而产生横幅手卷画的透视和章法，横披长卷式的画面构图。中国画取景的这种特殊构图的画幅比例，正是来自于独特的观察方式。

这种"俯仰终宇宙"的观察所得，就是庄子的"乘物以游心"，从大自然中获得精神的自由和愉悦。眼睛是心灵的窗户，游心必须借目动。所以，不论是远眺近览，仰视俯察，还是左顾右盼，游目环瞩，都是动态的在视线运动中取景。这同西方绘画固定视点的取景方法，是大异其趣的。

中国画不用静态的定点透视，而用动态的连续不断的散点透视法，曾有不少人认为是不科学的（?），这只能说明，还不了解中国人的宇宙观和空间意识的特质，画家要表现的是什么？早在六朝时画家王微（415—443）在《叙画》中就说：

> 古人之作画也，非以案城域，办方州，标镇阜，划浸流，本乎形者，融灵而变动者心也。灵无所见，故所托不动；目有所极，故所见不周。于是乎以一管之笔，拟太虚之体；以判躯之状，尽寸眸之明。[①]

中国画家不是画地图，绘画与实用无关，是一种精神创作。也不在写山水外在的形（即判躯），而要看到山水之灵，即表现出生命的活力和宇宙的生机，也就是使人精神飞扬浩荡的山水之美。不仅要以目之游动，还要以心灵的律动去观照，才能突破"目有所及，故所见不周"的视界局限，使一草一木、一丘一壑，达到"其意象在六合之表，荣落于四时之外"的空灵意境。实际上，所追求的是由有限（山水形质）达到无限（天地自然）的"道"！

15 世纪初被建筑家卜鲁勒莱西（Brunelleci）发现的"定点透视"原理（阿尔伯蒂 Alberti，1401—1472，第一次写成书）对中国人来说，不是什么现代的新的知识。早在 1500 多年以前，较王微还早些的同时代画家宗炳（375—443）已经发现，他在《画山水序》中就曾指出：

> 且夫昆仑山之大，瞳子之小，迫目以寸，则其形莫覩。迥以数里，则可围于寸眸。诚由去之稍阔，则其见弥小。今张绡素以远映，则昆阆之形，可围于方寸之内，竖划三寸，当千仞之高，横墨数尺，体百里之远。是以

观画图者，徒患类（绘）之不巧，不以制小而累其似，此自然之势。如是，则嵩华之秀，玄牝之灵，皆可得之于一图矣。[12]

宗炳不仅说明了"视觉"是"距离感官"的特性和透视上"近大远小"的基本原理，以及山水画之所以能写出"咫尺万里"的道理。并且提出"质有而趣灵"之说，要以山水之形表现出山水的"玄牝之灵"（即山水所显现出的"道"，有限中的无限性）。所以自然山水便可成为贤者"澄怀味象"之象，这山水之象便与"道"是相通的。王微、宗炳画论所体现的精神，也就是"无往不复，天地际也"的空间意识。

从现代的审美直觉心理学而言，创造空间的最有效的手段，是将"形"的各种"质"排列成梯度，由大逐渐到小。在绘画中，这一切"质"的极限就是没影点（或透视中心灭点），它代表空间中无限远的地方。这无限的空间只集中在一点，因为画面必须要受到人的定点视角范围所限制，超出这个范围的物象是模糊的、变形的。这种限定并不符合人的视觉活动特点，更不适于中国人的空间意识和表现空间的精神审美要求。

散点透视，从表现的空间范围来说（不计其表现手段的制约）是无限的。所以西方绘画既不会有写嘉陵江的《蜀道图》，也不会画出城市繁华的《清明上河图》来。更重要的是，散点透视的"没影点"（灭点），是随着人的视点在运动的，它从不定于一点，而处处皆在；它不在画面的空间之内，而通向无限的空间之中。这正是中国画有限中的无限性，常常能给人以一种深邃而悠然的宇宙感、时空感的奥秘了。

这种空间的表现方法，又是同中国人生活空间的构成与组合方式密切联系的。中国建筑木构架体系，是平面空间结构，建筑空间与自然空间是互相融合的有机整体建筑的空间序列、层次在时间的延续、延伸之中，具有时空的统一性、广延性、无限性。

这又同西方建筑集合空间成为整一的实体是完全不同的，西方建筑用定点成角透视，就可以通过建筑形体及其表现在形式上的节奏感，基本上就可以把握住建筑的空间结构和其组合的特点。但是，对中国的传统建筑来说，不管画家用多少定点透视的画面图景，也无法将它的空间结构的整体性表现出来。只有像宋代科学家沈括在其名著《梦溪笔谈》中所说，用"以大观小"的办法才行，也就是采用高远的视野，游目骋怀的散点透视的方法，画出重重庭院和"中庭及巷中事"，才能将建筑的空间结构完整地、全面地表现在二度空间的画面里。对一座园林来说更是如此。

我们从秦汉的台和台上观察自然的视觉活动方式，谈到散点透视的特性，并分析其存在的合理性，及其在中国艺术中的意义与价值，不仅是为了澄清人们对它的误解，更重要的是，从这种散点透视的表现方法中，有助于了解中国传统的空间概念和体现这空间概念的中国的艺术精神。

秦汉时代的苑囿内容十分庞杂，通俗地说，包括有动物园、植物园、果园、菜圃、药材种植园、游乐园、竞技场、林场等等，既是帝王娱乐游赏和狩猎（有军事意义）之所，也是帝室生活资料生产的重要领地。[13]

大苑囿的空间环境，也决定着当时苑居娱游活动的内容和方式，如赛马、跑狗、观禽兽、赏竞技、狩猎等等，都要求高观远赏；人工湖辽阔水面上的歌舞游嬉，漫山遍野"煌煌扈扈"的花果树木，亦宜于宏观广瞻，也是远观其势，而非近赏其质。所以，"大"苑囿与"高"台榭有着内在的联系，反映出当时帝王的苑居生活方式和娱游活动的要求。

从人与自然的审美关系看，苑囿建于自然山水之中，自有风景可赏。但从班固《西都赋》所述：天子"历长杨之榭，览山川之体势，观三军之杂获"的狩猎活动，长杨榭的"台观"，显然是为帝王检阅秋冬狩猎所建的看台。其实上林苑各处离宫别馆中台观，无不是为某种特定的活动内容和观赏需要建造的，这是由苑囿本身的生产等功能所决定的。质言之，并不是专门为观赏自然山水才大建台观的。

我们从汉赋中可以看到对上林苑大量景观的描写，都是对辉煌璀璨的宫殿台榭的赞扬，即使写到在崇台高阁可仰望彩虹的瑶光，俯听雷霆激荡的声音，这些自然景象也是为了衬托台榭的高耸和宏伟，极少见到以对自然山水审美感受的直接的描述。自然山水是征服的对象，是物质资源，是帝王拥有无尽的财富和至高无上权力的象征。人与自然山水的关系，是对立的、占有的关系，自然山水还没有成为人的自觉的、超功利的审美对象。

从造园的历史实践角度，无限空间的自然山水与有限空间的建筑、宫苑的关系，自然只是客观自在之物，还不是人主动汲取的精神审美对象。"无往不复，天地际也"的空间意识，在秦汉造园中还是处于一种被动状态，可以用一句话来概括，就是左思《蜀都赋》中的：

开高轩以临山，列绮窗而瞰江。

第二节　罗曾崖于户里　列镜澜于窗前

秦汉时代宏伟瑰丽的宫殿台榭，是在超经济的奴役与剥削基础上，以千百万人的大量生命力消耗为代价所创造的人间奇迹。这地上宫阙升到天上的台榭，使人（统治者）摆脱了人世空间的局限，一览无碍地将人置于自然无限的空间里，体验山川之广大，宇宙深沉而幽渺的气象，无疑地使人的精神随着视觉开阔而得到解放。无论在物质文化和精神文化上，都有深刻的意义。这种象征帝王至高无上的权威，是满足极权统治者贪婪情欲需要的产物，如列宁所说："没有情欲，世界上任何伟大的事业都不会成功。"⑭对历史上一切建筑文化均可作如是观。

到魏晋南北朝时，是政治上的大动乱酿成社会秩序的大解体，社会现实本身就否定了两汉时所信奉的那套伦理道德、谶纬宿命，烦琐经学等等的规范、价值和标准。人们正是从对外在的怀疑否定中，激起了内在人格的觉醒，对人生、生命和生活享乐欲望的追求。《古诗十九首》中充满着叹人生之短促，哀人世之沧桑，而求及时行乐的思想。自然山水庄园经济的兴盛，崇尚道家之学"肥遁"或"嘉遁"于佳山胜水之中的诗人学者，可以纵情遨游，尽情领略大自然之美。而"庄子对世俗感到沉浊而要求超越于世俗之上的思想，会于不知不觉中，使人要求超越人世间而归向自然，并主动地去追寻自然。他的物化精神，可赋予自然以人格化，亦可赋予人格以自然化。这样便可以使人进一步想在自然中——山水中，安顿自己的生命"⑮。所以，到魏晋时代，自然山水已成为人们自觉的审美对象。

但正如我们在"园林是向往自然的精神欲求"一章中所说，像谢灵运的"寻山陟岭，必造幽峻。岩障千重，莫不备尽登蹑"⑯，他如此酷爱山水之情，是不能简单地从寻求自然美的满足来解释的，据史书记载：

谢灵运"尝自始宁（今浙江上虞县西南）南山，伐木开径，直至临海（今浙江临海县东南），临海太守王琇惊骇，谓为山贼，徐知是灵运乃安"⑰。

谢灵运这种占山封水、掠夺性的开发，不仅是在始宁，"在会稽亦多徒众，惊动县邑"。他看中会稽东郊的回踵湖，"求决以为田"，未能得逞，"又求始宁岯嵫湖为田"，也遭到太守孟顗的拒绝。谢灵运就"言论毁伤之，与顗遂构仇隙"。可见其骄横和贪婪了。

中国造园论

事物都是辩证的，没有这种开发，山水天然自在，就不会为人所发现，为人所欣赏。自然山水只有进入人的生活，成为人的生活部分，人也就成为自然的一部分（直接的意义而言）。这大概就是魏晋时人在普遍地发现山水之美，寻求山水，沉浸于山水之中，达到人与自然相化而相忘的缘由。

魏晋时，人对自然山水的欣赏达到"以玄对山水"（《世说新语》卷下之上《容止》）的境界。"玄"就是老子所说的"众妙之门"的"道"。即以"虚静"的安宁的心灵去观照山水，超脱世俗的缠绕，空诸一切，一心无挂碍，静观自然，万象空明，人与山水各自呈现着它们的充实的、内在的、自由的生命，人与自然融为一体，达到"神超形越"的相化相忘的境界。这也就是艺术心灵的诞生。

老庄的哲学思想渗透在建筑和造园（魏晋时指建筑与自然山水的关系）的空间意识里，就是力求从视觉上突破建筑和庭院封闭的有限空间的局限，把人为的有限空间与自然的无限空间贯通、融合、统一起来。栖岩息窒居于山水之中的人，固然可常常去"寻山涉岭"探幽觅胜，但总不能终日去遨游，而"丘园养素"乃是人所常居的生活，不下堂筵可得山林之美，这就成为园（山）居生活必然追求的内容。谢灵运以他艺术家和诗人的才能，在山居创建之初，就非常重视建筑的位置经营和自然山水环境间结合的关系，可谓"爱初经略"，"躬自履行"，"择良选奇，翦榛开逕，寻石觅崖"，惨淡经营，并总结出一套建筑布局与规划的经验：

> 面南岭，建经台；倚北阜，筑讲堂；傍危峰，立禅室；临浚流，列僧房。对百年之高木，纳万代之芬芳；抱终古之泉源，美膏液之清长；谢丽塔于郊郭，殊世间于城傍。⑬

谢灵运不仅崇尚老庄，且笃信佛学，这里所说的经台、讲堂、禅室、僧房，在他的《山居赋》里并非实指寺院，当时正是佛教盛行，舍宅为寺成风之时，有借以示其超脱的意思罢了。从《山居赋》中可见谢灵运别墅的建筑位置，确是颇具匠心的。在江水曲折回环处，筑楼两面临水，尽俯仰之美；在林木深邃处，构宇临潭与半岭之小楼相望，构成一幅倚岩壁，眺远岭，四山环抱，溪涧交流，具水石林竹之美，岩岫隈曲之好的建筑山水图画。

谢灵运通过他山居的建筑实践，在他铺陈描绘的《山居赋》里，从建筑的空间艺术方面，提出了很精辟的观点：

> 抗北顶以茸馆，瞰南峰以启轩。罗曾崖于户里，列镜澜于窗前。

　　　　因丹霞以颓楣，附碧云以翠椽。视奔星之俯驰，顾飞埃之未牵。

　　第一句说明建筑因形就势，建于北峰而面南岭的位置，三四句是仰视建筑和在建筑中俯览景象的描写。值得注意的是第二句，**"罗曾崖于户里，列镜澜于窗前"**。意思是说，建筑（包括宅院）的位置经营，要从外向视野中，把重山复岭收罗到门户之内，将山川流水陈列于窗牖之前。这就是说，在自然山水中建造房屋，不是能看到什么就看什么，而是需要如何看，应看到的是什么？最好看到什么？要达到这个目的，人（建筑师和景园建筑师）就必须有意识地、主动地把自然的最佳景观纳入生活环境的有限空间之中，使有限与无限空间之间，得以流通、流畅、流动而融合，这就是从有限观照无限，通向无限，又回归于有限，达于自我的"无往不复，天地际也"的空间意识，在建筑与造园艺术中的体现。这一空间意识上的突破，可与秦汉时加以对比：

　　　　　　开高轩以临山，列绮窗而瞰江。（秦汉）
　　　　　　罗曾崖于户里，列镜澜于窗前。（魏晋）

　　秦汉赋中这句话，"开"和"列"是指建筑打开门窗户牖而言，"临山"、"瞰江"是人在建筑的有限空间里所能看到的景象。人与自然山水的审美关系是无意识的、非组织的、被动的关系。反映当时人与自然是对峙的、分离的、自在的、功利多于审美的关系。

　　而魏晋《山居赋》句中的"罗"与"列"，是指自然山水和人的审美感受。"曾（同增或层）崖"、"镜澜"不是指任何可见的山水，是重峦叠嶂的山，清澈如镜的波澜之水，包含着有选择的具有林泉之美的山水形象。而且人与自然山水的审美关系，是有意识的、有组织的、主动的关系。反映人与自然是相亲、相融、相辅的"神超形越"的审美关系。

　　在1500年以前，诗人谢灵运的这种将自然山水收罗于户牖之内的空间意识，可以说是把"无往不复，天地际也"的空间意识，具体地生活化、实践化了，这是中国造园和建筑艺术在空间理论上的突破，是实践的飞跃，是艺术思想的升华，这对中国建筑和造园艺术在空间上所体现的民族性格和精神，要比在形式上所体现的特征更为重要，其意义也更为深远。

　　中国山河锦绣，全国各地都有名山胜水，可谓"崖崖壑壑竞仙姿"，不仅古刹禅林、仙宫祠庙遍布于名山大川之中，几乎景色佳丽，人所能到之处，无不建高楼、构杰阁、造危塔、立翼亭，为人们提供一个最佳的观赏点和休憩的地

中国造园论

方，这些极富民族风格的人工建筑景观，又将自然山水点染得更富有中国的民族特色和民族的精神（参见图3-1 山东泰山观日亭）。

明人诗中曾有"祠补旧青山"之句，这个"补"字，确是非常精当地说出了中国建筑与自然山水的有机结合，没有它会使人感到不足、缺少了什么，有了它自然之美更加生色，愈充分地显示出来，使人工景观与自然景观成为不可分的相互融合的统一整体。这些建筑，在把自然山水收罗于户牖之内的空间艺术与意匠上积累有大量的经验，正因为这些山水名胜中的建筑，历来已成为人们生活中的一部分，习以为常，视为当然，往往多从宗教的意义、文物的价值去注重它，却极少有人从造园学角度去寻其究竟，去总结这份极为珍贵的遗产。如名闻遐迩，著称于世的中国三大楼阁：黄鹤楼、岳阳楼、滕王阁，高楼杰阁，临江枕流，古往今来，登眺饫览河山的感兴名作，许多堪称千古绝唱。而这些又陶冶、激励着炎黄子孙，对祖国锦绣山河的热爱，为中华民族的灿烂文化而自豪！可谓**"楼阁为山河而增辉，山河因楼阁而名著"**。它们的作用，早已超越建筑自身的美学意义，而成为民族文化的象征！

图3-1 山东泰山观日亭

在各地名山胜水中遍布着难以数计的祠庙佛寺，虽为了显示"神"的无边法力，将建筑悬于峭壁，立于危峻（《康熙字典》"峰聚之山曰峻"）之颠，这种危筑奇构颇多，仅山西一地就有著名的浑源"悬空寺"、隰县的"小西天"等等，不仅建筑本身结构奇巧，在利用自然和空间意匠上，也有其独特的妙思。这不是神的法力无边，而是人的智慧胜天！

还有那大量因山构筑、层层叠叠的殿堂禅院，不仅在建筑空间与造型上，有许多独特的意匠和精湛的处理手法；在建筑与环境的巧妙结合上，更有匠心独运的种种构思，对今后的建筑实践，都是大可师法和足资借鉴的丰富宝藏！

在建筑空间艺术方面，我们拥有非常丰富的优秀传统，惜乎重视者少，以至近年在风景区的建设中，如评者所说出现了不少"建设性破坏"自然景观的憾事，岂不令人深思！我国古代在自然山水中杰出的建筑实例多不胜举，现仅从造园角度举一两例来说明。

杭州的"韬光庵"，原在灵隐寺右的半山上，唐诗人宋之问曾有"楼观沧海日，门对浙江潮"之佳句。明萧士玮《韬光庵小记》中说，他初到灵隐，求"楼观沧海日，门对浙江潮"的景境而不得，后至韬光庵才"了了在吾目中矣"！晚间"枕上沸波，竟夜不息，视听幽独，喧极反寂。益信声无哀乐也"[18]。袁宏道亦有《韬光庵小记》之作，景境描写较详，记：

> 韬光在山之腰，出灵隐后二三里路，径甚可爱。古木婆娑，草香泉渍，淙淙之声，四分五络，达于山厨。庵内望钱塘江，浪纹可数。余始入灵隐，疑宋之问诗不似，意古人取景，或亦如近代词客，捃拾帮凑。及登韬光，始知沧海、浙江、扪萝、刳木数语，字字入画，古人真不可及。[19]

萧士玮和袁宏道因只闻名灵隐而不知韬光，初到灵隐寻宋之问的"楼观沧海日，门对浙江潮"胜景，"竟无所见"。至韬光方知宋诗所写是"字字入画"的。可见，自然景观之美，非随处皆然，是有其最佳的视野、视角或视点处，韬光庵选址和景观之妙，既在于它把"沧海日"、"浙江潮"巧妙地收罗于户牖之内，为人们提供和展现出一幅江海气势的最佳图景，同时韬光庵自身亦处于林泉之美的景境中。如萧士玮在《记》中所说："大都山之姿态，得树而妍；山之骨格，得石而苍；山之营卫，得水而活。惟韬光道中，能全有之。"所以韬光庵才成为文人墨客乐于吟诵的对象。

这些文字记述给我们以很深的启示，在自然山水中建筑，今天往往只考虑建筑基地的环境和建筑自身的功能，而忽视建筑与自然山水境域的有机联系，可谓虽在其中而实在其外，说它"在其中"是指其建造在山水之中，但在视觉上却囿于自身周围的小环境，这有限空间与无限的自然空间并不相通，实际上是隔于山水之外。这种设计可名之为"画地为牢"，是封闭的惟我的意识。

但既在其中，山水境域的视界是广阔的，视野是多维的，由此不能观彼，而由彼则可观此，一经建成就客观地构成山水的一部分。若建筑形体和位置不当，所谓"祠补旧青山"这个"补"就不是补其不足（人文景观或人化自然）使其生辉，反成多余的"补丁"而大杀风景；这"凝固的音乐"可能成为自然交响乐中刺耳的不谐之音。如计成所诫："须陈风月清音，休犯山林罪过。"[20]可见，大至自然山水风景区的规划，小至山水中一幢建筑，非胸无丘壑，对传统文化无知者可为，否则徒犯山林罪过罢了。

笔者实践体会，在山水中亭子虽到处可建，亦非随手捻来均成格局的。即是嶝道回转处建亭，造什么样的亭子？是方是圆，是六角还是套方；顶是攒尖是卷棚，是单檐还是重檐；尺度的大小，体量的重轻等等都是颇费思量的。撇开风景区的性质和总体规划等大前提不谈，单从审美角度，就不是亭址的局部环境所能决定的，既要考虑上下山视线的变化，仰俯所见亭的景观，更要考虑他处可视此亭与山水是否和谐协调。这就是计成在《园冶》中所说的"互相借资"，顾此及彼，彼此兼顾的道理。如今所乐道者是"全方位"的设计，是开放的无我的意识。

纳山川于户牖的空间意识，不仅体现在建筑的选址上，也必须体现在建筑本身的空间意匠中。这里再举个很有参考价值的例子，张岱在《西湖梦寻》卷五"火德祠"条中描述：

> 火德祠在城隍庙右，内为道士精庐。北眺西泠，湖中胜概，尽作盆池小景。南北两峰，如研山在案；明圣二湖，如水盂在几。窗棂门楗，凡见湖者，皆为一幅画图，小则斗方，长则单条，阔则横披，纵则手卷，移步换影，若迂韵人，自当解衣盘礴。画家所谓水墨丹青，淡描浓抹，无所不有。昔人言：一粒粟中藏世界，半升铛里煮山川。盖谓此也。⑳

这段文字精彩之处，是在概括了祠中远眺广瞻的湖山胜概之后，讲到人在建筑里通过门窗户牖看到一幅幅如画的景色。而这阙如的户牖如斗方（方约一尺的书画）、如单条、如横披、如手卷，就不单是门窗的槅扇，而是经过精心设计的墙上之"牖"，或景框式的门空了。张岱《火德祠诗》可说明：

> 千顷一湖光，缩为杯子大。余爱眼界宽，大地收隙罅。
> 瓮牖与窗棂，到眼皆图画。渐入亦渐佳，长康食甘蔗。
> 数笔倪云林，居然胜荆夏。……

诗中"长康"指晋画家山水画创始者顾恺之（341—402），字长康，小字虎头，食甘蔗愈到根处愈甜美也。倪云林，即元代画家倪瓒（1301—1374），字元镇，云林子是他的别号之一，倪画逸笔草草，以天真幽淡为宗。荆夏，指五代梁至唐时画家荆浩，字浩然，自号洪谷子；南宋画家夏珪，字禹玉。荆浩山水画构图丰满，气势雄浑邈远；夏珪则构图简约，善画"剩水残山"，工致而精细。意思是说，即使窗中景物很少，就如倪云林的逸笔草草，但诗意隽永。诗中的"瓮牖"，就是指在墙上开凿的窗户。

　　文中所说："昔人言，一粒粟中藏世界，半升铛里煮山川。"这个颇有禅味的比喻，可以说是将"**罗曾崖于户里，列镜澜于窗前**"不仅形象化了，在内涵上也更广阔了。这种空间意识发展到清代的皇家园林，清帝乾隆弘历在圆明园《御制诗序》"蓬岛瑶台"（参见图 3－2　北京圆明园蓬岛瑶台）中亦说：

　　真妄一如，大小一如，能知此是三壶方丈，便可半升铛内煮江山。

　　用现代汉语说：真的与假的（神话仙境）相同，大的同小的一样，能知道（欣赏、感受）这人工小岛就如那海上仙山（方壶、瀛壶、蓬壶），便可用半升的容器去煮整个的江山了。所讲对象同张岱所说虽然完全不同，张岱所指是自然的真山真水，弘历所说则是人工创作的写意式的假山水。但从创作思想上所反映的空间意识是一脉相承的，都是"**无往不复，天地际也**"的空间意识在不同时代的造园与建筑实践中所表现的不同形式与内容。而张岱所说的门窗户牖，从取景将它图框化，或斗方，或单条，或横披，或手卷，这种富于民族形式的意匠和美学思想，到清代造园发展的盛期，就为李渔所继承并加以发展，创立"无心画"、"尺幅窗"（详见第八章　开户发牖　撮奇搜胜）之说。由此足资证明，**传统—动态的观念之流**，在历史上是在不断变化与发展之中的。

第三节　视觉莫穷　往复无尽

　　从秦汉的台苑到魏晋的山居，都是在自然山水中的园居生活，"无往不复"的空间意识，反映在人与自然的审美关系和审美方式上，是一个从无意识、被动的、功利的审美关系，到有意识的、主动的、超功利的发展过程，这个过程的最终体现，就是将自然山水收罗于户牖之内的方式，或者说"半升铛里煮江山"的意识。这种将无限的空间纳于有限空间里的空间意识，对中国的建筑艺术，特别是远离自然山水蛰居城市的造园艺术突破封闭的有限空间视界的局限，有着非常重要的意义。

　　城市园林的空间特质的形成有个漫长的历史过程，论画者云："书盛于晋，画盛于唐，宋书画一耳。"（元杨维桢《论画》）山水画不兴于自然山水庄园时代，而盛于城市经济繁荣的唐宋，有如人们所乐道的，最珍贵的不是人们所拥有的，而是已失去的东西。这种现象，我们在第二章中已作了较详细的分析，不再赘

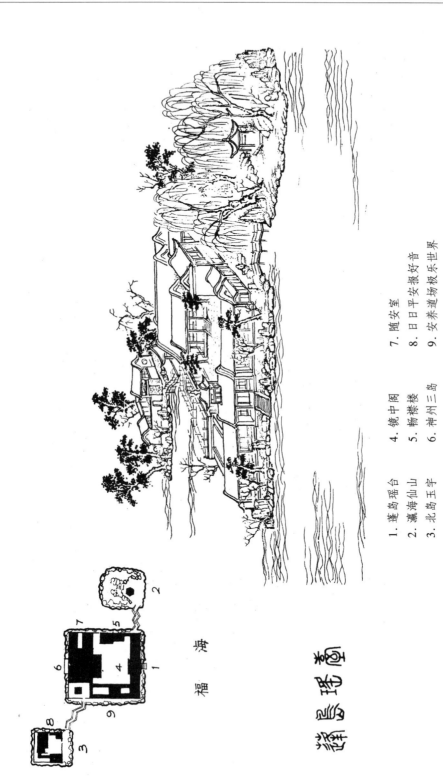

1. 蓬岛瑶台　　4. 镜中阁　　7. 随安室
2. 瀛海仙山　　5. 畅襟楼　　8. 日日平安报好音
3. 北岛玉宇　　6. 神州三岛　　9. 安养道场极乐世界

图3-2 北京圆明园蓬岛瑶台

福　海

蓬岛瑶台图

述。需要说明的是，园林的兴起虽与山水画有相同的原因，但园林与山水画的发展过程却不可能是完全同步的，任何划时代艺术形式的产生，同社会经济的繁荣并无直接的联系。但作为人的物质生活组成部分的园林，需要有一定的经济和物质技术条件，却不能脱离社会经济的繁荣和发展。

唐宋城市园林的兴起，还处于始发阶段，多集中于都邑京畿之内，为极少数贵胄显宦者所有，在其他城市尚极少见有私家园林的记载，我们从元结（719—772）《右溪记》中，对当时道州城西的小溪的感叹"处在人间，可为都邑之胜境，静者之林亭"可知园林（林亭）还只见于都城。柳宗元（773—819）在《钴鉧潭西小丘记》中亦云："噫！以兹丘之胜，致之沣镐鄠杜，则贵游之士争买者，日增千金而愈不可得。今弃是州也，农夫渔父，过而陋之。"这是柳宗元的《永州八记》中的一篇，其中的"沣镐鄠杜"是畿内的八川水名，这里也是指都城长安。可见园林多集中于都城重镇，其他城市附近虽有清幽的天然胜境，亦无人问津去构筑园林。对芸芸众生终日劳碌奔波的农夫渔父来说，他们根本不会有饱食终日者的闲情逸志和欣赏林泉之美的眼睛，自然是"过而陋之"的了。

唐宋园林的性质，还不是宅居生活的组成部分，或者说家庭生活还未园林化。当时园林只是供园主在宴会时的娱乐场所，这种"宴集式"的娱游生活方式，要求有较大的空间范围，建筑则务率宏竣，景境意在疏朗，重在"旷如也"，而不追求"奥如也"。故多竹树池沼，锦厅凉榭，尚无人工造山之说。如果说，北魏张伦造园立意在山，唐宋造园主要在水，说明：以自然山水为主题思想的创作还没有形成完整的体系，还属发展中的过渡阶段，即从对自然山水的摹写到写意创作的过渡。

但在审美的方式上，这种园居已不同于山居，已起了质的变化。身处宦海闹市的士大夫们已非"嘉遁"山水者，只能从闹处寻幽，所以元结和柳宗元发现城郊一小块清幽的地方就倍加珍惜，从而造成对自然山水的不同观赏方式：

> 谢陶时代是在无限空间中以宏观的方式，极目骋怀，俯仰自得，欣赏大自然山河气势的壮美；蛰居闹市的唐代士大夫则是以微观方式，近观静赏，从有限空间中体验无限，从水石的局部景象中生发涉身岩壑之想，重在意趣。[22]

元、柳这种从自然的局部景象（树竹水石）的审美观照中，而能引起涉身岩壑之想，在有限的空间里如处无限空间的自然山水之中，这种近观静赏，身与物化的审美方式和审美经验，为后世园林写意山水的创作，无疑地提供了一个"师法自然"的途径和典范，从自然本身揭示了写意山水的奥秘。质言之，中国古典园林的写意山水创作，有其客观的自然的依据，绝非是纵情抽象、恣意而为的东西。是"外师造化，中得心源"、客观的造化（自然）与主观的精神（心灵）两相融和的一种创造（关于园林写意山水在"意境"一章再专加论述）。

从唐代自然山水园居生活中所反映的人与自然关系的变化，是另一值得提出和重视的问题。

唐代的自然山水园较之魏晋南北朝时期，规模已小得多了，从诗文中可见一斑：

> 坐穷古今掩书堂，二顷湖田一半荒。（许浑《题崔处士山居》）
> 趑来城市意如何，却忆菖阳溪上居。
> 不惮薄田输井税，自将佳句著州间。（权德舆《送李处士戈阳山居》）
> 寄家丹水边，归去种春田。
> 白发无自己，空山又一年。（于鹄《送李明腐归别业》）
> 先生近南郭，茅屋临东川。桑叶隐村户，芦花映钓船。
> 有时著书暇，尽日窗中眠。且闻闾井近，灌田同一泉。（岑参《寻巩县南李处士别业》）
> 东皋占薄田，耕种过余年。护药栽山刺，浇蔬引竹泉。
> 晚雷期稔岁，重雾报晴天。若问幽人意，思齐沮溺贤。（耿沣《东皋别业》）

从题名处士和耿沣诗中的"思齐沮溺贤"可知，沮溺是二人的名字。《论语·微子》："长沮、杰溺耦而耕，是古之隐者避世之士也。"这些山居、别业多是隐迹山林的避世之士，与魏晋间门阀士族的"肥遁"和"嘉遁"的生活意识完全不同，白居易的《新置草堂即事咏怀题于石上》一诗说得很清楚，诗云：

> 何以洗我耳，屋头飞落泉。何以净我眼，砌下生白莲。
> 左手携一壶，右手挈五弦。傲然意自足，箕居于其间。
> 兴酣仰天歌，歌中聊寄言。言我本野夫，误为世风牵。
> 时来昔捧日，老去今归山，倦鸟得茂林，涸鱼返清泉。
> 舍此欲焉往，人间多险艰。

白居易深感人间的险艰，厌倦了世网的牵累，欲逃避这无法逃避的社会现实，隐迹山林，与泉石为伍，极耳目之娱。诗画大家王维的"辋川别业"的园居生活，虽然在物质生活条件上，白居易的"庐山草堂"无法与之相比，但他们逃避现实，从自然山水中求得精神上的解脱和心灵的安慰，目的却是一致的。基于这种消极的生活态度，不会有谢灵运那种占山封水掠夺性的欲望，而是"足以容膝，足以息肩"，需要的是幽僻以自适的环境。从他们对自然景物深微的观察，意境清幽恬淡的诗文中，自然山水和草木泉石，不只是被欣赏的无情的僵死的东西，更不是独立自在与人无关，而是人的生活组成部分、融合在人的生活和思想感情之中。庐山草堂，是白居易"左手携一壶，右手挈五弦"或"左手引妻子，右手抱琴书"，"傲然意自足，箕居于其间"的生活环境，是王维的"独坐幽篁里，弹琴复长啸"借以抒发感情的地方。人之"情"与物之"景"是交融的，人在情景中、景融生活里的人与自然的关系。

把中国造园历史发展作为运动过程来考察，自秦汉到唐宋，从远观其势以大观小的宏观方式，转化为近赏其质、小中见大的微观方式，这是由审美对象的空间缩小，引起审美方式变化的结果。从审美态度和思想上，由将自然山水收于户牖，转化为景境融于生活和人化景境之中、情景交融的审美意识。我认为：没有这两方面的转化（互为表面），造园艺术在空间日益缩小的趋势下，以自然山水为创作主题的园林，反而日益充实、完整、升华而取得高度的艺术成就，是难以想象的，也是不可能达到的。

明清时代，是中国园林发展的鼎盛时期，至清中叶乾隆六次南巡促使园林发展达到高峰。计成《园冶》的问世标志了中国园林在实践和理论上的成熟。一个非常有意义的现象，中国园林的发展是随着时间的延续，空间上在不断地缩小，由广袤数百里之大，精缩到百余平米之小，就像一座矿山经过长期不懈的冶炼，而独存精粹发出闪耀的光辉。

私家园林随着空间日小，有限与无限的矛盾也就日益尖锐。"无往不复"的空间意识，反映在古典园林中的根本问题，是如何突破园林有限空间的视界局限。

从园林的功能：可居、可望、可游来分析，园林的可居（广义的）不同于住宅，要有景可望，有境可游；而有可望之景，可游之境，园林才有可居的意义。所以，园林在空间上的突破，关键在可望、可游的意匠经营之中。

一、可望的景境意匠

可望多属于静态的观赏，或者是游赏中处暂时的相对静止的状态，主要是视觉审美的问题。景境的创造要能令人视觉无尽,这就必须突破空间的视界局限。

"视界"这个词,不是哲学上"用来表示思维受其有限的规定性束缚的方式,以及视野范围扩展的规律的本质"[21]的概念,而是指人的视觉心理特点而言的,笔者20世纪60年代研究建筑和园林空间的意匠时,对人视觉所感知的界限或界面,不一定都是有形的实体这一现象,如大厅中铺上一块色质与地面悬殊的地毯,再在一边立上屏风或灵活的槅断,就会形成一个无形而有限的独立空间部分,这个空间就包含着三个无形的界面;即使在厅中任意处立一根柱子,视觉上就会感到空间被划分而形成一些界面;园林花木中的通幽小径,同样会形成一定的有限空间和无形的界面……[22]我所说的这些视觉上所感知的界限或界面,无以名之,就简约称之为"视界"。"视界"就是视觉所感知的界限或界面,既包含物质实体隔断视线的实界面,也包含由实体构成虚拟的合目的或规律的空间结构的虚界面。

园林创造景境,要突破人的视界局限,纵观实践可概括为两大类型:

(一)视界的超越

将视野扩展到园外,最有效的手法,就是把自然山水纳入户牖之内的空间意识的实践化,超越园墙视界的局限,直接观照自然,是计成《园冶》中"远借"园外之景的创作思想方法。计成有精辟之论曰:

> 园虽别内外,得景则无拘远近,晴峦耸秀,绀宇(寺庙)凌空,极目所至,俗则屏之,嘉则收之,不分町疃(田野),尽为烟景。

可谓"远峰偏宜借景,秀色堪餐",有限达于无限,无限又归之于有限的观照法。但千里之山不能尽奇,万里之水亦非尽秀,何况园林要受城市环境的种种限制,所以要"屏俗收嘉",下一番剪裁的工夫,庸俗的要屏蔽(有视界),美好的要"物无遁形"尽收之。"远借"就要抬高视点,故《园冶》有云:

> 山楼凭远,纵目皆然;竹坞寻幽,醉心即是。轩楹高爽,窗户虚邻,纳千顷之汪洋,收四时之烂漫。

城市园林空间小,早已不兴构筑高台,都"赖有小楼能聚远"。从规划经营,楼既有登眺之功用,其位置选择,必须在视野之内有景可望,"窗中列远岫,庭际俯乔木"(谢朓),"窗含西岭千秋雪,门泊东吴万里船"(杜甫),都是楼阁借远景的生动描绘。无景可望,则宜藏幽密处,视界之内自成一境。

视界的超越,还可用间接观照法,所谓间接,是指视线不超越园外,而是在视界之内借"有意味的"形色或音响，将人的情趣、意会引向园林的空间之外。要稍加说明的是"观照"一词的含义，这是借用佛学的词汇，"观，是观照，即智慧的意思"⑤，这里作为一种"体验"的方式而言。我们常常讲到的从有限达于无限，无限又归之于有限的"无往不复"的空间意识，亦非简单地指目之所见，其中更多地包含着心灵的"体验"。故不用观看、观察二字而用"观照"一词。

所谓间接的观照法，是目虽观此而心思境外，这就是《园冶》中"邻借"隔院之景的创作思想方法。如：

> 萧寺可以十邻，梵音到耳；
> 若对邻氏之花，才几分消息，可以招呼，收春无尽。

"梵音到耳"是闻声，与"刹宇隐环窗"的见形则不同。视觉是距离的感官，隔墙寺院近不可睹，但其声可闻，钟声、磬声、木鱼声、诵经声，交织成浑厚袅绕的梵音，缘声不仅令人想见隔院刹宇，还能给人一种空间超越之感。而对"邻氏之花"，人们不难想起"一枝红杏出墙来"的诗句，而生"满园春色关不住"的联想和情怀了。

视界的超越，实质在于视觉空间的扩大。如果园林既无"远借"之景，也无"邻借"之境，囿于园的视界之内，还有《园冶》未曾道及的"镜借"之法。

中国古代以铜为镜，《说文解字》段注："金有光可照物谓之镜"。唐诗有"隔窗云雾生衣上，卷幔山泉入镜中"（王维），"帆影都从窗隙过，溪光合向镜中看"（叶令仪）。园林中用镜的反照以扩大空间，《扬州画舫录》中有记载，今日在苏州古典园林中还常见（玻璃涂汞剂之镜），如苏州怡园面壁亭，处地迫隘，亭中悬一大镜，将对面假山及山上螺髻亭收入镜中，从而扩大了空间视界；吴江同里镇的退思园，进入园门隔岸临水小阁中悬一大镜，半园景色尽映其中，空间有迷离扑朔之感。苏州鹤园规模较小，园内面西之亭，亭后墙中悬一镜，因亭前植物近迫，效果则欠佳，不如墙上开空窗以借蓝天要空灵得多。

水面清澈实如天然之镜，浮空泛影，"楼阁碍云霞而出没"，池边照影，人如行云之中，是园林扩大空间最妙的境界。环境之佳者，可利用池水"镜借"远山之秀色。如常熟的赵园，一池秋水，将园北的虞山映现在园林之中，积水空明，上下辉映，可称一绝。可惜，今日之赵园，池虽幸存，景物多毁，而且园外高楼参差，虞山倩影早为闹市所湮没矣。

（二）视觉之莫穷

园林造景，一景一物要能使人莫测颠末，莫究浅深，莫知其源。"莫穷"，视觉则无尽。这种可望的要求，实际上大至园林规划，小到景物的创作，莫不如此。这里只是从静赏角度，对构成园林景境的主题，山和水的视觉形象问题作概括的分析。

水

池水若要视觉无尽，绝不能如西方的"方塘石洫"，一览无余。所以《园冶》中说：

> 杂树参天，楼阁碍云霞而出没；
> 繁花覆地，亭台突池沼而参差。㉖

杂树参天，则景色迷濛；楼阁亭台错综参差，既打破池的边岸，且空间富于层次，不能一望而尽，池的大小就莫测，境则"旷如也"（参见图 3－3 苏州拙政园中部景观）。

> 临溪越地，虚阁堪支；
> 夹巷借天，浮廊可度。㉗

虚阁建于水口（实是阁下做成水口），水似从阁下出，莫穷其深其远，不知源头何处，池水却有来由，水具生意，人有远思。如苏州狮子林的"修竹阁"，其立意在此，故成佳构（参见图 3－4 苏州狮子林修竹阁）。而苏州耦园的"山水间"水榭，北面临长流，东西两侧引水如沟渠，形成三面有水的半岛式，突出榭在水中，因池小而觉榭的体量过大，榭的体量之大又倍觉池水之小，也失去水口的源头活水之意趣，从环境的意匠，此处景观是个不成功的例子〔参见图 3－5 苏州耦园山水间（阁）〕。

浮廊跨水，是隔出境界；若一带长廊沿墙曲折，临水一面架空，廊如浮栈于水上，堤岸隐于廊下，水的边界莫测，令人有池水无边之感，既扩展了水面，更开阔了空间视界。如苏州拙政园西部之"水廊"。或用廊桥跨水，隔而不绝，空间通透，层次则生。拙政园"小飞虹"水院亦如此，使人有不知园的大小之妙（参见图 3－6 苏州拙政园小飞虹）。

> 引蔓通津，缘飞梁可度。㉘
> 疏水若为无尽，断处通桥。㉙

图 3 - 3 苏州拙政园中部景观（香州）

中国造园论

图 3-4 苏州狮子林修竹阁

图 3-5 苏州耦园山水间（阁）

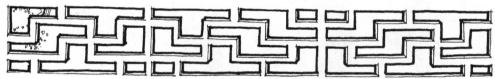

图 3-6 苏州拙政园小飞虹

　　隔出境界的手法：水面隔而水不断，视界似有若无，隔出空间的层次，心理的距离随增，视觉莫测其浅深，从而有无尽之感。如苏州的壶园（今已不存），园甚小而以水为主，近厅堂处，支分脉散，如小溪隐出墙外，上架石梁，墙上藤萝漫衍，颇有深意，是槅的一例（参见图 3-7 苏州壶园平面视图、图 3-8 苏州壶园俯视图、图 3-9 苏州壶园透视）。

　　文震亨《长物志》中，对大小池塘的意匠亦有精辟之论，大池，则"长堤横隔，汀蒲、岸苇杂植其中，一望无际"，小池"必须湖石四周"，"四周野藤、细竹"⑩。用湖石围池，欹嵌盘屈，池的边界则莫穷；野藤细竹，蒙络扶疏，景境自然悄怆幽邃。苏州狮子林修竹阁前小池，是典型的例子（参见图 3-4 苏州狮子林修竹阁）。种种手法，可用画论中的一句话来概括：

　　"水欲远，尽出之则不远。掩映断其派，则远矣！"⑪

中国造园论

1. 花厅
2. 船厅
3. 亭
4. 廊

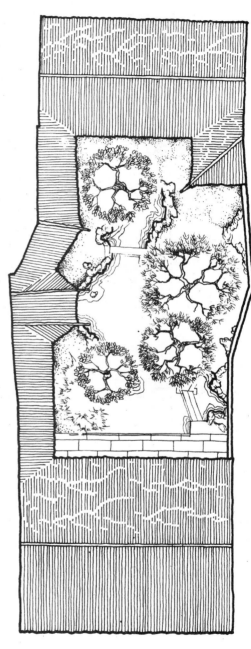

图 3-7 苏州壶园平面视图   图 3-8 苏州壶园俯视图

图 3-9　苏州壶园透视

山

计成在《园冶》"掇山"中，对园林山叠石有概括性的论述，说：

　　　方堆顽夯而起，渐以皴文而加；瘦漏生奇，玲珑安巧。峭壁贵于直立；悬崖使其后坚。岩、峦、洞、穴之莫穷，涧、壑、坡、矶之俨是；信足疑无别境，举头自有深情。蹊径盘且长，峰峦秀而古，咫尺山林，妙在得乎一人，雅从兼于半

土（士）。㉜

园林多用湖石掇山，千姿百态，各具自然之形，虽不能无总体构思，却无法绘制成图，按图施工，更无固定法式可循，全在造园家目寄心期，调度有方。如《梅村家藏稿·张南垣传》载清初叠山名家张南垣创作时情景：

> 经营粉本，高下浓淡，早有成法。初立土山，树木未添，岩壑已具，随皴随改，烟云渲染，补入无痕；即一花一竹，疏密欹斜，妙得俯仰。㉝

叠山只能"随皴随改"，但要"补入无痕"大非易事，所以计成强调"咫尺山林"的创造要靠一个高水平主持工程的人。而"雅从兼于半土"句，据吾友曹汛的考据"土"为"士"字讹误，士是指园的主人。这很重要，有权者以一己之见强制实现，是传统权势欲的顽固表现，千年之陋习，若园主（产权所有者）庸俗不堪，一意孤行地任意干预，甚至乱加指挥，即使计成再生，张南垣还世，"咫尺山林"也定成百衲僧衣，鸟兽粪的堆积，徒贻笑子孙而已！

从视觉无尽的要求，"峭壁贵于直立"者，峭壁多掇于厅堂、书房的庭院中，是依墙嵌理成悬崖峭壁的意象，"直立"、"悬挑"是以夸张的手法强调"悬"与"峭"的特征，常"起脚宜小，渐理渐大"，虽高仅及屋，而悬挑数尺。因庭院空间小，视距浅，欲窥全貌，必须仰视，仰视其颠则不见其末，俯视其末则不见其颠，颠末莫测，才能给人以突兀逼人，而又高不可攀的气势。若置于空间开阔处，势必假相毕露，如盆景而已。这种以小见大、寓无限于有限之中的手法，不能离开特定的空间环境，人的生活感受和视觉心理活动的特点。

对石的欣赏，最能说明中国人与西方人审美观念的不同。中国人欣赏石，不仅要怪，而且要丑，如郑板桥（1693—1765）所说：

> 米元章（米芾）论石，曰瘦、曰绉、曰漏、曰透，可谓尽石之妙矣！东坡又曰：石文而丑，一丑字则石千态万状皆从此出。彼元章但知好之为好，而不知陋劣之中有至好也。东坡胸次，其造化之炉冶乎。燮（郑板桥）画此石，丑石也，丑而雄，丑而秀。㉞

刘熙载在《艺概》中亦说："怪石以丑为美，丑到极处，便是美到极处，丑字中丘壑未尽言。"何以丑极反美，刘熙"未尽言"，郑板桥却为苏东坡的"丑"字作了精辟的解释，即"丑而雄，丑而秀"。秀，是美而奇特（《楚辞·大拓》："容则秀雅。"注："异也。"）；雄，是指石在静态中具有一种动势，即生气勃勃的活力之美。

它打破了形式美的规律，"是对和谐整体
的破坏，是一种完美的不和谐"（亚科夫）
（参见图3-10 苏州留园冠云峰、图3-11
江苏昆山半茧园寒翠石）。

　　洞、壑、坡、矶之俨是。创造出真
如的自然景观，是形的妙选，也是境的
意匠。而"岩、峦、洞、穴之莫穷"，形
成空间（空洞、空隙）处，要视觉上令人莫
测深浅，莫测深浅就会引发无限的远思。
苏州半园，半者言园之小也，满庭池水，
东北角引出小溪处（溪已填没），上架一小
拱桥，涵洞中湖石突兀而向旁盘曲，就
使人有不知其源，洞深几许之感（参见
本书图8-43 苏州北半园主景观立面图）。
这个桥洞的小小处理，却颇有"莫穷"
的妙处。

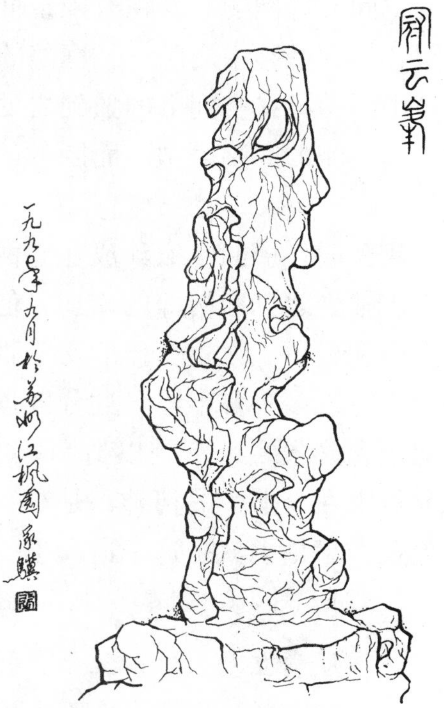

　　"蹊径盘且长，峰峦秀而古"，园林

道路，要似断不断，似壅而通，曲折
才有幽深之意，盘而且长则循环往
复，无始无终空间也就无尽。这不仅
是"可望"之景的视觉莫穷，已是
"可游"之境的空间规划和设计的要
求了。

二、可游的空间设计

　　可游是动赏，是游行中的动态观
赏，以处处"可望"为条件，也就是
要处处有景可观而能引人入胜。但从
"可游"而言，却又不仅是景的视觉
无尽，更为重要者是在境的无终。可
游，主要是空间的总体规划，景境之

图3-10 苏州留园冠云峰

图3-11 江苏昆山半茧园寒翠石

间的空间设计问题。要在有限空间里，使人游之不尽，这就必须突破园的空间局限，特别是园中之院——庭院的封闭而有限的空间局限才行。

中国园林在空间上的独到之处和艺术上的高度成就，可以说集中地体现在这小而封闭的庭院之中。而园林的建筑庭院，也充分地反映出中国园林的艺术精神。

我国明代造园学家计成在他的不朽名著《园冶》一书中，在空间意匠方面有许多独到之见和精辟的论述，但受历史的局限，强调意趣和直观感受重于逻辑推理和分析，太重写作的文学性，骈骊行文，讲究文字排比和用典，有关空间的论述，多一言半语，且分散埋没于藻饰的文字之中。如果我们不抓住传统空间概念这条线，不是以造园家的眼光，从创作实践的角度出发，扒剔鳞爪，细究贯串在全书中的精神，是难得其中三昧的。迄今尚未见有研究中国造园学者论及，恐怕也就是这个道理了。

计成在《园冶·立基》中首先提出：

> 厅堂立基，古以五间三间为率；须量地广窄，四间亦可，四间半亦可，再不能展舒，三间半亦可。深奥曲折，通前达后，全在斯半间中，生出幻境也。凡立园林，必当如式㉟。

这是段非常重要的文字，特别是"全在斯半间中，生出幻境"。计成还特别强调说，凡是要建造园林，都必须按照这个法式，可见这"半间"的重要了。为什么全要靠这半间才能生出幻境？尚无人解其妙处，注释者只是照文翻译，也未加解释。

在《园冶》"屋宇"篇又说：

> 凡家宅住房五间三间，循次第而造；惟园林书屋，一室半室，按时景为精。方向随宜，鸠工合见；
>
> 家居必论，野筑惟因。㊱

这里强调了住宅和园林建筑的不同，住宅必须三间或五间成幢，建筑沿轴线对称布置，组成一进进庭院，所以是"循次第而造"，厅堂的正间须穿过，可通前达后，故要奇数。园林书屋（不一定专指书房）的庭院组成没有这种明确的轴线要求，要考虑的是空间趣味和景境的审美需要。"按时景为精"的"时景"，不仅指节气应时之景，也可理解为游赏中空间随时间的延续、引伸时景观的变化，所以建筑的间数随意，朝向亦随宜，不必拘泥于住宅的型制。

但厅堂立基所说的间，和屋宇中所说的间，却不是一个概念。厅堂立基的间，是对基地广窄的度量而言；屋宇的间，则是指建筑的基本空间单位间数。不弄清楚这一点，所谓"全在斯半间中，生出幻境"，就无法理解。

在我们揭开这"幻境"之前，有必要分析一下，园林建筑庭院空间组成与住宅有什么本质的不同。中国木构体系建筑，以建筑围合成内外空间融合的庭院，构成住宅的空间基本组合单元"进"，前面已作过分析（从略）。从住宅的整体空间结构，"进"是按轴线纵深排列组合的，如果要在横向扩展，则加并列次要轴线再进行纵向组合，主次轴线间的庭院不相交混，而形成"夹巷借天"的避弄，串联式的辅助交通（图 3－12 苏州东北街某住宅庭院空间组合）。

园林庭院，不是多幢建筑围合的三合院、四合院，大多是以一幢建筑前后左右的多向组合，配以院墙或房廊围合而成。从平面构成说，住宅是单轴或并立轴线的两方连续结构，园林则是交叉轴线的四方连续结构，这种组合方式在空间和造型上有很大的优越性，从理论上说园林庭院内外八面，有丰富的造型条件，单是庭院的多向连续组合，在空间上就可以创造出层出不穷、方方皆景、变幻莫测的空间景境来。

计成在《园冶》"装折"篇中，提出庭院空间意匠两个独特的重要手法：一是"砖墙留夹，可通不断之房廊"；二是"出幞若分别院，连墙儗越深斋"。现分别加以剖析：

（一）"砖墙留夹，可通不断之房廊"

要理解这句话的精妙，必须从庭院的整体空间意匠去分析，笔者在《中国造园史》中曾作过如下解释：

所谓"夹"，就是两墙对峙的空间夹隙，既是两墙之间，在园林的庭院中就是指建筑与建筑、建筑与墙垣之间应留有空间间隙。它与"处处邻虚"的不同之处，邻虚是为了扩大空间感，丰富空间的层次和变化，达到"方方侧景"的空间艺术效果。这些"邻虚"的空间，只有空间流通的意义，并无人流交通上的作用。"砖墙留夹"在空间上不是围闭的，"留夹"的目的，在"可通（游）"，使院内的房廊通过所留的夹隙，将院内空间引伸到院外，或引至隔院别馆，但在视觉上则不打破庭院空间的完整。显然"夹"是指厅堂斋馆等建筑的山墙与隔院的建筑或院墙之间的空隙，"留夹"要涉及建筑的基地（即生出的幻境的半间），建筑空间等多方面因素。[⑤]

从《园冶》的"装折篇"可知：

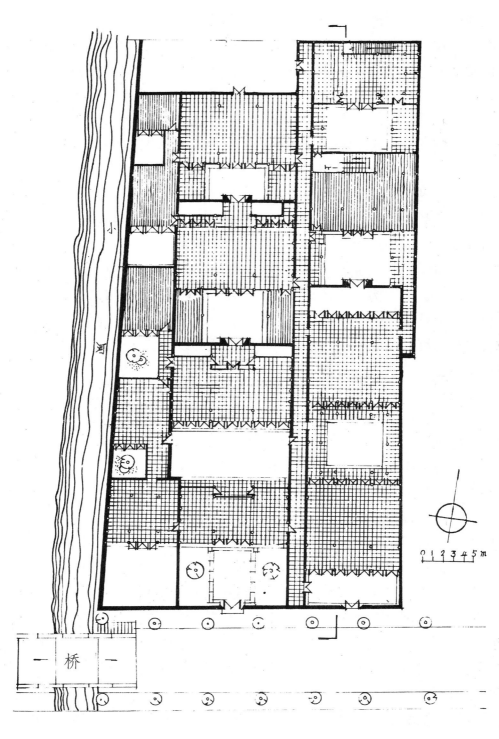

小河

桥

0 1 2 3 4 5 m

图3-12 苏州东北街某住宅庭院空间组合

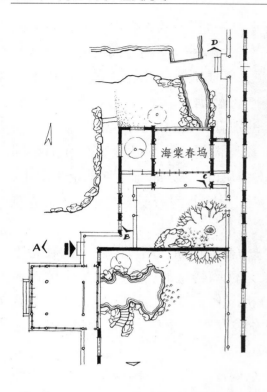

图 3-13 苏州拙政园海棠春坞环境平面

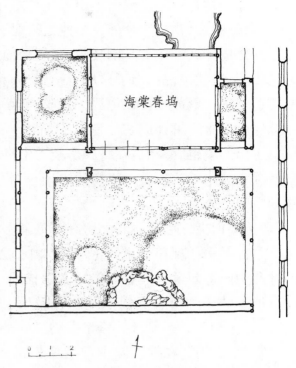

图 3-14 苏州拙政园海棠春坞庭院平面

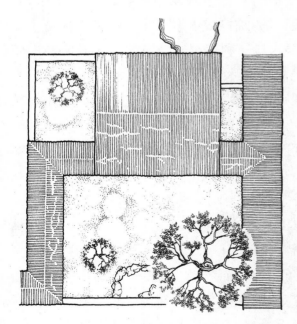

图 3-15 苏州拙政园海棠春坞庭院俯视

假如全房数间，内中隔开可矣，定存后步一架，余外添设何哉？便径他居，夏成别馆。砖墙留夹，可通不断之房廊；板壁常空，隐出别壶之天地。亭台影罅，楼阁虚邻，绝处犹开。⑧

计成将庭院空间的意匠和精彩的手法，放在"装折（即内檐装修）篇"里来谈，固然在当时还不可能有明确的空间设计概念，从空间来建构他的理论体系。但从感性经验角度用这些空间设计手法，同中国建筑构成空间的手段——木构架的制约是分不开的。所谓"全房数间，内中隔开可矣"是室内设计问题，目的是要引申出下文"定存后步一架"，从而提出引人注意的问题："余外添设何哉？"余外，当然是指建筑物（厅堂斋馆）室内空间之外，在这一架之外建造什么？接着是倒装句："便径他居，复成别馆。砖墙留夹，可通不断之房廊。"也就是说：出了这后步一架（即"前添敞卷，后进余轩"⑧的意思），在"留夹"中建造房廊，形成"便径他居，复成别馆"的别有一壶天地的境界。

　　这就不难理解计成在厅堂基中所说："深奥曲折，通前达后，全在斯半间中，生出幻境也。"和他在"书房基"中再次强调的："势如前厅堂基余半间中，自然深奥。"⑩其意自明。这句话中用"余"字，就明确指出"半间"是在建筑物的空间之外。

　　"砖墙留夹，可通不断之房廊"可说是一种塞极而通"暗度陈仓"的独特手法。这种手法在现存苏州的古典园林中，又是极臻变化的，对不熟悉中国古典园林和中国造园学的读者，单用文字描述分析园林复杂的空间环境，脑海中难以有形象的概念，我们现以苏州拙政园"海棠春坞"小院为例，并以图示之（参见图3-13　苏州拙政园海棠春坞环境平面）。

　　"海堂春坞"在拙政园中部主要景区的东南隅，沿东园的园墙，在"玲珑馆"和"听雨轩"后院之北。整个庭院，只有一幢两间的小舍，南与前院一墙相隔，东西构廊，从平面可见（参见图3-14　苏州拙政园海棠春坞庭院平面、图3-15　苏州拙政园海棠春坞庭院俯视），庭院构成因素不多，但空间极富于变化。视点A（参见图3-16）是庭院主要入口，利用"玲珑馆"至小院游廊的转折处，门内虚实对比，虚敞的入口可见院中嘉木怪石，是幅"竹石图"引人入胜；实墙上设漏窗，可通别院消息。视点B（参见图3-17　海棠春坞进院处的庭院空间景境）是沿廊而入，在入口处所见庭院的主要景观，小斋户牖开敞，西山墙阚六角形"牖"，墙外一方天井可借天光，几枝翠竹，二三块灵石，由室内观之幽然一幅小品；外观则空间富有层次和变化，这是"处处邻虚，方方侧景"的手法。而小斋庑下东设门空，外出一步为廊，转东廊围合小院。殊不知此处正是"留夹"处！由此回顾，视点C（参见图3-18　苏州拙政园海棠春坞院内望入口处景观），南墙竹石点缀小品如画，但入口处都不甚明显（亦不宜太显）。图3-19是鸟瞰庭院全景，不过两间小舍而已，"留夹"处的廊与东山墙之间还留有夹隙，以短垣隔之，复开漏窗以疏通，"处处邻虚"也。视点D（参见图3-20　苏州拙政园海棠春坞庭院背面景观）是由北南看"海棠春坞"小院背景，小舍架于溪上，水如出之舍下，此又是"视觉之莫穷"的手法了。庭院虽小，手法颇多，这些图虽有助于形象思维，可能还难以体会这"留夹"所生出幻境之妙，再用一件事实来说明。

　　1987年春，经联邦德国友人介绍，有30名建筑师自费来华旅游，特地到苏州参观古典园林，笔者曾作为陪同。我考虑建筑师是空间艺术家，山水景观是形象性的，即使不能领悟到咫尺山林的高度自然精神的境界，还是可以感受，可以理解的。从空间意识方面解释，对了解中国园林艺术更有意义，就选择"海棠春坞"为参观重点，但作了路线上的构想，即从小院背后 D 视点处，沿"留夹"东长廊进入庭院，在小舍和院中稍稍停留，复沿东廊过"玲珑馆"后院，至"听雨轩"绕至"枇杷园"，出园至墙下圆洞门，到"玲珑馆"，然后从

图 3-16　苏州拙政园海棠春坞入口（视点 A）

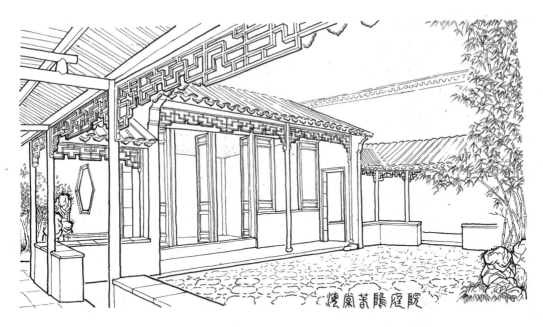

图 3 - 17 海棠春坞进院处的庭院空间景境（视点 B）

图 3 - 18 苏州拙政园海棠春坞院内望入口处景观（视点 C）

图 3-19　苏州拙政园海棠春坞庭院鸟瞰

图 3-20　苏州拙政园海棠春坞庭院背面景观（视点 D）

"海棠春坞"正门再到院中。兜了一圈，我问建筑师们："这个院子曾来过没有？"众皆摇头，惟两位老年女建筑师指指地下海棠花图案的"铺地"说："刚才见到过。"我赞她细心聪明，她笑着承认现在所看到的环境景象，并无重复的印象，很有新颖感。建筑师都由衷地赞赏中国建筑空间设计的高妙！

（二）出幛若分别院，连墙儗越深斋

这句话如不从庭院空间的整体规划和设计去理解，望文也是难以生义的，如注释者译成："帷幕隔开，如分别院，墙壁连接，似过深房"这句话谁能读通？隔在室内的帷幕，怎么会像个院子？连接的墙壁，又如何似经过深房呢？

我认为：幛（同幕），是装饰性的灵活软隔断，既可悬于室内，也可挂在室内外之间，不管悬挂在哪里，都会形成视界。"出幛"就是走出空间的某一界限或界面。这视界何处？从古典园林建筑实例分析，"出幛"处，就是在建筑内纵向分隔出（沿屋脊方向）的空间，即具有交通性的室内空间部分，也就是"前添（的）敞卷，后进（的）余轩"之中。

"连墙儗越深斋"中的"儗"，有"儗"和"比"的意思。儗者，假冒名义

图 3-21　苏州留园静中观处石林小院景境（视点 A）

图3-22　由五峰仙馆东山墙窗牖望石林小院

图3-23　由石林小院静中观望五峰仙馆

而越分也。连墙，就是连接着敞卷和余轩的墙，即山墙部分，尝辟门空以旁通侧达到别院和别馆。如苏州留园的"五峰仙馆"就是很典型的例子〔参见图3-21 苏州留园静中观处石林小院景境（视点A）、图3-22 由五峰仙馆东山墙窗牖望石林小院〕。

"出幨若分别院，连墙僿越深斋"这句话直译是很难的，意译：要从室内到隔壁的庭院，可从山墙门隐出，斋馆深藏会出人意料之外。

这是"砖墙留夹，可通不断之房廊"的同一构思的不同手法。但更复杂、更隐蔽、更富于变化。就以"揖峰轩"的"石林小院"为例。

石林小院主体建筑也只有一幢二间

中国造园论

图 3-24　揖峰轩前回望静中观（视点 B）

半的小斋，名"揖峰轩"，庭院以峰石为主要景观，故名。小院在"五峰仙馆"东邻，从"五峰仙馆"到小院，无洞然明显的门户，但隐而不显的门户可进入小院者有三处：一处是从"鹤所"可至小院的南端，"石林小屋"的背面，这不是主要路线。另二处都在"五峰仙馆"内，前卷、后轩东山墙处所辟的门空。图 3-22 是在馆内透过东山的窗牖，看到小院深重空间层次丰富的景象。图 3-

图 3-25 东廊南望廊的空间景象（视点 C）

23 则是在小院的主要入口"静中观"处，回顾"五峰仙馆"东山墙窗牖的图景。视点 A〔参见图 3-21 苏州留园静中观处石林小院景境（视点 A）〕是从"静中观"入口，即院内曲折廊的端头，所见"石林小院"全景，峰石突立，藤萝漫衍，花木满庭，郁密而不迫塞，使人不能一望而尽，院虽小而境幽深。视点 B〔参见图 3-24 揖峰轩前回望静中观（视点 B）〕是循廊转折至"揖峰轩"前廊轩下，回望入口处的"静中观"，利用廊端部屋脊，一角飞扬，抛向蓝天，从空间高度上，打破小院的封闭，显得非常活泼而生动。

"揖峰轩"东靠院墙，庭院空间是东实西虚，从廊轩下门空东出，夹巷借天，可通"林泉耆硕之馆"庭院，既是"出幨若分别院，连墙傶越深斋"的一种空间设计手法，也是"砖墙留夹"的另一种手法，只是"夹"留在院墙之外，不筑房廊而已。

石林小院，房舍外几乎四面皆绕廊，为打破庭院空间的规整，东廊与南廊错位斜出折角相连。这种意匠手法，即《园冶》中所说："惟园屋异乎家宅，曲折有条，端方非额，如端方中须寻曲折，到曲折处还定端方"的实例注释了。视点 C〔参见图 3－25 东廊南望廊的空间景象（视点 C）〕就是在东

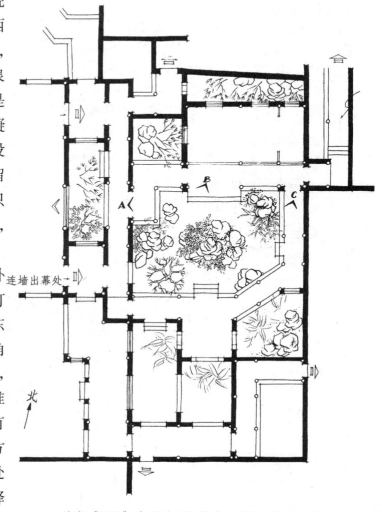

计成《园冶》中所说"出幨若分别院；连墙傶越深斋"的空间意匠 ⇨所示即"连墙"，"出幨"之处。

图 3－26 苏州留园石林小院平面

廊南望，廊的空间曲折变化，手法之妙处，在廊南头转折处，砌墙以屏蔽，凿漏窗可通几许消息，既加强了空间的导向性，也具有视觉莫穷的作用，否则，只设槛墙，小院一角死隅尽览无余，不仅令人看到庭院之小，也了无生意。

"揖峰轩"的石林小院，从平面可以看到（参见图 3－26 苏州留园石林小院平面、图 3－27 苏州留园石林小院俯视图），庭院虽小，空间分隔却十分复杂，可谓极尽"处处邻虚，方方侧景"之能事。

中国古典园林建筑庭院的空间结构，是四方连续的具有多向性的特点，所

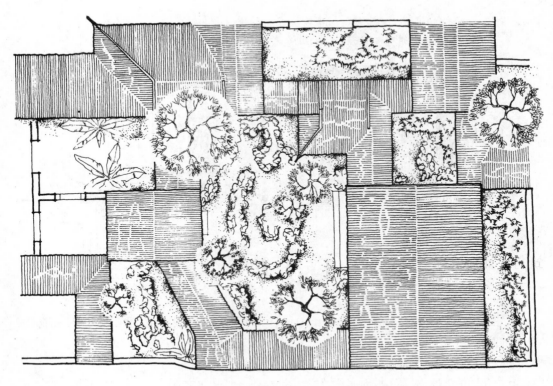

图 3-27 苏州留园石林小院俯视图

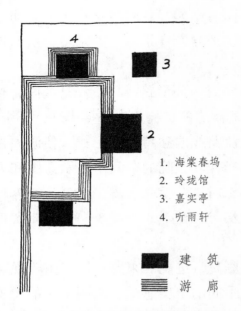

1. 海棠春坞
2. 玲珑馆
3. 嘉实亭
4. 听雨轩

■ 建 筑
≡ 游 廊

图 3-28 海棠春坞庭院空间组合示意

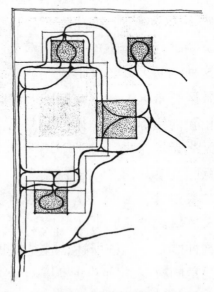

图 3-29 海棠春坞庭院人流路线示意

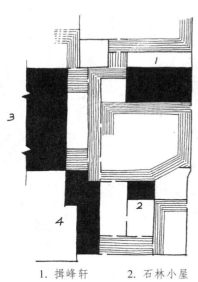

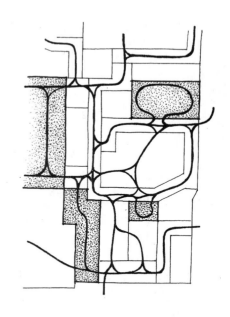

1. 揖峰轩　　　2. 石林小屋
3. 王峰仙馆　　4. 鹤所

图 3 - 30　留园石林小院空间组
合示意

图 3 - 31　苏州留园石林小院人流
路线示意

以庭院之间的交通联系也是多向的，除主要出入口之外，往往从不同方向都有次要的二个或二个以上出入口或通路，有的暗藏，有的半露；从路线（游览线）亦有主有次，有明有暗，或半明半暗，明者踏园径，暗者穿房舍，半明半暗者步曲廊。虚中有实，实中有虚，虚虚实实，方方皆景，处处是境，从而创造出变化莫测、极臻丰富的空间景境来。

　　这种空间设计，就形成一种复杂而多变的环形路线，不仅是庭院，整个园林的景区与景区、景区与庭院、庭院与庭院之间，构成大环接小环，环中有环，环环相套的错综复杂"循环往复"的人流路线的独特组织形式，使游人往复循环，无终无尽，见"海棠春坞"和"揖峰轩"庭院的空间组合示意图和人流路线示意图（参见图 3 - 28 海棠春坞庭院空间组合示意、图 3 - 29 海棠春坞庭院人流路线示意、图 3 - 30 留园石林小院空间组合示意、图 3 - 31 苏州留园石林小院人流路线示意）。

　　这种妙处，如前所述，往往是同一庭院，进院的来路不同，由于观赏的方向与视角的改变，同一处景境会给人以不同的审美感受，刚刚来过的院子，却不识原来面貌，会欣然自喜又发现别有天地。蓦然回首，原来此地却是曾游处。这种情景，自能使人流连忘返，意趣无穷。何以小小园林，人不觉其小，总有未能游遍的奥秘，就在这空间的"往复无尽"景境变幻之莫穷了。

归根到底，是中国古老的哲学思想"**无往不复，天地际也**"的空间意识，渗透在造园艺术之中，经长期的历史实践，随时空的变化不断发展精练而成的灿烂成果。可名之为"**空间往复无尽论**"。

这种往复无尽的理论核心，是空间与时间的融合。而所谓"流动空间"，实质就是时空融合的空间。空间往复无尽论，可以说是一种更深层的或高层次的流动空间理论。

~~~~~~~~~~~~~~~~~~~~

注：

①高亨：《周易大传今注》，第149～150页，齐鲁书社，1979年版。

②陈鼓应：《老子注译及评介》，第163页，中华书局，1984年版。

③西蒙德：《景园建筑学》，第30页，台隆书店，1983年版。

④陈鼓应：《老子注译及评介》，第124页。

⑤⑥《老子注译及评介》四十七章《引述》，第248～249页。

⑦宗白华：《美学散步》，第93页，上海人民出版社，1981年版。

⑧《昭明文选译注》，第一册，第366、384页，吉林文史出版社，1987年版。

⑨李养正：《道教概说》，第390页，中华书局，1989年版。

⑩详见《中国造园史》第二章第三节"秦汉时代的'台'与造园艺术"。

⑪王微《叙画》，《历代论画名著汇编》，第16页，文物出版社，1982年版。

⑫宗炳《画山水序》，《历代论画名著汇编》，第14～15页。

⑬详见《中国造园史》第二章第四节"秦汉苑囿的社会经济性质"。

⑭《列宁全集》第三十八卷，黑格尔：《历史哲学讲演录》。

⑮徐复观：《中国艺术精神》，第197页，春风文艺出版社，1987年版。

⑯⑰沈约：《宋书》，卷六十七"谢灵运传"。

⑱⑲张岱：《西湖梦寻》，卷二"韬光庵"，第27页，上海古籍出版社，1982年版。

⑳张家骥：《园冶全释》，第189页，山西人民出版社，1993年。

㉑张岱：《西湖梦寻》卷五"火德祠"，第94页。

㉒张家骥：《中国造园史》，第89页，黑龙江人民出版社，1986年。

㉓张汝伦：《意义的探究——当代西方释义学》，第193页，辽宁人民出版社，1986年版。

㉔张家骥：《太和殿的空间艺术》，《建筑学报》1980年第3期。

㉕方立天：《佛教哲学》，第96页，中国人民大学出版社，1986年版。

㉖㉗㉘㉙张家骥：《园冶全释》，第175、179、180、200页，山西人民出版社，1993年。

㉚文震亨原著、陈植校注：《长物志校注》，第102～104页，江苏科技出版社，1984年版。

㉛［宋］郭熙：《林泉高致》，《历代论画名著汇编》，第 71 页，文物出版社，1982 年版。

㉜张家骥：《园冶全释》第 288 页，山西人民出版社，1993 年。

㉝《梅村家藏稿》，《张南垣传》。

㉞《郑板桥全集》，第 215 页，齐鲁书社，1985 年版。

㉟㊱张家骥：《园冶全释》，第 204、214 页，山西人民出版社，1993 年。

㊲张家骥：《中国造园史》，第 222 页，黑龙江人民出版社，1986 年。

㊳㊴㊵张家骥：《园冶全释》，第 246、214、207 页，山西人民出版社，1993 年。

第四章　景以情合　情以景生

——中国造园艺术的"情景论"

第一节　景的含义

园林创作，首要在造景。造景就必须先要了解什么叫"景"。因为在中国的艺术思想中，"景"并非单指的是景物。中国对"景"的概念，有其特殊的含义，这也是中国造园不同于西方的一个重要区别。

早在五代时，大画家荆浩在他的画论《笔法记》中，解释"景"时说：

景者，制度时因，搜妙创真。①

对"制度时因"四字，徐复观"《笔法记》校释"②为"制度因时"，意思是"景"要根据自然山水的客观变化。"搜妙创真"中的"妙"与"真"，是中国古代审美评价的两个特殊用字，亦有它独特的意义。不了解"妙"与"真"的意义，也很难了解中国的艺术精神。

"妙"字最早见于老子哲学，《老子》第一章中说：

道可道，非常"道"；
名可名，非常"名"。
"无"，名天地之始；
"有"，名万物之母。
故常"无"，欲以观其妙；
常"有"，欲以观其徼。

中国造园论

此两者，同出而异，同谓之玄。玄之又玄，众妙之门。

　　用现代汉语说，可以用言辞表达的道，就不是常"道"；可以说得出来的名，就不是常"名"。"无"，是天地的本始；"有"，是万物的根源。所以常从"无"中，去观照"道"的奥妙；常从"有"中，去观照"道"的端倪。"无"和"有"这两者，同一来源而不同名称，都可以说是很幽深的。幽深又幽深，是一切变化的总门。③

　　"妙"和"徼"联系在一起，说明两者都是老子所说的"道"的属性。把握"道"的"无"，是为了观照"道"的"妙"的属性，"妙"是体现"道"的无规定性和无限性的一面；把握"道"的"有"，是为了观照"道"的"徼"的属性，"徼"是体现"道"有规定性和有限性的一面。"徼"按字义，边也，含有界限的意思。"玄"也是指"道"：

　　　　苏辙："凡远而无所至极者，其色必玄，故老子常以玄寄极也。"（《老子解》）

　　　　范应元："玄者，深远而不可分别之义。"（《老子道德经古本集注》）

　　　　吴澄："玄者，幽昧不可测知之义。"（《道德真经注》）

　　　　沈一贯："凡物远不可见者，其色黝然，玄也。大道之妙，非意象形称之可指，深矣，远矣，不可极矣，故名之曰玄。"（《老子通》）

　　"玄"也偏重说明"道"的无限性。从"玄"字义，有幽渺和青黑色的意思。

　　"道"，是指一种恒常不变的客观存在的规律，也就是事物的普遍规律。不是特殊的事物现象规律——可道之"道"。名，是用以表达主观逻辑的概念形式，若给"道"以定名，反而模糊了"道"的自然面目，妨碍人们对"道"的把握。这就是说，"道"是客观事物的本质，具有普遍性、客观性、必然性。也就是老子"天道无为而自然"的世界观和宇宙观。庄子的宇宙观："无古无今，无始无终"，是对老子这一观念的发展，如严北溟在《儒道佛思想散论》中所说，对道家宇宙观的理解："它只能是个在时间空间上绝对无限的物质世界。"

　　"妙"体现"道"的无限性特点，是自然。故老子曰："道法自然。""妙"出于自然，又归于自然，故"妙"必然要超越有限的物象，是"象外之妙"；也不能用名言（概念）来把握，所以中国人常说"妙不可言"④。

　　所以，中国古典美学对审美客体，认为不应是"拘以体物"的孤立的有限的"象"，要"取之象外"，从有限达于无限，只有这样的艺术才能"妙"。而"美"只是对刻画一个有限的对象而言，故极少用美字，多用"妙"。"妙"这个哲学用语，到汉代就常用来对事物的审美评价了。在中国古典美学中"美"这个范畴的地位，远不如西方美学那么重要。有人说中国古代有美无学，这正反映了中国古代哲学思想与艺术间渗透交融、广博而精深的特点。

"妙"作为审美评价，自魏晋以后几乎用于审美的所有方面，例子可说是不胜枚举，从朱自清对"妙"用的概括，则可见一斑，他说：

> 魏晋以来，老庄之学大盛，特别是庄学；士大夫对于生活和艺术的欣赏与批评也长足的发展。清谈家也就是雅人，要求的正是那"妙"。后来又加上佛教哲学，更强调了那"虚无"的风气。于是乎众妙层出不穷。在艺术方面，有所谓"妙篇"，"妙诗"，"妙句"，"妙楷"，"妙音"，"妙舞"，"妙味"，以及"妙笔"，"妙刀"等。在自然方面，有所谓"妙风"，"妙云"，"妙花"，"妙色"，"妙香"等，又有"庄严妙土"，指佛寺所在；至于孙绰《游天台山赋》里说到"运自然之妙有"，更将万有总归一"妙"。在人体方面，也有所谓"妙容"，"妙相"，"妙耳"，"妙趾"等，至于"妙舌"指的是会说话，"妙手空空儿"（唐裴铏《聂隐娘传》）和"文章本天成，妙手偶得之"（宋陆游诗）的妙手，都指的手艺，虽然一个是武的，一个是文的。还有"妙年"，"妙士"，"妙客"，"妙人"，"妙选"，都指人，"妙兴"，"妙绪"，"妙语解颐"，也指人。"妙理"，"妙义"，"妙旨"，"妙用"，指哲学，又指自然与艺术；哲学得有"妙解"，"妙觉"，"妙悟"；自然与艺术得有"妙赏"；这种种又靠着"妙心"。⑤

可说是无处不用其妙，在古代无论是书论、画论，还是诗论，都经常见到这个"妙"字。正因为"妙"是一种审美评价，从计成《园冶》中所用的"妙"处，可以看到计成对造园强调的什么，赞赏什么！因一部《园冶》未用一个美字，但在所有章节里几乎都有妙字。如：

〔构园〕能妙于得体合宜；

〔选址〕旧园妙于翻造，自然古木繁花；

〔厅堂〕先乎取景，妙在朝南；

〔房廊〕长廊一带回旋，在竖主之初，妙于变幻；

〔重椽复水〕观之不知其所。或嵌楼于上，斯巧妙处不能尽式；

〔草架〕……表里整齐。向前为厅，向后为楼，斯草架之妙用也；

〔地图〕欲造巧妙，先以斯法；

〔装折〕相间得宜，错综为妙；

〔冰裂纹窗〕可以上疏下密之妙；

〔风窗〕风窗上下两截者，关合如一为妙；

〔掇山〕咫尺山林，妙在得乎一人；

欲知堆土之奥妙，还在理石之精微；

池上理山，若大若小，更有妙境；

峦，山头高峻，不可齐……不排比为妙；

假山依水为妙；

〔龙潭石〕掇能合皴如画为妙；

〔灵璧石〕其状妙有宛转之势；

〔散兵石〕有最大巧妙透漏如太湖峰；

〔花石纲〕其石巧妙者多；

〔黄石〕俗人只知顽夯，而不知奇妙也；

〔选石〕到地有山，似当有石，虽不得巧妙者，随其顽夯，但有文理可也。

上引"地图"一词，是指建筑的平面图，因古代只按房屋的样式，即立面和剖面构架绘图，极少能制成平面者。原因大概是立面图和构架图，可以直观感性的把握，而平面图则是理性的、抽象的，这同中国古代建筑实践，官营手工业的生产方式——全国征调工匠，简单劳动协作的施工组织有关。

从以上计成在《园冶》中讲到的妙处，如果系统地加以阐述，实际上已包括了造园的基本内容。

从"玄"和"妙"所体现的"道"的无限性而言，落实到艺术创作上，就是人视觉心理所体会到的"远"，远之极致，也就通向了"道"。所以中国的山水画家无例外地都追求"远"，从而山水画有高远、深远、平远的三远构图和表现方法。如苏辙所说：远至极则"其色必玄"，由此可以理解何以李思训那种带有富贵气的金碧山水画法为王维首创的水墨渲染所取代的道理。因不加藻饰的水墨，是近于"玄化"的色，而笔墨技巧的无穷变化趣味，能更自由地表现出变幻莫测的自然山水的精神。

王维在《山水诀》中，开篇第一句就说："夫画道之中，水墨最为上，肇自然之性，成造化之功。"⑥水墨就成为中国画传统的表现技法，而有"墨分五色"的说法。中国造园亦同样要求造成视觉心理上的"远"，故文震亨在《长物志》中提出"水令人远"之说。

可见，中国古典美学和艺术思想的一个重要特点，从不局限于概括和表现审美对象的外在特征，在创作思想上往往同古代思想家的宇宙观"道"是密切联系的。中国的艺术创作，就是要"肇自然之性，成造化之功"与"道"相通，也只有通向"道"的东西才是值得表现的，即通过表现对象所显示的时空无限性和永恒性，也就是"搜妙"！

何谓之"真"？

荆浩在《笔法记》中说：

画者，画也，度物象而取其真。物之华，取其华；物之实，取其实。不可执华为实。若不知术，苟似，可也。图真，不可及也。⑦

这说明，绘画只"形似"是不能达到"真"的"似"，只是孤立地描绘出客体物象的外在特征。因为"似者得其形，遗其气；真者气质俱盛"。不"真"者只得其形，而"遗其气"。"遗其气"就是没有生命的活力，是僵死的凝固的东西。图真，则要能进一步表现出自然山水本体的生命力"气"，即自然山水的精神。

宋代董逌在《广川画跋》中，从评画角度有精辟之论。曰：

世之评画者曰："妙于生意能不失其真，如此矣，是能尽其技。"尝问如何查当处生意？曰："殆谓自然。"问其自然，则曰："不能异真者，斯得之矣。"且观天地生物，特一气运化耳，其功用秘移，与物有宜，莫知为之者，故能成于自然。⑧

所谓"真"，就是自然，就是生命，是"形"与"气"的统一。朱自清解释董逌这段话："'生意'是真，是自然，是'一气运化'。"⑨

"搜妙创真"，就是要追求（搜，求也）时空的无限性与永恒性，创造出富有生意和生命活力的审美对象"景"。图真，是人的一种主动的创造，不是被动的反映和模仿。

计成在《园冶》"掇山"中提出"有真为假，做假成真"的命题，这是关于造园艺术中，生活真实与艺术真实关系的一个重要命题。所谓"有真"，是指自然山水；"成真"，则是人创造的具有自然生命活力的假山——"景"。

"搜妙创真"，必须"制度因时"，自然山水的时空变幻，不是纯客观的被动反映或再现，而是人审美感受的结果，是基于古代人与自然统一和谐的审美感情，正是这种传统的思想感情，赋予无生命的自然之物以生意和活力。宋范仲淹在其传世名篇《岳阳楼记》中，很生动地描绘了自然的变化与人审美感受的关系：

> 若夫霪雨霏霏，连月不开；阴风怒号，浊浪排空；日星隐耀，山岳潜形；商旅不行，樯倾楫摧；薄暮冥冥，虎啸猿啼。登斯楼也，则有去国怀乡，忧谗畏讥，满目萧然，感极而悲者矣。
>
> 至若春和景明，波澜不惊，上下天光，一碧万顷；沙鸥翔集，锦鳞游泳；岸芷汀兰，郁郁青青。而或长烟一空，皓月千里，浮光耀金，静影沉璧；渔歌互答，此乐何极！登斯楼也，则有心旷神怡，宠辱皆忘，把酒临风，其喜洋洋者矣。[⑩]

自然界的变化，会引起人们的不同感情和心境，往往有普遍的意义。如：阴风淫雨，则满目萧索；春明景和，则心旷神怡，而喜气洋洋。自然本身并无喜忧，但从人的生活与自然关系去体会，这种感受又是人之常情，这就是"由物生情"。

孔子的人与自然的"比德"观，实际上说的就是"由物生情"，与道家的"物自有情"不同。在儒家看来，艺术所表现的感情，就是人心感于物产生出来的，不是与外物无关的主观自发的东西。儒家的这一思想发展到宋代，成为诗论中"景"与"情"的理论，也是中国艺术理论中的一个重要范畴。如：

《文心雕龙》

春秋代序，阴阳舒惨，物色之动，心亦摇焉……是以献岁发春，悦豫之情畅；滔滔孟夏，郁陶之心凝；天高气清，阴沉之志远；霰雪无垠，矜肃之虑深。

《山水训》

春山烟云连绵，人欣欣；夏山嘉木繁阴，人坦坦；秋山明净摇落，人肃肃；冬山昏霾翳塞，人寂寂。

《林泉高致》：

春山淡冶而如笑，夏山苍翠而如滴，秋山明净而如妆，冬山惨淡而如睡。

《画尘》：

山于春如庆，于夏如竞，于秋如病，于冬如定。

《南田画论》：

春山如笑，夏山如怒，秋山如妆，冬山如睡。四山之意，山不能言，人能言之。秋令人悲，又能令人思，写秋者必得可悲可思之意。

《文赋》：

遵四时以叹逝，瞻万物而思纷，悲落叶于劲秋，喜柔条于芳春。

这些是分别录自文论、诗论、画论中的材料，像《南田论画》所云之如笑、如怒、如妆、如睡之说，亦为论画者所常用。

这就是说，"制度因时，搜妙创真"，主要是从景的创作来说的，而"景"的涵义，则是指"景"与"情"的内在统一，"景"也不仅指自然的风景，它包含着人在社会生活中一切具体的情景。所谓"触景生情"，"情"由物生，这"情"就不能脱离"景"，只有通过"景"的具体描绘才能表现"情"。如王夫之所说：

游览诗固有适然未有情者，俗笔必强入以情，无病呻吟，徒令江山短气。写景至处，但令与心目不相睽离，则无穷之情，正从此而生。[11]

"与心目不相睽离"者，是目之所瞩，情由心生，"故人胸中无丘壑，眼底无性情，虽读尽天下书，不能道一句"[12]。触景生情，这所生之情是因人而异的，有雅与俗的区别，胸无丘壑者，强入以情，只能是"无病呻吟"而已。造园亦如此，若无较深的艺术修养和造诣，生搬硬套，东拼西凑，也不可能创造出具有高度自然精神境界的园林来。如计成在《园冶·郊野地》中指出的"须陈风月清音，休犯山林罪过。韵人安亵，俗笔偏涂"了。

第二节　景与情的辩证关系

"景"与"情"两者是辩证的关系，清代王夫之继承传统"景"与"情"之说，并加以发展成为中国艺术思想的重要理论。他说：

情景虽有在心在物之分，而景生情，情生景，哀乐之触，荣悴之迎，互藏其宅。[13]

情景名为二，而实不可离。神于诗者，妙合无垠。巧者则有情中景，景中情。⑭

　　夫**景以情合，情以景生**，初不相离，惟意所适。⑮

　　景中生情，情中含景，故曰，景者情之景，情者景之情也。⑯

　　王夫之强调景之与情，是"心"与"物"交互作用的关系，"景"与"情"两者不是外在的拼合，而是内在的统一。"情景交融"是中国古代艺术创作中，感情与外物关系的一个基本思想。没有这种交融，也就没有艺术创造。

　　王夫之所说的"景"与"情"两者"互藏其宅"的意思，是从人的心与物的关系而言的。在审美观照中，客体的物可以唤起人心中的感情，即"由物生情"或"情以景生"；而主体人的感情又作用于物，使物成为人的感情对象化，而具有人的感情，成为有情（有生命）之物，即"情生景"，"景以情合"，故云"互藏其宅"。所谓"景者情之景，情者景之情"，就是心与物的交融。我们所说的**审美"意象"就是"情"与"景"在直接审美感兴中互相契合而升华的产物。**

　　造园与诗文绘画不同，它必须借物质技术手段，去创造出可游、可望、可居的生活环境，要在建造园林以前，园林就"已经观念地存在"于造园师的脑海之中，即"意在笔先"而"胸有丘壑"。这种构思不是凭空而来的，一方面要借助于丰富的专业知识、修养和经验，另一方面则不能离开园居的生活要求（物质和精神生活）和造园的具体的客观条件（园址的自然条件和经济状况）。

　　计成在《园冶》中所谈的"景"和"情"，在不同情况下所指对象是不同的。如"门窗篇"所说的"触景生奇（情）"，对游者而言，就是指门窗户牖（包括门空、窗空）的景观意匠对观赏者所产生的审美效果。如：

　　刹宇隐环窗，仿佛片图小李；岩峦堆劈石，参差半壁大癡⑰

　　轻纱环碧，弱柳窥青。伟石迎人，别有一壶天地；修篁弄影，疑来隔水笙簧。⑱

　　从园林创作，计成在《园冶》"借景"篇提出的"因借无由，触情俱是"和"物情所逗，目寄心期"，则是对造园家或景园建筑师说的。所谓"因借无由"者，借景是没有一定成规和固定模式的，但必须有可借之"因"。"因"，就是要因人、因地、因时制宜。从总体规划则要根据园址的客观条件，"因形就势"，"高阜可培，低方宜挖"，"高方欲就亭台，低凹可开池沼"，这是以自然山水为创作主题的中国园林总体规划的一般原则。

　　"触情"，也就是"物情所逗"，但这里所讲的"物"不是已经造成的景物，而是根据造园的基地形势和园主的生活要求，可能造成的景物的一种构思。计成故云："目寄心期。""目寄"是所见的客观条件；"心期"是对创造景境的主观构想和感思（王昌龄《诗格》造境之语）。所以"目寄心期"不是随意的即兴想像，而是从总体规划到具体景象**合目的或合规律的构思**，才能形成丰富的意象和整体完美的意境。

造园者要达到"触情俱是"的境界，首先要有审美的心胸和艺术思维的能力，同时既对传统文化有较深广的知识，又要积累有丰富的造园实践经验。因此，在园林艺术的创作过程中，"情"与"意"的概念，可以说是相同的或者说是互通的，造园者胸中的"情中之景"，也就是为创造景境所立之意。"意在笔先"的"意"，是作者通过对造园之"境"的直观感受，借助于前人的审美经验（诗文绘画等）积淀的审美意象以触发创作灵感，构成特定条件下新的意象；这是属于可习而能的间接的知识。更重要的则是王昌龄在《诗格》造境中所说的"生思"，要从生活实践中"饱游饫看"自然山水和大量已建的园林，通过观察、提炼所获得的直接审美经验和知识，因形就势，心物感应，从而创造出新的意象和意境。所以计成在《园冶》"兴造论"中开宗明义地提出："三分匠，七分主人"之说，园林之好坏在主持园林规划设计的人，如论画者云：是"意奇则奇，意古则古，庸则庸，俗则俗"矣！

在造园艺术中的"情"与"景"，不同于其他艺术者，园林是人生活在其中的环境，没有人和人的生活，也就无所谓"情"。中国造园与西方花园的一个重要区别，在于任何景境的创造，都包含着生活在园中之人的活动和感情在内，人在园中娱游观赏的一切活动本身，就是构成"景"的主要内容。所以说"情中景"，"景中情"，既包括观赏者，也包括娱游者——被观赏的游人，王夫之在他的《诗广传》中有段话：

> 天不靳以其风日而为人和，物不靳以其情态而为人赏，无能取者不知有尔。"王在灵圃，麀鹿攸伏；王在灵沼，于牣鱼跃。"王适然而游，鹿适然而伏，鱼适然而跃，相取相得，未有违也。是以乐者，两间之固有也，然后人可取而得也。[19]

文中"靳"是吝惜的意思。"两间"天地之谓。是说天地间的景物不吝惜以美的情态供人欣赏，这种美的情态是天地间景物所固有的。实际上，王夫之所举《诗经》中的"灵圃"和"灵沼"是古代初期人造之园，并非纯自然的景物。

但却说明人与景"相取相得"才产生审美感兴，有了审美观照和感兴，才能产生审美意象，即"情"与"景"的契合。

可以说，中国造园的"情中景"和"景中情"也就是"人中景"，"景中人"。"景"与"情"的关系，**"景"是"情"的物质形式，"情"是"景"的精神内容**。

曹雪芹在《红楼梦》"大观园"中，贾宝玉所题："宝鼎茶闲烟尚绿，幽窗棋罢指犹凉。"生动地写出以竹造境的"潇湘馆"的"情"和"景"，而"吟成豆蔻才犹艳，睡足酴醿梦亦香"，既是写人（少女），也是写景（垂条如睡），此种情景充分反映出封建有闲阶级的生活情趣和审美趣味。而大观园也正是曹雪芹为塑造人物的典型性格所创造的典型环境，因而大观园的景境和园居的生活方式，不仅有现实的依据，也具有它时代的社会性的意义。

仔细想来，如果我们撇开古人的园居生活方式，那些超逸的、有修养的、细腻的园中生活和他们的思想感情及审美趣味，作为生活环境的园林，将该是什么样的？恐怕是无法想像的。可见，中国古典园林艺术的独特形式同它的特殊生活内容是不可分离的。

所以一部《园冶》从头到尾，凡讲景处无不有情，都是"情中之景"或"景中之情"。可以说，是集封建统治阶级历来的园居生活思想感情之大成。这是历史的客观存在，不了解这些生活内容，也很难真正地理解和把握中国造园的创作规律。现摘其要者以见一斑：

> 看山上箇蓝舆，问水拖条枥杖；不羡摩诘辋川，何数季伦金谷。
>
> 五亩何拘，且效温公之独乐；四时不谢，宜偕小玉以同游。
>
> 欲藉陶舆，何缘谢屐。
>
> 编篱种菊，因之陶令当年；锄岭栽梅，可并庾公故迹。
>
> 夜雨芭蕉，似杂鲛人之泪；晓风杨柳，若翻蛮女之腰。
>
> 家庭侍酒，须开锦幛之藏；客集征诗，量罚金谷之数。
>
> 任看主人何必问，还要姓字不须题。宅遗谢朓之高风，岭划孙登之长啸。
>
> ……
>
> 何如缑岭，堪谐子晋吹箫；欲拟瑶池，若待穆王侍宴。
>
> 恍来林月美人，却卧雪庐高士。
>
> 探梅虚寒，煮雪当姬。

棹兴若过剡曲；扫烹果胜党家。

幽人即韵于松寮；逸士弹琴于篁里。

眺远高台，搔首青天哪可问；凭虚敞阁，举杯明月自相邀。

……

竹里通幽，松寮隐僻；送涛声而郁郁，起鹤舞而翩翩。

虚阁荫桐，清池涵月；洗出千家烟雨，移将四壁图书。

片山有致，寸石生情；窗虚蕉影玲珑，岩曲松根盘礴。

花落呼童，竹深留客。看竹溪湾，观鱼濠上。

俯流玩月，坐石品泉。红衣新浴，碧玉轻敲。

风生寒峭，溪湾柳间栽桃；月隐清微，屋绕梅余种竹。

书窗梦醒，孤影遥吟；锦幛偎红，六花呈瑞。

风鸦几树夕阳，寒雁数声残月。

……⑳

　　以上仅录自《园冶》中有关景境的部分材料，由此亦不难看出其内容涉及甚广，时间贯通古今，可见计成是在以他渊博的知识，深厚的艺术修养总结了历史上园居生活的审美经验、情趣和造园实践经验的基础上，才写出了这部世界造园理论上最古的不朽名著。从内容和资料来源，大致可分三类来谈。

第三节　情与景的历史生活内容

一、园居生活的典故

　　借文字而流传的历史上著名的山居和园林，以及当时的园居生活中传为美谈的故事有：

　　晋代豪富石崇（季伦）筑于河阳的"金谷园"，和石崇宴集赋诗"或不能者，罚酒三斗"㉑，即"量罚金谷之数"的出处。

　　南朝宋诗人谢灵运于会稽"嘉遁"的"始宁墅"。"谢灵运寻山涉水，常着木屐。上山则去其前齿，下山则去其后齿，世称'谢公屐'（即'谢屐'典）"㉒。李白曾有"脚著谢公屐，身登青云梯"诗句。

　　晋陶潜（渊明）尝为彭泽令，故称"陶令"，退隐田园，生平爱菊，以"采菊东篱下，悠然见南山"诗传世。他喜遨游山水，有足疾，"向乘蓝舆，亦足自适"㉓。故有"陶舆"、"谢屐"之典。计成曾用此二典，因游山方式不同所见景观各异，说明园林造山，"未山先麓"的原则。

唐代诗画家王维（摩诘）在蓝田建有"辋川别业"。中有《竹里馆》诗："独坐幽篁里，弹琴复长啸。深林人不知，明月来相照。"㉔即"逸士弹琴"、"竹里"、"松寮"之意。

唐诗人白居易（乐天）在洛阳园居，有"家妓樊素、蛮子者，能歌善舞"，有"杨柳小蛮腰"诗句，即"蛮女之腰"的出处。白居易曾命乐童登中岛亭习管磬弦歌，"每独酌赋咏舟中，因为《池上篇》㉕"。对当时园林总体规划有"十亩之宅，五亩之园，有水一池，有竹千竿"的概括，是研究唐代园林的重要材料。

北宋著名史学家司马光（温公是谥号）洛阳所构的"独乐园"，是司马光读书休憩的退避之所，在李格非的《洛阳名园记》一书中，是惟一的非"宴集式"的"王公大人之乐"的园林。是唐宋"宴集式"园林向后世私家园林（与家庭生活相结合）转变的过渡形式。对独乐园的特点，李格非一言以蔽之曰："小。"㉖

所谓"小玉"者，唐时的侍儿之别称，诗中常见，如李贺诗："眼前便有千里意，小玉开屏见山色。"元稹诗："小玉上床铺夜衾。"路德延诗："暖茶催小玉。"……即《红楼梦》里所写的袭人、晴雯、鸳鸯等婢女。

而"任看主人何必问"，即白居易诗"看园何须问主人"典出《世说新语》："晋王献之，高迈不拘，风流为一时之冠，入会稽，经吴门，闻顾辟疆有名园，先不相识，乘平肩舆，径入，值顾方集宾友，酣燕园中，而献之游历既毕，指挥好恶，旁若无人。"㉗

"还要姓氏不须题"，来客不报姓名之意。晋时王徽之闻"吴中一士大夫家，有好竹，欲观之，便出坐舆造竹下，讽啸良久，主人洒扫请坐，徽之不顾，将出，主人乃闭门，徽之便以此赏之，尽欢而去"㉘。故杜甫诗有"入门无须问主人"句。说明计成对魏晋士大夫超然脱俗、任情恣性的人物品藻和对他们突破"比德"的狭窄框框，超功利审美态度的赞赏；也反映出唐宋"宴集式"园林尚未与居住生活结合的时代特征。

二、神话故事的造景

汲取历史上的神话故事中所创造的意象在历史上也有许多。如：

"缑岭"，即今河南省偃师县南之缑氏山，传说："周，王子晋善吹箫，于七月七日，乘白鹤驻缑岭，举手谢时人而去"㉙的白日飞升的神话。

"瑶池"，相传为西王母所居之仙境。《穆天子传》有"觞西王母于瑶池之上"的记载。今新疆天山上有湖称"瑶池"。

"林月美人"，据《舆图摘要》载："罗浮飞雪峰侧，赵师雄一日薄暮，于林间见美人淡妆素服，师雄与语，芳香袭人，因扣酒家共饮。少顷一绿衣童来，且歌且舞，师雄醉而卧，久之，东方已白，视大梅树下，翠衣啾啾，参横月落。"高启诗有"雪满山中高士卧，月明林下美人来"句。"林月美人"就成了梅的妙称和富于神话的境界。

"探梅虚蹇"，蹇，驴也，出自《楚辞》："驾蹇驴而无策兮。"此处是指唐诗人孟浩然驴背寻梅的故事。虚蹇，不需骑驴去寻梅，因园在宅旁随时可赏的意思。

"煮雪当姬"与"党家"是同一故事。《清异录》："陶谷买得党太尉家姬，遇雪，取雪水烹团茶，谓姬曰：'党家应不识此。'姬曰：'彼粗人，但于绡金帐中，低斟浅酌羊羔美酒耳。'"此言茶道之雅的生活。

"剡曲"，即剡溪。《语林》："王子猷居山阴，大雪，夜开室命酌，四望皎然，因咏《招隐诗》，忽忆戴安道，时戴在剡溪，便乘船往，经宿方至，既造门便返。或问之，对曰：'乘兴而来，兴尽而返，何必访戴。'"

"搔首问青天"，苏轼词："明月几时有，把酒问青天，不知天上宫阙，今夕是何年？"

"举杯邀明月"，出自李白诗："举杯邀明月，对影成三人。"

但"问青天"与"邀明月"同"高台"、"敞阁"联系起来，则为园林景境创造出一种新的意象。

三、园居生活的情景

琴棋书画，观鱼赏月，看竹品泉，包括园居生活娱游玩赏活动各个方面，体现了封建士大夫文人的园居生活方式、生活情趣和审美趣味。而这生活的种种是同园林的景境不可分离地融合在一起的楼台亭阁，花木水石，不是独立自在、与人无关的、无生命的东西，而是人生活的组成部分，融合在人的思想感情之中。所以说，中国园林的"景者情之景，情者景之情也"。

不言而喻，这"情"当然皆是封建统治阶级的思想感情和生活情趣，这"景"所体现的是封建士大夫文人雅士的审美观念和审美趣味。以往我国研究传统园林者，把这些封建的生活方式和思想意识视为封建糟粕而讳言，甚至加以摒弃，片面地只去研究园林的艺术形式，如此将园林的内容与形式割裂开来的思想方法，却是非历史唯物主义的。

传统的园林文化，从产生形成始就是为了满足统治阶级的生活享乐需要而发展起来的，在阶级对抗的社会里，只有在物质生产和精神生产上处于统治地位的阶级，才有条件建造园林，获得这种物质和精神文化上高层次的享受。在传统园林中，必须体现着封建地主的生活方式，充分反映出这个阶级的思想意识和审美观念。历史本身说明，社会文明的每一次进步，都是建立在大多数人痛苦的基础之上的，这是客观存在的历史事实。正如恩格斯所指出的：

　　　　自从各种社会阶级的对立发生以来，正是人的恶劣的情欲
——贪欲和权势欲成了历史发展的杠杆。[30]

事实不就是如此吗？中国的整个造园史就足以为恩格斯的这一论点提供大量的证据。

讳言或抛掉古代园林的生活内容，片面地只研究它的形式，从直观的感性的景象去分析中国古典园林的意匠和手法，不能说是毫无意义，但这种缺乏辩证唯物史观的研究方法，"虽然在某一多少宽广的领域中（宽广程度要看研究对象性质而定）是合用的，甚至是必要的，可是迟早它总要遇到一定的界限，在这界限之外，它就变成片面的、局限的、抽象的，而陷于不能解决的矛盾之中了"。[31]

事实说明，否定内容，肯定形式，就不能理解形式产生之所由，不自觉地把园林的形式当成不可超越的固定不变的模式，而兼收并蓄。近年来，到处搬用苏州古典园林之风，实质上，是将今天人们丰富多彩的娱游生活，硬塞进本来是欲抛弃的、已逝去的、死人的生活模式里去了。

什么是形式？黑格尔（Hegel，1770—1831）回答得好："形式非他，即内容之转化为形式。"[32]似乎看不见的内容，就在形式之中；似乎只是形式，其中就存在着内容。古典园林的形式，并非是建筑、水、石的样式，而是整体环境构成的意象和意境。园林那幽深静谧的氛围，在有限空间里的时空无限之感，正是建立在封建"市隐式"的园居生活方式及其思想情感的基础之上的。

从审美趣味而言，计成在《园冶》造景中处处所描绘的生活情趣，并非是他个人的偏爱，也不是某个人的偏爱，而是当时社会生活样式在广阔阶层里的那种社会性的偏爱，即在一定生活方式中形成的共同倾向，因此，这种审美趣味具有一定的社会的民族的意义。有应予扬弃的消极的东西，也有积极的值得肯定的和加以发展的东西。

第四节　黑格尔对中国园林的否定

中国造园在艺术上所取得的高度成就，是世所公认的。但有趣的是，中国的园林艺术却为大哲学家黑格尔所否定，他说：

> 在这样一座花园里，特别是在较近的时期，一方面要保存大自然本身的自由状态，而另一方面又要使一切经过艺术的加工改造，还要受当地地形的制约，这就产生一种无法得到完全解决的矛盾。从这个观念去看大多数情况，审美趣味（着重点为笔者所加）最坏的莫过于无意图之中又有明显的意图，无勉强的约束之中又有勉强的约束。还不仅此，在这种情况下，花园的特性就丧失了，因为一座园子的使命在于供人任意闲游，随意交谈，而这地方却已不是本来的自然，而是人按自己对环境的需要所改造过的自然。但是现在一座大园子却不如此，特别是当它把中国的庙宇（可能是指中国古典形式的建筑——笔者），土耳其的伊斯兰教寺，瑞士的木栅，以及桥梁，隐士的茅庐之类外来的货色杂凑在一起的时候，它单凭它本身就有要求游览的权利，它要成为一种独立的自有意义的东西。但这种引诱力是一旦使人满足以后立即消逝的，看过一遍的人就不想看第二遍；因为这种杂烩不能令人看到无限，它本身上没有灵魂，而且在漫步闲谈中，每走一步，周围都有分散注意的东西，也使人感到厌倦。㉝

按黑格尔对造园艺术的见解，从园子的景境中"令人看到无限"才具有艺术的生命力"灵魂"，这正是中国古典园林艺术所达到的境界。可见，黑格尔本人没有看到过中国园林，他在《美学》中提到过的中国园林如热河的"避暑山庄"等，多半是从《马可·波罗游记》里读到的有关中国造园艺术的一些材料。黑格尔所欣赏的是"最彻底地运用建筑原则于园林艺术"的法国园子，如凡尔赛宫的花园，他说：

> 它们照例接近高大的宫殿，树木是栽成有规律的行列，形成林阴大道，修剪得很整齐，围墙也是用修剪整齐的篱笆来造成的，这样就把大自然改造成为一座露天的广厦。㉞

黑格尔非常准确地概括出西方以最彻底地运用建筑（西方整一性的建筑）原则于造园艺术的花园是"露天的广厦"的特质。这样的露天广厦，合乎西方造园的

"使命在于供人任意闲游，随意交谈"的生活需要，所以黑格尔认为：

> 一座单纯的园子应该只是一种爽朗愉快的环境，而且是一种本身并无意义，不致使人脱离人的生活和分散心思的单纯环境。㉟

黑格尔的美学思想和审美趣味，代表西方较为普遍的观点。西方造园并不要求它本身有什么意义，景境同人的生活无关，只是供人散步休息的地方而已。所以只要求有"爽朗"的一览无余的开旷空间、能使人"愉快"的整齐悦目的形式之美，而不需要空间层次和变化的规整的几何图案的"单纯环境"，这种不致使人离开自我的生活"分散心思"的环境，才是西方造园的目的。

对比一下，中西方造园在本质上是多么地不同了。从黑格尔的观念，我们就不难理解，为什么车尔尼雪夫斯基在他的名著《生活与美学》中，根本就不承认造园是一门艺术的道理。他认为："花床（似应为花坛——笔者）与花园原来是为着散步与休息用的，而又必须成为美的享乐的对象。"在生活中"美的享乐的对象"是很多的，单是作为"美的享乐的对象"并不能成其为艺术！㊱

我认为，单纯只供人们散步休息的绿化和美化的环境，的确不是什么艺术。而中国园林不仅是艺术，而且是有高度成就的杰出的艺术，因为它是与人的生活方式、思想感情密切联系、互相融合的统一体。是"虽由人作、宛自天开"的咫尺山林，是具有高度自然精神境界的生活环境。

"情景论"，是富有中国民族特色的造园理论之一，是以人与人的生活为主体的一种动态观念，它符合辩证唯物史观，是具有现代科学意义的理论，是中国造园学的一个重要组成部分。

"情景论"的意义就在于：任何景境的创作都不能离开人和人的生活，娱游观赏活动的人，是"景"的生动的组成部分。独立自在，无人在其中，与人生活无关的园林，对人是没有意义的。园林是生活环境，不是仅供欣赏的图画，展开可供"卧游"，卷起可束之高阁。正如马克思所说："一件衣服由于穿的行为才现实地成为衣服；一间房屋无人居住，事实上就不成其为现实的房屋。"㊲

而人的生活方式、生活情趣、审美观念等等，无不是随着时代的变革、社会经济的发展而不断变化的，或者说是个不断演变的运动过程。正是从"人"这个前提出发，我们的思想才不会僵化。对研究造园史的人来说，把握住不同时代人的生活方式和思想意识的变化，才有可能科学地揭示出我国古代造园的历史发展规律，才不至于凭个人的主观臆测想当然地任意解释历史。对今天的园林创作来说，人的活动本身既然是构成景境的一个重要内容，就必须考虑现代的人的生活方式、审美观念和趣味，创造出适于当时当地人们生活要求的园林来，才不至于生搬硬套，抄袭模仿，而泥古不化。

注：

①荆浩：《笔法记》，《历代论画名著汇编》，第 50 页，文物出版社，1982 年版。

②徐复观：《中国艺术精神》，第 254 页，春风文艺出版社，1987 年版。

③陈鼓应：《老子注译及评介》，第 62 页，中华书局，1984 年版。

④叶朗：《中国美学史大纲》，第 36 页，上海人民出版社，1985 年版。

⑤《朱自清古典文学论文集》，上册，第 131 页，上海古籍出版社，1981 年版。

⑥王维：《山水诀》，《历代论画名著汇编》，第 30 页。

⑦荆浩：《笔法记》，《历代论画名著汇编》，第 49 页。

⑧董逌：《广川画跋》，卷三，《书徐熙牡丹图》。

⑨《朱自清古典文学论文集》上册，第 119 页。

⑩范仲淹：《岳阳楼记》，《古文观止》下册，第 420～421 页，中华书局，1959 年版。

⑪《古诗评选》卷五，孝武帝《济曲阿后湖》评语。

⑫《古诗评选》卷五，谢朓《之宣城群出新林浦向板桥》评语。

⑬⑭⑮《姜斋诗话》，卷一，卷二。

⑯《唐诗评选》卷四，岑参《首春渭西郊行呈蓝田张二主簿》评语。

⑰张家骥：《园冶全释》，第 168 页，山西人民出版社，1993 年版。

⑱张家骥：《园冶全释》，第 271 页，山西人民出版社，1993 年版。

⑲王夫之：《诗广传》卷四，《大雅》一七。

⑳录自《园冶》各篇。

㉑石崇：《金谷诗序》。

㉒《宋书·谢灵运传》。

㉓《晋书·陶潜传》。

㉔王维：《辋川集·竹里馆》。

㉕《旧唐书·白居易传》。

㉖李格非：《洛阳名园记·独乐园》，《中国历代名园记选注》，第 51～52 页，安徽科技出版社，1983 年版。

㉗南朝刘义庆：《世说新语》。

㉘《晋书·王徽之传》。

㉙《后汉书·王乔传》。

㉚恩格斯：《费尔巴哈与德国古典哲学的终结》，第 27 页，人民出版社，1960 年版。

㉛恩格斯：《社会主义从空想到科学的发展》，第 51 页，人民出版社，1961 年版。

㉜黑格尔：《小逻辑》，第 278 页，商务印书馆，1980 年版。

㉝黑格尔：《美学》，第三卷，上册，第 104 页，商务印书馆，1979 年版。

㉞㉟黑格尔：《美学》，第三卷，上册，第 104～105 页。

㊱车尔尼雪夫斯基：《生活与美学》，第 83 页，海洋书屋，1947 年版。

㊲马克思：《政治经济学批判》，第 205 页，人民出版社，1964 年版。

第五章　实以形见　虚以思进

——中国造园艺术的"虚实论"

第一节　"虚"与"实"和"有"与"无"

虚与实的问题，是古典哲学的宇宙观问题。

从老子的宇宙本体"道"的观念，"道"具有"无"（non-being）和"有"（being）的双重属性："无"是"天地之始"，是"道"的无规定性和无限性，也就是"虚"。老子认为没有这无限的虚空（vacuous），万物就不能生长，就不会有生命的存在。"有"是"万物之母"，是"道"的有规定性和有限性，是事物的差别和界限，也就是"实"。"虚"与"实"是统一的，但"虚"大于"实"，是本源。所以老子说：

> 天地之间，其犹橐龠乎？虚而不屈，动而愈出。[①]

老子认为，天地间充满了虚空，就像风箱（橐龠）一样。这虚空非绝对的无，而是充满了气，正因为有了这一气运化的虚空，才有宇宙万物的流动、运化、生生不息的生命。

道家从"虚"出发，而儒家则从"实"开始，两者的出发点不同，但都认为宇宙是虚实结合的。对此宗白华有精要的概括。他说：

> 老庄认为虚比真实更真实，是一切真实的原因，没有虚空存在，万物就不能生长，就没有生命的活跃。儒家思想则从实出发，如孔子讲"文质彬彬"，一方面内部结构好，一方面外部表现好。孟子也说："充实之谓

美。"但孔、孟也不停留于实，而是要从实到虚，发展到神妙的意境："充实而有光辉之谓大，大而化之之谓圣，圣而不可知之之谓神。"圣而不可知之，就是虚：只能体会，只能欣赏，不能解说，不能摹仿，谓之神。所以孟子与老、庄并不矛盾。他们都认为宇宙是虚和实的结合，也就是《易经》上的阴阳结合。《易·系辞传》："易之为道也，累迁，变动不居，周流六虚。"世界是变的，而变的世界对我们最显著的表现，就是有生有灭，有虚有实，万物在虚空中流动、运化，所以老子说："有无相生"，"虚而不屈，动而愈出"。②

神的概念，《易传》："知几其神。"《易·系辞传》："阴阳不测之谓神。"韩康伯注："神也者，变化之极，妙万物而为言，不可以形诘求也。"神与妙联系在一起，不同于老子所说的体现"道"的"妙"，是指世界万物的微妙变化。所以说"神"，是世界万物极其微妙的变化规律，是个哲学的概念，同人格神的概念完全不同。在中国古典艺术评价中也常用"神"字，如诗画中的"神品"、"神格"等。而荆浩在《笔法记》中所说"神者，亡有所为，任运成象"的"神"，则是指艺术创作自由的意思。

老子宇宙本体的"有无"论，落实到现实中来说，**世界万物也都是"有"与"无"的结合，"虚"与"实"的结合**。对现象界中的"有"与"无"，老子有一段非常精辟的论述：

> 三十辐，共一毂，当其无，有车之用。
> 埏埴以为器，当其无，有器之用。
> 凿户牖以为室，当其无，有室之用。
> 故有之以为利，无之以为用。③

用现代汉语说：三十根辐条汇集到毂当中，有了车毂中空的地方，才能有车的作用。揉合陶土做成器皿，有了器皿中空的地方，才有器皿的作用。开凿门窗建造房屋，有了门窗四壁中空的地方，才有房屋的作用。所以"有"给人以便利，"无"发挥了它的作用。④

这里的"有"（existence）和"无"（non-existence），不是指绝对的、永恒的形而上的"道"，而是指形而下的一切现象都是相对的、变化的，可以互相转化的。这个"有"与"无"，也就是建筑学和造园学术语，通常所说"虚"，即空间，"实"即实体。同宇宙本体"道"的"有"（being）与"无"（non‐being）

是属于两个不同的层次。

对老子的这一思想，王弼注解一言以蔽之："有之所以为利，皆赖无以为用也。"没有"无"，这"有"对人是无意义的，确是道出了事物的本质。如果说：

> 掌握空间与知道如何去观察空间，是了解建筑空间的钥匙。[5]

这个看法是有道理的话，那么，老子的思想，对建筑师和景园建筑师的设计创作，就更有其深刻的、现实的意义。

"空间"（无）是建筑的本质。人是不能离开自然的无限空间而生存的，但就在这无限的自然空间里，也不能获得"人"的生活与发展。为了生活，就必须用物质技术的手段，去构筑适于"人"的生存和发展需要的生活空间，也就是"无"（non-existence）。没有这个"无"，即"空间"（space），就不能有室之用。人用物质技术所构成的空间实体"有"，根本目的不是为了获得这"有"——建筑实体本身，而是由这"有"去得到"无"。当然生产出"有"，才能有"无"，故老子说是"有无相生"[6]。

"空间"是无形、无色、无声、无嗅的，人们视觉所见和注意的东西，不是建筑的空间，而是建筑的实体，确切地说，是建筑实体的外在形式。如庄子所说："故视而可见者，形与色也。"[7]正因如此，有些建筑师在设计创作中，由于缺乏思想深度往往有追求建筑形式、忽视空间生活内容的倾向。以致建筑专业学生在设计中，去片面追求二度空间的"立面"表现效果，以奇特不类而自我欣赏，忘掉建筑最本质的东西是"空间"。即使是画画，亦如论画者所说，是"怪僻之形易作，作之一览无余；寻常之景难工，工者频看不厌"。这是值得深思的道理。

老子的哲学思想，对中国古典美学的发展影响很大。"虚实结合"成了中国古典美学的一个重要原则，可以说概括了中国古典艺术的重要美学特点。

从"虚实结合"的原则说，在"实"为有为物，在"虚"为无为境。**"实"制约"虚"，规定"虚"；"虚"则自由地扩大"实"，丰富"实"**。以实为实则死，只有虚中有实，化实为虚，才能意趣无穷，创造出幽远、空灵的意境。也只有这样的艺术，才能真实地反映出富有生命力（life-force）的世界。

传统道家的哲学思想和具有审美特征的直觉的思维方式，不仅对我国古代创造出灿烂的民族艺术，特别是书画和造园艺术起了很大的作用，甚至对现代西方的建筑和造园艺术也有着一定的影响。

为我国建筑学界许多建筑师和青年们所崇拜的，世界著名的"第一代"建筑大师们，有的就直接或间接地受到过老子哲学不同程度的影响。就以世界上最早的培养建筑师的学校"包豪斯"（Das Staatlich Bauhaus Weimar，简称 Bauhaus）来说。

"包豪斯"（即建筑之家）是 19 世纪 20 年代前夕，德国形成新的由建筑、美术和工艺师所组成的社团，在萨克森造型艺术学院和魏玛市装饰艺术学校合并的基础上建立。1919 年"包豪斯"被官方接受正式命名为"国立包豪斯学校"，它的组织者和领导者，是世界著名建筑师瓦尔特·格罗皮乌斯（Walter Gropius，1883—1969）。

"包豪斯"，含有建筑工、泥瓦工联合行会的意思。格罗皮乌斯主张建筑师、美术家和工艺师合作，并强调建筑师、画家、雕刻家首先应当是手工艺人的观点。

"包豪斯"在理论上竭力鼓吹从东方哲学中吸取营养。这个团体的最初核心人物之一日本人义滕，在 1923 年"包豪斯"第一届学生作品展览会的开幕式上，就曾引用《老子》中的：

> 三十辐，共一毂，当其无，有车之用。
>
> 埏埴以为器，当其无，有器之用。
>
> 凿户牖以为室，当其无，有室之用。
>
> 故有之以为利，无之以为用。

用这段有名的话，作为培养学生从事抽象艺术创作中"有"与"无"、"虚"与"实"等设计教学的理论基础。可见，"包豪斯"团体的建筑师和艺术家们，不仅了解《老子》其书，而且对老子的哲学思想也有一定的研究，其影响所及是可以想见的。[⑧]

再举个具体的事例，有世界影响的美国著名建筑师"有机建筑"（Organic Architecture）论创说者弗兰克·劳·赖特（Frank Lloyd Wright，1869—1959）有独特的建筑观点和设计方法，他的落水山庄（Falling Waters）、约翰逊制蜡公司（Johnson Wax Company）、古根海姆美术馆（Guggenheim Museum）等作品都有广泛的影响。

我国著名建筑家和建筑教育家杨廷宝教授（1901—1982），1944 年～1945 年间在美国时，去赖特在塔里埃森（Telisin，Spring Green，Wisconsin）的住宅拜访他。这是幢由赖特的学生们自己动手开石建造的房子，是赖特居住、教学和工作的地方，空间富于变化，室内装修和庭院陈设很有东方格调。在学生学习的书房里的壁架上搁置的十来本书中，就有老子的《道德经》和亚里士多德等哲学家的著作。赖特谈到他的设计带有东方色彩的问题时说："一个人的工作、学习和经历很自然地会带到他的设计创作之中，不可能凭空创造出什么来。"

赖特好读书，知识面广博，"他对古代的哲学和传统建筑风格是有研究和修养的"。他的建筑教育的主要方式之一，是"师生愉快地工作、学习、交谈，无形的影响使学生潜移默化"，常常"利用吃饭来灌输建筑常识，大概是受孔夫子的影响"。教学方法有点像我国的私塾。

赖特大约于清末时到过中国，并与时称"文坛第一怪"的辜鸿铭教授（1856—1928）相识。辜鸿铭曾留学英国，毕业于牛津大学。精通多种语言，是很有学问的人。据说孙中山赞其才，托尔斯泰和泰戈尔为其友，为当时三大翻译家之一，严复将西方社会科学翻译介绍到中国，林纾翻译外国文学，辜鸿铭则是将中国传统文化如《论语》、《中庸》、《老子》等著作翻译介绍给西方的人。

赖特曾对杨廷宝说："辜鸿铭是我的好友，你回国后如见到辜亲自翻译的《老子》译文，请给我寄一本。"可见赖特对老子哲学是很感兴趣的。显然，中国传统文化对他的理论和创作思想不会没有影响。[9]

笔者举这些例子，并非说完全赞同赖特的设计理论和他的设计思想，只是用来说明中国传统文化的存在价值和意义，作个例证而已。这里不妨再举些现代西方的建筑观点，以便继续我们"虚实"论的研讨。

> 空间不是可塑造的、静止的、绝对的、可计划的，它是空虚的、负的、退隐的。它从不是完整的与有限的。它是在移动之中，与另一空间相联结，再与另外一个空间相联结，并与无限的空间相联结。学会移动快些，比任何其他生物移动得快些的我们，有新的空间经验：移动中的空间，流动中的空间。因为我们具备了这一新经验，我们不再对细微末节关切那么多，但却关切这一新而奇妙的媒介物的更大统一体；我们试图模造这流动空间。[10]
>
> ——*Marcel Breuer*

我们要重新建立我们的视觉习惯，使我们不只是在空间里看见孤立的"物体"，而是在时空中看到结构、次序与事件间的关联；也许这是神奇的可能的革命。但这种革命已逾期甚久，不仅是在艺术方面并且是在我们所有经验方面也迟了。[11]

——S. L. Hayakawa

对西方建筑空间集合为整体的结构体系，空间是被严格界定的、凝固的、相对独立的，整体建筑的有限空间与自然的无限空间是对立的、分离的、疏远的，人们习惯于"只是在空间里看见孤立的'物体'"。所谓建筑的节奏感，不体现在空间的结构、序列、层次的韵律之中，而是表现在建筑实体的外在形式上。人们很恰当地誉之为"凝固的音乐"。

建筑大师路德维格·米斯·凡·得·路（Ludwig Mies Van de Rohe）在其作品巴塞罗拉展览馆中，打破了建筑空间闭合性的界定，运用界面的灵活分隔，使空间之间互相流通而联结，"并与无限的空间（室外）相联结"起来，使"一个空间可能是一个暗示运动方向的流动起伏的空间"[12]，即"流动空间"。这大概就是西方建筑所说的已具备了的"新的空间经验"，希望模造的这种"流运空间"，认为这"也许是神奇的可能的革命"，感叹"不仅在艺术方面并且是在我们（西方）所有经验方面也迟了！"

中国艺术，包括建筑和造园艺术对**空间的流动性和时空的无限性、永恒性**的追求，积千百年来的创作实践，早已积累有非常丰富的、成熟的经验，建构有民族特色的思想理论体系。关于流动空间问题，我们已经在"中国园林艺术的空间概念"一章中作了系统的论述。

就艺术创作思想方法而言，"情景"论、"虚实"论、"借景"论，都是在传统的"空间概念"的思想体系下，从不同方面和不同角度的一种深化。如果说"情景"论着重于人（情）与物（景）的关系，"虚实"论则着重于物（景）与空间（境）的关系，而"借景"论则着重于空间（境）与人的关系（下一章再谈）。

中国古典美学的"虚实结合"原则，是中国古典艺术不同于西方的重要美学特点。宗白华先生对此有精要的对比，他说："埃及、希腊的建筑、雕刻是一种团块造型。米开朗其罗说过：一个好的雕刻作品，就是从山上滚下来也滚不坏的，因为他们的雕刻是团块。中国就很不同。中国古代艺术家要打破这团块，使它有虚有实，使它流通。"我们举一些时空艺术的例子来说明，以有助于对古典园林的分析。

我国的戏曲艺术，多不用布景。有了它，时空则被限定；没有它，时空就自由无限了。可谓"人间大舞台，舞台小天地"。京剧《三岔口》，虽灯光通明，但通过演员的精彩表演，观众可以想见黑夜的存在。《昭君出塞》历尽千山万水，仅借演员的优美舞姿和戏曲语言，神形俱备的表演，空间景境的变幻使观者如临其境。这就如论画者所说，是"**实以形见，虚以思进**"，"实"是观众所见演员的神情、语言、姿态，"虚"是表演所暗示的情节、时间和空间环境、观众心中所引起的虚构景象。这是一种"化景物为情思"的艺术效果。即宋人范晞文《对床夜语》所说："不以虚为虚，而以实为虚，**化景物为情思**，从首至尾，自然如行云流水，此其难也。"⑬

"化景物为情思"，这是对艺术中"虚实结合"的正确定义。"以虚为虚，就是完全的虚无；以实为实，景物就是死的，不能动人；惟有以实为虚，化实为虚，就有无穷的意味，幽远的境界。"⑭

中国书画艺术的要旨，就是要"肇自然之性，成造化之功"（王维《画山水诀》），要"同自然之妙有"，自然、造化之"妙"，就是宇宙本体和生命的"道"，通向于"无限"，也就是"妙"，体现了"道"。

中国人写字，仅仅作为语言的符号，服务于"阐典坟之大猷，成国家之盛业"的实用目的，还不是艺术，必须"加之以玄妙"，才是"翰墨之道"⑮，所以说"书道玄妙"⑯。玄而且妙，就是要重视虚空。当代学者熊秉明论唐褚遂良书法说：

> 老庄讲"无"的重要性，用在书画上，则是空白的重要性。凡道家倾向的艺术家都着重使空白获得生气，灵活起来，而"有"的部分着墨不多。……在褚帖中，"有"和"无"相容纳，相辉映，相渗透，造成一片空阔与宓静。⑰

这就是唐初书法家虞世南（558—638）在《笔髓论》中所说，书法要合于妙，"必在澄心远思，至微至妙之间，神应思彻。"⑱"同自然之妙有"的追求，体现在山水画中是要有"远思"，所谓"山远观其势，近赏其质"。势，是山水的动势和气势，"远势"是"虚"是"无"，山水的形质是"有"是"实"，要表现出山水的生命和精神，从有限达于无限，就必然同"远"的观念联系起来，远之极至，则可达于无限的"道"。

王船山在《诗绎》中说得好："论画者曰，咫尺有万里之势，一势字宜作眼。若不论势，则缩万里于咫尺，直是《广舆记》前一天下图耳。"画山水作眼一个"势"字，确道出山水画的奥妙，也是造园艺术人工山水创作的奥妙。

"远"的意识，同山水画是密切相关的，到宋代郭熙才明确地总结出"三远"，他在《林泉高致·山水训》中说：

> 山有三远。自下而仰山颠，谓之高远。自山前而窥山后，谓之深远。自近山而望远山，谓之平远。高远之色清明，深远之色重晦，平远之色有明有晦。高远之势突兀，深远之意重叠，平远之意冲融而缥缥缈缈。其人物之在三远也，高远者明了，深远者细碎，平远者冲淡。[⑲]

郭熙是画家，他从自己的审美观照中，提炼出"情"（心）与"景"（境）交融的意境，概括了"三远"之说，就可以把人精神上所追求的"远"，用具体可见的形象表现出来。这是他在画论中的很大贡献。当代学者徐复观对山水画的"远势"与山水"形质"的审美关系有段很透彻的分析：

> 远是山水形质的延伸。此一延伸，是顺着一个人的视觉，不期然而然地转移到想像上面。由这一转移，而使山水的形质，直接通向虚无，由有限直接通向无限；人在视觉与想像的统一中，可以明确把握到从现实中超越上去的意境。在此一意境中，山水的形质，烘托出了远处的无。这并不是空无的无，而是作为宇宙根源的生机生意，在漠漠中作若隐若现的跃动。而山水远处的无，又反转来烘托出山水的形质，乃是与宇宙相通相感的一片化机。[⑳]（着重号为原有——笔者）

自唐到宋是画家们对其地域自然山水进行大量写生的一个深入探索和把握的过程，如"李思训写海外山，董源写江南山，米元章写南徐山，李唐写中州山，马远、夏珪写钱塘山，赵吴兴写苕霅山，黄子久写海虞山"[㉑]。正是画家们在长期的大量观察写生的实践基础上，创造出用笔墨表现不同山水形质的特殊技法"皴"的画法。没有纯熟的技巧和把握住山水形质的能力，也就谈不到"势"和意境。

北宋初的画家如关同、李成、范宽等人，都是通过大量的写生，把握他们所熟悉的地域山水风貌，他们所画非灵感触发的某种诗意的局部景象，仅是借以表达其生活的理想、情趣的"可居"山林。故画面构图丰满，多重峦叠嶂、气势雄浑的高远与深远的形象，带有阳刚之气、积极进取的意味。

到郭熙的时代，山水画就开始向"平远"的一面发展。南宋的马远、夏珪只画一角山水，图上出现大片空白，被称之为"马一角"和"残山剩水"。他们有限的景物描绘，在一片虚白上幻现出无限的深意。是郭熙所说的"平远"，带有阴柔之气和消极而放逸的意味。平远较之高远与深远，更近于道家"超世脱俗"自由解脱的精神，更适于表现山水画"妙造自然"的精神，从而也就形成中国山水画的基本性格。

在中国古代诗画的意象结构中，虚空、空白就占有很重要的地位。清笪重光在《画筌》中，对"虚"与"实"和空白有段著名的话：

> 林间阴影，无处营心；山外青光，何从着笔？空本难图，实景清而空景现；神无可绘，真境逼而神境生。位置相戾，有画处多属赘疣；虚实相生，无画处皆成妙境。[22]

空白是画的组成部分，是意境之所出，是无画之画，所以很难经营，故"难图"。若着墨太多则"实"，空的"意境"则不能显现。山水的精神不好画，但只要画出"真境"，即"形似"与"气质"统一之境，就能生成气韵生动的"神境"。"位置相戾"是指画面构图位置经营不当，有画的地方反而成了多余的赘瘤。关键在"虚实相生"，虚（空白）实（画处）的有机结合，能从虚无见气韵，空白处方能成为妙境。王翚评说得好："人但知有画处是画，不知无画处皆画。画之空处，全局所关……空处妙在，通幅皆灵，故成妙境也。"可见，"作画惟空境最难"[23]的道理和"虚"的重要性了。

第二节　石的审美意义

中国的造园艺术，是能充分体现出"虚实结合"原则的艺术，极臻**"虚则意灵"**的妙用。同埃及、希腊的团块雕刻形成强烈对比的，莫过于对太湖石的欣赏最能说明问题了。

中国人非常欣赏湖石，正因为它打破了石头的"团块"的顽笨，它"嵌空转眼，宛转险怪"，千窍百孔，有虚有实，千姿百态，具有一种奇特的空灵之美。人们给予它的审美评价是：透、漏、瘦、绉四个字，清代的著名书画家郑板桥，认为这个评价未尽其妙。他说：

> 米元章论石，曰瘦、曰绉、曰漏、曰透，可谓尽石之妙矣。东坡又曰：石文而丑，一丑字则石千态万状皆从此出。彼元章但知好之为好，而不知陋劣之中有至好也。东坡胸次，其造化之炉冶乎。燮（郑板桥名）画此石，丑石也，丑而雄，丑而秀。[24]

刘熙载在《艺概》中也说："怪石以丑为美，丑到极处，便是美到极处，丑字中丘壑未尽言。"郑板桥认为苏东坡的一个"丑"字，说出石的"千态万状"。这主要还是对石外在形态的美的评价，所以刘熙载认为"丑"字，还未能全部说出怪石的美来。

"丑"，作为一种审美评价，实际上也是受庄子的思想影响，庄子认为人的"美"和"丑"，本质都是"气"，是可以互相转化的。"故德有所长，而形有所忘"⑤。人外貌的奇丑，反而可以更有力地表现出人内在精神的崇高和力量。他曾创造过形体残缺奇丑的怪人"支离疏"的形象，他的这种审美观对后来的艺术创作影响很大。如唐韩愈常以艰涩难读的诗句描绘灰暗、怪奇、恐怖的事物，刘熙载说："昌黎诗往往以丑为美。"（《艺概·诗概》）蒲松龄在《聊斋志异》中的"乔女"也是以丑为美（已制成电视剧）。闻一多说：

> 文中之支离疏，画中之达摩，是中国艺术里最有特色的两个产品。正如达摩是画中有诗，文中也常有一种"清丑入图画，视之如古铜古玉"（龚自珍《书金铃》）的人物，都代表中国艺术中极高古、极纯粹的境界；而文学中这种境界的开创者，则推庄子。⑥

古代艺术思想认为，无论是自然物或艺术作品，最重要的并不在于"美"与"丑"，而在于要有"生意"，要表现宇宙的生机，只要能充分表现出宇宙一气运化的生命力，丑的东西也可以得到人们的欣赏和喜爱，丑也可以转化为美，甚至越丑越美。郑板桥实际上已经回答石何以"丑到极处，便是美到极处"的问题，即"丑而雄，丑而秀"！

石之丑，非内容之恶，是指它的形态，打破了形式美的规律，"是对和谐整体的破坏，是一种完美的不和谐"（亚科夫，见《美学译文》）。"秀"，是指石的形神具玲珑剔透之美；"雄"，是指石的风骨具有生机勃勃的气势。"西方的审美心理和审美趣味，多喜静态的几何形式中体现出来的数的和谐和整一性，齐整了然的优美。那么**中国的造园则力求打破形式上的和谐与整一性**（团块），**追求的是自然的完美的不和谐**（虚实结合），**千状百态视觉无尽**（虚）**的意蕴之美。**"⑦

石的审美意义，不仅是由于它的形态千变万化，使人产生联想，看做为人的精神拟态，有"如虬如凤"、"如鬼如兽"的趣味；而且它的动态之美"百洞千壑，觌缕簇缩"，在园林中作为山的象征，成为创造景境的重要手段。

明代的文震亨在《长物志》中，对园林的人工水石造型，精辟地概括为两句话，即"一峰则太华千寻，一勺则江湖万里"⑧。峰，是指石；勺，是指水。

意思是：一块湖石可以有千寻、太华山的崇高之感，一勺水而具江湖的浩渺之意。这就是中国园林所要创造的意境。

园林叠石造山，目的在"妙造自然"的山林意境，体现出自然山水的精神。以石为峰，是艺术上的高度象征。象征（symbol），黑格尔说："象征首先是一种符号。"㉘是比喻的延伸与扩展，是借一事物的具体意象来表现或暗示某些与之相似或相近之处的抽象概念和思想感情。以石为峰，是以石在特定空间中的意象，表现出山峰的崇高精神，是中国园林艺术的一种特殊造景。历史上有的园林，是以其峰石绝胜而命园的，如清代扬州之"九峰园"，已湮没不存，苏州之"五峰园"，仅存残址。

以石为峰，并非是石皆可为峰。可为峰之石，也非胸无丘壑者，随意置之均能成峰。

以石为峰的造景，一是要有可以为峰之石；二是要有一定的空间环境的条件，合乎"虚实结合"的美学原则。

先讲对峰石的要求，计成在《园冶》"掇山"中，有很明确的要求，不论是用一块还是"两块三块拼掇"，都"宜上大下小，似有飞舞势"㉚。上大下小，是指石的体态，关键是一个"势"字，要有飞舞欲举之"势"。**无势则死**，只是块顽石；**有势则活，有动态感才能具有生意**。

中国艺术非常讲究"势"，绘画重气韵，但"究因对象之不同，气韵的内容，也有一种自然而然的演变。……气韵之气的本来意义，乃骨气之气，常形成对象的一种力感的刚性之美。后来气韵一词多混用，并多以韵之义，为气韵之义。但若在山水画中单言气时，则多以'气势'一词代替气韵之气；而他所指的，乃画各部分的互相贯注，以形成画面的有力的统一"㉛。"势"的概念，因对象不同，内容是有所差别的。有神态的，亦有空间构图的意思。如：

> 咫尺有万里之势，一势字宜作眼。（王船山《诗绎》）
>
> 状飞动（势）之趣，写真奥之思。（皎然《诗评》）
>
> 山水之象，气势相生。（荆浩《笔法记》）
>
> 从气势而定位置者是。（王原祁《麓台题画稿》）
>
> 远山一起一伏则有势。（董其昌《画旨》）
>
> 文之神妙，莫过于能飞。庄子之言鹏曰："怒而飞"，今观其文，无端

而来，无端而去，殆得"飞"之机者。(刘熙载《艺概》)

中国古典建筑的艺术形象，就着重表现一种动态的气势。周宣王时的建筑已经像一只野鸡展翅在飞，"如鸟斯革，如翚斯飞"(《诗经·斯干》)。可见中国很早就追求飞动之美了。

以石为峰，石的体态必须与周围的空间取得有机的统一，这就是"从气势而定位置者是"。计成在《园冶·立基》的"假山基"中概括为"掇石须知占天，围土必然占地"[32]。这两句话如译成："叠石应知利用空间，培土必须占用地面。"仅是常识，不是设计语言。句中计成用"天"、"地"二字，大有深义。中国艺术创造意境的目的，在于体现宇宙生机的"道"，从老子的宇宙有机统一论的观念，事物之间都有着一定的内在联系。园林是三维的空间艺术，如果说山水画从虚空(空白)中见气韵(势)，以石为峰的气势，就不能离开空间环境。换言之，不能离开人观赏时的视觉心理活动特点，从人的视觉活动而言：

> 假如目的物不能安排得使眼睛的张力得到均衡，即使视觉的重心置于一个看东西时应保持的点上，那么于向前观看的心愿需要之中，向旁边观看的倾向，会导致侵扰与破坏。因此，于所有此等事物中，我们需要两方面的均衡。[33]

—— *George Santayana*

一块孤立之石，若所处空间大小不宜，位置不当，观赏点亦无组织，即使其形态玲珑飞舞，也不会造成山峰峻立的意象，给人以自然崇高的精神感受。(见图3-10、3-11)张岱在《西湖梦寻》中，所记新安吴氏书屋的"芙蓉石"，提出一个值得深思的相反例证。记曰：

> 芙蓉石，今为新安吴氏书屋。山多怪石危峦，缀以松柏，大皆合抱。阶前一石，状若芙蓉，为风雨所坠，半入泥沙，较之寓林奔云，尤为苗壮。但恨主人深爱此石，置之怀抱，半步不离，楼榭逼之，反多阰塞，若得础柱相让，脱离丈许，松石闲意，以淡远取之，则妙不可言矣！[34]

张岱(1597—1679)是晚明时著名散文家，他很有艺术修养，所记"芙蓉石"并非峰石，是形状像芙蓉花的奇石，因位置离建筑太近，使人感到"阰塞"，而影响石的观赏和审美效果。说明：即使作为一种独立观赏的对象，也需要有适宜的空间环境。因为人的视觉感官，是"距离感官"，任何"景"的设计都与视知觉活动密切相关。故张岱《芙蓉石》诗有"主人过珍惜，周护以墙堵。恨无舒展地，支鹤闭韬笼"之句，是很深切的感受，可为园林设计者造景之鉴。

文中所说"寓林奔云"，是指他在另一篇散文"小蓬莱"中的园林和奇石。"小蓬莱"是原宋时内侍的"甘升园"，明末王贞父居此，改园名为"寓林"，中有奇石，"石如滇茶一朵"，题石为"奔云"。张岱认为"奔云得其情，未得其理"，因石形态如云南的山茶花，"花瓣棱棱，三四层褶"，"色黝黑如英石，而苔藓之古，如商彝周鼎入土千年，青绿彻骨也"[35]。写这些不在说明"寓林、奔云"的典故出处，而在石上的苔藓的古意，文震亨《长物志》有"石令人古"之说，初不解"古"的妙处。笔者旧岁冬去杭讲学，闲游孤山，见一墙下黄石叠小山，墙头藤萝漫衍，石上苔藓斑驳，颇有幽意，方解"古"，确是以石造景不可不知的一种手法。

古人用"虚"、"实"论造园的文字，以清代《浮生六记》的作者沈复（1763—1807后?）较详，他在此书的"闲情记趣"中说：

> 若夫园亭楼阁，套室回廊，叠石成山，栽花取势，又在大中见小，小中见大，虚中有实，实中有虚，或藏或露，或浅或深，不仅在周回曲折四字，又不在地广石多徒烦工费。或掘地堆土成山，间以块石，杂以花草，篱用梅编，墙以藤引，则无山而成山矣。大中见小者，散漫处植易长之竹，编易茂之梅以屏之。小中见大者，窄院之墙宜凹凸其形，饰以绿色，引以藤蔓，嵌大石，凿字作碑记形。推窗如临石壁，便觉峻峭无穷。虚中有实者，或山穷水尽处，一折而豁然开朗；或轩阁设厨处，一开而可通别院。实中有虚者，开门于不通之院，映以竹石，如有实无也；设矮栏于墙头，如上有月台，而实虚也。[36]

沈复非造园家，所论虽常见之景但不乏有识之见，如他对苏州"狮子林"的假山评论，较之因传为倪瓒（云林）所造而捧为瑰宝的学者，要高明得多，他说："狮子林，虽曰云林手笔，且石质玲珑，中多古木；然以大势观之，竟同乱堆煤渣，积以苔藓，穿以蚁穴，全无山林气势。"[37]"全无山林气势"可谓一语中的。沈复所说虚实的造景，计成《园冶》一书早有详论，但沈复从"虚实结合"的角度来谈，还是很有见地的。沈复在《浪游记快》中所记皖城王氏园，却是造园中"虚实结合"构思巧妙的一个特殊范例。记曰：

> 南城外又有王氏园。其地长于东西，短于南北，盖北紧背城，南则临

湖故也。既限于地，颇难位置，而观其结构作重台叠馆之法。重台者，屋上作月台为庭院，叠石栽花于上，使游人不知脚下有屋；盖上叠石者则下实，上庭院者则下虚，故花木仍得地气而生也。叠馆者，楼上作轩，轩上再作平台，上下盘折重叠四层，且有小池，水不漏泄，竟莫测其何虚何实。其立脚全用砖石为之，承重处仿照西洋立柱法。幸面对南湖，目无所阻，聘怀游览胜于平园，真人工之奇绝者也。⊗

此园早已湮没不存，无迹可考，沈复所记仅就虚实而论，散漫而难究园之概貌，约略观之，这种重台叠馆之法，在空间上内外交错，虚实重叠，是个复杂的组合体；且妙在顶上，蒔花树木，叠石构池，使人不知其何虚何实。200 年前造园如此，不仅构思巧妙，且能不拘旧制，舍木构架而用砖石结构，因地制宜创新，其创作思想方法，是值得汲取和借鉴的。

第三节　虚实结合，化景物为情思

计成的《园冶》一书，在文字上直接用"虚"、"实"二字讲景的并不多，只在谈到户牖景观时常用"虚"。如：

> 窗虚蕉景玲珑。（《城市地》）
> 堂虚绿野犹开。（《村庄地》）
> 亭台影罅，楼阁虚邻；
> 板壁常空，隐出别壶之天地。（《装折》）
> 南轩寄傲，北窗虚阴；
> 半窗碧影蕉桐，环堵翠延萝薜。（《借景》）

句中虽用"虚"，但并不是从"虚实结合"的意义上讲的。但计成在《园冶》中凡讲到景，多是"情景结合"的景，所以说处处都体现着"虚实结合"的这一美学原则，都是一种"化景物为情思"。

中国的古代艺术，在哲学思想上是一脉相承，而且是互相影响，互相渗透，互相充实，互相补充的。有学者说：不懂得中国的画论，就不能谈中国的造园。这话虽有些道理，但太绝对化了。其实不仅是同画论，同诗论、文论、书法、理论、哲学、美学、社会学等等，都有非常密切的关系。

中国古代的造园家，历来多是著名的画家诗人。即所谓以营造园林而传食朱门（也就是当时社会中专业的造园家）的计成，也是于诗画见长很有造诣的人。可见，中国古典艺术之间是有许多共性的东西，也说明作为中国造园艺术家，需要有广博的文化知识和艺术修养。但是，不同的艺术由于表现手段、方法、目的的不同，都有其自身的创作规律和特殊性。对每个艺术类型来说，最重要的就是要在民族文化的土壤上，吸取一切人类智慧为养料，不断培育发展新的具有特色的成果。

研究中国造园，以画论解释园林，虽是进了一步，但仅登堂而未入室也。计成在造园学上的贡献，就在于他创立了对造园艺术实践具有指导意义的见解和学说，虽然受其时代的局限，《园冶》在理论上还不够严谨，缺乏逻辑系统和高度概括，但他为建立民族的、新的造园科学理论奠定了基础。

计成在《园冶》中，除了在"空间"、"情景"方面总结了许多创作经验和优秀的手法，提出"借景"的创说；他还在"虚实结合"的美学原则运用上，结合中国园林的创作实践，提出**"处处邻虚，方方侧景"**^㊲的独到见解。

从艺术创作思想来说，"化景物为情思"，是从"物"与"人"的关系，对艺术中虚实结合的正确定义（宗白华语）。"处处邻虚，方方侧景"，就是从"空间"与"景物"的关系，对园林艺术中虚实结合的正确定义。

园林是人的一种生活环境，一切景境都是由物质技术所构成的实体。特别是封建社会后期的明清园林，随着经济发展，城市和人口像酵母一样，一方面是日益膨胀，一方面是内部空间增多而缩小。造园的空间愈来愈小，园林建筑的密度却不断增大。这种空间上的尖锐矛盾，就成为园林设计首先要解决的一个重大难题。

"空间往复无尽"论，自然而高妙地解决了空间与空间之间的联结、流通、流畅，而达于无限的问题，即现代西方建筑师所向往而欲"模造的流动空间"：主要是通过"砖墙留夹"和"连墙儳越"的空间意匠及其独特手法，取得空间的无限性与永恒性的效果。这在第三章"中国园林艺术的空间概念"中，已作了详细的专门论述，不再赘言。

"处处邻虚，方方侧景"，则是从空间视觉上，打破建筑（团块）实体之"实"，使它疏通而流畅，使它有虚有实，使它化实为虚。

中国建筑的特点，是三面皆"实"（砌墙），一面全"虚"（槅扇）。建筑位置不论东西南北，开敞的一面都向庭院，不存在"邻虚"的问题。所谓"处处邻虚"，就是相邻的实体之间，必须留有空间。具体地说，即建筑的山墙与山墙，山墙与院墙，背（后）墙与背墙、背墙与院墙之间，都要有一定的间隙，构成闭合的露天小院。其目的，可借用沈复论园林虚实里的“实中有虚者”所说的话，即“开门（此处亦可用“窗”）于不通之院，映以竹石，如有实无也”。“处处邻虚”就使建筑处于疏朗通透的空间环境之中，使庭院在空间上更富于层次和变化。小院虽小，因虚则大；不通则死，借天则活。稍加竹石点缀，自成一景。由室内观之，透过墙上窗牖，嫣然尺幅小品，横披图画。如张岱所写之“不二斋”：“后窗墙高于槛，方竹数竿，潇潇洒洒，郑子昭‘满耳秋声’横披一幅。天光下射，望空视之，晶沁如玻璃、云母，坐者恒在清凉世界。”可谓“虚室生白”，灵光满室矣！

因为“邻虚”小院之景，是在建筑两侧或背面，所以称之为“侧景”。正是有了这“处处邻虚”，才能得到这“方方侧景”。这就是“虚实相生”，“化实为虚”。

“化实为虚”，作为一种空间处理手法，建筑师在造型（多指立面 elevation）设计中，常用虚实对比一词。虚实多非指空间与实体的关系，而是指构成空间的实体的界面，即实界面与虚界面的比例关系。对比（scale）是使某一特殊性质（实墙面或虚的隔断面）分离出来，使它得到突出、加强或纯化。所以“对比”含有“量”的大小与轻重问题。“化实为虚”则是指视觉空间的审美感受，是“质”的问题。如“处处邻虚”，从整体空间来说，那些邻虚的小院，可说是化整为零，是空间的“量”的缩小，但视觉空间却扩大了，死的变活了。

“化实为虚”，在古典园林中比比皆是。事实上，凡是令人**视觉无尽**的景物和景境，都是一种“**化实为虚**”。这些从空间与情景已作了许多分析，现在从“虚实结合”的原则，举些典型的实例。

城市造园周遭墙垣凹凸嵌缺不齐，每多死角，令人感到阨塞。化实为虚之法颇多，如：游廊斜折而过（参见图 5－1 苏州留园闻木樨香墙隅之折廊）；或嵌角建半亭（参见图 5－2 苏州狮子林古五松园院隅半亭）；或建亭于墙角，后筑墙开门于不通之院（死角），夹隙借天，并缀以佳木怪石，如狮子林修竹阁对面墙隅之凝辉亭；或建亭于假山之上，以抬高视点，于死角设磴步可下至亭下山洞，构成立体的环路，如苏州畅园西南隅之待月亭（参见图 5－3 苏州畅园西南隅待月亭景观）。这些都是“化实为虚”，置死地而生动的例子。

建筑的山墙，是高大的沉重“实”体。虽可开户凿牖，空间上得到疏通，视觉上仍然是“实”。即使全部做成透明幕墙，感觉轻了，界面并未消失，还是

图5-1　苏州留园闻木樨香墙隅之折廊

古五松园庭院

图5-2　苏州狮子林古五松园院隅半亭

中国造园论

图 5－3 苏州畅园西南隅待月亭景观

实"有"，而非虚"无"。在古典园林中，对山墙"化实为虚"有许多妙法，现举几个突出的例子阐述之。

　　一、用歇山顶山花的典丽而灵秀的造型，改变建筑上部体量的沉重，即以山花代山墙；再于檐下"虚"之，得"化实为虚"之妙。如苏州的畅园，这是座小型园林，地形狭长，南北约 30 米，东西宽仅 10 余米。园的布局，以池沼为中心，沿池两侧布置建筑，基本上采取"亭台突池沼而参差"的方式。东侧西晒，不宜作"可居"之处，故沿东界墙下，以"延辉成趣"六角攒尖亭为主景，以"憩间"两坡的简朴小亭为转折，连以曲折长廊，意在可游、可望，构成东面景观。西侧东熙，宜于居，隔水与"憩间"小亭相对者，为体量较大之"涤我尘襟"半厅，偏北与主体建筑"留云山房"相近，既可形成一个相对的主导空间环境，又与隔水亭廊形成体量上大小虚实的对比。"涤我尘襟"的形象构思之妙，若用单坡顶则笨重，建筑体量亦显得太大；若用两坡顶，则山墙太实。妙在它用了半个歇山顶，以山花替以山墙，山花向外，翼角飞扬，不仅无沉重之弊，且造型丰富而且有飞动之美。檐下求虚，故窗牖排比而虚邻，建筑体量虽看来较大，而不觉其沉重，山面本实，反而空灵，充分发挥了中国传统木构架建筑的特点与长处。（参见图 5-4 苏州畅园平面，图 5-5 苏州畅园俯视，图 5-6 苏州畅园纵剖面东半部景观）

　　二、是依山墙或园墙构筑亭廊。突出的例子，是苏州的环秀山庄，这是一座以叠山著称的小园，**以假山为中心构成主要景观**，山环水曲，深得林泉涧壑的意境。山延至东园墙，而西面隔院楼阁一带高垣峻立，空间封闭，造成很大的视界局限。园林建筑师却巧妙地运用了"化实为虚"的手法，贴园墙一面构筑了两层的半亭、半阁、半廊，随形依势，高低参差，造型极臻变化，境虽浅显，而有一定层次，可谓化顽笨为奇秀，变陷塞为空灵。因受园地所限，建筑进深甚浅，虽难作活动之用，但在此特定的条件下，仍不失为"化实为虚"的佳构。（参见图 5-7 苏州环秀山庄西院高墙的建筑空间意匠，图 5-8 苏州环秀山庄平面，图 5-9 苏州环秀山庄俯视）

　　三、江南小园，隔院厅堂的山墙，往往是园界墙的一部分，高大的山墙实体，不仅沉重而阻碍视线，且迫近园内。若不加处理，小园的空间就倍感其小而狭隘，这成为中国造园力求视觉无尽而必须解决的难题。在长期的造园实践中，中国造园家已积累有丰富的经验与处理手法。

　　如扶山墙构筑半亭，这样的例子甚多，如苏州沧浪亭沿东园墙之"御碑"亭〔参见图 5-10 苏州沧浪亭御碑亭（半亭）〕，网师园殿春簃庭园中的"冷泉"亭（参见图 5-11 苏州网师园殿春簃庭园中的半亭——冷泉亭）等等。或于山墙下建方亭，亭墙邻虚，靠夹隙以借天，亭基随山墙高下而起伏，连以虚廊，这种巧妙的结合，使园内景境通透而空灵，使人视线流畅、流动，而有无尽之意，山墙成为亭的富于变化的背景，使空间构图有高下起伏之趣，形成一个统一而和谐的整体。可谓匠心独运，化不利为有利，化腐朽为神奇了。这种"化实为虚"的绝妙手法，在江南小园林里，是到处可见的，但人们却很少注意到

中国造园论

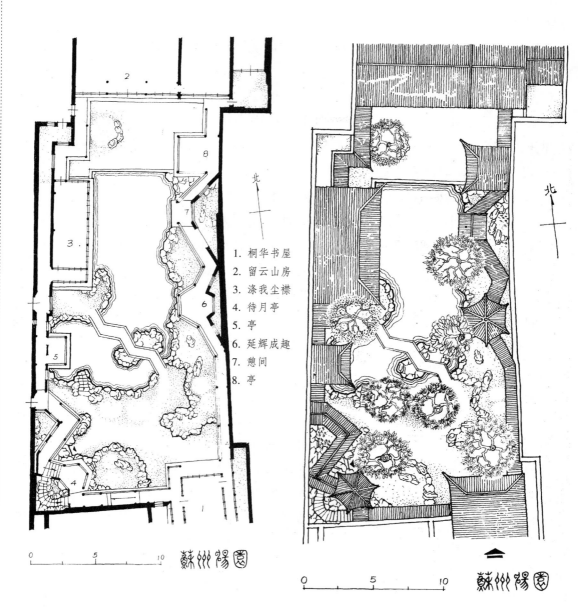

北

1. 桐华书屋
2. 留云山房
3. 涤我尘襟
4. 待月亭
5. 亭
6. 延辉成趣
7. 憩间
8. 亭

0　　　5　　　10

蘇州暢園

图5-4　苏州畅园平面

北

0　　　5　　　10

蘇州暢園

图5-5　苏州畅园俯视

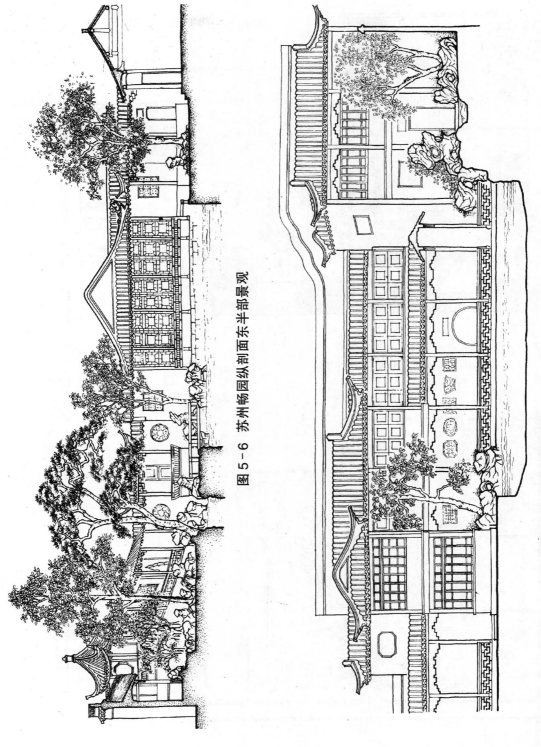

图 5-6 苏州畅园纵剖面东半部景观

图 5-7 图苏州环秀山庄西院高墙的建筑空间意匠

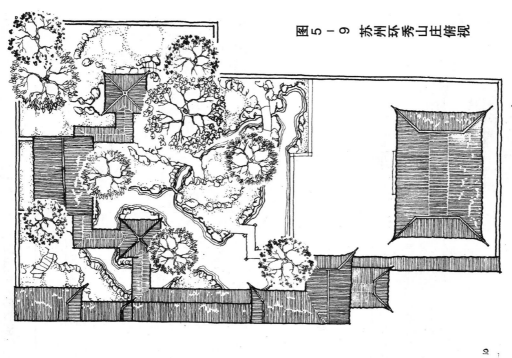

图 5 - 9　苏州环秀山庄俯视

图 5 - 8　苏州环秀山庄平面

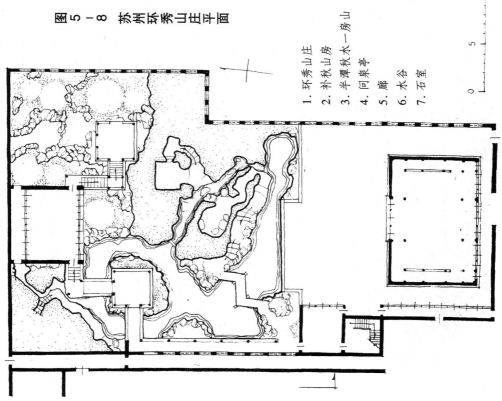

1. 环秀山庄
2. 补秋山房
3. 半潭秋水一房山
4. 问泉亭
5. 廊
6. 水谷
7. 石室

图5-10 苏州沧浪亭御碑亭（半亭）

图5-11 苏州网师园殿春簃庭园中的半亭——冷泉亭

中国造园论

它（山墙）的存在。如苏州的鹤园、残粒园等等。

从山墙的实"有"而若"无"之中，说明一个很重要的问题，按中国传统的艺术哲学思想，艺术形式与整体艺术形象之间的辩证关系，是要求"**得意而忘象**"，即任何艺术形式自身不应突出自己，突出自己则必然削弱以至破坏艺术的整体意象和意境。只有否定自己，才能使艺术的整体意象突出地表现出来。也就是说，当游人沉浸在园林景境的自然精神境界里，不再去注意形式美本身时，这才是真正的艺术形式美。

我们说过，凡视觉无尽之景，都是一种"化实为虚"，如小池以湖石驳岸，欹嵌盘屈，犬牙互差，打破岸的视界完整；或曲廊修阁驾水，不见源头边岸；或岩涧洞壑之莫穷等等，皆"化实为虚"也。

在园林的创作实践中，"虚实结合"的原则，首先应体现在园林的总体规划上，造园也是"惟空境最难"的。"空境"是指视野开阔的景区，是塑造山水供娱游观赏的主要地方，要"虽由人作，宛自天开"，最忌人工的雕饰太多，而要从虚无中见气韵，造成静宓、幽远、空灵的意境。所谓"实景清而空景现"，就是宜虚不宜实。

上海嘉定的"秋霞圃"，就病在景区太"实"。假山水池，亭榭堂馆，分别观之，质量均属上乘；整体看，环池建筑太多，参差排列如肆，既显得池沼狭小，且空间郁塞而不开朗，景境缺少层次，无深度。可谓"位置相戾，有屋处多成赘疣"，失去山林清旷的立意，非园林之佳构。

浙江海盐的"绮园"，则得势于"虚"。全园以山水为主，山环水绕，中间大池，汇为巨浸，浮空泛影；山之上下，古木成林，老树繁柯，"干合抱以隐岑，杪千仞而排虚"，为江南园林中少见之景。园内建筑很少，惟南部临水一堂，北部山颠立一小亭。环大池，东南一亭傍山，西北一馆架水，且这两座亭、馆，造型粗陋，质量亦差，正因建筑少而分散，无碍全局大观。人处园中，疏朗而清旷的山水景境，如池中小桥上的题联，是"雨丝风片，云影天光"，令人尘虑顿消而心旷神怡！

"咫尺山林"，是中国造园艺术所追求的"具有高度自然精神境界的环境"，也是中国园林的存在价值和精神。徐复观对中国山水画存在的社会意义的见解，完全可以用来说明中国的园林。他说：

> 艺术对人生、社会的意义，并不在于完全顺着人生社会现实上的要求；而有时是在于表现上好像是逆着这种要求，但实际则是将人的精神、社会

的倾向，通过艺术的逆地反映，而得到某种意味的净化、修养，以保持人生社会发展中的均衡，维持生命的活力、社会的活力于不坠。山水画（园林亦如此——笔者）在今日更有其重要意义的原因正在于此。顺着现实跑，与现实争长短的艺术，对人生、社会的作用而言，正是"以水济水"，"以火济火"，使紧张的生活更紧张，使混乱的社会更混乱，简直完全失掉了艺术所以成立的意义。[40]

"虚"与"实"的问题，主要是艺术创作的思想方法问题。

但从艺术创作的实践过程来说，艺术家把客观真实化为主观的表现，也是一种"化实为虚"。清代画家方士庶说："山川草木，造化自然，此实境也；画家因心造境，以手运心，此虚境也。虚而为实，在笔墨有无间。"（《无慵庵随笔》）艺术家的创作，不论山水画还是园林，都取自造化自然，但他们所创造的作品，却是"灵想之所独辟，总非人间所有"的美的意境。这种新的创造，虽非世上实有之境，是"虚境"，渗透着艺术家独特的体会和思想感情，但必然是合目的的（主观的）和合规律的（客观的）。清代著名史学家章学诚（1738—1801），对此有个从阴阳"气"的统一性解释说：

> 有天地自然之象，有人心营构之象。……然而心虚用灵，人累于天地之间，不能不受阴阳之消息。心之营构，则情之变易而为之也；情之变异，感于人世之接物而乘于阴阳倚伏为之也。是则人心营构之象，亦出于天地自然之象也。[41]

"心虚用灵"，是艺术创作和审美观照时所应具有的主观精神状态，即排除世俗的欲念、成见的干扰和束缚，保持内心的虚静状态，从造化自然中获得灵感。"情之变异"，就是由物生情，产生心中的意象。"人心营构之象"渗透着艺术家的情感、思绪和意趣，它不是客观"自然之象"，但是出于自然、反映自然"阴阳倚伏"的变化规律。所以说是合目的性和合规律性的。

"心虚用灵"的虚静心境，对中国古典艺术来说，不仅对创作者应如此，对欣赏者亦须如此，所谓"虚则知实之情，静则知动之正"（《韩非子·主道》），没有这种虚静的心境，也难以欣赏出中国艺术作品的意境来。

从艺术创作与观赏者的关系，"虚"与"实"又有另一种含义。"实"，就是艺术家所创造的艺术形象；"虚"，则是作品引起观赏者的联想和想像。任何艺术作品，如果不能给观赏者留有想像的余地，不能引起观赏者想像力的发挥，

中国造园论

是没有生命力的东西。一览无余，就会使观赏者积极自由的想像受到压抑，从而导致美感的贫乏，多看会使人厌倦。

对中国古典园林来说，"实"是园林景境直接呈现给游人的具体的、可感知的景物的形象；"虚"则是景境间接提供给游人的，要经过想像才能把握或领略的"象外之象"，也就是意象和意境。如亚里士多德（Aristotles）所说："心灵没有想像就永远不能思考。"造园者和游园者都离不开想像力的活跃。故云："实以形见，虚以思进。"

虚与实的关系，形象地说就是："**实是虚之躯，虚是实之魂。**"

注：

①《老子》：第五章。

②宗白华：《美学散步》，第 34 ~ 35 页，上海人民出版社，1981 年版。

③陈鼓应：《老子注释及评介》，第 102 页，中华书局，1984 年版。

④陈鼓应：《老子注释及评介》，第 104 页。

⑤西蒙德：《景园建筑学》，第 107 页，台隆书店，1982 年版。

⑥《老子》：第二章。

⑦《庄子·天道》。

⑧涂途：《现代科学之花——技术美学》，第 46 页，辽宁人民出版社，1986 年版。

⑨杨廷宝：《谈赖特》，《南京工学院学报》（现为东南大学），1981 年，第二期。

⑩⑪西蒙德：《景园建筑学》，第 107、188 页，台隆书店，1982 年版。

⑫⑬⑭宗白华：《美学散步》，第 41、34、34 页，上海人民出版社，1981 年版。

⑮《法书要录》：卷四，《唐张怀瓘文字论》。

⑯⑱《佩文斋书画谱》，卷五，《唐虞世南笔髓论》。

⑰熊秉明：《中国书法理论的体系》，商务印书馆香港分馆，1984 年版。

⑲郭熙：《林泉高致》，《历代论画名著汇编》，第 71 页，文物出版社，1982 年版。

⑳徐复观：《中国艺术精神》，第 302 页，春风文艺出版社，1987 年版。

㉑董其昌：《画禅室随笔》，《历代论画名著汇编》，第 256 页。

㉒笪重光：《画鉴》，《历代论画名著汇编》，第 309 ~ 310 页。

㉓周亮工：《读画录》，卷二，"胡元润"条。

㉔《郑板桥全集·题画》，齐鲁书社，1985 年版，第 215 页。

㉕陈鼓应：《庄子今注今译》，第 163 页，中华书局，1984 年版。

㉖闻一多：《古典新义·庄子》，《闻一多全集》，第二册，第 289 页，三联书店，1982 年版。

㉗张家骥：《中国造园史》，第 16 页，黑龙江人民出版社，1987 年版。

㉘文震亨：《长物志·水石》。

㉙黑格尔：《美学》，第二卷，第 10 页，商务印书馆，1981 年版。

㉚张家骥：《园冶全释》，第 302 页，山西人民出版社，1993 年版。

㉛㊵徐复观：《中国艺术精神》，第 158 页，287 页。

㉜张家骥：《园冶全释》，第 211 页，山西人民出版社，1993 年版。

㉝西蒙德：《景园建筑学》，第 174 页，台隆书店，1982 年版。

㉞㉟张岱：《陶庵梦忆·西湖梦寻》，第 95、64 页，上海古籍出版社，1982 年版。

㊱㊲㊳沈复：《浮生六记》，第 19 页，第 58、59 页，人民文学出版社，1980 年版。

㊴张家骥：《园冶全释》，第 272 页，山西人民出版社，1993 年版。

㊶章学诚《文史通义》内篇一。

第六章　因借无由　巧于因借

——中国造园艺术的"借景论"

第一节　借景的含义

"借景"（view borrowing），是中国明代造园学家计成（字无否，号否道人，明万历十年即 1582 年生，卒年不详）在他的传世名著《园冶》中创造的一个造园学的特殊名词。300 多年来，"借景之名，已为近代造园学上通用之术语。借景之术，尤为近世造园学家所常用之技巧"①。

计成对"借景"在造园学上的意义是极为重视的。他在《园冶》开篇"兴造论"中，首先就提出"巧于因借，精在体宜"的创作原则。并将"借景"列为专篇，进一步阐明"借景"作为一种创作思想方法，是"因借无由，触情俱是"，在全书终了又一再强调"夫借景，园林之最要者也"②。

那么，什么是"借景"呢？计成概括为"体宜因借"四个字，同时对"因"与"借"作了如下的解释。

因者：随基势高下，体形之端正，碍木删桠，泉流石注，互相借资；宜亭斯亭，宜榭斯榭，不妨偏径，顿置婉转，斯谓"精而合宜"者也。

借者：园虽别内外，得景则无拘远近，晴峦耸秀，绀宇凌空；极目所至，俗则屏之，嘉则收之，不分町畽，尽为烟景，斯所谓"巧而得体"者也。③

对计成的"借景"，人们多视之为扩展园林空间的一种手法，这样理解是不全面的，可说是对"借景"尚未解其精妙。我们可从几方面来分析：

（一）计成在"借景篇"中，开宗明义地提出**"构园无格，借景有因"**，把造园与"借景"联系起来。"无格"，就是说建造园林不可能有什么固定的格式和不变的成法。郑元勋在《园冶·题词》中作了很好的说明，他说：

> 古人百艺，皆传之于书，独无传造园者何？曰："园有异宜，无成法，不可得而传也。"异宜奈何？简文（梁简文帝萧纲）之贵也，则华林（园）；季伦（晋石崇）之富也，则金谷（园）；仲子（战国齐人陈仲子）之贫也，则止于陵（地名，山东长山县）片畦（菜圃）；此人之有异宜，贵贱贫富，勿容倒置者也。若本无崇山茂林之幽，而徒假其曲水（流觞曲水）；绝少"鹿柴"、"文杏"（王维辋川别业中胜景）之胜，而冒托于"辋川"，不如嫫母（黄帝妃，丑妇）傅粉涂朱，祇益之陋乎？此又地有异宜，所当审者。是惟主人胸有丘壑，则工丽可，简率亦可。否则强为造作，仅一委之工师、陶氏，水不得潆带之情，山不领回接之势，草与木不适掩映之容，安能日涉成趣哉？④

说明造园不仅由于园址的地形、地势等客观环境各有不同，而且因人（园主）的社会经济地位不同，生活方式与审美趣味的差别，对园林各有其不同的要求。所以，造园既不会有到处搬用的格式，也不可能有按图索骥的成法。关键在于胸有丘壑的主持园林营造的人。计成在《园冶》中也一再强调，造园是"三分匠七分主人"，要做到"体宜因借"并非易事，若"匪得其人，兼之惜费，则前工并弃"⑤。

艺术创作要胸有丘壑，"意在笔先"，不仅绘画如此，计成认为造园也同样如此。如郑板桥所说："意在笔先者，定则也；趣在法外者，化机也。独画云乎哉！"⑥论画者云"画有法，画无定法"，造园虽无一定的成法、格式，但也不是无任何法则可循，**"体宜因借"**即造园之法，所以计成说："构园无格，借景有因"⑦。

从计成《园冶》的全书精神言，**"借景"远非只是一种空间设计的手法，而是园林艺术创作的重要思想方法。**

（二）从计成对"因"、"借"的解释，"因"与"借"是相辅相成、对立统一的辩证关系。"因"，就是"因地制宜"，在设计要求下，必须以客观存在的环境（园基）为依据。但客观存在的东西，不一定都合乎造园的要求，成为景境创造的对象，所谓千里之山尚难尽奇，万里之水不能皆秀，何况在闹市筑园。所以，"因地制宜"不等于听任自然，必须"随基势高下，体形之端正"，因形就势地加以改造。园林是个复杂的组合体，是高度综合性的艺术，要有层次、有虚实、有主体、有衬托，要有开有合、有景有情、有意有境，是主题鲜明的完整而和谐的统一体。对游人而言，凡身之所处、目之所见，处处引人入胜，令人心旷神怡，意趣无穷，就必须彼此兼顾，"互相借资"。

"借"者，非此所有，而取自彼处，即借他处之景为我所观。景既是借，就有选择、节制、效益的意思，所以，不论是由此及彼、由彼顾此、由内望外、从外窥内，都要有景可赏、有境可游，这就要下一番屏俗收嘉的剪裁工夫。

概言之，园林"借景"，自然条件再好，若"因"而无"借"，是自然主义的办法，不可能创造诗情画意协调、和谐的整体艺术形象；"借"而无"因"，必强为造作而失去自然的意趣。所以说"借景有因"。

（三）"借景"之所以会被人们理解为一种扩大空间的手法，这同计成对"因"、"借"解释的表述方式有很大的关系。"因"，是讲"借景"所凭借的客观条件，也就是依据。从计成所说"因者：随基势高下，体形之端正，碍木删桠，泉流石注"，都是讲的"因地制宜"问题。后几句的"宜亭斯亭，宜榭斯榭，不妨偏径，顿置婉转"，看来是讲主要景物、园路和建筑布置问题，都没有直接讲"借景"，只是为"借景"所创造的条件和依据。这之间包含了"因"和"借"的关系，计成用"互相借资"四个字来概括，这是个非常重要的思想，也是个很重要的原则。可惜，计成却未稍加展开阐述，为什么要"互相借资"？如何去"互相借资"？这就难免造成"因者"就是"因地制宜"的概念。

"借"，当然是讲"借景"。如何"借景"？计成所说"借者：园虽别内外，得景则无拘远近，晴峦耸秀，绀宇凌空；极目所至，俗则屏之，嘉则收之，不分町畽，尽为烟景"，讲的都是借园外之景，也就是他在"借景篇"中所说的"远借"。城市构园，借外景以突破园内空间的视界局限，确是"巧于因借"的妙法。既然"因"，是"因地制宜"；"借"，是借园外的景色，人们把"借景"理解为园林的一种扩大空间的手法，也就是很自然的事了。

这个误解也说明，《园冶》一书存在重感性经验和文学趣味的表述方式而缺乏逻辑推理和严谨的理论体系的缺点。这是历史的局限了。

"借景"一词，虽然是计成所创，但"借景"的思想却由来已久，可说是中国园林文化的一个优秀传统。如果说，"借景"的初意，是把自然山水纳入园内的娱游观赏活动之中，那么，南北朝时代的谢灵运，从山居生活实践中总结出：

"罗曾崖于户里，列镜澜于窗前" 的精辟见解，已开**"借景"**之先河。

唐宋以来，"借景"（远借）在造园中已广为应用。如唐代的大明宫，据《长安志》所记："南望终南山如指掌，京城坊市街陌，俯视如在槛内。"就是"远借"和"俯借"的例子。

北宋李格非《洛阳名园记》里记"环溪园"，登园内"多景楼"，南望"则嵩高少室，龙门大谷，层峰翠巘，毕效奇于前"；在"风月台"上，北瞰"则隋唐宫阙楼殿，千门万户，岧峣璀璨，延亘十余里"⑧。

南宋吴自牧《梦梁录》记杭州的"德寿宫"，"其宫中有森然楼阁，扁曰：聚远。屏风大书苏东坡诗：'赖有高楼能聚远，一时收拾付闲人'之句"⑨。城市平地造园，视界有限，利用楼阁以提高人的视点，借园外可借之景，开阔视野，突破园林本身的空间限制，历来为中国造园家所重视。计成总结前人的经验，在"借景"中强调"远借"是可以理解的。

到明代，"借景"在造园实践中，已得到充分的运用与发展。和计成同时的晚明散文家刘侗（约1594—约1637）、于奕正（1595—1635）合著的《帝京景物略》一书，所记北京风土景物中，曾有全靠借外景建造的私家园林。这不是专记园林的著作，所记均从作者个人的审美感受出发，但文字精练，序致冷隽，描写生动而有境界。可反映出当时造园的规划思想和美学观念，尤其是对园林"借景"的理解大有裨益。《帝京景物略》卷一的"城北内外"中记有"英国公新园"条，该园就是借园外之景为主的一座园林。全文仅200余字，录之如下：

> 夫长廊曲池，假山复阁，不得志于山水者所作也，杖履弥勤，眼界则小矣。崇祯癸酉岁（*1633*）深冬，英国公（张维贤封号）乘冰床，渡北湖（即积水潭），过银锭桥之观音庵，立地一望而大惊，急买庵地之半，园之，构一亭、一轩、一台耳。但坐一方，方望周毕，其内一周，两面海子，一面湖也，一面古木古寺，新园亭也。园亭对者，桥也。过桥人种种，入我望中，与我分望。南海子而外，望云气五色，长周护者，万岁山（即景山）也。左之而绿云者，园林也。东过而春夏烟绿、秋冬云黄者，稻田也。北过烟树，亿万家甍（屋脊），烟缕上而白云横。西接西山，层层弯弯，晓青暮紫，近如可攀。⑩

这是座利用园址面海临湖、四周环境景色幽美的条件，突破城市造园空间封闭的局限，建成的可坐游饫览，以极耳目之娱的园林。所以，园不在自身的造景，且面积不大，只建了一亭、一轩、一台，要在方望周览，有登高眺远，凭栏广瞻的休憩之处即可。无需"杖履弥勤"之劳，远山近水，古刹园亭，皆可坐而得之。

近览，面对卧波虹桥，车马行人，来来往往；环湖绿树烟云，古刹梵音，亭阁隐显；东面层层稻浪，春绿到夏，秋黄到冬……

远眺，万岁山南屏叠翠，云气五色；西山层峦透迤，晓青暮紫；北望万家炊烟袅袅，出木杪之上，如白云横空……

这座三面临水、开敞式的园林，可谓视野开阔，景色清幽，令人心旷神怡。刘侗在文中虽未讲其"借景"，却极尽"借景"之能事。

从"借景"的内容来看，此园所借之景，不仅是自然景观和人文景观，而且还包括世俗生活，甚至桥上过往行人在内。我们在"空间概念"和"情景论"中曾一再阐明，中国传统的美学观念，任何"景"都包含着人的生活活动和思想感情在内，所谓"景中人"、"人中景"中的"人"，已不仅是指在园内的游人，还包括园内可见的城市生活中的人。

刘侗所说，过桥人种种"**入我望中**"，"**与我分望**"，是从社会生活角度，把园林与城市生活联系起来，这无疑地是扩展和丰富了"借景"的思想方法和生活内容，说出了"借景"的精神实质。"入我望中"的"我"，不仅指园中的游人，也是指桥上的行人；"与我分望"者，我既望人，人亦望我也。

任何景都是客观存在的，而人总是在活动之中。我们讲"景点"的规划和设计，从"借景"论的要求，就不应局限于"景点"本身的创造，而要考虑"景点"之间，"入我望中"的诗情、"与我分望"的画意，园林创作才能成为有机统一的和谐完美的整体。这就是计成在"因"、"借"解释中，虽已提出而未能深入展开的"互相借资"的思想。

第二节　互相借资是重要的法则

"互相借资"，无论从认识论和方法论都是"借景"的一个重要法则。"远借"园外之景以扩大园林空间，仅是传统的空间意识体现在"借景"中的一个方面，并非是"借景"的全部内涵，也不是个普遍的法则。因为，城市造园，不可能都有"远借"之景，即使有景也不一定可借。

从园林艺术创作而言，"远借"也不应单单只看成一种设计手法。园外有景可借，要借得巧妙，不是在建造之中，更不在建成之后，而须要在建园之初。根据周围环境的具体情况，若远山近水、佛阁浮图、市井田畴，借什么？如何借？都要影响园林的总体规划和景境的具体意匠。这就是计成讲"借景"时，在全书最终说的一句话："然物情所逗，目寄心期，似意在笔先，庶几描写之尽哉！"①"意在笔先"当然包含"远借"在内。

"**互相借资**"，可说是风景区和园林规划设计所必须遵循的法则。清代著名大画家郑燮（板桥）从他生活的体验，深感"互相借资"的道理对艺术创作的重要，对我们理解"借景"的意义，是很有启迪的，他说：

> 昨游江上，见修竹数千竿，其中有茅屋，有棋声，有茶烟飘飏而出，心窃乐之。次日过访其家，见琴书几席，净好无尘，作一片豆绿色，盖竹光相射故也。静坐许久，从竹缝中向外而窥，见青山大江，风帆渔艇，又有苇洲，有耕犁，有饁妇，有二小儿戏于沙上，犬立岸旁，如相守者，直是小李将军（唐画家李昭道）画意，悬挂于竹枝竹叶间也。由外望内，是一种境地。由中望外，又是一种境地。学者诚能八面玲珑，千古文章之道，不出于是，岂独画乎？⑫

此文是郑板桥于乾隆戊寅清和月（1758 年 4 月）画竹后所记。他不是讲"借景"而实是讲了"借景"之道。"由外望内"和"由中望外"，是建筑空间内外的"互相借资"，是点和面的关系。"由外望内"，竹林中茅舍、棋声、茶烟……"由中望外"，山水渔帆，苇洲、耕犁、饁妇、儿戏、立犬……是两种不同的境界。这种内外兼收的审美效果，郑板桥概括为八面玲珑，他认为"千古文章之道，不出于是"，何止绘画艺术？园林艺术是时空艺术，更需要如此。

郑板桥所描绘的"借景"中的"景"，不论是"由外望内"，还是"由中望外"，都不是单纯的形和色，而是有声有色；更不是静止的画面，而是动态的生活景象。有棋声、茶烟、风帆、耕犁、饁妇、童嬉……又如他在《题画·竹石》所写的"十笏茅斋，一方天井，修竹数竿，石笋数尺，其地无多"的小院，"而风中雨中有声，日中月中有影，诗中酒中有情，闲中闷中有伴"，才使他感到这"一室小景，有情有味，历久弥新"⑬。

袁枚《峡江寺飞泉亭记》：
> 登山大半，飞瀑雷震，从空而下。瀑旁有室，即"飞泉亭"也。纵横丈余，八窗明净，闭窗瀑闻，开窗瀑至。人可坐，可卧，可箕踞，可偃仰，

可放笔研，可瀹茗置饮。以人之逸，待水之劳，取九天银河置几席作玩。当时建此亭者其仙乎？僧澄波善奕，余命霞裳与之对抨。于是水声、棋声、松声、鸟声参错并奏。顷之，又有曳杖声从云中来者，则老僧怀远抱诗集尺许，来索余序。于是吟咏之声又复大作，天籁人籁合同而化。不图观瀑之娱，一至于斯，亭之功大矣！⑭

这段文字很简约，仅 200 字，内容却十分丰富。袁枚到峡江寺飞泉亭，是"图观瀑之娱"，但并未对山水瀑布的自然景色作具体的描写，通过"天籁"的水声、松声、鸟声，使人可以想见山林风景的清幽；而"人籁"之棋声、曳杖声、吟咏声，却呈现在人眼前一幅幅闲情逸致的生活图景。

天籁人籁的"合同而化"，就揭示出园林艺术创作的原则，即把自然之景与人的生活之情融合、融化在一起，成为"情中之景，景中之情"。这篇短短的文字之所以生动而有意趣，正在于它的"情景交融"。

从"借景"言，飞泉亭其功之大，首先在得"借景"半山瀑旁之妙。反之没有这飞泉之亭在，也就不会产生这"天籁人籁合同而化"的境界。

有些研究园林者，只从自然科学而不是从艺术的角度，强调绿化植被的生态平衡的意义（在现代，这属于环境科学研究对象而非造园学研究对象），由于对传统园林文化知之甚少，加之缺乏艺术修养，把绿化和造园等同起来，认为建筑在造园中是可有可无的，甚至净化到不要建筑。殊不知，风景区也好，园林也好，以至在一切生活领域里：没有建筑，人的生活活动过程就不能进行，或者只能在不完善的情况下进行。

我们即使撇开亭在自然山水中的审美价值和意义不谈，如果没有飞泉亭，固然也可以去观赏瀑布景色，但袁枚所写的那些生活：放笔挥毫、瀹茗置饮、对弈吟咏等等活动就不能进行。没有人的丰富多彩的生活，也就没有人的美感的丰富性。

苏州拙政园临水筑有"留听阁"，这是取自唐诗人李商隐（约813—约858）《宿骆氏亭》之"留得残荷听雨声"诗句的意象造景。若无可听残荷雨声之亭，诗人如何能有此感兴之作，后人又如何能从这审美经验中得到启迪，感受并发展这种意境？恐怕否定园林建筑论者，是不会有那种忘我之情，淋在雨地里去听残荷雨声的吧！

计成在"借景"中的"萧寺可以卜邻，梵音到耳"，正是通过这梵音之声，使人联想到萧寺的情景，可以谓之"声借"。我们在"虚实论"中讲到，中国古代艺术的一个重要美学原则，就是"虚实相生"，强调虚中有实、化实为虚。园林景境的创造，追求"象外之象"的意象，而构成"意象"的因素，不仅是形、色的"实"，还包括光、影、声、味的"虚"。所以，月影、云影、人影、花影、树影、竹影，风声、雨声、水声、鸟声、松声（天籁）；歌声、丝竹声、吟咏声、弈棋声、梵声（人籁）……这种种虚景，对园林意境的创造都起着重要的作用。

　　计成在《园冶》中有不少对此类虚景的描绘，历代诗人词客吟咏者亦多，集录一些如下：

　　　　寒影波上云，秋声月前树。（唐·薛奇童《拟古》）

　　　　影虽沉涧底，形在天际游。（李邕《咏云》）

　　　　晴虹桥影出，秋雁橹声来。（白居易《河亭晴望》）

　　　　举杯邀明月，对影成三人。（李白《月下独酌》）

　　　　绿树阴浓夏日长，
　　　　楼台倒影入池塘。（高骈《山亭夏日》）

　　　　疏影横斜水清浅，
　　　　暗香浮动月黄昏。（林逋《梅花》）

　　　　溪边照影行，天在清溪底，
　　　　天上有行云，人在行云里。（辛弃疾《生查子·游雨岩》）

　　　　云破月来花弄影。（张先《天仙子》）

　　　　粉墙花影自重重，
　　　　帘卷残荷水殿风。（高濂《玉簪记·琴挑》）

　　　　隔墙送过秋千影。（张先《青门引》）

　　　　浮萍破处见山影，
　　　　小艇归时闻草声。（张先《题西溪无相院诗》）

　　　　溶溶月色，瑟瑟风声。（计成《园冶·园说》）

　　　　书窗梦醒，孤影遥吟。（计成《园冶·借景》）

　　　　日落山水静，为君起松声。（王勃《咏风》）

　　　　窗迥侵灯冷，庭虚近水闻。（李商隐《微雨》）

　　　　秋阴不散霜飞晚，
　　　　留得残荷听雨声。（李商隐《宿骆氏亭》）

　　　　春眠不觉晓，处处闻啼鸟。
　　　　夜来风雨声，花落知多少。（孟浩然《春晓》）

荷风送香气，竹露滴清响。（孟浩然《夏日南亭怀辛大》）

小楼一夜听春雨。（陆游《临安春雨初霁》）

柳外轻雷池上雨，

雨声滴碎荷声。（欧阳修《临江仙》）

萧寺可以卜邻，梵音到耳。

鹤声送来枕上，紫气青霞。

暖阁偎红，雪煮炉铛涛沸；

夜雨芭蕉，似杂鲛人之泣泪。（计成《园冶·园说》）

竹里通幽，松寮隐僻，

送涛声而郁郁，起鹤舞而翩翩。（《园冶·山林地》）

梧叶忽惊秋落，虫草鸣幽。

风鸦几树夕阳，

寒雁数声残月。（计成《园冶·借景》）

　　中国古典园林意境结构特点，要有象外之象、景外之景，意境的构成不仅要有形、有色，而且要有声、有影、有光、有香，是形、影、声、光、色、香的交织，即袁枚所说的"合同而化"之境。

　　王夫之对"景"与"情"的辩证统一关系，有精辟之论，我们在"景情论"中已简略作了阐述。他对意境的见解，也很强调"影"、"声"的意义和作用。他推崇诗的境界，要"脱形写影"[15]，"神寄影中"[16]，"令人循声测影而得之"[17]。"脱形写影"，就是取自象外，而"循声测影而得之"的审美意象就是意境。

　　在人的审美感受中，不仅靠视觉、听觉，而且五官感觉是彼此联系而互通的，这种现象西方学者称之为"通感"（synaesthesia）。格式特心理学的"同质同构"、弗洛伊德精神分析的无意识、一般心理学的"联觉"，都与"通感"有关。钱钟书先生用中国诗文中的大量资料，对"通感"作了精彩的论述。他说：

　　花红得发"热"，山绿得发"冷"；光度和音量忽然有了体积——"瘦"；颜色和香气突然有了声息——"闹"；鸟声竟熏了"香"，风声竟染了"绿"；白云"学"流水声，绿荫"生"寂静感；日色与风共"香"，月光有籁可"听"；燕语和"剪"一样"明利"，鸟语如"丸"可"抛落"；五官感觉简直是有无相通、彼此相生。[18]

　　这种现象，在中国的诗歌、绘画、戏曲、建筑和园林艺术中十分普遍。苏轼评王维诗画，有句名言：“味摩诘之诗，诗中有画；观摩诘之画，画中有诗。”[19] 诗中有画，是听觉艺术里有视觉艺术的意象；画中有诗，是视觉艺术里有听觉艺术的意象。这是东坡从审美“联觉”的心理感受升华为审美理论的经典语言。

其实，中国传统绘画，留下大片空白，注重“虚”的作用，强调“实景清而空景现”[20]，这空景的“现”，往往不仅靠视觉，还要靠听觉、嗅觉等“联觉”的作用。国画大师齐白石（1863—1957）的《山泉蛙声》图，就是利用联觉或通感创造意境的杰作。

20世纪50年代初，著名作家老舍请齐白石根据清代诗人查慎行的“蛙声十里出山泉”诗句之意作画。画出后，大出人们的意料之外，画中没有一只鼓腮噪鸣的青蛙，却画了三群顺乱石山涧急流而下的蝌蚪。人们从这些形态各异生动活泼的小小蝌蚪的神态中，不仅可感知水流之急，而亦想见远处山泉中的群蛙，且如闻蛙声传出山泉十里之外。这种意趣和境界，正是白石老人把握了“联觉”的审美特征，准确地表现出“蛙声十里出山泉”中“出”字的诗意。看似不合情理，而实在情理之中。

中国画史上有不少脍炙人口的故事，如明代杨慎（1488—1559）在《画品》中所记宋代画院考试的例子，说：

> 每试画士，以诗句分其品第。“野水无人渡，孤舟尽日横”：多画空舟系岸，或拳鹭于舷间，或栖鸦于篷背。独魁则不然，画一舟人卧于舟尾，横一孤笛，以见非无舟人，但无行人耳，且以见舟子之闲也。……
>
> 又“落花归去马蹄香”：魁则马后扫数飞蝶。若画马践花，下矣。“绿竹桥边多酒楼”：魁上画丛竹，出一青帘，上写酒字。[21]

考中第一名的魁首，都是能画出诗意的作品。“野水无人渡，孤舟尽日横”，正由于作者抓住了“非无舟人，但无行人”的题意，才准确而含蓄地表现出了闲散、宁静、安逸的意境。“落花归去马蹄香”，要在视觉艺术里画出“香”味来，似不可能，这就要靠“通感”的作用了。为什么“若画马践花”的画品又等而下之呢？画马践花，固然可以联想到马蹄之香，但这种写境太实，如明代杰出的唯物主义哲学家王廷相（1474—1544）所说：“言征实则寡余味也，情直致而难动物也，故示人以意象，使人思而咀之，感而契之，邈哉深矣，此诗之大致也。”[22] 也是画之大致也。不直接画马践花，而在马后扫数飞蝶，这个“扫”

字，不仅想见归途中马的急驰、蝶的生动姿态，由飞绕马蹄之蝶"联觉"马蹄之"香"。这种含蓄而非直致之情，才能"使人思而咀之，感而契之"，意趣无穷。这样的艺术创作，方如苏东坡所说，是"出新意于法度之中，寄妙理于豪放之外"[23]。

　　艺术不是生活实事的记录，艺术所反映的"理"，是"妙理"，即不是以抽象概念所把握的"名言之理"，而是通过审美感受、审美经验的重构，创造出审美意象，从而达到更高的、更深的真实。清代叶燮（1627—1703）对艺术反映的"情"和"理"，有精辟的见解，他说："惟不可名言之理，不可施见之事，不可径达之情，则幽渺以为理，想像以为事，惝恍以为情，方为理至、事至、情至之语。"[24]所谓"幽渺以为理"，就是说，艺术中的"理"，是微妙而精深的"妙理"；"想像以为事"，艺术中的"事"，都富于某种想像性；"惝恍以为情"，艺术中的"情"，都具有某种不确定的模糊性。这正是中国艺术的意境所达到的时空无限性，由有限而达于无限，从而通向"道"的特殊规律。

　　从"联觉"或"通感"的现象，也反映出中国艺术不同于西方的一个很显著的特点，就是艺术之间的互相渗透、补充、融合。如果齐白石的《山泉蛙声》图，没有查慎行的"蛙声十里出山泉"的诗意，画上不题"蛙声"，单看画上的水流和蝌蚪，就不一定产生如闻蛙声的"联觉"；"落花归去马蹄香"，不知题意，虽见"马后扫数飞蝶"，恐怕也难引起马蹄香的"通感"；只见画上的丛竹酒帘，无"绿竹桥边多酒楼"的诗句，也不会领悟这"以少总多"的妙趣。所谓诗、书、画三绝，是自元以来要求画、书法、诗文、篆刻（印章）都见功力，相辅相成，相得益彰：变化无穷的笔墨趣味，书法线条的流动之美，篆刻古拙，画中的诗情，诗中的画意，合同而化在尺幅之中，这种综合的艺术美，使中国绘画具有鲜明的民族性和独特的民族风格，达到了高度的成就。

第三节　园林的文学化

　　以自然山水为主题的古典园林艺术，是高度综合性的艺术，不止按诗情、取画意以造境，并利用"联觉"的审美特征，给人以丰富的审美感受，这就是我们在"虚实论"中所说的"虚"可以自由地扩大"实"的道理。到明以后，园林的诗意与中国特殊的文学形式——"横额"和"楹联"结合，是中国园林文学化的一个发展。

秦汉时代为建筑题名"横额"已很普遍，题名的含义多为表彰、颂德，作用主要是为建筑标名。唐宋时，已用于园林建筑。到清代，皇家园林用的四字题额，已成为景境的名言（形象概念）和特征了，如圆明园四十景的题名，无不与景境有直接和间接的联系，有些还可从名、实的对照中，了解古代的造园艺术思想，从而领会其景境的创作的借鉴方法。[25]

"楹联"是对联与建筑环境结合的一种方式，其出现较"横额"要晚得多。据国内学者考证，对联当产生于唐代，到北宋逐渐得到推广。宋元时代在园林中有对联，尚无"楹联"。吴自牧在《梦梁录》所记南宋临安（杭州）园内用联的情况，如德寿宫中有楼阁，"匾曰：聚远，屏风大书东坡诗：'赖有高楼能聚远，一时收拾付闲人'之句。其宫御四面游玩庭馆，皆有名匾"[26]；御圃中有"香月亭"，"亭中大书'疏影横斜水清浅，暗香浮动月黄昏'之句，于照屏之上"[27]；在西太乙宫里，有陈朝古桧，树旁立小亭，宋孝宗赵昚对景赋诗，"其诗石刻于亭下"[28]等等。南宋时，对联还只写在屏风或刻于石上，清代李渔所说的"大书于术，悬之中堂"，"匾取其横，联妙在直"[28]，将匾联配合悬于柱、额的做法，大约在清代才盛行起来。

明末计成著《园冶》从设计到施工，细处谈到栏杆的花饰和铺地的图案，对匾联却未著一字。到清康熙十年（1671），李渔著《闲情偶寄》，在"居室部"中，才对匾联专加论述。由此可证，即使明代已有"楹联"，也还没有成为园林建筑和景境意匠的一种必要手段，但在清代，"楹联"就成为园林中不可缺少的东西了。

园林的匾联有很高的艺术性和审美价值，对联本是古代律诗的中心组成部分，律诗全首八句的中心四句，历来要求对仗工整，平仄对立，骈骊行文（并列、对偶），意味隽永，是诗的精华所在。对"楹联"的理解，现代学者周汝昌说得好：

> 我们民族的思想方法，从来有独到之处，就是善于观察、理解和表达一个真理：世界事物具有两面性。……骈骊的根源不仅仅是个文字问题，也在于哲学观点和思想方法：人的神理（神智）运裁百虑（各种思维活动）时，就看到"相须""成对"这一条矛盾统一的客观真理。以"阴""阳"来概括宇宙万物的认识，几千年来就成立了，是最好的证明。讲我国的诗文，不懂得这一点，是不好办的，要理解楹联这一切，离开这一层道理就更觉得可异了。[29]

中国造园论

　　因为，中国艺术都与古代哲学思想有着密切的联系，特别是在山水诗、画与造园艺术中，历来渗透着老庄的哲学思想，弥漫着道家的精神。园林中的"匾额"题词，常提炼自诗文；而"楹联"往往就直接摘录唐人的诗句。如浙江海盐县的"绮园"，大池中一堤纵贯南北，北端驾石拱桥与岸连接，桥洞两旁刻石联："两水夹明镜"，"双桥落彩虹"，就是直接取自李白《秋登宣城谢朓北楼》的五言律诗中的三、四两句。这两句用在桥上就脱离全诗的意境，而同园林的景境结合，却可非常生动地指点出两面皆水，桥的倒影如虹的清旷意境，而获得其独立的意义。

　　上、下联都取自一首诗，很难贴切地达到韵景的要求，还可以采取集句的方式，就是把有关诗词、文章等能形成对仗，意思又连贯，且契合状景韵境的现成句子摘出来，组成一副对联。这样的例子很多，现举李斗《扬州画舫录》中的集唐人诗句的楹联为例：

　　　　　《深柳读书堂》：
　　　　　　　　会须上番看成竹 (杜甫)
　　　　　　　　渐拟清阴到画堂 (薛远)

　　　　　《临池》亭（在"砚池染翰"景区内）：
　　　　　　　　古调诗吟山色里 (赵嘏)
　　　　　　　　野声飞入砚池中 (杜荀鹤)

　　　　　《烟渚吟廊》（内院外临水）：
　　　　　　　　阶墀近洲渚 (高适)
　　　　　　　　亭院有烟霞 (郭良)

　　　　　倚虹园《妙远堂》：
　　　　　　　　河边涉气迎芳草 (孙邈)
　　　　　　　　城上春阴覆苑墙 (杜甫)

　　此联十分贴切地描绘出倚虹园傍城墙、临河流的环境景象。

　　　　　西园《觞咏楼》：
　　　　　　　　香溢金杯环满座 (徐彦伯)
　　　　　　　　诗成珠玉在挥毫 (杜甫)

《新月楼》：

  蝶衔红芷蜂衔粉 (高隐)

  露似珍珠月似弓 (白居易)

《丁溪亭》：

  人烟隔水见 (皇甫再)

  香径小船通 (许浑)

"丁溪"是三楹小屋，建两水丁形相会的端头，凸架水中，故名丁溪。③

  苏州古典园林原来建筑中都有匾联，"文化大革命"中，"楹联"大部已佚。仅从题额就会使人"联觉"而增加几分情趣。如前举拙政园之"留听阁"，临水凭栏，即使不在深秋雨天，也会联想到李商隐"秋阴不散霜飞晚，留得残荷听雨声"的诗情画意。园中部岛上小亭名"待霜"，是取唐诗人韦应物"洞庭须待满林霜"的诗意。因洞庭山产桔，待霜降始红，此处原有十余株桔树，故名。虽桔树已无，见此额，想此境，也会想见绿树丛中点点红的景象之安闲宁静。

  园林的匾联是构成园林景境的一部分，从形式不仅起建筑的装饰作用，而且有空间构图和空间流向的标志的功能；其内容更有韵景点境的意义。不懂点中国的传统文艺，不了解一些中国古典哲学思想，也很难产生丰富的"通感"，领会中国园林的意境。当然，园林的景境，虽然不是有了匾联才会有丰富的想像和"通感"；但有了匾联，想像力和"通感"就会更加活跃和丰富，以至体会和领悟出自己原本所难以体会和领悟到的境界。

  在艺术创造和审美欣赏中，审美主体 (人) 对世界或艺术的感知把握，需要整体的而非局部的，全身心的而非单一的用视觉、听觉、嗅觉、味觉、触觉，艺术创作才能产生"皆灵想所独辟，总非人间所有"的新的完美的艺术形象；审美欣赏，也才有可能全面地整体性地领会艺术的丰富内蕴和意境。正如马克思所说："人依据一个全面的方式，因而，作为一个完全的人占有他的全面的本质。"③这"全面的本质"，就是"看、听、嗅、味、感觉、思维、直观、感受、意欲、动作、爱慕"等等。艺术创造是整体把握和表现世界的一种实践，更需要这种"全面本质"。"通感"，可以说是艺术家的创造性才能的标志之一，也是艺术不同于用概念和逻辑思维研究世界的自然科学的根本区别。

  园林和建筑是空间的创造物，景物与空间、景与景 (景，总是在空间里被相对界定的一处景境）之间的空间联系与关系，实际上是人的视觉审美的关系。所谓空间的序列、层次、节奏、韵律，离开时间的因素就不能得到这种空间视觉的审美感受；而空间的流通、流畅、流动，只能存在于人和人的视觉运动的空间意象里，即时间的延续中。如果说，园林是个有机整体，那么人流的路线，包括主要的、次要的、宽直的、曲窄的、封闭的、开敞的、明的、暗的及半明半暗、非内非外的……游人活动的一切路线，就是这机体中的脉络，则是组织园林空间景境的重要手段，是人的流向之顺逆往复和视觉活动的俯仰环瞩的规划实质。

我认为，好的规划既是科学，也是艺术。是科学的，须分析人的生活方式，人对娱游活动的欲求，因人、因时、因地制宜，充分合理地运用物质技术的手段去创造景境；是艺术的，须分析人的视觉心理活动的审美特点和过程，置游人于综合文化之中，创造出**视觉无尽、时空无限性的艺术意境**。也就是我们在园林定义里所说，具有高度自然精神境界的环境。

可是，在造园实践中，设计者往往习惯于在两度空间的图纸上下工夫，而忽视人在园中视觉活动的多向、多变的灵活生动性，在规划中有意识地去引导、去选择、去组织空间进行景境的整体性创作。

"借景论"的意义，就在于它是从人的视觉活动的审美要求出发，考虑人与景境互相交融的关系。计成所说的"体宜因借"，"体宜"看是指物（景），但不是独立自在之物，景物之体宜，是宜于人之所见所用，合乎人的审美鉴赏要求，给人以美的意象和感受。"借"者，人也；所"借"者，景也。如李渔言，借景是"俾耳目之前，刻刻似有生机飞舞"，"昔人云：'会心处正不在远。'若能实具一段闲情、一双慧眼，则过目之物，尽在画图；入耳之声，无非诗料"。[②]从"借景"的角度，不是从物，而是从人；不是静止画面，而是"生机飞舞"的动态情景；不是孤立的景境，而是互相联系的整体、多样统一而和谐的艺术意境。

计成在《园冶》中处处讲景，并未讲借。但从他在开篇"兴造论"里，首先提出"巧于因借"，终篇特以"借景"结束，强调指出："夫借，园林之最要者也。"就充分说明，他在全书中所讲的"景"，都贯串和渗透着"借景"的思想内容。可见，不能将"借景"只简单地理解为一种扩大空间的手法，甚至仅仅局限于"远借"，借景有其深广的含义。

从空间上，"借景"包含着园林内外和建筑内外一切可视空间。

计成云："园虽别内外，得景则无拘远近。"提高视点，开阔视野，突破园内的空间视界，无疑地是"借景"的一个重要方面。诸如：

窗中列远岫，庭际俯乔木。(六朝·谢朓)

窗含西岭千秋雪，门泊东吴万里船。(唐·杜甫)

隔牖风惊竹，开门雪满山。

枕上见千里，窗中窥万室。

大壑随阶转，群山入户登。(唐·王维)

帘外月吐光，帘内树影斜。(唐·李贺)

南山当户牖，沣水映园林。(唐·祖咏)

回望高城落晓河，长亭窗户压微波。(唐·李商隐)

窗前远岫悬生碧，帘外残霞挂熟红。(唐·罗虬)

山随宴坐图画出，水作夜窗风雨来。(宋·米芾)

江山重复争供眼，风雨纵横乱入楼。(宋·陆放翁)

花外轩窗排远岫，竹间门巷带长流。(宋·韩琦)

亭远忽从烟际出，楼高先觉雨声来。(清·汪泽周)

近水楼台开梵宇，平山搅槛倚晴空。(清·黄树谷)

云随一磬出林抄，窗放群山到榻前。(清·谭嗣同)

晴峦耸秀，绀宇凌空。

轩楹高爽，窗户虚邻；

纳千顷之汪洋，收四时之烂漫。(计成《园冶》)

远借之景，亦多为俯仰之景观。这些属借远景的感兴诗意，是审美经验的积累，诗文中创造的意象，是中国造园立意的一个丰富源泉。如论画者所说，千里之山不能尽奇，万里之水岂能尽秀。即使有自然景观可借，亦非皆有画意。故计成对"远借"之景，提出"俗则屏之，嘉则收之"的原则，这就有个在何处借、如何借才能借得巧而得体的问题。

从园内空间言，突破园林建筑封闭而有限的空间，"从冥冥而见炤炤"是"借景"的一个不可忽视的方面。

剎宇隐环窗，仿佛片图小李；
岩峦堆劈石，参差半壁大痴。

移竹当窗，分梨为院。
半窗碧隐蕉桐，环堵翠延梦薜。(计成《园冶》)
……

　　这是沈复在《浮生六记》中所说的"实中有虚"之法，"开门于不通之院，映以竹石，如有实无也"㉝。亦是张岱《陶庵梦忆》中的"不二斋"，后墙开窗，墙外"方竹数竿，潇潇洒洒，郑子昭'满耳秋声'横披一幅"㉞。不仅室内生动如画，而且使建筑封闭的有限空间与自然的无限空间得以流通、流畅、流动。是由内望外的"借景"，也是造境。造出"溶溶月色，瑟瑟风声"，"静扰一榻琴书，动涵半轮秋水"的空灵意境。

　　从人与景境之间的关系言，无论是游中之动观，还是居时之静赏，视觉都是在活动的。而且人的视点并非活动在一个平面上，园中有亭台、有楼阁、有假山、有涧壑，人的视点随之上下活动在不同的高度，可仰视、可俯瞰、可平眺、可近赏，凡目之所及，既要景观如画，又要引人入胜，这就要有引导、有诱发、有屏蔽、有开合、有隐显、有藏露、有组织地进行景境的意匠和总体规划。

　　可见"互相借资"是造园的一个极为重要的基本法则。历代诗词中有不少此种情景的描绘。如：

月榭风亭绕，粉墙曲池回。（谢朓）

仙扉傍岩罖，（皮日休）小楹俯澄鲜。（张祐）

日交当户树，（王勃）花绕傍池山。（祖咏）

花柳含丹日，（宋之问）楼台绕曲池。（卢照邻）

水石清依榻，竹声凉入窗。（杜甫）

山月映石室，春星带草堂。（杜甫）

飞塔云霄半，（刘宪）书斋竹树中。（李欣）

叠石通溪水，（许浑）当轩暗绿筠。（刘宪）

水清鱼入定，山古树无花。（赵味辛）

风梳平野树，云涌一楼山。（秦大樽）

小院回廊春寂寂，（杜甫）朱兰芳草绿纤纤。（刘兼）

绿竹漫侵行迳里，（刘长卿）飞花故落舞筵前。（苏颋）

冉冉修篁依户牖，（包何）瞳瞳初日照楼台。（薛逢）

云遮日影藤梦合，（韩翃）风带潮声枕簟凉。（许浑）

梨花院落溶溶月，柳絮池塘淡淡风。（晏殊）

东风袅袅泛崇光，香雾空蒙月转廊。（苏轼）

……

由此可以理解，计成在"兴造论"里解释"因借"的"因"，除因形就势、"低方宜挖，高阜可培"等创造景境的客观条件之外，在"互相借资"后，讲"宜亭斯亭，宜榭斯榭"的意思，不是简单地指亭榭的位置，也不仅指景境本身的所谓构图问题。宜者，不是宜"物"，是宜"人"，也就是要从整体规划角度，考虑人的视觉审美要求，去组织空间，创造景境，给人以整体的完美的艺术意境。

景境的意象既有其相对独立的内容，又是互相联系的，是整体艺术意境的有机组成部分。"借景"不是被动地让游者去看到可见的景物，应是"意在笔先"的主动创造，有意识、有目的地引导游人如何去看及看什么，引其步步入胜，处处心旷神怡。

从时间上，中国园林是时空融合的，这有两方面的含义。一是景境在时间中的变化，如春夏秋冬、阴晴雨雪等季节、早晚的景色变化。刘侗所写"英国公新园"所见稻田的"春夏烟绿、秋冬云黄"，西山之"晓青暮紫"。

中国园林的植物位置，在长期的造园实践中，已成景境的必不可少的组成部分，除植物本身的宜寒宜暖、喜阴喜阳、宜高宜下，同时注重花时、色相与景境的配合之巧。陈淏子在《花镜》一书中，有非常精辟的概括，为造园者难得的资料，录之供参考：

> 如牡丹、芍药之姿艳，宜玉砌雕台，佐以嶙峋怪石，修篁远映。梅花、蜡瓣之标清，宜疏篱竹坞，曲栏暖阁，红白间植，古干横施。水仙、瓯兰之品逸，宜磁斗绮石，置之卧室幽窗，可以朝夕领其芳馥。桃花夭冶，宜别墅山隈，小桥溪畔，横参翠柳，斜映明霞。杏花繁灼，宜屋角墙头，疏林广榭。梨之韵，李之洁，宜闲庭旷圃，朝辉夕霭；或泛醇醪，供清茗以延佳客。榴之红，葵之灿，宜粉壁绿窗，夜月晓风，时闻异香，拂尘尾以消长夏。荷之肤妍，宜水阁南轩，使薰风送麝，晓露擎珠。菊之操介，宜茅舍清斋，使带露餐英，临流泛蕊。海棠韵娇，宜雕墙峻宇，障以碧纱，烧以银烛，或凭栏，或欹枕其中。木樨香胜，宜崇台广厦，挹以凉飔，坐以皓魄，或手谈，或啸咏其下。紫荆荣而久，宜竹篱花坞。芙蓉丽而闲，宜寒江秋沼。松柏骨苍，宜峭壁奇峰。藤梦掩映，梧竹致清，宜深院孤亭，好鸟闲关。至若芦花舒雪，枫叶飘丹，宜重楼远眺。棣棠丛金，蔷薇障锦，宜云屏高架。其余异品奇葩，不能详述。⑤

总之要"因其质之高下，随其花之时候，配其色之深浅，多方巧搭"㊱，园有四时不谢之花、秋冬常青之树，才有生机，"方不愧名园二字也"。

时间的另一意义，就是与空间的融合，主要体现在人的运动"游"之中。如西方建筑师所期望的：

> 我们需要连续的空间，此连续空间能引起人们的好奇心，给人以期待的感觉；此感觉召唤并促使我们疾步向前，以寻找那开放的空间，此空间主宰了全局，是全局的顶的顶点，并可充做磁体，使周围辐辏。㊲
>
> ——*Paul Rudolph*

其实，中国园林在空间上的高度艺术性，就在它的连续和流动。整个园林就是创造出一系列不同空间，使它始终处在时间的流动之中。有界定的、化实为虚的过渡空间"廊"，非内非外的休憩空间"亭"，有隔而不绝、连续并列的空间"厅堂"，有开敞的、封闭的、幽静的、喧闹的、高显的、低藏的、广袤的、奥秘的、简朴的、典雅的空间……而这一切又是在有序列、有主次、有节奏、有韵律、**往复循环视觉无尽的时间流动之中**。中国园林艺术充分地显示了空间的距离、扩大、无尽的意义——空间与时间的融合，即空间的流动。只有空间，而无时间的概念，就不会懂得什么是"借景"，什么是中国的园林，从时间的观念，"借景"绝非是静止的空间构图，它包含着时空的融合、变动不居的动态概念。

从"借景"的内容来说，我们一再强调的，造园离开人和人的生活是毫无意义的。应记牢马克思说的话："一件衣服由于穿的行为才现实地成为衣服；一间房屋无人居住，事实上就不成其为现实的房屋。"㊳道理很简单，但设计者往往于"意在笔先"的"意"中，只见景物而不见人游。"借景"的景，包括人的娱游活动在内，"借景"不能超越于景境之外，必须设身处地于景境之中。刘侗所说的过桥人种种，"入我望中，与我分望"，是对"借景"很形象的解释，正说出"借景"的正确含义。关于"借景"中景的生活活动内容、人与景的关系，在"情景论"里已详述，不再重复。

中国园林的"景"，是"景中人"、"人中景"，而人总是处在一定条件下进行的、现实的、可以通过经验观察了解到的发展过程中的人，不是抽象的某种处于幻想中的人。我们研究古代园林，离不开当时人的园居生活方式、生活情趣和审美观念。园林艺术是一种精神生产，而精神生产是随着物质生产的改造而改造的，今天，造园要"继往"正是为了"开来"。正如马克思指出的："如果对于物质生产，不就它的特殊的历史的形态去考察，我们对于与这种形态相适合的精神生产的决定因素以及二者的交互作用，是决无理解可能的。不用这个方法去考察，一切都会仍旧是空谈。"[39]

质言之，"借景"论，是从人与景境之间的整体的动态关系，由实践升华而具有传统园林文化特色的，造园艺术创作的一个重要思想方法的概括。所以计成将"借景"提到很高的地位，他说："夫借景，园林之最要者也。如远借、邻借、仰借、俯借，应时而借。然物情所逗，目寄心期，似意在笔先，庶几描写之尽哉！"[40]

~~~~~~~~~~~~~~~~~~~~~~

注：

①张家骥：《园冶全释》，第 359 页，山西人民出版社，1993 年。

②张家骥：《园冶全释》，第 326 页，山西人民出版社，1993 年。

③张家骥：《园冶全释》，第 162 页，山西人民出版社，1993 年。

④张家骥：《园冶全释》，第 143 页，山西人民出版社，1993 年。

⑤张家骥：《园冶全释》，第 162 页，山西人民出版社，1993 年。

⑥《郑板桥全集》，第 199 页，齐鲁书社，1985 年版。

⑦张家骥：《园冶全释》，第 325 页，山西人民出版社，1993 年版。

⑧陈植：《中国历代名园记选注》，第 41～42 页，安徽科技出版社，1983 年版。

⑨孟元老等著：《东京梦华录》（外四种），第 193 页，上海古典文学出版社，1956 年版。

⑩刘侗、于奕正：《帝京景物略》，第 31～32 页，北京古籍出版社，1982 年版。

⑪张家骥：《园冶全释》，第 326 页，山西人民出版社，1993 年。

⑫《郑板桥全集》，第 351 页。

⑬《郑板桥全集》，第 223 页。

⑭《小仓山房文集》，卷二十九。

⑮《明诗评选》，卷一。

⑯《唐诗评选》，卷一。

⑰《古诗评选》，卷四。

⑱钱钟书：《通感》，见《旧文四篇》，上海古籍出版社，1979 年版。

⑲颜中其：《苏轼论文艺》，第 172 页，北京出版社 1985 年版。

⑳笪重光：《画筌》，《历代论画名著汇编》，第 310 页，文物出版社，1982 年版。

㉑杨慎：《画品》，《历代论画名著汇编》，第 246 页。

㉒王廷相：《与郭价夫学士论诗书》。

㉓《苏轼论文艺》，第 182 页。

㉔《诗原》，内篇。

㉕张家骥：《圆明园造园艺术的创作思想方法》，刊《新建筑》，1987 年，第 2 期（总第 15 期）。

㉖吴自牧：《梦粱录》，见《东京梦华录》（外四种），第 193 页。

㉗《东京梦华录》（外四种），第 197 页。

㉘李渔：《闲情偶寄》，第 173、179 页，浙江古籍出版社，1985 年版。

㉙《当代楹联墨迹选·序》。

㉚李斗：《扬州画舫录》卷六、七、十，江苏广陵古籍刻印社，1984 年版。

㉛马克思：《经济学——哲学手稿》，第 86 页，人民出版社，1963 年版。

㉜李渔：《闲情偶寄》，第 159、164 页，浙江古籍出版社，1985 年版。

㉝沈复：《浮生六记》，第 19 页，人民文学出版社，1980 年版。

㉞张岱：《陶庵梦忆·西湖梦寻》，第 16 页，上海古籍出版社，1982 年版。

㉟㊱陈淏子：《花镜》，第 44 页，农业出版社，1980 年版。

㊲西蒙德：《景园建筑学》，第 233 页，台隆书店，1982 年版。

㊳马克思：《政治经济学批判》，第 205 页，人民出版社，1964 年版。

㊴马克思：《剩余价值学说史》第一卷，第 364 页，三联书店，1957 年版。

㊵张家骥：《园冶全释》，第 326 页，山西人民出版社，1993 年。

第七章　得意忘象　思与境偕

——中国造园艺术的"意境论"

　　"意境"（spatial imagery）是中国特有的术语。"意境说"，是中国古典美学的一个重要范畴，在中国美学史上占有重要的地位，并且早在历史上已成为艺术创作和评论的主导思想。对"意境"的追求，可以说是中国艺术所要达到的最高和最终的境界和目的，而"中国造园艺术在这方面有特殊的表现，它是理解中国民族的美感特点的一个重要领域"①。不了解什么是意境，就很难理解中国的艺术。所以，"意境"对于园林艺术的创作和鉴赏，就更为必要了。

第一节　"形"与"象"

　　"意境说"早在唐代时已经诞生了，但其思想渊源，不仅可上溯到先秦时代的哲学，而且因佛教传入，受佛教禅宗的直接影响。我们讲"意象"和"意境"都离不开"形"和"象"，在先秦的典籍中，《周易》和《老子》不仅提出"形"和"象"的概念，而且突出了"象"这个范畴，并对"象"作了重要的规定，这对于后来"意象"和"意境"的艺术理论的形成与发展，有很大的影响。

　　《周易》是流行于春秋时代的占卜书，是儒家的重要经典之一。它是《易经》（《周易古经》）和《易传》（《周易大传》）两部分的总称。《易经》是古代卜筮（算卦）的书，可能萌芽于殷周之际。②《易传》是对《易经》的解释和发挥，是战国或秦汉时代的儒家作品。《易传》七种十篇，计《彖》上下篇、《象》上下篇、《文言》、《系辞》上下篇、《说卦》、《杂卦》、《序卦》，称为"十翼"。

《经》、《传》均非出自一时、一人之手，而是经过长期不断加工而成的。

《易传》和《易经》在性质上是不同的，《易传》只保留了《易经》的宗教巫术的形式，而扬弃了宗教巫术的内容，是借助《易经》为框架，建构了一个以阴阳学说为核心的哲学体系。如"一阴一阳之谓道"，"阴阳不测之谓神"（《系辞上》）；"《乾》、《坤》其《易》之门邪！《乾》，阳物也；《坤》，阴物也。阴阳合德，而刚柔有体。以体天地之撰，以通神明之德"（《系辞下》）等等。《易传》不仅吸取了老、庄的阴阳之说，在宇宙观方面也明显受老子"道"的思想影响，构成了一个天、地、人在内无所不包的宇宙模式和体系。张岱年认为："在先秦典籍中，《易经》是思想最深刻的一部书，是先秦辩证法思想发展的最高峰。"[③]《易》对古代艺术也影响至深，由于后世文人的过分夸大，把《易》象看做文化的起源，"因此历代的思想家、文艺家就往往从《易传》中寻找艺术创造的法则。《易传》这部著作在艺术领域内因而就取得了权威的地位"[④]。由此，也说明《周易》在中国哲学和美学上的重要地位了。

我们先从"形"与"象"的区别来看。

《系辞传》说："在天成象，在地成形。""象"是指日月星辰风雷雨雪之象；"形"是指山川草木鸟兽鱼虫之形。显然，象与形不同，形是可见之物（实体）的具象；象虽可见却非都是物的具象。

《老子》二十一章说："道之为物，惟恍惟惚。惚兮恍兮，其中有象；恍兮惚兮，其中有物。"用现代汉语说："道"这个东西，是恍恍惚惚的。那样的惚惚恍恍，其中却有形象；那样的恍恍惚惚，其中却有实物。[⑤]这里的"形象"不应理解为美学范畴的形象。王安石解释："象者，有形之始也。"[⑥]吴澄说："形之可见者，成物；气之可见者，成象。"[⑦]《系辞传》的"在天成象"，就是"气之可见者"基本上与老子所说的"象"同义。《老子》四十一章有"大象无形"的说法，"大象"是指"道"的"象"，是看不见形迹的。

所以《系辞传》上说："见乃谓之象，形乃谓之器。"现代学者高亨说："见读为现。器犹物也。出现于宇宙者谓之象，具有形体者谓之物。"[⑧]

对"形"的概念很明确，如《庄子·天道》所说："故视而可见者，形而色也。"也就是可以被视觉和触觉感知的人或物的实体外貌。古今中外对形的理解均如是，只是现代对视觉的研究发展，"形"的认识要深入得多。例如：

> 形（或形式，form），是具有不同质的事物之外在形态。是事物本身现于感官的形态，得到这形状由于直觉。

形式，在其最抽象的意义上是指结构，接合方式，由相互依赖因素的关系所产生的整体，或者更确切些说，整体建立的方式。⑨

形是一种直接的、同时性组织活动的产物，随着这种组织活动的展开（观看时即有组织），必定会有紧张、松弛、和谐等感受相伴随，即使在不联想人世间内容时也是如此。

所谓形，乃是经验中的一种组织或结构，而且与视知觉活动密不可分。⑩

"象"的概念就微妙了，王安石说"象"是"有形之始"，是将然而未然之形。王弼《系辞传》注："兆见曰象。"兆见，按《说文·卜部》："古灼龟以卜，视其坼裂之文，以验凶吉。"是由形所预见。吴澄说："气之可见者，成象。"气，是指阴阳合而成天地之气；"成象"不是见象。我体会"象"，是从天地万物变化的可见之形中，所体现出来的天地万事万物的内在运动规律，所以老子说："大象（'道'）无形"。可见，"形"不等于"象"，"象"中包含着"形"又超越"形"，两者有联系又有区别。《易》象与"形象"却有某些相通之处，但并非现代所说的"形象"。

《周易》之所以突出"象"这个范畴，因为《易经》本来就是一部关于"象"的著作，其根本目的，就是"圣人设卦观象，系辞焉，而明吉凶"（《系辞传》上）。以变化多端的卦爻之"象"来预示现实生活中的吉凶祸福。故曰："《易》者，象也；象也者像也。"（《系辞传》上）"是故《易》者象也。"（《系辞传》下）

《周易》围绕"象"的问题有多方面的论述，且不乏精辟的见解，对后世美学和艺术理论影响最大的可以说有两个方面：一是"象"的象征性；二是由小见大，由具体表现一般的原则。这两方面又是相互联系的，现分别阐述之。

"象"的象征性

《系辞传》上从"象"的产生说："圣人有以见天下之赜（杂乱也），而拟诸其形容，象其物宜，是故谓之象。"高亨释："此言圣人有以见到天下事之复杂，从而用《易》卦比拟其形态，象征其物宜，所以谓卦体曰象。"⑪物宜，是说万物之性各有所宜也。说明"象"具有象征性。唐代孔颖达在《周易正义》中解释得较清楚。他说：

《易》卦者，写万物之形象，故《易》者象也。象也者像也，谓卦为万物象者，法象万物，犹若乾卦之象法像于天也。

> 凡《易》者，象也，以物象而明人事，若《诗》之比喻也。

孔说的"写万物之形象"，"形象"是指物的外在形态，没有艺术形象的意思。而"法像于天"，只能是"若《诗》之比喻也"，实际上是象征。章学诚《文史通义·易教下》就说："《易》通于《诗》之比兴。"正因为"象"的象征性与《诗》有相通之处，所以为后世的艺术家所接受并加以发挥，成为传统"意象"说的一个思想渊源。

我们从《周易》有关"言"、"意"、"象"三者关系论述，可深入地了解"象"的这种特点。《易》是以"象"明道的，"夫《易》开物成务，冒（概括意）天下之道"。开物，揭开事物的真象；成务，确定事务的办法；道，即客观规律。此言是用《易》来揭示事物真象判定事体，概括天地间的客观规律。那么，何以要用"象"来说明义理呢？《系辞传》上有段著名的话：

> 子曰：书不尽言，言不尽意。然则，圣人之意，其不可见乎？子曰：圣人立象以尽意，设卦以尽情伪，系辞焉以尽其言，变而通之以尽利，鼓之舞之以尽神。

用现代汉语说，即孔子说：文字不能完全表达语言，语言也不能完全表达思想。如此说，"圣人"的思想岂不是见不到了吗？孔子回答说：正因为语言文字不能完全表达思想，"圣人"确定用形象的东西来表达思想，设计出卦来反映他认识的虚虚实实（孔颖达：情为情实，伪为虚伪），再在卦下加上文字说明（系辞）以起文字表达语言应有的作用，变通不穷之理足以尽其利，从而使人们受到鼓舞不倦于事业，这就达到了阴阳变化不测的"神"，即客观规律能尽到的作用。[12]

这是最早关于"言"、"意"、"象"三者关系的论述，**"立象以尽意"**，说明《易》象是天地万物的形象（图像）的比拟、象征和反映。从形象反映世界这一点来说，又是与艺术相通的。当然，以形象反映世界不等于艺术，因为艺术形象必须是审美的反映。其实，《易传》中有一些爻辞本身可说就是诗歌，如《中孚·九二》：

> 鸣鹤在阴，其子和之。
> 我有好爵，吾与尔靡之。

对这条爻辞的解释，研究《周易》的学者不尽相同，这说明《易经》和

《易传》不同，它本是占筮的记录，《易》象是一种象征、比拟而多义的特点。我们仅从审美角度，就"象"的含义了解美学思想的历史发展。用李镜池《周易通义》的解释以资说明。他说：

> 鸣叫的鹤儿在树阴，它的对偶应声和鸣。我有美酒，和你一起干杯。
> （阴：借为荫；子：这里指雌鹤。——"有释雌鹤者"；爵：酒杯，代指酒；靡：共。——"有引申为醉"。）这是一首男唱的婚歌，表现了男女欢聚，与《诗·关雎》相似。开头也是用一对鸟起兴。在当时大概是十分流行的，所以用来代说婚礼。[13]

宋代文论家陈骙（1128—1203）早就认为，像《中孚·九二》之辞，"使入《诗·雅》，孰别爻辞？"[14]所以他说："《易》之有象，以尽其意；《诗》之有比，以达其情。文之作也，可无喻乎？"[15]爻辞中的辞不止《中孚·九二》，其中有些短歌式的爻辞，或者是"直言其事"的"赋"，或者是"以彼喻此"的"比"，或者是"触景生情"的"兴"，还有类似人物故事的寓言。[16]现代研究《周易》学者高亨，谈《周易》的文学价值时说：

> 《周易》是一部最古的有组织有系统的散文作品，它具有独特的不无积极意义的思想内容，并具有相当灵巧的表现手法和相当优美的语言风格，取得了初步的艺术成就；特别是它的比兴手法和诗歌色彩可以帮助我们说明上古散文与诗歌关于运用手法和语言的发展过程。它的文学价值及其在文学史上的地位比西周时代的王朝诰记与铜器铭文都较高一些。[17]

《周易》既突出"象"，也重视"言"与"意"。如《系辞传》下："情伪相感，而利害生。""伪"即行为之意，人与人以感情行为交往，利害由此而生；"圣人之情见乎辞"，语言表现情和意，因此从语言（辞）中可以判知人的内心感情："将叛者，其辞惭（读为渐，诈也）。中心疑者，其辞枝（读为歧，分歧也）。吉人（吉，善也）之辞寡。躁（浮躁）人之辞多。诬善之人，其辞游。失其守者，其辞屈。"其意是：将背叛的人，言辞诈伪，故誓忠诚，以掩其阴私；心里疑惑的人，对事物不敢论定是非，模棱两可，故其辞分歧；有善德的人，总是寡言少语；浮躁的人，话就特别多；诬毁好人的人，没有事实根据，故其辞游移不定；失其操守的人，没有自己的主见，只能随声附和，其辞屈服于别人。[18]这些显然都是来自大量的生活经验，概括得非常形象、准确。语言是表现人的感情的，借助于语言以表现内在心理情感的艺术，语言是最重要的手段之一。但语言对复杂而微妙的思想感情，往往又是难以表达的，所以说"言不尽意"。

其称名也小，其取类也大：

《易》借"象"以明理，而"象"总是具体的个别的，《系辞传》下就言（辞）与象的关系说：

> 其称名也小，其取类也大。其旨远，其辞文，其言曲而中，其事肆而隐。

这段话的意思是说，《易》中常以细小的事比喻大事；近道此事而远明彼事，是其旨意深远；"不直言所论之事，乃以义理明之，是其饰辞文饰也"[19]；语言虽委曲婉转，却合于事实；其论事虽放肆显露，却隐藏着一定的道理。说明《系辞传》所说的"立象以尽意"，有以小喻大、以少总多、由此及彼、由近及远、以隐为显、以藏为露的特点。"象"是具体的、显露的、切近的、变化多端的，而"意"则是深远的、幽隐的、博大的。

《系辞传》的这段话已经接触到艺术形象以个别表现一般、以简约表现丰富、以有限表现无限的特点。这无疑地给后世的艺术形象的创造以很大的启发。而其中的"大"与"小"、"曲"与"中"、"肆"（直也，显露意）与"隐"的对立统一关系，与艺术创造要求以小见大、以少总多、由有限达于无限等等。对立的审美范畴是可以沟通的。因此，随着历史的发展，这些对立统一的审美范畴，就形成后世艺术创作和评论的一个美学原则。如：

其文约，其辞微……其称文小而其旨极大，举类迩而见义远。

（司马光《史记·屈原传》评屈原语）

言在耳目之内，情寄八荒之表。

（钟嵘《诗品》评阮籍语）

情在词外隐，状溢目前秀。

（刘勰《文心雕龙·隐秀》）

以少总多，情貌无遗矣。

（《文心雕龙·物色》）

乘一总万，举要治繁。

（《文心雕龙·总术》）

辞约而旨丰，事近而喻远。

（《文心雕龙·宗经》）

片言可以明百意，坐驰可以役万景。

（刘禹锡《董氏武陵集记》，《刘梦得文集》卷二十三）

咫尺之图，写百千里之景。

（王维《山水诀》）

一勺水亦有曲处，一片石亦有深处。

（恽寿平《南田论画》）

一峰（石）则太华千寻，一勺则江湖万里。

（文震亨《长物志》）

《易》象既是对宇宙万物的再现，就不局限于对事物外在形态的模拟，而是要表现出"天下之赜"和"万物之情"，也就是要表现宇宙深奥微妙的道理。"象"并非是人的幻想，而是"圣人"在对自然现象和生活现象大量观察的基础上，提炼、概括、创造出来的。《系辞传》对如何观察天地万物，曾说：

> 古者包牺氏之王天下也，仰则观象于天，俯则观法于地，观鸟兽之文与地之宜，近取诸身，远取诸物，于是始作八卦，以通神明之德，以类万物之情。

这种观察方式，不从一个固定的角度，不局限一个孤立的事物，既要宏观天地，又要微观诸物，才能把握天地之道、万物之情。这种仰观俯察的观物方式，对美学和艺术的历史发展影响也是很深远的。宗白华曾指出："俯仰往还，远近取与，是中国哲人的观照法，也是诗人的观照法。而这种观照法表现在我们的诗中画中，构成我们诗画中空间意识的特质。"[20]

在《庄子》一书中，有很多地方都谈到"言"与"意"的关系问题。他在《天道》中曾引《老子》的话："知者不言，言者不知。"[21]来否定语言和借语言著述的书。他认为世人所珍贵的"道"是写在书里的，书不过是语言，"语之所贵者意也"，而意义所指向的却不能用语言来表达。因此，他认为书是不足贵的，因为，"视而可见"之"形与色"、"听而可闻"之"名与声"，都不可能说明无形、无色、无名、无声，至大无外、至细无内的"道"。[22]白居易对这种观点一针见血地指出："言者不知知者默，此语吾闻于老君；若道老子是智者，缘何自注五千文？"（《读〈老子〉》）有的学人认为老、庄欲废书与言，是斩首以疗头风，比喻非常确切。

庄子关于"言"与"意"有段著名的话，他说：

> 筌者（筌，鱼笱，捕鱼具）所以在鱼，得鱼而忘筌；蹄者（兔网）所以在兔，

得兔而忘蹄；言者所以在意，得意而忘言。

译成今文：鱼筌是用来捕鱼的，捕到鱼便忘了鱼筌；兔网是用来捉兔的，捉到兔便忘了兔网；语言是用来表达意义的，把握了意义便忘了语言。[23] 庄子的"得鱼忘筌"、"得兔忘蹄"的比喻，成了传统的一句名言，而"得意忘言"之义，为后世禅宗所发挥。庄子强调语言只是表达"意"的一种工具和手段，根本目的不在语言本身，而在于得"意"。从这个意义上说，得"意"是一切借语言为表现手段的艺术的共同特点。而"得意忘言"用之于审美感受的悟性时，也不失为精当的比喻。

概言之，《易传》提出"立象以尽意"的命题，揭示出"言"、"意"、"象"三者的关系，把"言"与"象"区分开来，而把"意"与"象"联系在一起，这些虽都是讲卦，但从认识论方面却提示了形象与概念的区别，形象与思想情感联系的思想。《易》的重"象"之说，和庄子重"意"的思想，这种儒道的渗透与交融形成的观念之流，在艺术的天地里，自然地导入"意象论"的长河，随着禅宗"体验"的渗入而汇为"意境论"的海洋。

《周易》为高居群经之首的儒家经典，其中确有许多闪烁着智慧之光的东西，对后世文学艺术的影响可说是十分广泛的。一直被西方称之为"神秘主义"之一的《周易》，近年来在西方也引起重视，影响日益广泛：

> 东方哲学的有机的、"生态的"世界观无疑是它们最近在西方，特别是在青年中泛滥的主要原因之一。在我们西方文化中，占统治地位的仍然是机械的、局部性世界观。越来越多的人把这看成是我们社会广为扩散的不满的根本原因。有许多人转向东方式的解放道路。有趣然而并不奇怪的是，被东方神秘主义所吸引的人向《易经》求教。[24]

我们的青年学子如何对待传统文化呢？"在这样的历史情况下，来看那类盲目否定一切民族传统，要求代之以西方新学的鼓噪，看来就更显得浅薄了"。[25]

第二节 "意象论"的形成

在先秦典籍中，有关"意"和"象"的问题，已有不少论述。"意象"概念的形成与发展，有漫长的历史过程。初始与魏晋南北朝这一历史上最富于艺术精神的时代有关。当时在诗、文、书、画、雕塑、建筑、园林等方面的成就，

如宗白华所说："无不是光芒万丈，前无古人，奠定了后代文学艺术的根基与趋向。"㉖

魏晋南北朝时期的美学和艺术主要是受玄学的影响，当时玄学崇尚《老子》、《庄子》和《周易》，称之为"三玄"。魏晋玄学对艺术和美学的影响，在很大程度上也就是受老子、庄子和《周易》的影响，特别是庄子的影响更大。闻一多在《古典新义·庄子》中对当时的情况曾指出：

> 一到魏晋之间，庄子的声势忽然浩大起来，崔譔首先给他作注，跟着向秀、郭象、司马彪、李颐都注《老子》。像魔术似的，庄子忽然占据了那个时代的身心，他们的生活、思想、文艺——整个文明的核心是庄子。他们说"三日不读《老》、《庄》，则舌本间强"。尤其是《庄子》，竟是清谈家的灵感的泉源。从此以后，中国人的文化上永远留着庄子的烙印。㉗

这种现象同当时社会的大动乱及门阀士族中的许多著名之士退避以自保的"嘉遁"、"肥遁"的生活方式、"超然绝俗"和"越名教而任自然"（嵇康）的思想有其内在的联系。㉘

就"意象"的概念形成而言，王弼的"得意忘象"，就是借注《易传》对庄子"得意忘言"的发挥。王弼（226—249）是三国时的玄学家，他在《周易略例·明象》中说：

> 夫象者，出意者也。言者，明象者也。尽意莫若象，尽象莫若言。言出于象，故可寻言以观象；象生于意，故可寻象以观意。意以象尽，象以言著。故言者所以明象，得象而忘言；象者所以存意，得意而忘象。犹蹄者所以在兔，得兔而忘蹄；筌者所以在鱼，得鱼而忘筌也。然则言者象之蹄也，象者意之筌也。是故存言者，非得象者也。存象者，非得意者也。象生于意而存象焉，则所存者乃非其象也。言生于象而存言焉，则所存乃非其言也。然则忘象者乃得意者也，忘言者乃得象者也。得意在忘象，得象在忘言。故立象以尽意，而象可忘也。重画以尽情，而画可忘也。㉙

王弼的这段话很著名，他虽然是注释如何阅读理解《周易》，但他所讲的"言"、"意"、"象"已超出卦辞、卦意、卦象而具有更广泛的哲学意义。这里，"象"与"意"的关系，可以理解为形象与它所象征的意义的关系；"言"与"象"的关系，可以理解为物质表现手段语言等与它所表现的形象的关系。"意"要靠"象"来显现（"意以象尽"）、"象"要靠"言"来说明（"象以言著"）。但是

"言"只是为了说明"象","象"也只是为了显现"意","言"和"象"本身不是目的。所以，"得象"即可"忘言"，"得意"即可"忘象"。如果不"忘言"就不可能"得象"，不"忘象"就不可能"得意"。

王弼还进一步推论，不"忘象"而"存象"，这"象"就非"尽意"之"象"；不忘"言"而"存言"，这"言"就非"尽象"之"言"。要真正的"得意"和"得象"，必须达到"忘象"和"忘言"才行。**"得意在忘象，得象在忘言"**，并不是不要"象"和"言"，因为他首先肯定了**"尽意莫若象，尽象莫若言"**，无"象"就无从了解"意"，无"言"也无从了解"象"。王弼的"忘象"与"忘言"的真意就在于既需要"象"但又要超越于"象"、既需要"言"又要超越于"言"的一种领悟。因为任何固定的"言"和"象"都是有限的，"言"既不能尽"象"，当然也就不能"尽象"所代表的"意"，即"言不尽意"。"大象"是无形的，因此任何有形的"象"也都不能"尽意"。尽意须"忘象"而"取之象外"。

王弼是玄学家，他通过《周易注》所要探索的是"道"，也就是老子所强调的"无"，即无限，是不能用名言概念去把握的。"言不尽意论"，正说明"道"的无限，无法用有限的事物的名言概念描绘表达出来，用"得意忘象，得象忘言"的内心体验方法，才能从有限观照无限，通过有限去把握无限，把无限充分地表现出来。

从美学范畴说，"得意忘象"的"忘象"之"象"，实质上已有"意象"的意义或者说是由"象"向"意象"范畴的转化。

"得意忘象"的观念，对后人把握审美观照的特点，有很大启发。美的表现是感性的具体的，不能脱离有限。但审美观照往往表现为对有限物象的超越，即"忘象"。如中国园林的艺术语言（花木、建筑、水石）能引起比其自身物象更多的无尽感受（意趣无穷），从而在人们的内心情感体验中趋向或达到无限（自然山水的精神）。从有限中把握无限的审美感受中，往往包含有一种深沉的历史感、人生感、宇宙感。当人们领悟捕捉到这种深远的意趣的瞬间，就会沉浸在一种"忘言"、"忘象"的境界里。王弼的"忘言"、"忘象"，作为把握无限的方式，却有对审美的一种深刻概括。

"得意忘象"，对认识艺术形式美和整体艺术形象之间的辩证关系，也有深刻的意义。当艺术的感性形式诸因素，把艺术内容恰当地、充分地、完善地表现出来，从而使欣赏者为整个艺术形象的美所吸引，而不再去注意形式美本身时，这才是真正的形式美。这就是说，艺术形式尤其是其中某些构成因素不应突出自己，而应否定自己，从而把艺术整体的形象突出表现出来，才能使人获得无限无尽的感受。这就是艺术形式美只有否定自己才能实现自己的辩证法。

这个艺术形式美的辩证法，对青年学子，特别是对建筑和园林设计者堪铭座右。由于立意之浅俗，缺乏艺术整体性把握的能力，往往在局部和装饰上大动脑筋，加上许多纯属多余的东西，自以为美，反而更俗。对生活空间环境的园林与建筑来说，与一般艺术不同，尤其建筑首先是物质生活资料，美离不开效用。西方建筑师说得好：

> 使美与效用分离；甚至相反的在美与效用上增添多余与无用的事物，都是理论的不幸。[30]

> *— Richard Neutra*

> 我将要界定美是所有部分的和谐，在任何题目下，除了要使之变坏以外，其每一部分都是无可增减或改变的。[31]

> *— Al Barti*

中国园林建筑，自古"崇尚的是没有'修饰'的修饰之美。其实，这才是中国古代'修饰'的本意。《说文·食部》：'饰，刷也，亦作拭。'《尔雅·释诂》：'拭，清也。'《仪礼·聘义》：'拭圭。'郑注：'清也。'《周礼·封人》中'饰其牛'，郑注：'谓拂拭清洁也。''修'，《说文》亦解释为'饰也'。可见古代'饰'的字义与今相反，是拂拭清洁的意思。是从被饰的对象上减去些什么（多余的、无用的），而不是增加点什么"。[32]

自先秦的老、庄到魏晋玄学，得意忘象，求之象外，成为中国哲学和美学的一个重要思想。"得意"既在于"忘象"，"尽意"需求之象外，自然就成了人们所注重的一个问题。如东晋袁宏（328—376）在其《后汉纪》中，以老、庄的观点介绍佛教时说："所求在一体之内，所明在视听之外。"在视听之外即"象外"；南朝宋的史学家范晔（398—445）在他撰著的《后汉书·郊祀志》中亦有同样的话："所求在一体之内，所明在视听之表。"在《三国志·魏书》的《王粲传》中就很明确地说："象外之意，系表之言。"[33]南北朝时期的佛学著作提出"象外"问题的也很多。如"抚玄节于希音，畅微言于象外"[34]；"穷心尽智，极象外之谈"[35]；"斯乃穷微言之美，极象外之谈者也"[36]。宗教和哲学所追求的都是象外之理，而非"象"的本身。宗教和玄学在这一点上是相同的，但两者的不同处，玄学之"象"是实在；佛学则认为"象非真象"，"虽象而非象"，虽认为万物有象，这"象"实际上是"虚"的，是空幻的存在。总之，宗教和哲学对"象外"问题的思考，无疑地会给当时的一些艺术家以深刻的启示，把哲学范畴的"象外"转化到美学范畴中来。

绘画理论中的"象外"，如南朝宋宗炳（375—443）的《画山水序》中说：

> 夫理绝于中古之上者，可意求于千载之下；旨微言于言象之外者，可心取于书策之内。况乎身所盘桓，目所绸缪，以形写形，以色貌色也。⑰

宗炳认为：古人已经不传的道理，可于千年以后以意求之；微妙而超于言象的意义，也可以从典籍中去加以领会。何况是人们游历盘桓其中，目所观赏而流连的山水，有形色可见，自然可以作为绘画创作的题材。即"意"虽求之象外，则不能离开"象"，可从"象"中领悟出"意"，从"象"的有限达到"意"的无限。所以，他提出著名的"澄怀味象"之说，所谓"澄怀"，就是要以高洁的情怀，进入一种超世俗、超功利的直觉状态；"味象"，就是玩味、领悟那表现于天地万物"象"中之"道"，达到精神解放的自由境界。

南朝齐谢赫（生卒年不详）《古画品录》亦有："若构以物体，则未见精粹；若取之象外，方厌膏腴，可谓微妙也。"⑱可见，绘画艺术要"取之象外"，就不能"拘以物体"。"拘以物体"指对物象的"传模移写"，即模仿，就不能达到意味无穷的微妙境界。这就把"得意忘象"、"取之象外"，从艺术表现上深化、发展了。

到唐代的诗论中的"象外"之说很多，如：

> 采奇于象外。(皎然《诗议》)
> 境生乎象外，故精而寡和。(刘禹锡《董氏式陵集记》)
> 超以象外，得其环中。(司空图《二十四诗品》)
> 象外之象，景外之景。(司空图《与极浦书》)

唐人所说的"象外"与魏晋时的"象外"，在意义上已不尽相同。司空图的"象外之象，景外之景"，是刘禹锡所说的"境生于象外"的"境"，已非"意"与"象"的关系，而是"意"与"境"的关系，进入"意境"的范畴了。

那么，中国是否有"意象"这个词？还是如同有些学人所说，"意象"是20世纪初西方意象主义（imagism）兴起后才"进口"的呢？

"意象"这个词，早在一千五百年前南朝梁时，文学理论批评家刘勰（约

465—约 532），在齐明帝建武三、四年（496—497）写成《文心雕龙》一书，他在《神思》篇中第一次提出了"意象"，而且将"意象"在文学创作中的作用提高到非常重要的地位。如：

> 玄解之宰，寻声律而定墨；独照之匠，窥意象而运斤：此盖驭文之首术，谋篇之大端。（《文心雕龙·神思》）㊴

"玄解之宰"，深通事物奥秘者。独造之匠，是有独特技艺的匠人。是用《庄子·徐无鬼》中，匠石运斤（斧）成风，削去郢人鼻尖上的白土，丝毫未伤其鼻的典故。这句话的意思是说，文章构思既要有探微奥妙的思想（去庸鄙之情志）掌握表现手段的形式美规律，又要把握住整体艺术形象的高度技巧和能力，是文艺创作的"首术"和"大端"。

"意象"的含义是什么呢？

从刘勰在《神思》中提出的"思（神思）—意（意象）—言（语言、文辞）"的关系所说：神思，是"形在江海之上，心存魏阙之下，神思之谓也"。是说一种不受时空限制的心思情怀。所谓"思因情生，情因思起"或"想缘情生，情缘想起"（梁武帝《孝思赋》），也就是指带有情感色彩的创作和审美中的想像。所以当神思方运，须"登山则情满于山，观海则意溢于海"。当艺术家对外界境物形象的感知情满意溢的时候，他心中的情感、意念才能化为想见的艺术形象（"意象"）进行创造活动。

要得到这种构思，当然还要具备许多条件，但最主要的，如刘勰所说是"神与物游"。神与物游者，是庄子所崇尚的人与自然合一和谐的自由精神，即超然物外的"登天游雾"（《庄子·大宗师》）。也就是在审美观照中，通过外界的境物触发而引起人的情感意念与境物融合的一种精神状态。

所谓"**意象**"，就如刘勰在《神思》的"赞"中所概括，是"神用象通，情变所孕"的产物，即艺术家在"神与物游"之中，**外界境物的形象与主体的情感相互交融，所形成的充满主体情感的形象——"意象"**。就是黑格尔说的"在艺术里，感性的东西经过心灵化了，而心灵的东西也借感性化而显现出来"㊵。

但刘勰的"意象"虽已具"情景契合"的基本内涵，同现代所说的"意象"还有一定距离。如果说，"意象，就是形象和情趣的契合"㊶。刘勰的"意象"，在主观与客观、意与象、情与景的关系中，是重在主观的"意"字。如他说明，要做到"神与物游"，就要"神居胸臆，而志气统其关键"（《神思》）。志气的说法，源于《孟子·公孙丑》上："夫志，气之帅也；气，体之充也。"刘勰在《明诗》篇认为"诗言志"的"志"，是"义归无邪"。这是本《论语·为政》："子曰：'《诗》三百，一言以蔽之，曰：思无邪'。"但不论刘勰所说"志气"意指什么，都是重在主体精神活动的"意"。

"意象"的问题虽早已提出，但直到明清时期才趋于成熟。如当代学者敏泽所说：

> 到了明代中期以后，关于"意象"的论述才骤然多了起来。"茶陵派"的首领李东阳，"前后七子"中的王廷相、何景明、王世贞、李攀龙、谢榛、胡应麟，以至清代的钱谦益、沈德潜、李重华、薛雪、朱承爵、方东树等等，都曾以"意象"论诗。这时所讲的"意象"，才是真正意义上的"意象"，或西方所说的 image，而非六朝、唐人所说的"意象"。④

"意象"作为一个完整的概念，除了它的象征性、以小见大以及明清诗论中强调的含蓄性、虚构性等等特点，从"意"与"象"的关系，就是两者的内在统一。如李东阳所说，需"意象具足，始为难得"（《怀麓堂诗话》），王世贞的"意象衡当"说"要外足于象，而内足于意"④，何景明："意象应曰合，意象乖曰离，是故乾坤之挂，体天地之撰，意象尽矣。"④

明末清初伟大的思想家王夫之（1619—1692）在集前人大成的基础上，对"意象"作了全面深入的分析。王夫之说：

> 夫景以情合，情以景生，初不相离，唯意所适。截分两橛，则情不足兴，而景非其景。④
>
> 言情则于往来动止缥缈有无之中，得灵蠁而执之有象，取景则于击目经心丝分缕合之际，貌固有而言之不欺，而且情不虚情，情皆可景，景非虚景，景总合情。神理流于两间，天地供其一目，大无外而细无垠……④

意思是说，审美"意象"的"景"不能脱离"情"，脱离"情"的"景"就成了"虚景"；"情"脱离了"景"就成了"虚情"，都不能构成"意象"。所谓"景以情合，情以景生"，"情不虚情，情皆可景，景非虚景，景总合情"，意思都是说，"情"与"景"、"意"与"象"是内在的统一，而不是外在拼合。（王夫之有关"情景"的论说很多，可见本书"情景论"一章）。王夫之对"意"与"象"关系的论述，是意象理论史上的一个高峰，对"意"与"象"的内在统一的辩证的微妙关系，可谓是鞭辟入里、前无古人的经典之论。

　　"意象"是中国古代美学范畴中的一个专用术语，"意象"一词由来已久，并非从英语 image 翻译过来的。"意象"的理论，在中国的美学史上有源远流长的历史传统。

第三节　意境说的诞生

　　"意境"（spatial imagery），是中国美学思想所独具的一个范畴，在中国古典美学史上占有很重要的地位。

　　从先秦时代的"象"始，到魏晋南北朝时转化为"意象"；从"立象以尽意"到"得意忘象"，由"忘象"而探入"象外"这条观念之流，同"意境"的出现自有其历史的渊源。但是，"意象"的发展却并非是"意境"之所以诞生的原因，而是由于佛教流传影响的结果。

　　"境"和"境界"，自魏晋至唐是佛经翻译中普遍使用的语汇，特别是在六朝以后的佛家典籍中更属常见。如：

> 实相之理为妙智游履之所，故称为"境"。（《俱舍颂疏》）
> 能知是智，所知是境，智来冥境，得玄即真。（《全梁文》卷二〇）
> 功能所托，名为境界，如眼能见色，识能了色，唤色为"境界"。
>
> （《俱舍颂疏》）

　　如法相宗依据的重要论书之一的《唯识论》所说："觉通如来，尽佛境界。"佛教的"境"和"境界"就是唯心佛性论把一切都归结于自心的心理境界。不仅如此，后期禅宗把佛性推到一切无情物，无不都看做是具有真如的境界（真如，梵文 Tathatā，意为事物的真实性）。所谓"青青翠竹，尽是法身，郁郁黄花，无非般若"[47]（般若，梵文 Prajñā 的音译，意为智慧），成为当时的风尚。

　　禅是中国的产物，禅宗之所以能在中国大地上漫衍流行，"最根本的原因便是，它否弃了印度佛教以此生为苦海，完全否定感性现实生命活动存在价值的基本教义"，是"在生命中求超越，在有限中求无限，是禅宗的根本特征。所谓'故虽备修万行，唯以无念为宗'、'无所往而生其心'，归根结底都指向一种审美式的解脱而非印度佛教的'寂灭'。正由于这样，禅才能被中国人认可，并最终融汇于宋明儒学的心性之学中"[48]。

　　禅宗崇尚"瞬间见永恒，刹那可终古"的超越一切时空因果的直观"顿

中国造园论

悟"。向往的极致不是来生彼岸，而在此生；不在天国，而在人世。正是这种直观的超时空、超功利的感受或"体验"方式，对中国艺术和"意境"理论的形成有直接的影响。李泽厚说得好：

> 禅宗宣扬的神秘感受，脱掉那些包裹着的神秘衣裳，也就接近悦神类的经验了；不仅主客体浑然一体，超功利，无思虑；而且似乎有某种对整个世界的规律性与自身目的性相合一的感受。特别是欣赏大自然风景时，不仅感到大自然与自己合为一体，而且似乎感到整个宇宙的某种合目的性存在。⑭

这种非常复杂的、深层的审美感受，在生活中是存在的，历史上这类例子有不少。如王羲之在《兰亭序》中说："仰视宇宙之大，俯察品类之盛，所以游目聘怀，足以极视听之娱，信可乐也。"在这审美观照中包含了一种深刻的人生感和历史感，"固知一死生为虚诞，齐彭殇为妄作。后之视今，亦犹今之视昔。悲夫！"而范仲淹在《岳阳楼记》中，不仅创造出"衔远山，吞长江，浩浩汤汤，横无际涯。朝晖夕阴，气象万千"的磅礴江湖景象（"意象"），他还从这大自然的审美感受中升华出"先天下之忧而忧，后天下之乐而乐"的人生崇高的境界。

事实上，在美学思想中提出"境界"这一范畴之前，其在艺术创作中早已存在了。当然，艺术中所要求的"境"和"境界"，不同于佛家所说的"境界"。禅宗所追求、祈望达到的是"得玄即真"的境界，这是个色相俱灭的、空寂的、虚幻的境界，它企图通过内心的直觉（"顿悟"）克服主观与客观、个人与社会的矛盾，去忘掉现实的一切，从而达到精神上的解脱。这种思维方式，用黑格尔的话说，"不过是无形象的钟声的沉响或一种热薰薰的香烟的缭绕，换言之，只不过是一种音乐式的思想"⑮。

但禅宗的思想和那"非有非空"的心境，恰给艺术家以深刻的启示，使中国艺术更加自觉地注重心灵、情感和想像在艺术创作中的作用，纵情而更加自由地摆脱对外界境物的简单的摹仿、再现，而是执著地追求**"离形得似"**、**"超以象外，得其环中"**的更高的"意境"。这是禅宗对美学思想的贡献所在。正是从这个意义上，我认为，说"禅宗不是哲学、宗教、科学和艺术，而是一种'体验'⑯"的看法是很有道理的。

禅宗不仅对中国艺术和"意境说"的诞生有积极的、深刻的影响，对日本的建筑和庭园艺术的影响也很大。如西蒙德所说：

> 在日本的艺术之中，空间担任优越的角色，他们对空间的态度，禅宗的两大重要概念所加强，禅宗肯定当前经验的真实性，惟乃宣布它与运动的无限性有不可分离的关系，"运动无限"的单独性是永远变动不居的；空间被认为是宇宙的媒材，由之生活经常变动，在不断变化中空间与时间仅是相对的状态。[52]
>
> ——*Norman F，Carver Jr.*

"境"或"境界"一词，在南北朝的时候，主要是属佛学和哲学的范畴，美学思想中还难找到，所见仅南齐王僧虔（426—485）的《论书》中有："谢静谢敷，并善写经，亦入能境。"（《全齐文》卷八）提到"境"的问题。

唐代是历史上诗歌艺术发展的高峰，有丰富的艺术创作经验，必然"推动唐代诗歌美学家从理论上对诗歌的审美形象作进一步的分析和研究，提出了'境'这个新的美学范畴。'境'作为美学范畴的提出，标志着'意境说'的诞生"[53]。最早王昌龄（约698—约756）在《诗格》中有"境"、"象"的论述：

> 处身于境，视境于心。莹然掌中，然后用思，了然境象，故得形似。
> 搜求于象，心入于境，神会于物，因心而得。

王昌龄将诗歌创作对象分三类，上引第一句话是对"物境"而言（指山水诗），简析之："处身于境"的"境"与"搜求于象"的"象"，都是指审美观照中客观存在的境物（自然山水）。值得注意的是，王昌龄所说的"境"与"象"虽同指外在的境物，但却是有区别的：其一，"了然境象"将"境"与"象"连用，说明两者并不等同；其二，"搜求于象"，而"心入于境"不是"心入于象"，说明"象"一般是指物的具象，"境"是包括"象"在内的景境。对园林艺术即视界内的空间环境。这个"境"与"视境于心"的"境"相同。

"了然境象"的"境象"，就不是指客观外界的境物形象了，而是景物触发引起艺术家的情思、情志、情趣产生灵感和想像所重构的艺术形象，所以说是"因心而得"。这艺术形象不论是"搜求于象"还是"处身于境"，都是包含着"象"的"境"。我认为"境象"不同于以前所说的"意象"，所谓"境象"，可称之为**"空间意象"**（spatial imagery），**也就是"意境"**。

这两句话中的"然后用思"的"思"，就是刘勰《文心雕龙》中所说的"神思"。"神会于物"，就是"神与物游"，庄子的"乘物游心"。王昌龄在第一句话最后说的"故得形似"，这里的"形似"，是指艺术形象（"意象"）的创造，不能脱离客观境物的形象，并非是摹仿的再现，而是"离形得似"的意思。王昌龄在此突出形似，可能因他所讲是从写山水诗的"物境"缘故。

其实，形与神的关系问题，早在唐代以前就已被认识并提出来了，特别是道家和荀子著作中，对哲学意义都有过论述。《淮南子》一书不仅讲形、神关系颇多，并强调神的主导作用，如"以神为主，形从而利"（《原道训》）、"神贵于形也，故神制则形从"（《诠言训》）、"心者神之主也"（《精神训》）、"君形者亡焉"（《说山训》）以形为主就没有生气了。但尚未明确提出"神似"的概念。

在六朝时期，在诗文中不仅无"神似"之说，相反，在绘画上被作为贬义的美学概念的"形似"在这里却受到了很高的评价。如沈约《宋书·谢灵运传论》："相如巧构形似之言，班固长于情理之说"等等。这种现象，如敏泽在《中国美学思想史》中所说：

> 在美学评价上，人物画和诗文论评骘中这样一种截然不同的矛盾，有力地证明了：在不同的艺术形式之间，在审美评价上存在着明显的差异，"神似"、"气韵"、"传神"等等这些褒义词的术语，本来是用在人物评价上的，直接进入美学领域，首先也是人物画，而不是山水画和诗文评。"神似"被各种艺术形式所接受，并成为美的创造中的最高的要求，是唐以后的事。诗文论中的许多理论虽然实际上接触过这个问题（如《文赋》和《文心雕龙》的许多论述），但明确提出这一概念来，时间上却较晚。[54]

王昌龄（约698—约756）在《诗格》中的"故得形似"是褒义。那么，什么是"境"呢？从当时所论及的资料看。如：

缘境不尽曰情。

（皎然《诗式》）

诗情缘境发。

（皎然《秋日遥和卢使君游何山寺宿扬上人房论涅槃经义》）

境生于象外。

（刘禹锡《董氏武陵集记》）

采奇于象外，状飞动之趣，写真奥之思。

（刘禹锡《诗评》）

皎然《诗式》把"情"与"境"联系起来，"情"就是"缘境不尽"。不尽，则意趣无穷，视觉无尽，具有无限的意思。这"不尽"的无限之"境"，自不能得之某种孤立的、有限的"象"。故刘禹锡说："境生于象外。"只有从"象外"才能获得无尽的、奇妙的审美效果，所以要"采奇于象外"。

如何于"象外"去"采奇"？

刘禹锡（772—842）作了精当的回答：在形式上要"状飞动之趣"，这是我们在"虚实论"中讲过的，就是形态要有"动势"，任何"物境"的创作都在一个"势"字，要有生气的飞动之美，这正是中国古代建筑的一个重要特点。从内容上要"写真奥之思"，"真"就是指艺术的真实，朱自清说的"生意是真，是自然，是一气运化"。也就是说，艺术家要通过对客观境物情感感受的真实表现，传达出微妙的人生奥秘及宇宙天地之"道"。简言之，既要有生动的、个别的形象，又要有富于一定哲理性的透视。

值得注意的是，"境生于象外"之所指，即司空图（837—908）说的，"景外之景"、"象外之象"的"象"，并非指"意"而是"象"。此"象"是"意象"又不等于"意象"，它是虚实结合的"空间意象"，就是包含"象"在内的生于"象"外的"境"、"境界"，后世所谓的"意境"。

那么，"意"与"境"是什么关系呢？

司空图在《与王驾评诗书》中明确地说，"五言所得，长于思与境偕"。"思与境偕"就是艺术家（诗人）"缘境而发"之"情"所生的灵感和艺术想像不能脱离客观的"境"，是"心"与"境"的契合。这是"意境论"中第一次提到"意"（思）与"境"的统一。

"思与境偕"，也就是在前王昌龄所说的"心入于境"及后来明人王世贞（1526—1590）说的"神与境会"、"兴与境诣"。司空图除了"象外之象"、"景外之景"，从"境"（包含"象"）的方面作了精辟的概括，还从"意"的方面提出"韵（生动）外之致，味外之旨（意指）"的见解，对后来"意境论"都有很大影响。

从"意境"的主体结构"意"与"境"两方面说，境，是"象外之象"；意，可谓"味外之旨"。"'象外之象'是'境'的延展的结果。它可以为想像延展出广阔的空间；'味外之旨'是'意'的流转的结果。它可以使欣赏者的情感向深层流转，直至抵于理性的秘藏。"[35]也就是从有限达于无限，而至宇宙天地之"道"。

　　"意境"理论的思想渊源，在哲学上主要是老、庄的学说，佛教传入早期也得依附于玄学来打开出路，我们在"意象"一节中曾引释僧卫所说"抚玄节于希音，畅微言于象外"，就是借玄谈禅。节是乐器。希音，是老子所说的"大音希声"，即最大的乐声反而听来无音响，意为虽有若无。中国的儒、道、佛是互通而又常是互补的。佛学之所以受到中国儒家的欢迎，并非是唯心佛性论的神学说教，"而在于其比较精致的思辨哲学能博得有这方面素养的中国思想家的欢迎"。"又还是由中国某些学者用自己固有的辩证思维加以融合、充实和发展，才形成如天台、华严、法相、禅宗等具有更高级的思辨水平的哲学体系"⑯。所以，到晚唐、宋代以后，儒、道、禅的三家思想趋于合流。对封建社会的知识分子来说，往往是三者兼收并蓄，随社会的变动和个人处境的不同，而有不同的表现，就如元画家倪瓒所说的"据于儒，依于老，逃于禅"。

　　"意境论"，既得禅宗"境界"的启示，吸取其"顿悟"的直觉体验方式，超功利，无思虑，以达到精神绝对自由的审美境界。舍弃禅宗"境界"只是"心"的表现，人世一切都是虚幻的主观唯心的东西；同时，也融贯了老、庄哲学，有与无、虚与实统一的"道"的思想。意境，不是表现孤立的、有限的物象，而是表现作为宇宙本体"道"的天地万物的生命活力。

　　如果说，"意象"是"情"与"景"的交融，是在直接审美感受中情景契合而升华的产物。

　　我认为，"意象"是属一般艺术形象的范畴，也就是艺术作品中的形象，是意象的外化或物态化。创作构思的、存在于观念中的艺术形象和在审美欣赏活动中的，欣赏者所感受的艺术形象，才是"意象"。

　　那么，什么是"意境"？

　　宗白华从艺术创作和鉴赏角度说：

　　　　以宇宙人生的具体为对象，赏玩它的色相、秩序、节奏、和谐，借以窥见自我的最深心灵的反映；化实景为虚境，创形象以为象征，使人类最高的心灵具体化、肉身化，这就是"艺术境界"。⑰

　　质言之，"意境"，是主观与客观、虚与实、情与景也就是"意"与"境"的高度统一，是从有限达于无限的体现宇宙生命之"道"的艺术境界。

　　"意象"与"意境"的基本内涵是一致的，两者的区别，主要在于"境"不是孤立的"象"。对以空间表现为主的艺术，尤其是建筑和造园艺术，"意境"

是包含具体、感性的"意象"在内的视觉空间的艺术化境。为说明两者的共性和"意境"的特殊性，故称"意境"为"空间意象"（spatial imagery）。

第四节　园林艺术的意境

中国园林之美和它的高度艺术成就，不是体现在那些孤立的亭台楼阁形式之飞动典雅，也不在树木之古朴婆娑和水石的雄秀多姿，而是体现在它的整体"空间意象"的魅力，它能令人心旷神怡、尘虑顿消，而有濠濮间想、不是自然而胜似自然的山林意境。

正是在对"意境"的追求、创作与欣赏，使它不同于其他国家的造园，而独树一帜，著称世界。什么是中国园林的"意境"？一言以蔽之，就是"虽由人作，宛自天开"的咫尺山林！

在"意境"的创造上，美学家宗白华说过："中国园林艺术在这方面有特殊的表现，它是理解中国民族的美感特点的一个重要领域。"叶朗认为：

> 明清园林美学的中心内容，是园林意境的创造和欣赏。中国古典美学的"意境说"，在园林艺术、园林美学中得到了独特的体现。在一定意义上可以说，"意境"的内涵，在园林艺术中的显现，比较在其他艺术门类中的显现，要更为清晰，从而也更容易把握。㉘

中国园林艺术创作，以自然山水为主题的思想，是很明确的。从造园"意境"的外延来说，就是要以人工创造出具有自然山水精神境界的空间环境。而"意境"的内涵，虽十分丰富，由于它是人们"身所盘桓，目所绸缪"的实境，可以直接使人"情缘境发"，思而咀之，感而契之，因之，较其他艺术"要更为清晰"。但要创造出具有高度自然精神境界的园林，就不是那么容易把握的了。

园林"意境"的创造，造园家要胸有丘壑，这就是中国历来论画所强调的要"意在笔先"，造园与作画都必先立意，以定位置，方薰说得好，是"意奇则奇，意高则高，意远则远，意深则深，意古则古、庸则庸、俗则俗矣"（《山静居论画》）。造园要首先考虑地有异宜，随园址的环境条件不同，立意也应各有所宜。计成在《园冶》中提出"相地合宜"的原则。如：(以下凡引自《园冶·相地》者，均不一一注明)

山林地造园，地势峻嶒，有高低、曲深、峻悬、平坦，"自成天然之趣，不烦人事之工"规划主要在因形取势，要"入奥疏源，就低凿水，搜土开其穴麓，培山以接房廊。"充分利用自然条件，切莫去做削山填沟的蠢事。立意在清樾、幽旷。

城市筑园，以地偏为胜，"邻虽近俗，门掩无哗"能在闹处寻幽。地势平坦，利用自然条件差，若有多年树木，千万保存，如碍筑檐垣，"让一步（指建筑）可以立根，斫数桠不妨封顶"。如计成所说："斯谓雕栋飞楹构易，荫槐挺玉成难。"有人认为砍尽树木、整平地面的做法，才能自由发挥充分表现（"我"）者，说明他根本不懂得什么是中国造园！园林建筑不在多少，按需而立，但务要"空灵"。若规模不大，掇山亦不必求深，所谓"一勺水亦有曲处，一片石亦有深处"（《南田论画》），精在"片山多致，寸石生情"，以小见大。意境在于清静而幽邃。

村庄地茸园，计成有个规划，他说："约十亩之基，须开池者三，曲折有情，疏源正可；余七分之地，为垒土者四，高卑无论，栽竹相宜。"这个比例较现存城市园林的水面少。因城市筑园空间小，水面宜多，多则浮空泛影，起扩大空间的效果。乡村地势开旷，规模可能较大，人工开凿水面太多，则土方不经济。计成说："围墙编棘，窦留山犬迎人；曲径绕篱，苔破家童扫叶。"这是借鉴陶渊明的田园生活诗意，如南宋张戒《岁寒堂诗话》所评："渊明'狗吠深巷中，鸡鸣桑树颠'、'采菊东篱下，悠然见南山'，此景物虽在目前，而非至静至闲之中则不能到，此味不可及也。"村庄园林，地势可稍有起伏，宜于大量栽竹。立意在淡泊而闲逸。

江干湖畔筑园，主要在借江湖的自然景色：云山、烟水、鸥鸟、渔帆，自有开旷而平远的风光。建筑宜临水而立，借江湖而外敞内幽，可谓于"深柳疏芦之际，略成小筑，足微大观也"。立意在韬光摄影，旷如也。

郊野构园，要"依乎平冈曲坞，叠陇乔林，水浚通源，桥横跨水"，取其地势之变化，顺乎自然，因地造形。"开荒欲引长流，摘景全留杂树"自有一种致密之中而兼旷远的意境。要保持郊野平陂曲冈、杂树迷离的苍莽风貌和特色。园林意境的要旨在"自然"，如计成云："须陈风月清音，休犯山林罪过。"

由此说明，任何造园"立意"，不能脱离客观的自然条件，凭主观意愿去想像。"意象"和"意境论"的意义，首先是"神（主观）与境（客观）会"，进而"超以境（主、客观统一）外，得其环中"，"既不脱离客观的境物，又超越这有限的境物，通过对整体艺术形象的把握，构思出情景交融、虚实结合、显现造化自然的生机勃勃的景象"。

园林山水意境创造的思想方法，可以用恽寿平（1633—1690）在《南田论画》中的一句话来概括。他说：

> 意贵乎远，不静不远也；
> 境贵乎深，不曲不深也。⑨

南田虽是论山水画的意境创作问题，对造园也完全适用。绘画与造园都以自然为师，都要求达到"肇自然之性，成造化之功"的目的。所以立意相同，只表现手段各异。这句话，不仅高度概括了造境的方法，也体现了意境的思想内核，老子的宇宙天地之"道"的哲学。

关于"远"，我们在"虚实论"一章里已有接触，这里从艺术哲学角度概略言之。远，是魏晋玄学所追求而欲达到的精神境界，到北宋郭熙在《林泉高致》中，从山水画创作提出"远"的观念，并总结出三远章法。

"远"是老子"大为道之容"（即大是本质规律的感性显现）的特点"逝"、"远"、"反"的表现。作为"道"之容的"大"是自然形成的，是生生不息的。就人的内心"领悟"来说，总是离我而去（"逝"），去之则"远"（远即是玄），远之极至则"反"回归于我（"心"）。是"周而不殆"循环往复的运动。所以老子说："致虚极，守静笃。万物并作，吾以观复。"（《老子》十六章）从空间概念，就生成我们所说的"空间往复无尽论"，使园林由近及远，以小而见大。

远是对近而言，要由近而悟远，必须使心灵处于极笃的虚静状态。这就是魏晋玄学家们不囿于世俗凡近，而游心于虚旷放达之所，谓之"远"的道理。也就是恽寿平对"不静不远"所解释的"绝俗故远，天游故静"。

对园林的"意境"创造，**意贵乎远**，在空间意象上，就是**视觉无尽**。今日之园林，虽人满如闹市，既难绝俗更难天游，已失去肃穆宁静的气氛。但正因立意在"远"，处处视觉无尽，还是能使人不觉其小而感其大，获得空间意象大于景境形象的审美效果。文震亨有"水令人远"之说，有关水的景境意匠的一系列手法，见前面有关章节，不再赘述。

关于"曲"，奕勋在《中国古代美学概观》中，从艺术创作与欣赏角度，解释老子的"曲则全"的思想，认为在美学上具有极大的意义。他从"大方无隅"（《老子》四十一章）"是主张曲，就是主张曲到极致的圆"出发，说：

> 所谓"曲"，是指艺术家能敏锐地捕捉那集中前因和后果于一点上的景

象，突出地加以显现；围绕这一点，人们可以想像到很多，但那"很多"，又没有直接地表现出来。这一点类似于圆心，由此向四面八方发射，虽是一点，最后却可以形成圆。圆心是实在的景象，而圆只存在于艺术家和欣赏者的想像之中，其内容是虚涵的。实在的景象与由景象所诱发出来的丰富内容，就形成了曲折虚涵之美。⑩

这是从"曲"来阐发"象外之象"、"景外之景"，很有助于对"意境"创作的理解。

"意贵乎深，不曲不深也"。唐诗人常建的"曲径通幽处，禅房花木深"名句，就是对"曲"与"深"关系的生动而形象的说明。

"远"是"视觉的无尽"；"曲"则是"视觉的莫穷"，景象若莫测其高低深浅，就会想像其高、其深，而生崇高幽邃之感。

中国古典园林，可说是极尽"曲"的能事，仅就《园冶》一书，讲景用"曲"字的有：

> 郊野择地，依乎平冈曲坞，叠陇乔林。（《郊野地》）
> 约十亩之基，须开池者三，曲折有情，疏源正可。（《村庄地》）
> （廊）宜曲宜长则胜。……随形而弯，依势而曲。
> 蹑山腰，落水面，任高低曲折，自然断续蜿蜒。（《廊·立基》）
> 两三间曲尽春藏。
> 小屋数椽委曲。
> 深奥曲折，通前达后，全在斯半间中，生出幻境也。（《厅堂基》）
> 曲折有条，端方非额；如端方中须寻曲折，曲折处还定端方。（《装折》）

那些无"曲"字而"曲"者，如"花环路窄偏宜石，堂回空庭须用砖"（《铺地》）等等，就更多了。"曲"则境浅意深，是中国造园的一个重要的思想方法。明张岱在《琅嬛文集》中说："陶氏书屋则护以松竹，藏以曲径，则山浅人为之深幽也。"

但"曲"要曲得有情有致，一味的曲折，使"路类张孩戏之猫"（《园冶·掇山》）歧路迷途，毫无章法，这只能是儿戏之作，说明设计者还根本不懂得什么是"意境"！所以计成说"蹊径盘且长，峰峦秀而古，多方景胜，咫尺山林，妙在得乎一人"了。

师法自然

中国造园艺术与山水画艺术，都是以表现自然山水为主题，都要求达到"肇自然之性，成造化之功"。要达到这种高度的境界，就得如唐张璪概括、提炼的一句画理名言，即"外师造化，中得心源"。

绘画是表现在二维空间中的艺术，可以"竖划三寸，当千仞之高；横墨数尺，体百里之远"（宗炳《山水画序》）；尺幅之内，写千百里山河之景。造园是三维空间中的艺术，再大的园林，与山水相比，也微不足道。尤其是后期的私家园林，随城市经济繁荣、人口的集中、生活空间的缩小而日趋缩小，在有限的空间里以人工创造山水，非但无模型之假，娱游其中却使人有涉身岩壑之想，得云水相忘之乐。所谓"咫尺山林"只能是一种高度精练抽象的象征性的景物。

中国园林中的山和水，确是充分地体现了中国的美学思想和艺术精神，不拘于自然山水的外在形式，大胆而自由地摆脱对外界境物的模仿和再现，创造出以小见大、寓无限于有限之中的象征性的自然，显现出自然山水精神的空间意象。这就是"离形得似"的"神似"之作。但这种抽象的"神似"，并非是造园家主观任意的幻想，而是对自然景象深入观察加以概括、提炼的结果。

关于园林山水意境的创造问题，有许多内容，在前几章结合园林艺术的"空间概念"、"情景论"、"虚实论"、"借景论"已分别进行了阐述。下面着重就园林的造山艺术与自然山水的关系作系统的分析。

中国古典园林中的"山"，是经过高度提炼、抽象化的象征性的"山"，用中国绘画艺术的术语说就是"写意"式的。这种抽象的"写意"的山水，有个很长的历史发展过程，是从"写实"到"写意"的飞跃。

从秦汉到唐宋，除了造在自然山水中的园以外，人工造山的私家园林，载入造园史册的是北魏张伦宅园中的"景阳山"。皇家园林以北宋的艮岳（1122 年建成）最著，"在造山艺术上，艮岳可说是将模写山水发展到顶峰的典范"[51]。随着城市私家造园空间日小，已不可能在小空间里模写自然山水。唐宋时代的私家园林已无模写式的山水造景，但也尚无"叠石为山"的情况。[52]到元代迄今尚有实物遗存的如苏州"狮子林"，虽经历代修复已非原貌，但从文字记载资料分析，其已运用湖石形态的飞动感象征山峰的精神。"这种写意式的叠石之山，在开创之初，恐怕很难达到高度概括、提炼的成熟程度，但它标志以自然山水为创作主题的中国园林，由模写山水向写意山水的过渡和变革，为明清写意山水园林的创作开辟了道路，奠定了发展的基础"[53]。

中国造园论

为了便于分析明清写意山水园林的创作,有关"模写"和"写意"的概念,再简略地说明一下。本书在第二章第三节"园林是向往自然的精神需要"一节的篇末,曾概括为"所谓'**写意**'就是以局部暗示出整体,**寓全（自然山水）于不全（人工水石）之中;寓无限（宇宙天地）于有限（园林景境）之内**"。按此界说,写意山水的创作,在明代已趋成熟,到明末计成在《园冶》中高度概括为"**未山先麓**",这个园林造山艺术的创作原则,标志着园林山水意境的成熟。

从明代的园林创作实践来看,与计成（1582—?）同时代的刘侗（约 1594—约 1637）于奕正（1595—1635）合著《帝京景物略》（1635 年刊印）较《园冶》（1634 年梓行）仅晚一年问世,《帝京景物略》所记"定国公园"中有:"藕花一塘,隔岸数石,乱而卧,土墙生苔,如山脚到涧边,不记在人家圃。"[64]这就是寓无限于有限,以生苔的土墙为背景,隔岸数块乱石,这有限的景象却给人以如临山脚之感。显然,这种审美感受已超越景物本身的形式美,而是以有限的景物创造出自然山水的意象,是一种意境之美。

明末的张岱（1597—1679）年龄稍小于计成、刘侗,他所写的《陶庵梦忆》,据《四库全书总目》说:"其体例全仿刘侗《帝京景物略》,其诗文亦全沿公安、竟陵之派。"而书中所记无锡惠山右的园林"愚公谷",有几句很关键的描述,几乎是引用《帝京景物略》的话,录之比较如下:

《帝京景物略》:

> 藕花一塘,隔岸数石,乱而卧。土墙生苔,如山脚到涧边,不记在人家圃。

《陶庵梦忆》:

> 藕花一塘,隔岸数石,乱而卧。土墙生苔,如山脚到涧边,不记在人间。[65]

张岱只改动两个字,即"家圃"改为"人间",境界拔高了。其他所记景物的文字并不相同,撇开文字不谈,从造园而言,刘侗所记是北京的私家园林,张岱则是写的江南园林,南北两地遥隔千里,景物虽平常,也不会完全一样。但可以说明几点:

一、这有限而寻常的景象,具有"会境通神,合于天造"的"意境",令人有涉身山脚涧边之想。

二、刘侗的审美感受,用文字创造出的"意象",使张岱在相似景物的审美观照中，吸取或受到启发下又再创造或表现出来。说明历史上审美经验之流传或积淀的作用。

三、景物的意匠，并非愈奇特愈好，亦不在景物的多少，而在是否有"意境"。如笪重光《画筌》所说："怪僻之形易作，作之一览无余；寻常之景难工，工者频观不厌。""故示以意象，使人思而咀之，感而契之，邈哉深矣。"

四、这种写意式的山水景境创作，刘侗、张岱是见后感兴而诉诸笔墨，说明在园林实践中早已存在了。

不仅于此，同时人张涟（1587—1671），明末清初的叠山名家，游于江南五十余年，东南各园的假山多为其杰作。他从实践经验积累，认识到空间上的矛盾，自然山水动辄跨地数百里，在狭小的园林空间里，若"尤而效之"，只能是哄骗小孩的泥塑玩具而已。他对园林造山的见解，同刘侗、张岱所见是不谋而合。他说：

> 惟夫平冈小坂，陵阜陂陁，版筑之功，可计以就然。后错之以石，碁置其间，缭以短垣，蔚以密筱，若似乎奇峰绝嶂，累累乎墙外。⑯

从张南垣（涟）所构思的形象看，陵，是大的土山（阜）；陂，是水边坡岸；陁，是山坡。都是山脚水边的形象，土山无骨，所谓"平垒透迤，石为膝趾"（《画筌》），所以，要错落如布棋子一样置些乱石，再以藤萝阴蔚的短墙围绕其后，令人感到奇峰绝嶂似乎就在墙外。张涟所说与刘侗所见意境相似，形象更为丰富，张涟称这种造山方法为"截溪断谷法"。

计成在《园冶》中，对园林造山从理论上概括出**"未山先麓"**的原则。这是以人与自然的生活感受为基础的总结。因人对自然山水的观赏，如论画者云，是"远观其势，近赏其质"，只有在一定的空间距离和高度上，才能获得高耸入云、绵延万里的山之体势。在山脚下或登山时，看不见山的整体形象，看到的是杂树参天，石块嶙峋，老树蟠根的局部的、有限的景象。但从这局部的景象中，都会想见到山的整体，直观地感知这局部是山的一部分。园林山水正是从这局部景象加以提炼、概括，集中表现出山的形"质"，人们才有可能从局部的山麓意象中感兴有涉身岩壑之想（"意境"）。计成还用"欲籍陶舆，何缘谢屐"的典故，以陶潜乘篮舆邀游（观其势），谢灵运著木屐登山涉壑（赏其质），生动而形象地说明这一视觉心理活动的特点。

"未山先麓"四个字，高度概括出中国园林"写意"山水创作思想的精髓，它标志着中国造园由"模写"到"写意"山水的成熟。

可以说，中国园林的写意山水，不是主观任意的幻想的抽象，而是"师法自然"的结果。"未山先麓"是对园林人工造山而言，而园林中那些具有山林意趣的景象，在自然界中就客观存在着。由于现代人对自然无休止地掠取和严重破坏，已难看到了，但在古代则很多。现以唐代文学中两则散文为例，说明人工山水与自然山水的关系。

元结（719—772）的《右溪记》：

道州城西百余步，有小溪，南流数十步合营溪（河流名）。水抵两岸，悉皆怪石，欹嵌盘屈，不可名状。清流触石，洄悬激注，佳木异竹，垂阴相荫。此溪若在山野，则宜逸民退士之所游处；在人间，可为都邑之胜境，静者之林亭。而置州以来，无人赏爱，徘徊溪上，为之怅然。乃疏凿芜秽，俾为亭宇，植松与桂，兼之香草，以裨形胜焉。溪在州右，遂命之曰右溪。刻铭石上，彰示来者。

这是元结于唐代宗朝任道州（州治在今湖南省道县）刺史时，记城西一条小溪的风景。小溪两岸怪石"欹嵌盘屈"，竹树密茂"垂阴相荫"，水流"洄悬激注"，景象非常清悄幽邃。却"无人赏爱"。元结赞叹这样的胜境，如在山野，是隐逸之士的闲游之所；如在都市，是难得的造园佳处。这就充分说明，在唐代诗人的审美思想和评价中，这样的小景是园林创作的最好题材。

柳宗元（773—819）的《小石潭记》是他著名的《永州八记》中的一篇，所描绘的也是这类不是山林而具山林之趣的自然景象。

《小石潭记》：

从小丘西行百二十步，隔篁（竹林）竹，闻水声，如鸣珮环（古代身上的珮玉），心乐之。伐竹取道，下见小潭，水尤清冽。全石以为底，近岸，卷石底以出，为坻（水中小洲）为屿（小岛），为嵁（深谷、峭壁）为岩。青树翠蔓，蒙络摇缀，参差披拂。

潭中鱼可百许头，皆若空游无所依。日光下澈，影布石上，佁然不动，俶（开始）尔远逝，往来翕（聚合）忽，似与游者相乐。

潭西南而望，斗（北斗星）折蛇行，明灭可见。其岸势犬牙差互，不可知其源。坐潭上，四面竹树环合，寂寥无人，凄神寒骨，悄怆幽邃。以其境过清，不可久居，乃记之而去。

对鱼的生动描绘，可谓洞察幽微，刻画细致，所记并非高山大壑，却令人有置身山林之想。这固然是由于散文大师"虚实结合"的高超笔法，洞察事物和高度的审美能力，从有限的空间景象把"象外之象"、"景外之景"捕捉住而创造这些意象来。而这意象又是不脱离客观实境的。

小石潭之所以令人有"悄怆幽邃"之感，有许多因素，从小溪看，其形"斗折蛇行"，而"其岸势犬牙差互"，乱石嶙峋，"不可知其源"，即有无尽之感；周围环境，是"四面竹树环合"，远处"明灭可见"，也莫测其深其大。如论画者所说："**以活动之意取其变化，由曲折之意取其幽深故也。**"若小溪绳直，驳岸齐整，如石洫而一览无余，就不会使人感到幽深。小潭四周，杂树迷离，因而具有"**合景色于草昧之中，味之无尽；擅风光于掩映之际，览而愈新**"的意境（《画筌》）。

从视觉审美心理来说，这些因素归到一点，就是"视觉无尽"。正因其"无尽"，小小溪潭才有深山涧壑悄怆幽邃的意境。我们既可以看到历史上像《右溪记》和《小石潭记》这类自然的审美经验和感受与造园艺术间的渊源，更要看到"师法自然"的重要。造园就如中国画一样，不能因为它们在艺术上已达到高度的成就，有一整套表现山水的笔墨技巧"皴法"，把创作变成陈式，以模仿抄袭为能事，这样终将走向无源之水、无本之木的绝境。清代唐岱在《绘事发微》中所说：山水画"欲求神逸兼到，无过于遍游名山大川，则胸襟开豁，毫无尘俗之气，落笔自有佳境矣"，说明"师法自然"的重要。

皇家园林的大规模造山艺术，由于山的体量大，不同于私家园林那种抽象的象征性山水，但其体量再大也仍然是有限的，同自然山水相比，不可能有结云万里的气势，一座毫无"气势"的土山也难以显示出自然山水的精神。

到清代已创造出大体量人工（或半人工）造山的特殊艺术形式，并取得很高的成就。我们以北京北海琼华岛的历史变迁，说明皇家园林的造山艺术的意境。为省笔墨，琼华岛历史变迁情况，参见拙著《中国造园史》第六章明清时代"北京三海"，这里只作概要的介绍，主要从清代造山艺术成就方面分析。

琼华岛最早是金代于大定十九年（1179）所建离宫万宁宫的一部分。传说是金灭北宋后，将汴梁的"艮岳"万寿山之石转运来堆筑的湖中之岛，始名琼华岛。山上以广寒殿著称。

到元代，据元好问（1190—1257）在《出都》一诗自注中说："万宁宫有琼华岛，绝顶广寒殿，近为黄冠（全真教道士）辈所撤。"⑤ 1253 年，郝经（1223—

1275）曾登琼华岛，描写当时情况，已是"悲风射关（居庸关），枯石荒残，琼花树死，太液池乾。游子目之而兴叹，故老思之而泪潸"⑥。已荒败不堪了。忽必烈于至元元年（1264）开始修复广寒殿。至元八年（1271），改名琼华岛为万寿山，又称万岁山。时人有诗云："广寒宫殿近瑶池，千树长杨绿影齐。"可见当时岛上植有大量的杨柳。

元代的琼华岛概貌是"其山皆以玲珑石叠垒，峰峦隐映，松桧荫郁，秀若天成"，建筑除广寒殿以外，很少记述。从明初灭元，工部侍郎萧洵奉命去北京毁元代宫殿，目睹元代宫室记录成帙随编《故宫遗录》一书，可知元末明初琼华岛的情况，现摘有关岛上建筑如下：

> 由瀛洲（即今团城）殿后北引长桥，上万岁山（即琼华岛），高可数十丈，皆崇奇石，因形势为岩岳。前拱石门三座，面直瀛洲，东临太液池，西北皆俯瞰海子。由三门分道东西而升，下有故殿基，金主围棋石台盘。山半有方壶殿，四通，左右之路……少西为吕公洞，尤为幽邃。洞上数十步为金露殿。由东而上，为玉虹殿。……玉虹、金露，交驰而绕层栏，登广寒殿。⑥

广寒殿在山顶，据记为"内外有一十二楹"（有的记为七间），窗皆线金朱琐金铺，柱上绕刻云龙，金碧辉煌。窗外有露台，绕以白石花阑，"凭栏四望空阔，前瞻瀛洲、仙桥与三宫台殿，金碧流晖；后顾西山云气，与城阙翠华高下，而海波迤回，天宇低沉，欲不谓之清虚之府不可也。"山上其他还有些辅助建筑，如浴室、小殿等。从建筑布局，跨桥至岛，过石拱门，原有殿，由山下到顶上的主体建筑广寒殿，半山东西对称有金露、玉虹二殿，此外就没有什么重要的建筑了。

明代的琼华岛未遭太多的破坏，基本保持元时模样，据孙承泽（1592—1676）《天府广记》中抄录，明成祖每遇休沐，辄赐大臣游览，从所作的游记看，虽增建了殿堂，仍以广寒殿为主，建筑亦是单幢分列的布置方式。广寒殿于明代万历年间已倒塌，一直未修复。

到清代，琼华岛就起了质的变化，顺治八年（1651）修琼华岛时，作了有决定意义的两项重大的改造：一是在广寒殿旧址旁造了喇嘛塔；二是拆除前山原存殿堂，建造了一座整体建筑组群的永安寺。这不仅只是量的增加，而且是质的变化，寺庙殿庭依山层叠而上，耸然屹立山顶的白色喇嘛塔，成为苑内的制高点，从而突出琼华岛的中心构图作用。可谓"梵宇层出山气壮，碧天突起玉浮图"，白塔简洁而特有的造型，前与金碧辉煌的木构殿堂形成对比，后与山峦青霭相间，使北海富于一种独特的风貌（参见图 7-1 北京北海琼华岛概貌，图 7-2 北京北海琼华岛平面），万岁山由此就以"白塔山"著名于世了。

图 7-1　北京北海琼华岛概貌

清代苑中的人工造山，已不同宋之艮岳的模写山水，追求峰崖涧壑的奇峭特征，以土为体以石造型的方法，而是把山与建筑有机结合起来，建筑借山势之高下，使平面空间结构的传统建筑在空间上立体化；山则借建筑而生气势，以达到"状飞动之趣，写真奥之思"的更高境界。

这种依山建造寺庙的目的，并非是为了宗教的需要，而实际是为了造景。我们从清帝乾隆所写的《塔山四面记》，可以看到他对园林建筑与造山艺术的审美思想与要求，他说：

　　　　室之有高下，犹山之有曲折，水之有波澜。故水无波澜不致清，山无曲折不致灵，室无高下不致情。然室不能自为高下，故因山以构室者，其趣恒佳。

这种因山构室、有高下之趣的建筑，对帝王生活来说，是可游而不适于常居的，建造庙宇既可得宗教"助王政之禁律，益仁智之善性"（《魏书·释老志》）的精神统治作用，又可作闲游观光之所。正如乾隆帝弘历在圆明园四十景御制诗

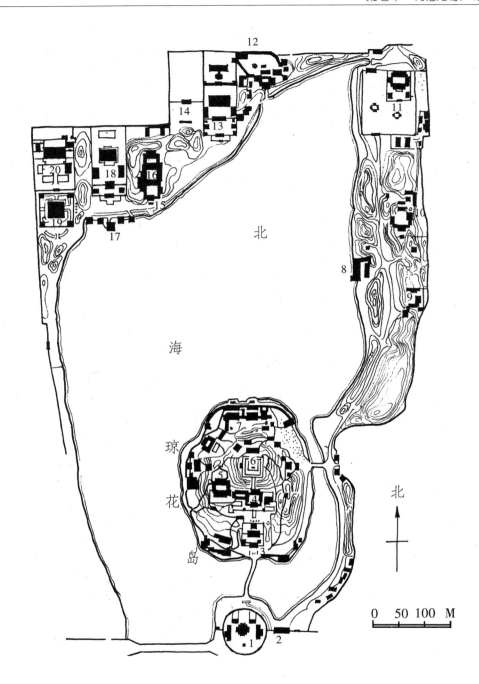

1.团城　2.苑门　3.永安寺　4.正觉殿　5.悦心殿　6.白塔　7.漪澜堂　8.船坞

9.濠濮间　10.画舫斋　11.蚕坛　12.静心斋　13.小西天　14.九龙壁　15.铁影壁

16.濠观堂　17.五龙亭　18.阐福寺　19.极乐世界　20.大西天

图7-2 北京北海琼华岛平面

图 7-3 北京颐和园万寿山上远眺胜概图

《月地云居》中所说："大千乾闼，何分西土东天，指上无真月，倩他装点名园。"可见梵宇琳宫只是用来"装点名园"而已。

颐和园的万寿山也是用同样的手法，前山以"大报恩延寿寺"一组体量最大的建筑群为中心，从临昆明湖山麓起，由山门、天王殿、大雄宝殿、多宝殿、佛香阁为高潮，依山重叠，层层而上，形成一条中轴线。左右两侧次轴线上，东为慈福楼、转轮藏，西为罗汉堂和铜殿宝云阁。为加强寺庙与湖的主轴关系，山门前堤岸向湖中凸出呈弓状潆涞，两侧对称布置了对鸥舫、鱼藻轩等临水建筑，联以著名的长廊。（参见图 7-3 北京颐和园万寿山上远眺胜概图，图 7-4 万寿山大报恩延寿寺平面，图 7-5 颐和园山湖位置图）

但这种"因山构室"的创作方法，并非没有现实的依据，江苏镇江市临长江的"金山寺"，就是自然山水中以建筑为主的所谓"寺包山"的典型实例（参见图 7-6《南巡盛典》金山寺）。这应该说也是一种"师法自然"。而中国名山大川中的寺庙建筑在"因山构室"方面有着非常丰富的实践经验，可资造园借鉴的思想方法以及具体艺术手法很多，是中国造园学可大量吸取的一个源泉，这方面还有待于深入系统地研究和总结。

园林"意境"的创作，有多方面的因素，我们仅从造山艺术作了重点论述，读者可以参阅其他有关章节。最后用清代吴振棫（1792—1871）在《养吉斋丛录》中的话来说，园林"在未成之时，人不知其绝胜，既成之后，则皆以为不可易矣。大抵顺其自然，行所无事，因地之势，度土之宜，而以人事区画于其间。经理天下，无异道也"[①]。

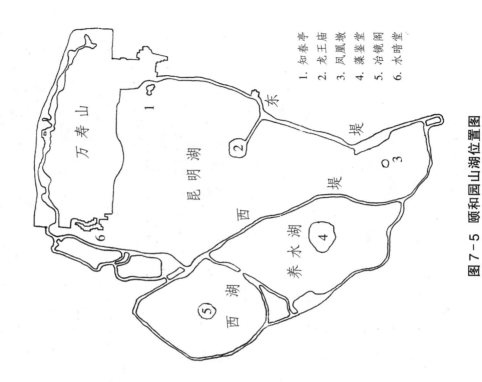

1. 知春亭
2. 龙王庙
3. 凤凰墩
4. 藻鉴堂
5. 冶镜阁
6. 水暗堂

图 7 - 5　颐和园山湖位置图

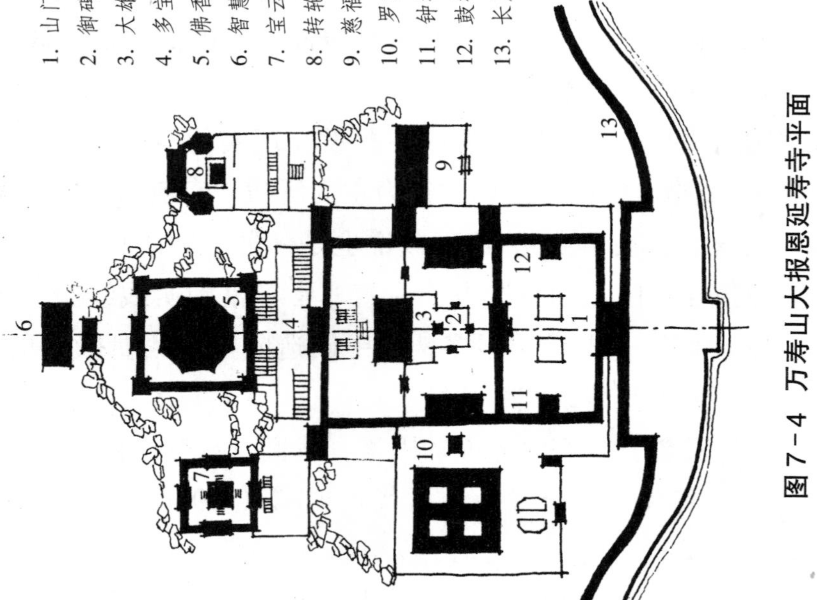

1. 山门
2. 御碑亭
3. 大雄宝殿
4. 多宝阁
5. 佛香阁
6. 智慧海
7. 宝云阁
8. 转轮福藏
9. 慈福楼
10. 罗汉堂
11. 钟楼
12. 鼓楼
13. 长廊

图 7 - 4　万寿山大报恩延寿平面

图 7-6《南巡盛典》金山寺

1. 慈寿塔 2. 别有轩 3. 操江楼 4. 弋峰阁 5. 天王殿 6. 大殿 7. 竹宫 8. 浮玉亭

注：

①宗白华：《美学散步》，第 57 页，上海人民出版社，1981 年版。

②《中国美学史资料选编》，第 42 页，中华书局，1980 年版。

③张岱年：《中国哲学史史料学》，第 26 页，三联书店，1982 年版。

④叶朗：《中国美学史大纲》，第 70 页，上海人民出版社，1985 年版。

⑤陈鼓应：《老子注译及评介》，第 152 页，中华书局，1984 年版。

⑥《王安石老子注辑本》

⑦陈鼓应：《老子注译及评介》，第 150 页，中华书局，1984 年版。

⑧高亨：《周易大传今注》，第 537 页，齐鲁书社，1979 年版。

⑨〔美〕苏珊·朗格：《表现》，《美学译文》，(3)，第 94 页，中国社会科学出版社，1984 年版。

⑩〔美〕鲁道夫·阿恩海姆：《视觉思维》，第 4 页，光明日报出版社，1986 年版。

⑪高亨：《周易大传今注》，第 518 页。

⑫徐志锐：《周易大传新注》，第 442～443 页，齐鲁书社，1989 年版。

⑬李镜池：《周易通义》，第121页，中华书局，1981年版。
⑭⑮陈骙：《文则》甲，丙。
⑯高亨：《〈周易〉卦爻辞的文学价值》，《周易杂论》，齐鲁书社，1979年新1版。
⑰高亨：《周易杂论》，第69页。
⑱高亨：《周易大传今注》，第597～598页。
⑲孔颖达：《周易正义》。
⑳宗白华：《美学散步》，第93页。
㉑《老子》：五十六章。
㉒陈鼓应：《庄子今注今译》，第356～357页，中华书局，1983年版。
㉓陈鼓应：《庄子今注今译》，第725～726页。
㉔㉕敏泽：《中国美学思想史》，第218页，齐鲁书社，1987年版。
㉖宗白华：《美学散步》，第177页。
㉗《闻一多全集》第二卷，第279～280页，三联书店，1982年版。
㉘张家骥：《中国造园史》，“魏晋南北朝社会与造园概述”，黑龙江人民出版社，1987年版。
㉙《王弼集校释》下，第609页，中华书局，1980年版。
㉚㉛西蒙德：《景园建筑学》，第113页，台隆书店，1982年版。
㉜张家骥：《中国造园史》，第111页，黑龙江人民出版社，1987年版。
㉝《三国志·魏书·荀彧传》注引何劭《王粲传》。
㉞释僧卫：《十住经合注序》，《全晋文》，卷一六五。
㉟僧肇：《般若无知论》，《全梁文》卷一六四。
㊱僧肇：《涅槃无名论》，《全晋文》卷一六五。
㊲《历代论画名著汇编》，第14页，文物出版社，1982年版。
㊳《历代论画名著汇编》，第18页。
㊴刘勰：《文心雕龙·神思》。
㊵黑格尔：《美学》，第一卷，第49页，商务印书馆，1979年版。
㊶叶朗：《中国美学史大纲》，第265页。
㊷敏泽：《中国古典意象论》，《文艺研究》1983年第3期。
㊸《弇州山人四部稿》卷六十四《于大夫集序》。
㊹《何大复先生全集》卷三十二《与李空同论诗书》。
㊺《姜斋诗话》卷二。
㊻王夫之：《古诗评选》卷五。
㊼《大珠禅师语录》卷下。
㊽赵光远主编：《民族与文化》，第452，453～454页，广西人民出版社，1990年版。
㊾《李泽厚哲学美学文选》，第102页，湖南人民出版社，1985年版。
㊿黑格尔：《精神现象学》（上），第144～145页。
(51)[日本]铃木：《禅宗与日本佛教》，转引自德西迪里厄斯·奥班恩《艺术的含义》，第70页，学林出版社，1985年版。

○52敏泽：《中国美学思想史》，第 538 页，齐鲁书社，1987 年版。

○53叶朗：《中国美学史大纲》，第 265 页。

○54敏泽：《中国美学思想史》，第 528 页。

○55高楠：《艺术心理学》，第 544～545 页，辽宁人民出版社，1988 年版。

○56严北溟：《儒道佛思想散论·自序》，第 14 页，湖南人民出版社，1984 年版。

○57宗白华：《美学散步》，第 59 页。

○58叶朗：《中国美学史大纲》，第 439 页。

○59沈子承：《历代论画名著汇编》，第 334 页，文物出版社，1982 年版。

○60蔡仪主编，奕勋编著：《中国古代美学概观》，第 44 页，漓江出版社，1984 年版。

○61张家骥：《中国造园史》有关章节，黑龙江人民出版社，1987 年版。

○62○63张家骥：《中国造园史》第五章"宋元时代"，黑龙江人民出版社，1987 年版。

○64刘侗、于奕正：《帝京景物略》，第 29 页，北京古籍出版社，1982 年版。

○65张岱：《陶庵梦忆·西湖梦寻》，第 68 页，上海古籍出版社。

○66吴伟业：《张南垣传》，《梅村家藏稿》卷五十二。

○67《元遗山诗集笺注》卷九。

○68《郝文忠公文集·琼华岛藏》。

○69萧洵：《故宫遗录》，第 75 页，北京古籍出版社，1983 年版。

○70○71吴振棫：《养吉斋丛录》，第 193、206 页，北京古籍出版社，1983 年版。

第八章　开户发牖　撮奇搜胜

——中国园林建筑的审美价值与意义

第一节　厅堂楼阁　各有异宜

中国古典园林建筑的类型很多，如亭、廊、阁、榭、斋、馆、楼、堂等等。如计成所说："园屋异于家宅。"（《园冶》）中国古典园林，虽然是住宅的一个组成部分，但由于功用不同，园林建筑（园屋）在空间环境和造型的意匠上，都与住宅建筑（家宅）有不同的要求。

中国园林更与西方不同，不只是为了可行、可望，而且要可游、可居。园林建筑既要为园居生活创造一个休憩游赏、悦神怡性的空间环境，满足各种生活活动的需要，同时也是构成园林景境所必不可少的景物。所谓"宜亭斯亭，宜榭斯榭"（《园冶》），宜者，宜于人、宜于境也。

园林建筑作为景境创造的一个重要手段，在空间和造型上有很高的艺术要求。不论是堂是阁、是亭是榭，造型都丰富多姿，意匠十分灵活，随建筑景境的不同，同一建筑不同方位的造型也可作不同的处理，极臻变化，充分发挥了传统建筑艺术造型的特点，达到高度的艺术境界。

中国传统建筑艺术形象的特征，可说是突出地表现在屋顶的形式上，如硬山之简朴、悬山之轻快、庑殿之庄严舒展、歇山之典丽雄秀、卷棚之流畅飘逸、攒尖顶之挺拔而轻扬、十字脊之玲珑而飞舞等等。随空间布局各异，不同的建筑组群可以体现出各自的性格；从整体的艺术形象上，显示出灿烂的历史文化和民族精神。而屋顶的多样形式与巧妙的组合，就起着非常重要的作用。

园林建筑就更加充分而灵活地运用了传统建筑艺术造型的手段，并且创造性地加以发展。最突出的典型实例，是古典私家园林中的象征性建筑"不系舟"。

不系舟

古代借建筑语言象征人们某些社会意识，以表现某种特殊的意义，可以说是中国建筑的历史传统，也是中国建筑的主要特点之一。如古代明堂建筑多用上圆下方的形式，《淮南子·天文》曰："天道曰圆，地道曰方。"是法天地之象也；古天子所立的大学称"辟雍"，亦作"璧廱"者，因四周有水，形如璧环，帝王宫殿的主要殿堂建于三重台基之上，如古明堂之制有"堂高三尺，土阶三等，法三统"之说，《管子·君臣上》："立三阶之上，南面而受要。"

这种象征性不只是个体建筑，古代整个宫殿建筑群就是对宇宙的象征。汉班固《西都赋》曰："其宫室也，体象乎天地，经纬乎阴阳，据坤灵之正位，仿太紫之圆方。"李善注引《春秋合诚图》曰："太微其星十二，四方。"又曰："紫宫，大帝室也。"宫殿是小宇宙，宇宙是大宫殿。赋家的描绘，说明古代以宫殿建筑群的空间结构与布局，象征人们所理解的天体和运动。从有限见无限，从无限回归有限的哲学思想，以及古人用"无往不复，天地之际"的空间意识观察天地的思想，渗透在中国艺术中，即重神似而不求形似，是以形写神，只有充分表现出神，才能有变化莫测之妙。

中国这种艺术精神，在古典园林建筑的"不系舟"上得到充分的体现。这是园林建筑中象征"舟"的组合建筑，前为架于水上的台，台后为空灵的卷棚顶之亭，亭后接以两坡顶的房舍，两侧为和合窗，房后是三面筑墙上层向前开敞的翼角飞扬的楼阁，正是用这些体量不同、形式各异的建筑组合成"台如凫，楼如船"的象征性水景建筑。

这种象征性建筑，妙在它似舟非舟，不是画舫而胜似画舫，正是在这似与不似之间，达到神似的意境。正因为它不是，虽体量较大而不觉其大；丰富的形体组合，空灵而挺秀的形象，不仅与水面环境和谐协调，而且相得益彰。夜晚，月色朦朦，微风习习，水波粼粼，或坐舱中，对酌吟咏；或立船头，披襟当风，都给人以泛舟江湖的旷如之感。

如果自然主义的追求"形似"，只能是愈是逼真就愈觉其假，愈是逼真与环境就愈不协调而大刹风景。古典园林的景区，一般范围较小，水面不大，"不系舟"的组合体量则较大，对比之下，不仅使人感到它是不能航行的死船，而且

中国造园论

园中的池沼也就成了一洼死水，既违背了园林造景"视觉无尽"的美学原则，更加糟糕的是它破坏了园林的"咫尺山林"的意境。

在苏州古典园林中，这种象征画舫的建筑，几乎是园皆有，虽大同小异，但各有其趣，如拙政园中部景区的"香洲"〔参见图3-3 苏州拙政园中部景观（香州）〕、怡园中的"画舫斋"（参见图8-1 苏州怡园"画舫斋"）等等。但也不乏失败的例子，如苏州"狮子林"，景区以假山为主，将庭园分成数块，所以水面分散成溪渠，曲折的池水本已很窄，却在西北水端横堵一艘石舸，湖石林立的假山，本已缺乏山林的气势，加之巨舟与曲溪的强烈对比，园林水石毫无山水的意境可言矣！

南京煦园的"不系舟"，从建筑的形体组合方式，与苏州的"香洲"和"画舫斋"是完全一样的，只在建筑形式上稍有所异，就在这大同小异之间，有高下之分、雅俗之别，两者立意不同也。〔图8-2 南京煦园"不系舟"透视图，图8-3 南京煦园总平面图（"不系舟"与环境透视图）〕。

"不系舟"立意在形似，位置在园中长池中间，四面皆水。从船头露天平台两旁通向两岸平板曲桥看，水面宽约船身的三倍左右。建筑台基完全模仿船身形式，十分逼真。建筑亦很简朴，前为悬山两坡顶矩形之亭，亭后接复屋式房舍，房后顺接坡度很平缓的悬山顶房屋，大概为了像船棚，屋顶均不筑脊，整体形象非常"形似"一只停泊的船。正因为它太像一艘船，如论文者云"言直叙而寡余味"，何况是对船的模仿。从环境言，长方形池塘，一览而尽，这船就无处可航，了无生意。"不系舟"与环境尺度对比，大而孤立，从而失去中国造园"小中见大"、"宛自天开"的目的。

这种象征"舟"的水景建筑，造园学中尚无定名，我取《庄子·列御寇》"饱食而遨游，泛若不系之舟，虚而遨游者也"之意，也是喻这种象征性建筑，不用系缆而固定不移也。"不系舟"的形象，既是由似是而非的建筑产生，又在这建筑形象之外，这就是现代常说的"意象"，正是因其非舟是舟的审美"意象"，形成中国园林艺术的山水意境，表现出高度的艺术性。中国的象征性建筑，在创作思想中蕴藏着深刻的哲学思想，景物的"神似"是产生"意境"的前提；立意庸俗者，刻意求"形"、追求"物趣"，形似则死；高手离形取"神"，神似则生。

中国古典园林中的象征性建筑"不系舟"，只有从神似中才能创造出给人以丰富联想的意境，达到富有生命活力的自然之"道"，这就是中国建筑和造园的

图8-1　苏州怡园"画舫斋"

图8-2　南京煦园「不系舟」透视图

中国造园论

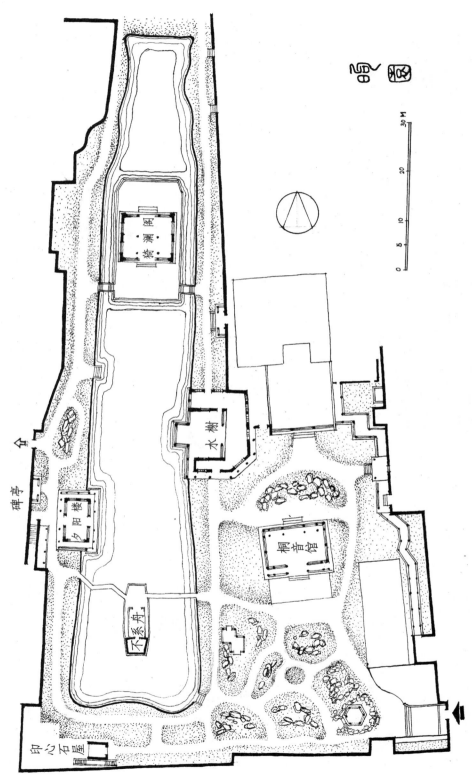

图 8-3 南京煦园总平面图（"不系舟"与环境透视图）

艺术精神。

园林建筑"意象"的妙境，历来诗文词曲中有不少描绘，对造园构思很有裨益，集录数则以供参考：

> 月榭风亭绕，粉墙曲池回。（南朝·谢朓）
>
> 一片水光飞入户，千竿竹影乱登墙。（唐·韩翃）
>
> 赖有小楼能聚远，一时收拾付闲人。（宋·苏轼）
>
> 东风袅袅泛崇光，香雾空濛月转廊。（同上）
>
> 梨花院落溶溶月，柳絮池塘淡淡风。（宋·晏殊）
>
> 袅晴丝，吹来闲庭院，摇漾春如线。（元·汤显祖）
>
> 庭院深深深几许？杨柳堆烟，帘幕无重数。（五代南唐·冯延巳）

中国园林与西方花园（garden）的一个本质区别，是它绝非建筑之外的环境绿化和美化，而是包含建筑在内的、得到充分表现而有高度自然精神境界的园居生活环境。园林建筑是景境构成的重要组成部分，它融于"咫尺山林"之中。所以，任何独立自在的建筑，只是凝固的僵死的东西，只有把它们从睡梦中唤醒，成为可望、可游、可居的景境的有机组成部分，才有其生命的活力，才具有审美的意义和价值。

在园林创作中，何处建堂，何处筑阁，哪里宜亭，哪里宜榭，虽无一定的成法，但也非随手拈来都成格局的。因园有大小，地有异宜，不可能有固定不变的模式，但也不是毫无规律可寻。我们可以从园林建筑形式的特点与景境的关系，作一些简要的分析。所谓凡事有经必有权，有权必有变，要者是一知其经即变其权了。

堂

堂的本义，并非指房屋建筑，而是指高大房屋下的台基。如《礼记·礼器》："有以高为贵者，天子之堂九尺，诸侯七尺，大夫五尺，士三尺。"以战国每尺折合公制约 0.23 米，最高的天子之堂仅 2 米，而士之堂只有 70 厘米，显然不可能是住房的高度。建筑台基的高低，既然成为一种人的社会地位与身份的标志，因此而将有台基的高大房屋，称之为"堂"，汉以后对帝王宫室中的堂称之为"殿"。在民用房屋中，堂是主要建筑，是建筑组群中的主体，如《园冶》曰："堂者，当也，当正向阳之谓也。"是坐北朝南，位置于主要轴线上的房屋。

堂，在住宅中是祭祖先、祀鬼神、举行仪式等重要活动的地方。厅，是听事之处，也是会客、休憩、娱乐之处。厅堂常联称，从建筑形式，厅与堂没有严格的区别。但是，不论在住宅还是在园林中，在位置经营上都有质的不同。一般而言，堂是主体建筑，位置必须在主轴线上，当正向阳而高显；厅，则比较随宜，大多数位置在次要轴线上，园林中则根据规划设计的要求，朝向也较灵活自由。因其体量较大，装修讲究，是构成庭院和景点（庭园）的主体建筑。

厅堂，在造园中占有重要的地位。计成在《园冶·立基》中首先提出"凡园圃立基，定厅堂为主"的原则。苏式建筑从结构和构造上区别"厅"和"堂"，堂用圆木，故称"圆堂"；厅用方木，而称"扁作厅"。堂的位置经营，在古典园林的总体布局中起关键性作用。（堂的位置经营问题，详见第九章"园林艺术的创作思想方法"中"私家园林意匠"一节）

堂，是园林中的主体建筑，是主要游览线上的主要景点，从观赏和建筑艺术要求，堂的建筑多廊庑周匝，户牖疏朗，装修精美而檐宇轻飏，给人以俨雅中又有雄秀之感。从"堂"的待客、团聚和宴集等活动要求，要"先乎取景，妙在朝南"，是可得而揽其胜概的最佳处。环境相对地要开阔，树不在密茂，而要少而修，如《园冶》云"倘有乔木数株，仅就中庭一二"即可。建筑朝南者，冬可"敞南甍，纳阳日，虞祈寒也"；夏则"洞北户，来阴风，防祖暑也"（白居易《庐山草堂记》）。在任何类型建筑的庭院组合中，不论地形如何偏缺、布置如何灵活，庭院既要"随曲合方"，厅堂必须坐北朝南，这是传统建筑布置的基本原则。

在景区中的厅堂，为开阔视野，多建于水面宽敞处，随园与住宅的相对位置不同，堂或在池南或在池北，临水一面多构筑平台。特别是堂在池南，向水一面背阴，筑台既可作堂的空间延伸、开拓活动之地，也避免近水处于阴影之中。为了衬托出厅堂建筑的主体地位，中国园林虽忌"方塘石洫"，池边多用湖石，但堂前（后）之台，"为要华整，多以文石驳岸"（《长物志》），并绕以雕栏。

厅堂这种坐北朝南、临水筑台的方式，苏州拙政园的"远香堂"是非常典型的例子。不仅江南园林如此，北方园林也同样，如刘侗、于奕正在《帝京景物略》中说："湖于前，不可以不台也。老柳瞰湖而不让台，台遂不必尽望。"多年树木，虽在筑台处也应保留，"斯谓雕栋飞楹构易，荫槐挺玉成难"（《园冶·相地》）也。刘侗所说北京的"定园"，不仅保留了树木，还把这株老柳组合在台的构图之中，这种设计思想方法，可谓很现代的了。

计成云"园屋异于家宅"，园林厅堂不同于第宅者，就在于"宜己"。对此，刘侗有精辟之论，他说："堂室则异宜己，幽曲不宜宴张，宏敞不宜著书。"（《帝京景物略》）邀朋会友，饮酒赋诗，要求有一定的活动空间，故云"幽曲不宜宴张"。园主著书立说，诗画自娱，则要求静幽而非空旷，故云"宏敞不宜著书。"所以，园林厅堂，不应如房闱之幽邃精丽，亦不必像第宅厅堂的轩昂宏敞，只要明净开朗、体量适当、尺度宜人即可。

园林厅堂形式很多，清李斗在《扬州画舫录》的"工段营造录"中就归纳有：

> 一字厅、工字厅、之字厅、丁字厅、十字厅……六面庋板为板厅，四面不安窗棂为凉厅，四厅环合为四面厅。贯进为连二厅及连三、连四、连五厅。柱檩木径取方，为方厅。无金柱亦曰方厅。四面添廊子、飞椽、攒角为蝴蝶厅。仿十一檩挑山仓房抱厦法（即四面进口处加门廊，用歇山顶山花向外为饰者），为抱厦厅。枸木橡脊为卷厅（即卷棚顶），连二卷为两卷厅，连三卷为三卷厅。楼上下无中柱者，谓之楼上厅、楼下厅。由后檐入拖架，为倒坐厅（即坐南朝北者）。

可见，扬州在清代中叶，由于盐商集居，乾隆帝弘历多次南巡，为得到皇帝娱游之赏，他们大量兴建园林，除城南城西不计，出天宁门北郊至平山堂，沿途夹水两岸，几乎园林相接，正如诗云：

> 绿油春水木兰舟，
> 步步亭台邀逗留。
> 十里画图新阆苑，
> 二分明月是扬州。

造园兴盛也推动了建筑形式多样化的发展，李斗所列各种厅堂，在清代园林建筑中大都可以见到。中国建筑并不像一般人所想的那么简单，只有矩形平面一种，建筑平面的空间组合是丰富多彩的。但用得最多的还是矩形平面的建筑，原因是中国传统的设计思想不注重单体建筑的突出，而是注重整体的空间意匠，追求的是富于哲理性的视觉无尽、空间无限的"意境"（spatial imagery）。

现存苏州古典园林景区中的厅堂，为了取得艺术上的自然质朴而秀逸的风格，多用一字形、卷棚顶"四面添廊子、飞椽、攒角"的蝴蝶厅。典型的例子，即苏州拙政园里的"远香堂"。

李斗《扬州画舫录》中的贯进为连二、连三等厅式，就是将两幢或两幢以

中国造园论

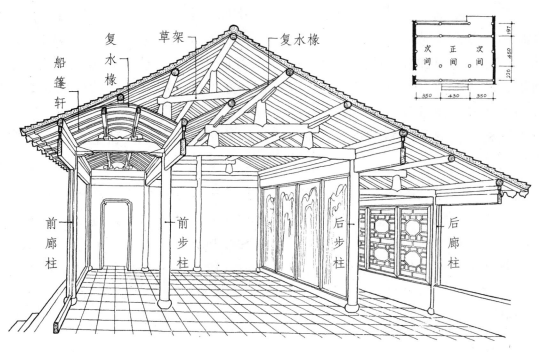

图 8-4 苏州怡园雪类堂构架透视图

上的一字厅纵向并联，屋顶是卷棚的，则称为两卷厅、三卷厅。这种空间组合，只能说是一种简单的拼合。从空间上，加大了幢深，并没有扩大受大梁长度限制的进深。从结构上，纵向并联屋顶成 M 字形，天沟成内排水，在当时的构造技术上是难以解决的。

　　计成《园冶》中的"草架"之制，是解决这种两幢并列厅堂的杰出创造，所谓"草架"之法，简单而形象地说，就是用一个大的屋顶覆盖在两个屋顶之上，如 ∧ 字形，这样就解决了屋面排水问题。"草架"之名，是指隐于两层重叠屋顶之内的构架部分，因为看不到它，用料较草率，而无须加工整齐，所以称"草架"。草架内的梁、柱、桁、椽均冠以草字，名草脊柱、草脊桁、草双步、草头停椽（近屋脊处的第一排椽子）等。（参见图 8-4 苏州怡园雪类堂构架透视图）读者如感兴趣的话，可详见拙著《中国建筑论》第八章 中国建筑的结构与空间，"园林建筑厅堂草架制度"一节。这里不再赘述。

　　计成"草架"之制的杰出，并不在结构构造上的优点，而在于厅堂内部空间的意匠。两幢并立，前后的空间大小相等，体量相同，无主次之分，空间的设计与处理则各异，从装修陈设到梁柱加工力求不同，如梁柱加工内方外圆，即一面用扁作，一面用圆料。中间落地的脊柱，也随之加工成内方外圆的形状，特称之为"双造合脊"。在前后两厅脊柱之间，正间（中间的一间）屏门排比，为室内主要的活动空间；次间（正间左右的两间）嵌装玲珑剔透的落地花罩，是前后两厅交通的空间；稍间（尽端有山墙的两间）则安纱槅，即镶木板的槅扇，裱以字画，十分雅致，是室内次要的活动空间。前后厅山墙辟牖，亦用不同的形状，如前正方后六角等。透过落地罩，前后隐约可见，而环境不同。由于左右两罩有门洞可通，就形成建筑内部空间的环路，使前后两厅，空间上既相对独立，又互相渗透，互相融合；空间上既是流通、流畅的，又富于空间流动变化的情趣。这种空间形式的厅堂，就叫做"鸳鸯厅"。这样的例子很多，如苏州拙政园的鸳鸯厅、"三十六鸳鸯馆、十八曼陀罗馆"、留园的鸳鸯厅、"林泉耆硕之馆奇石寿千古"等等。这种鸳鸯厅式的建筑空间意匠，是体现中国造园"往复无尽"的流动空间理论所不可缺少的一个组成部分。现代建筑崇尚流动空间的设计，那么，数百年前中国造园中鸳鸯厅式的建筑，就堪称室内流动空间的典范了。

苏州古典园林的鸳鸯厅又名为馆，《说文解字》："馆，客舍也。周礼，五十里有市，市有馆，馆有积，以待朝聘之客。"也就是供旅客临时食住的地方，今天尚有旅馆、饭馆之称。园林的馆，功用和厅堂一样，只不如厅堂之尊重，较随便而已，所以位置多偏僻些，如留园的"林泉耆硕之馆"组合在重重庭院之中。拙政园的鸳鸯厅在西部的补园里。

楼阁

楼，起初并非是"屋上架屋"，即在高度上空间层叠的建筑。如最早解释词义的书《尔雅》释"楼"："四方而高曰台，狭而修曲曰楼。"宋邢昺疏："凡台上有屋狭而屈曲者为楼。"大概是指造在台角上的房屋。汉许慎《说文解字》："楼，重屋也。"据此，有人认为《周礼·考工记》中"殷人重屋"说明约公元前11世纪至16世纪的殷商时代，已经有了"屋上架屋"的楼房建筑了。但清代著名的学者训诂学家段玉裁注《说文解字》中"楼"却说："重屋与复屋不同，复屋不可居，重屋可居。《考工记》之重屋，谓复屋也。"与段玉裁同时代的孔广森说："殷人始为重檐，故以重屋名。"这里的屋非指房屋建筑，而是指屋顶。孔说的"重檐"也绝非今可见之重檐，而是屋面重叠呈介状的屋顶也。关于"楼"的词义和楼的历史演变，详见拙著《中国建筑论》第三章"楼的名与实"一节。

　　楼与阁作为中国传统建筑的一种形式，与其他建筑形式一样，并无固定不变的功能，要视其建造的环境及在组群建筑中的位置而定。尤其是在风景名胜处的楼与阁已没有什么分别，如江南三大楼阁中的江西南昌滕王阁，上层前楼匾额上就题写了"西江第一楼"。湖北武汉与黄鹤楼隔江相望的晴川阁，则是取唐崔颢《登黄鹤楼》诗中"晴川历历汉阳树"之意而命名。可以称楼为阁，亦可名阁为楼。

　　中国人自古就酷爱自然山水，"登高望远，人情所乐也"。名山大川，多建有高楼杰阁，临江流，枕湖泊，滨海洋，登斯楼游目骋怀，足以极视听之娱，信可乐也。这种供登临眺远的景观性楼阁，多用型体组合，造型非常丰富，杆栌各落，栾栱夭蛟，翼宇飞扬，形象崇丽而雄秀。

　　楼的形体变化丰富多彩，就以最简单、最常见的"一"字形楼来说，开间可多可少，檐廊可有可无，或前添敞卷，或后进余轩，可三面筑墙一面虚敞，也可前装槅扇后设槛窗，或单檐或重檐，或硬山或悬山或卷棚等等的不同，再与庭院之相应互融，可以创造出不同的建筑性格和艺术形象。

　　阁，《说文解字》："阁，所以止扉者。"本是钉在地上的木橛，用以止住门扇者。或将两根长橛横钉在墙上，在上搭木板以置物，这种"横者可以庋物亦曰阁"（《说文解字》段玉裁注），后引申为凡庋藏之处皆称阁。《康熙字典》有"阁，《集韵》一曰观也，一曰庋藏之所"。因阁是楼房，可以登眺，故曰"观"；阁的庋藏功用，段玉裁注《说文解字》时进一步引申说："故凡止而不行皆得谓之阁。"这就是说凡供游人驻足休憩可登临观览的楼称为阁，寺庙中供泥塑木雕菩萨的楼堂，也可称之为阁。

　　阁的功用不同，反映内容的建筑形式也各有特点。最早称藏图书典籍之所为阁者，是汉代天禄阁、石渠阁。最著名的藏书阁，是浙江宁波的天一阁，明人范钦辞官回乡后所建。阁名是取"天一生水，地六成之"之义，故阁用六开间两层楼房，三面筑墙，向庭院一面窗棂疏锁，底层设檐廊。为了防火，院中凿池，叠石植树，环境静谧而清幽。

　　清代乾隆年间，为专藏《四库全书》，在全国造了七座藏书阁，都是仿照天一阁的模式。七阁，即内廷四阁：北京故宫的文渊阁、沈阳故宫的文溯阁、承德避暑山庄的文津阁、北京圆明园的文源阁（已毁）；江南三阁：杭州孤山的文澜阁、镇江金山寺的文宗阁（已毁）、扬州大观堂的文汇阁（已毁）。

　　供佛者，用楼阁供佛，主要是为了陈列高大的圆雕立像。如河北蓟县独乐寺观音阁，距今已千余年，中立 11 面观音立像，高达 16 米，是我国最大的泥塑菩萨像。河北正定隆兴寺大悲阁，《畿辅通志·真定府》："大悲阁，七间五层，高一百三十尺，中供铜铸观音佛，高七十三尺，宋开宝四年（971）建。"铜佛为千手千眼观音，通高约 23 米，比例匀称，线条流畅，是我国铜铸立像中最古最高的一尊。河北承德普宁寺大乘之阁，阁高 36 米多，中立千手千眼观音菩萨像，高亦约 23 米，用松、柏、榆、杉、椴 5 种木材雕成，重达 110 吨，堪称世界最大的木雕佛像。

这种佛阁，因佛像高达数层，阁的平面均近方形，用内外两围柱列构成筒状的空间结构，佛像穿过四围层层楼板，几近天花板，利用人仰视而莫测颠末的视觉心理，造成佛像崇高而神圣的境界。(详见《中国建筑论》第十一章 中国建筑艺术)

住人者，称闺阁。如《汉书·汲黯传》："黯多病，卧闺阁内不出。"可见，闺阁不只是对女子卧房的特称。故旧时对人尊称阁下，也就是不敢直指其人，呼其在阁下的侍从者而告之的意思。

在造园中楼阁并无严格的区分，文震亨在《长物志》中，按楼阁的不同功用在规划中的不同要求，作了简单的概括。他说：

> 作房阃者，须回环窈窕；供登眺者，须轩敞宏丽；藏书画者，须爽垲高深，此大略也。

作房阃、藏书画，是园主私人生活活动的地方，既要爽朗干燥，又须静僻幽深、藏而不露，在园林中多组织在深重的庭院里。供登眺者，不论位置何处，在视野之内都要有景可观。"窗中列远岫，庭际俯乔木"(齐·谢朓诗句)、"窗含西岭千秋雪，门泊东吴万里船"(唐·杜甫诗句)，都是对楼阁远眺俯瞰"借景"的生动描写。苏州古典园林有不少楼阁的佳构，如留园之冠云楼、沧浪亭之看山楼、木樨荬园的延青阁，都是远借自然山景的例子。而狮子林中的修竹阁则是一座空亭，以阁名亭者，因亭横架小池水口之上，突出高架空灵之意，给人以联想也。

计成对阁的意匠颇有巧思，在《园冶·掇山》中说"阁皆四敞也，宜立于山侧，坦而可上，以便登眺，何必梯之"，何以阁立山侧，无梯能坦而可上呢？他在楼阁《立基》中说得很清楚，楼阁"何不立半山半水之间，有二层一层之说，下望上是楼，半山拟为平屋"。就是说将阁建在山坡上，利用地势的高差，上层可从半山而进，底层也就无须设梯了。所以说在山下望是楼，在山上望是平屋，这种利用地势与建筑形式巧妙结合的构思，对园林建筑设计是很有启发的。苏州同里镇退思园内池东山亭（阁），是这一构思的妙用。亭在池东近园墙，平面方形二层，底层三面筑墙，向园墙傍小路一面全部开敞，不设窗棂槅扇；上层为歇山卷棚顶方亭，四周筑槛墙上设美人靠，三面叠石为山，洞窟婉转，由蹬道可登亭中。三面望之，有亭翼然，屹立山上，沿小路望，则为二层之阁，这种处理，既省亭下大量土石之功，又随视觉环境的不同而变化了建筑造型，增加了园林建筑的情趣。

斋

《说文解字》："斋，戒絜也。"原指古人在祭祀前或举行典礼前清心洁身以示庄敬的意思。古人读书讲究清心一意，所谓"虚一而静"，故称读书处为书斋或书房。"房，旁室也"（《说文解字》），是"藏修密处之地"。文震亨《长物志》中云："宜明净，不可太敞。明净可爽精神，太敞则费目力。"园林书斋环境要较隐僻清幽，须避开园林的主要游览路线。所谓"藏修密处"，不是要将它隔绝于园林的景境之外，而是置园中又不受干扰的办法，如计成所说，可从"偏僻处随便通园，令游人莫知有此"（《园冶·立基》），达到"内构斋馆房室，借外景自然幽雅"的境地。如苏州拙政园的倒影楼，楼下是"拜文揖沈之斋"，与山水景区一墙之隔，独立成院，环境十分幽雅而清净。留园的"还我读书处"，则深藏于大小相间、错综组合的小院中，庭院小而建筑尺度宜人，可谓明净而不太敞，正是读书的佳处。

榭

榭，大概盛行于秦汉的高台建筑时代，是台的一种形式。《说文解字》："台，观四方而高者也。""榭，台有屋也。"所以台榭常联用，说明台上多建有房屋的缘故。筑高台既为广瞻四方，台上之屋也应是四面窗牗开敞的建筑。

高台随着社会经济的不断发展，早已倾圮而湮没了，到明清时的园林中，多已成为临水的敞厅，榭的建筑名称虽沿用下来，但意义已经不同。计成在《园冶》中解释："榭者，藉也，藉景而成者也。"是取其四面开敞可广瞻的遗意，故计成云："胡拘花间隐榭，水际安亭。"只要是观赏景色的最佳处，皆可安亭立榭。

廊

李斗在《扬州画舫录》的"工段营造录"中作了解释，并列出廊的各种名称。他说：

浮桴（《说文解字》："浮，眉栋也。"即廊柱间之桁）在内，虚檐在外，阳马（廊转角处承短椽之桁）引出，栏如束腰谓之廊。板上甃砖，谓之响廊。随势曲折，谓之游廊。愈折愈曲，谓之曲廊。不曲者修廊，相向者对廊（复廊），通往来者走廊，容徘徊者步廊，入竹为竹廊，近水为水廊。花间偶出数尖，池北时来一角，或依悬崖，故作危槛，或跨红板，下可通舟，递迢于楼台亭榭之间，而轻好过之。廊贵有栏，廊之有栏，如美人服半背，腰为之细，其上置板为飞来椅，亦名美人靠。其中广者为轩，《禁扁编》云：窗前在廊为轩。

李斗从廊的功用、形式、位置、构造作了精要的概括。他提出廊中广者，窗前在廊为轩的说法，须稍加解释。人们对廊、庑、轩三者常难分辨清楚。按《说文解字》："轩，曲辀藩车也。"辀，是古代小车上驾马的构件，一端为方料，置轮轴的中央，从车底伸出渐渐向上隆起，又渐成圆料的一根曲木。木前端置横木（衡）和轭以驾马上。所以段玉裁注："曲辀者，以辀穹曲而上，而后得言轩。凡轩举之义引申于此。"

古典园林建筑出檐一步者（两桁之间距称一步）为廊，为开阔檐下的缓冲空间，常加宽一步，称为双步，也就是李斗所说"其中广者"。"窗前在廊"的意思是在门窗槅扇前的廊。为什么又称为"轩"呢？因为檐下双步较宽，顶上空间在屋盖下成直角三角形，空间局促且不完整，也不美观。为了解决这个矛盾，计成在《园冶》中提出"必有重椽，须支草架"，即在原有屋面下，再加上一层椽子故名"重椽"，使顶上空间前后对称，表里齐整，自下仰视俨若假屋者，而且将这些重椽都做成弯曲上拱的形式，所以称之为"轩"。随重椽的形式不同，而用以名轩。

如平椽中凸，形若茶壶档者（⌒）名"茶壶档轩"，这是跨度小、结构最简单的一种（参见图8-5 茶壶档轩构造与透视）。椽弯曲如弓者（⌒），名"弓形轩"[参见图8-6 弓形轩构造与透视（网师园走廊—弓形轩）]。在轩梁中安一坐斗，上架轩桁者（⌒⌒），名"一枝香轩"，因重椽形如海棠，又称"海棠轩"[参见图8-7 海棠轩（"一枝香"）构造与透视]。这些都是檐下跨度较小的"廊轩"。位于廊轩之后，在室内做成重椽草架的，称"内轩"。内轩跨度较大，顶部重椽如船篷状者⌒，名"船篷轩"（参见图8-8 苏州东北街某宅船蓬轩构造与透视）。若两边椽子弯曲如鹤胫者（ʃ），称"鹤胫轩"（参见图8-9 苏州西百花巷某宅鹤颈轩构造与透视）。……这就是计成在《园冶·屋宇》篇中所说的

"前添敞卷，后进余轩"，并利用它与廊相接，是巧妙地创造出空间无尽的手法之一。

关于"轩"的构造、形式与做法，可详见拙著《中国建筑论》第八章 中国建筑的结构与空间。概言之，中国古典园林建筑，用"重橼"、"草架"做成各种轩式的特殊意匠和审美要求，同中国木构建筑整体构架的特殊性是分不开的。因为中国古建筑结构，是一种"叠梁式"构架体系，建筑内部的空间深度受大梁跨度的制约，在横向深度上有很大的局限性，如果要加大建筑的幢深，就必须在大梁的步柱（北方称金柱）前后再添梁加柱。但在空间上，由梁柱所形成的空间视界仍然存在。也就是说，由大梁和步柱构成的完整空间，与其前后添柱架梁所扩大的空间，仍然是两个不同的部分，而这部分顶上直角三角形的空间与构架，既不完整也不美观。正由于木构架在空间深度上的特殊性，古代匠师们"因形就势"创造出丰富多彩的建筑空间形式，表现出巧妙的艺术处理和精湛的手法。在园林与建筑艺术的创作实践中，善师者不是形式，而是这种形式在空间艺术中所显示出的创作思想方法和它所体现的民族的传统艺术精神。

庑

《说文解字》："庑，堂周屋也。"厅堂或殿堂四面周绕的廊，才称之为庑，所谓"廊庑周匝"也。显然，一般檐下之廊，即计成所指的"前卷"、"后轩"均不称庑。弄清廊、轩、庑之后，再对廊在园林建筑空间艺术上的妙用作具体的分析。

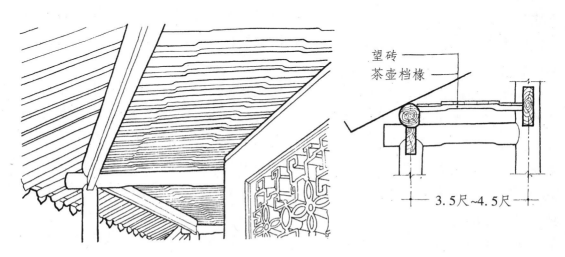

图 8-5 茶壶档轩构造与透视

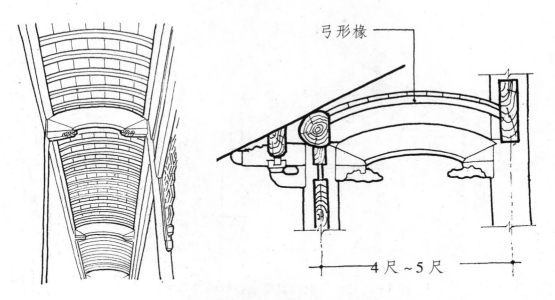

图 8-6 弓形轩构造与透视（网师园走廊—弓形轩）

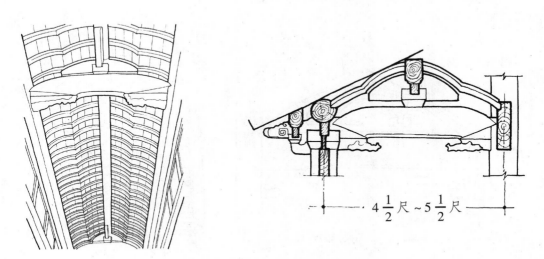

图 8-7 海棠轩（"一枝香"）构造与透视

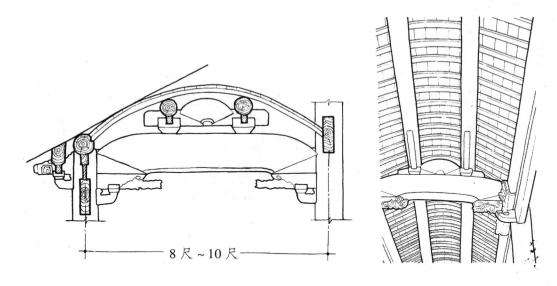

图 8-8 苏州东北街某宅船蓬轩构造与透视

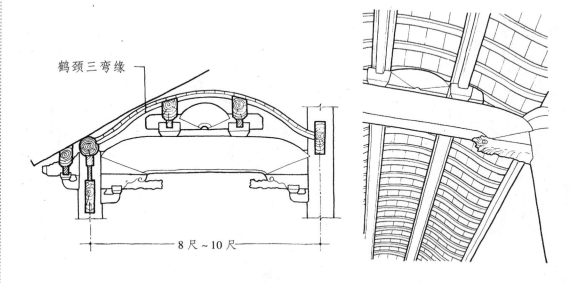

图 8-9 苏州西百花巷某宅鹤颈轩构造与透视

廊与路，在造园中既有共性又有其特殊性，廊可以说是立体的路，作为交通，廊与路是共同的，但不是一般意义上的路。从当时人的园居生活方式的活动要求，刘侗在《帝京景物略》中说得很好，"垣径也亦异宜，蔽翳不宜信步，晶旷不宜坐愁"。所谓"坐愁"，只能是封建主饫甘厌食、无病呻吟的"富贵闲人"的生活表现。但从娱游观赏休憩的要求，园林的廊与路若坦荡绳直，虽便于行，却不宜漫步小憩或与知音者倾介谈诉。

廊不单只是立体的路，它对人们的游览起着规划和引导的作用，是造园者把其创作意图强加给游人的行动路线，而这种无言的强制，要使游人在探奇寻幽中自觉地接受，方为成功之作。要做到这一点，就必须"意在笔先"。所谓"长廊一带回旋，在竖柱之初"（《园冶·屋宇》），就是说，廊的位置经营，必须在总体规划中就精心构思，而不是在房屋造好以后添加上去的东西。所以计成在《园冶》的廊房"立基"中强调：

> 廊基未立，地局先留，或余屋之前后，渐通林许，蹑山腰落水面，任高低曲折，自然断续蜿蜒，园林中不可少斯一断境界。

这段话虽讲的是廊房立基，所谓"地局先留"也包括各类型建筑，故云"余屋之前后"，这所谓余屋之前后，就是**"前添敞卷"**、**"后进余轩"**，而前卷、后轩也就是廊的起点或终点，空间上才能"自然断续蜿蜒"。这廊的"断"与"续"之间，是建筑也。更确切地说，是建筑的"前卷"或"后轩"。

在空间上，廊是园林建筑空间的引伸与延续。引伸与延续是时间与空间的融合，只有时空融合的空间才能流动。廊可"随形而弯，依势而曲"，"或蟠山腰，或穷水际，通花渡壑，蜿蜒无尽"。所以，廊要蜿蜒曲折，从审美心理上，如论画者所说："以活动之意取其变化，由曲折之意取其幽深故也。"

曲折，虽同一地同一景，能引导游人从不同的角度去观赏，在人的视线转换与移动之中，才能富于变化，达到"移步换景"、"方方侧景"的艺术效果。

曲折，空间才能得到引伸，时间得到延续，在无尽的流动中，有限的空间才能令人有无限之感，景有限而意无穷也。

廊路的曲折，不能脱离园林的总规划，要做到"曲折有致"、"曲折有情"。如果一味地追求曲折迷离的趣味，那就成了计成所讽刺的"类张孩戏之猫"矣！

廊不同于路，廊本身就构成空间，除支撑着的屋顶和柱子，空空如也。说它是内部空间，却与外部空间相通而无碍；说它是外部空间，虽无围蔽，顶与柱形成明确的空间视界。可以说，**廊的空间，非内非外，亦内亦外**，对这种颇有些禅意的空间形式，无以名之，我则**称之为"交混空间"**。

但随廊的位置环境不同，空间又是极臻变化的，可虚可实，实中有虚，虚中有实：靠墙者，前虚后实；筑墙而设漏窗、窗洞者，实中有虚；筑槛墙栏护者，虚中有实；前后皆虚，为空灵之廊。一条曲折长廊，可以一面虚中有实，一面实中有虚；一段左虚右实，一段左实右虚，虚虚实实。而何处用虚，何处用实，既要考虑空间构图的审美要求，更要从空间环境的意境出发，是围是隔，需透需漏，才能有所依据。

在本书的"空间概念"和"虚实论"两章中，曾提出"以实为虚，化景物为情思"是中国艺术的一个重要美学原则。廊，在中国造园艺术"往复无尽"的流动空间里起着特殊的作用。如"砖墙留夹，可通不断之房廊"和"出幕若分别院，连墙隐越深斋"的精湛而独特的手法，都离不开廊的妙用。廊在突破庭院、园垣、墙隅的视界局限，"化实为虚"匠心独运之作用，都已作了必要的阐述。这里再举个以廊为主导，造成空间曲折变幻"往复无尽"的例子，可进一步了解"廊"在中国造园艺术中的美学价值与意义。

苏州狮子林南面，由"燕誉堂"、"立雪堂"、"修竹阁"三幢建筑构成一组庭院，两座封闭、一座半开的三个院落，就是巧妙地运用廊的围与隔、透与漏，虚实变化，给人以空间无尽、意趣无穷之感。

循廊入圆洞门，进"燕誉堂"庭院。"燕誉堂"坐北朝南，是院内惟一的建筑，也是园内一座主要厅堂，故庭院端方整洁，东、南两面高墙峻立，西面为"立雪堂"的背面（堂坐东面西），一堵粉墙，只辟一方牖，可通隔院（"立雪堂"）消息。院中仅在南墙下，点缀佳木一两株、湖石数块，萧疏而不显空松，十分雅洁。"立雪堂"虽为庭院组合的一部分，由于只辟窗牖，不开门户，在空间上则隔于"燕誉堂"庭院之外。

出"燕誉堂"前廊轩的西山门洞，沿廊西行，至"立雪堂"小院。院内亦只此一堂，坐东面西，庭院的其余三面，南墙屏蔽，北廊开敞，廊前虚后实（筑墙），就是"燕誉堂"的空间引伸与延续，构成庭院南北虚实相对。院西面构复廊，成 U 形通道。复廊内外均砌墙壁，东西两面，开有一排窗洞，廊中隔墙则为漏窗。从"立雪堂"西望，透过复廊三墙上对位的窗洞和漏窗，可见隔院（"修竹阁"）亭阁影翳，竹树迷蒙，颇为引人入胜。由院内北廊南折，入复廊，只见南头有墙屏蔽，似不可通，但绕过短墙，西有门洞可出，"凝晖亭"翼然在望；往北，则复廊深长，窗洞外"修竹阁"隐约可见。由复廊北墙西出，为南向豁敞、北面筑墙之游廊，廊西端接"修竹阁"，构成半开敞之小院。院中小池深邃，湖石为岸，犬牙交错，池西竹树迷离，"修竹阁"驾水口之上，水源似从阁下流出，景境颇有山林涧壑的意趣。（参见图 3-4 苏州狮子林修竹阁，参见图 8-10 苏州狮子林入口处庭院组合平面图）

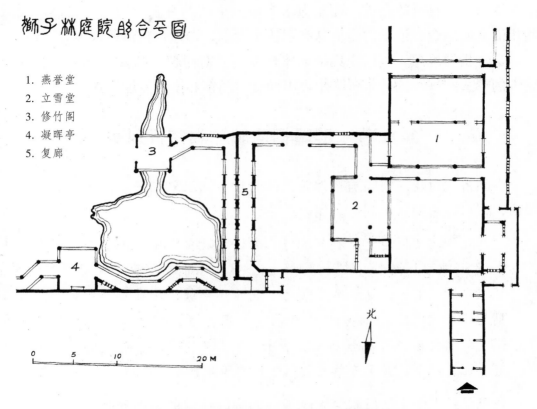

狮子林庭院助合平面图

1. 燕誉堂
2. 立雪堂
3. 修竹阁
4. 凝晖亭
5. 复廊

北

0　5　10　　20 M

图 8-10 苏州狮子林入口部庭院组合平面图

　　这组庭院能引人探幽寻胜的空间景境，全在廊的组织和意匠之妙，隔而不绝，虚虚实实，使隔院之景处于隐显藏露之间，使游人莫测浅深，不知所终，从而大大地诱发游人探幽觅胜的兴趣，不觉间按着造园者的意向行动。景物虽少，只三幢建筑，却令人感到空间无尽而意趣无穷，充分发挥了"廊"在创造园林"空间意象"中的艺术魅力与特殊的作用。

　　造园艺术的"意境"，并非玄妙得不可捉摸，也不是景物之外附加上去的虚幻的东西，而是产生于诸个别的、具体的"意象"高度内在统一的整体形象之中。从狮子林的这一组庭院可以看到，如果对这三幢建筑和廊本身，即使极尽雕镂之功装饰之美，而缺乏空间整体的艺术构思和巧妙的组织，也绝不可能产生空间无尽意趣无穷的艺术效果。所以，对于园林建筑，不是去追求它的形式美，更重要的是在"**空间**"——这一建筑本质上的美学意义，也就是要在空间上达到更高的艺术境界。

从中国的美学思想和传统的空间概念，对建筑的封闭而有限的空间，从不孤立地囿于其自身的完美，而是力求突破其空间的有限，使它与自然的无限空间相流通而融合，追求的是从这有限达于无限，即造化自然的天地之"道"。

这个指导思想，可以说集中地体现在古人对门窗的特殊观念和园林建筑中特殊的形式"亭"的艺术哲学中。下面就对门窗和亭作专题论述。

第二节　辟牖栖清旷　卷帘候风景

中国古代对建筑空间与自然关系的看法，西汉刘安等著的《淮南子》中有段话，很可以说明这个问题。他说：

> 凡人之所以生者，衣与食与。今囚之冥室之中，虽养之以刍豢（食草谷的家畜），衣之以绮绣（美丽的绣花衣裳），不能乐也：以目之无见，耳之无闻。穿隙穴，见雨零，则快然而叹之，况开户发牖，从冥冥见炤炤乎？从冥冥见炤炤，犹尚肆（直而显意）然而喜，又况出室坐堂，见日月光乎？见日月光，旷然而乐，又况登泰山，履石封，以望八荒（荒忽极远之处），视天都若盖，江河如带，又况万物在其间乎？其为乐岂不大哉！[①]

意思是：人的生活虽靠穿衣吃饭，如像囚徒似的关在昏暗的房间里，目无所见，耳无所闻，虽然吃穿得很好，也不会愉悦快乐的。能从孔隙看见雨的飘零，会感到那么畅快，何况开窗辟户，从昏暗中见光照的喜悦。又何况从内室到高显明亮的厅堂里，看到日月的光辉，而心旷神悦。更何况去登泰山大岳，视天穹如盖，江河如带，极目所至，万物尽收眼底，这种情景岂不是人生最大的乐趣吗！这种最大的乐趣，就是王羲之所说"仰观宇宙之大，俯察品类之盛，所以游目骋怀，足以极视听之娱，信可乐也"[②]的意思。

这说明，耳、目是人的审美感官，若目无所见，耳无所闻，吃穿得再好的生活，也不能获得美感。建筑必须开户发牖，才能从冥冥以见炤炤，而这种观照越趋向于无限的自然，所获得的美感也就越大。

所以"开户发牖，从冥冥见炤炤"，远非今人所理解的窗户功能，只是为了采光通风。它是突破这有限空间，达于无限自然的通路。老子抓住"空间"这一建筑的本质，说过"凿户牖，以为室，当其无，有室之用"的名言，这个"无"还指的是现象界的"空间"，说明建筑实体的"有"和这实体构成的"无"，是相互依存的辩证关系，不是指超现实的宇宙本体"道"的"无"。这建筑有限空间的"无"与自然空间"无"的互通，窗户就起了作用。故《老子》云：

> 不出户，知天下；
>
> 不窥牖，见天道。③

足不出户，能够（推）知天下之事理；不望窗外，能够见（悟）到自然的规律。那么，通过窗口看自然，也就可以"见天道"了。这种见解是老子所说的"虚一而静"状态下，对自然规律的领悟。从审美观照来说，是"见景生情"的"见"，"情缘境生"之"道"。

所以，中国人对窗户的概念，早已超越了采光通风的物质功利作用，而更注重它的精神审美的作用。是从有限的空间观照无限自然空间的孔窍，所谓"思考静，则故德不去。孔窍虚，则和气日入"④也。门窗的意义，是老子所说的"无"，没有这个"无"，就不能当室之用，就不能"见天道"。没有这个"无"，有限空间与无限空间之间，就不能流通、流畅、流动而融合。

早在1500多年前，南朝齐诗人谢朓（464—499）的**"辟牖栖清旷，卷帘候风景"**诗句，可说是迄今对窗户最精辟的定义了。

"栖清旷"，古代隐迹山林者就称"栖清旷"。清旷，不仅是采光通风的意思，有明净和空间扩大感，包含着室内与窗的意匠。如李渔所说，室庐清净，"净则卑者高而隘者广矣"⑤，明窗净几，陈设雅洁，环境幽静，就有清旷之意，庄子谓之"虚室生白"，从而有"灵光满大千，半在小楼里"的意境（明陈眉公诗句），小楼与大千世界相流通而融合了。

"候风景"，就是谢灵运的"罗曾崖于户里，列镜澜于窗前"，计成的"纳千顷之汪洋，收四时之烂熳"，是"虚而万景入"（刘禹锡），而且具有空间景象在时间中变化的意义，所以用"候"。从园林借景来说，是"因时而借"的动态观念。而这种纳时空于自我，收山川于户牖的意识，在历代诗人作品中多有描绘，对建筑与造园的"意境"创造颇有启发，集录一些如下：

窗中列远岫，庭际俯乔木。(谢朓)

栋里归白云，窗外落晖红。(阴铿)

画栋朝飞南浦云，珠帘暮卷西山雨。(王勃)

大壑随阶转，群山入户登。(王维)

隔窗云雾生衣上，卷幔山泉入镜中。(王维)

山月临窗近，天河入户低。(沈佺期)

檐飞宛溪水，窗落敬云亭。(李白)

卷帘惟白水，隐几亦青山。(杜甫)

窗含西岭千秋雪，门泊东吴万里船。(杜甫)

窗前远岫悬生碧，帘外残霞挂熟红。(罗虬)

山随宴坐图画出，水作夜窗风雨来。(米芾)

江山重复争供眼，风雨纵横乱入楼。(陆游)

娱人可爱当窗树，留客遥看雨后山。(朱天欣)

云随一磬出林杪，窗放群山到榻前。(谭嗣同)

　　人们常说，眼睛是心灵的窗户。的确，人的内心的复杂而难言的情感，却可以通过无声的眼"神"流露出来。李笠翁说得好："眼界关乎心境，人欲活泼其心，先宜活泼其眼。"⑥在建筑的有限空间里，使心灵获得最大的审美愉悦，就是通过窗户能观照到无限的自然。但人窥窗所得的任何景象，都要受到可视界面与视角的限制，从这一点说，仍然是有限的"象"，要从这有限的"象"的审美观照中，获得"象外之象"的无穷意趣，当然要具备诸多主客观方面的条件。最起码的条件，是要有安宁的温饱生活。如马克思曾指出："非常操心的穷困的人对最美好的戏剧没有感觉；矿物贩卖者只看到商业的价值，但不看矿物的美丽和特有的本性，他没有矿物学的感觉。"⑦

　　对自然美的欣赏也一样，鲁迅以陶渊明为例，生动而透彻地说：

　　　　陶渊明先生是我们中国赫赫有名的大隐。……然而他有奴子。汉晋时候的奴子，是不但侍候主人，并且给人种地、营商的，正是生财的工具。所以，虽是渊明先生，也还略有些生财之道在，要不然，他老人家不但没有酒喝，而且没有饭吃，早已在东篱旁边饿死了。⑧

　　但是，由此却不能得出结论说，物质生活条件愈是好，愈是能纵情享乐的人，审美情操就愈高，美感也就愈是丰富。事实往往相反，在保持最低必须的生存条件下，人的精神境界却与物质享乐的欲求成反比，与知识的追求成正比。我们可以用清代大书画家郑板桥（1693—1765）的一段话来说明。他说：

> 三间茅屋，十里春风，窗里幽兰，窗外修竹。此是何等雅趣，而安享之人不知也。懵懵懂懂，没没墨墨，绝不知乐在何处。惟劳苦贫病之人，忽得十日五日之暇，闭柴扉，扫竹径，对芳兰，啜苦茗，时有微风细雨，润泽于疏篱尺径之间，俗客不来，良朋辄至，亦适适然自惊为此日之难得也。凡吾画兰画竹画石，用以慰天下之劳人，非以供天下之安享人也。⑨

说得好！现实就是如此。一个对生活事业没有追求，对国家社会无责任感、饫甘厌肥、纵情享乐者，饱食终日，无所用心，脑满肠肥即使塞进一堆故纸的"安享人"，是感受不到这种雅趣，也"绝不知乐在何处"的。只有在人生的拼搏和勤奋的劳动中，得到数日的休憩者，才会有那种经舒脉畅，心旷思净，精神藻雪的安闲之感；才能领略这志远而清旷的自然境界。而板桥以生花妙笔，高超的艺术"用以慰天下之劳人"，这才是真正艺术家的高尚情操和伟大品德。

板桥所描绘的雅境，既有窗内，亦有窗外，也说明一个道理，境界的大小，不在景物的多少，而在环境的悦神和幽静。所以，"十笏茅斋，一方天井，修竹数竿，石笋数尺"的简朴不大的居处，能使他在斗室之中而有无穷的情趣，并由衷地赞叹说："何如一室小景，有情有味，历久弥新乎！对此画，构此境，何难？敛之则退藏于密（指内心），亦复放之可弥六合（指天地）也。"⑩

窗户既是室内观照外界自然的孔窍，就有"取景框"的作用，这样就引起人们对窗的美化。窗户又是从有限达于无限的通路，所以窗的美化，就不只是建筑的外在形式问题，而是透过窗户进行审美观照时，能有助于人的想像力的发挥。最易联想到的，就是当窗为画。明末张岱《西湖梦寻》中所写的"火德祠"，这个道士的精庐因地处胜绝，"北眺西泠，湖中胜概，尽作盆池小景。南北两峰，如研山在案；明圣二湖，如水盂在几"。凡门窗所见，均如图画，"小则斗方，长则单条，阔则横披，纵则手卷，移步换影，若遇韵人自当解衣盘礴"⑪。张岱所说的斗方、单条、横披、手卷，多半是他的审美感兴之作，祠庙建筑上的门窗恐怕难以都照画幅的比例制作的。但却说明了，**当窗为画**，是从生活中**"窥窗如画"**的审美感受而来。这种美感经验，显然对后世园林建筑的窗户意匠有直接影响。

城市园林均于街坊深巷之中，难得有自然山水可借。窗的有限与无限的空间流通、流畅作用，就更加重要。但窗外必须有生动的景象可观、可赏才行，这个矛盾到清代的李渔提出"尺幅窗"和"无心画"之后，从园林创作思想上，终于得到具体而完善的解决。

李渔在康熙十年（1671）梓行《闲情偶寄》一书，在《居室部》借景中曾叙述他创造"无心画"的过程说：

> 浮白轩中，后有小山一座，高不逾丈，宽止及寻，而其中则有丹崖碧水，茂林修竹，鸣禽响瀑，茅屋板桥，凡山居所有之物，无一不备。盖因善塑者肖予一像，神气宛然，又因予号笠翁，顾名思义，而为把钓之形……是此山原为像设，初无意于为窗也。后见其物小而蕴大，有"须弥芥子"之义，尽日坐观，不忍阖牖。乃瞿然曰：是山也，而可以作画；是画也，而可以为窗……遂命童子裁纸数幅，以为画之头尾，及左右镶边。头尾贴于窗之上下，镶边贴于两旁，俨然堂画一幅，而但虚其中。非虚其中，欲以屋后之山代之也。坐而观之，则窗非窗也，画也；山非屋后之山，即画上之山也。……而"无心画"、"尺幅窗"之制，从此始矣。[12]

图8-11 清·李渔《闲情偶寄》中尺幅窗图式

李渔考虑得很周到，"无心画"虽多开少闭，但总有闭时，如用一般窗扇，则与边饰大不类，则"丑态出矣"。所以，"必须照式大小，作木榻一扇，以名画一幅裱之，嵌入窗中，又是一幅真画"[13]。今天有整块玻璃可以镶嵌，不必去裱幅真画而遮光了。（参见图8-11 清·李渔《闲情偶寄》中尺幅窗图式）

李渔的"无心画"、"尺幅窗"的意匠，对今天的建筑设计，不失为一个很好的构思和手法。我认为，李渔"无心画"、"尺幅窗"的意义，在于"以窗作画"的创作思想，这使计成的"处处邻虚，方方侧景"的建筑空间艺术理论（见"虚实论"），更加充实和具体化了，对园林艺术的创作实践，无疑地是很有裨益的。

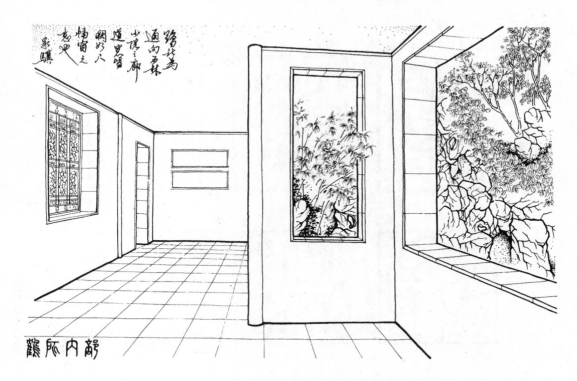

图 8-12　苏州留园鹤所之尺幅窗

　　门窗在造园艺术中，既是建筑空间流通的重要手段，也是创造景境的重要方式。门窗到明清发展成一种特殊的形式，即"窗空"（亦称月洞）和"门空"（亦称地穴）。实际上就是在墙上所开的空洞，而不设门窗扇者。庄子谓"观彼阙者"，这是名副其实的"阙"，洞然豁然一无所有。形状则非常图案化，周遭饰以水磨清砖的边框，并做成各式线脚，苏式称之为"门景"。灰色的边框，在白壁粉墙之上，十分素雅而空灵。

　　门、窗空多做在墙垣上或开敞性的建筑中。如亭的墙壁、廊屋的外墙。这样的例子不胜枚举。

　　扬州"钓鱼台"，是门空借景如画的佳构，"钓鱼台"在扬州瘦西湖小金山之西，是一座伸入湖中短堤尽头上所建的方亭，亭三面临水，重檐四角攒尖顶，亭内四面筑墙，墙上辟门洞，临水三面为圆形，迎堤路入口为方形。亭周水面开阔，与隔水的莲性寺白塔、五亭桥成鼎足之势。妙在由亭内外观，一洞衔塔，一洞衔桥，构成洞观塔、桥的生动图景。

　　苏州古典园林中的"无心画"或"尺幅窗"，如留园"五峰仙馆"庭中

图 8-13　苏州古典园林漏窗图案

1. 竹节　2.3. 绦环　4. 六角梅花　5. 穿万海棠　6. 冰纹　7.8. 菱花
9. 藤茎如意　10. 官式如意　11. 菱花万字　12. 官式万字

的"鹤所"，是较典型的实例。"鹤所"是院东的一个廊屋，也是由"五峰仙馆"，内，出东山之南门洞，可通达"石林小院"南部的次要通道。平面呈曲折形，在院内一面筑墙，墙上尽辟门空（"门空"参见图3-26 苏州留园石林小院平面）。

由"鹤所"内外望，大窗洞然，院内假山嶙峋，树木苍郁，如一巨幅图画；转折处墙上窗空如条幅，空外修篁弄影，缀以怪石，实"满耳秋声图"也。（参见图8-12 苏州留园鹤所之尺幅窗）

在苏州古典园林中，门窗洞外，如是一角死隅或邻虚之夹隙，常稍加点缀：或伟石迎人，或奇松怪石，或修竹萧疏，或藤萝蔓延，构成尺幅小品，而生意盎然。即李渔之"无心画"，沈复所说："开门于不通之院，映以竹石，如有实无也。"这种意匠，就是"化实为虚"、"化景物为情思"的一种手法。

漏窗

漏窗是中国造园艺术中，另一独特的创造。《园冶》中名"漏明墙"，《营造法原》则称之为"花墙洞"，是个通俗而形象的名称。因漏窗也是墙上人视线所及处开的窗洞，它与窗空不同的地方，是在空洞中用望砖和瓦片或用铁件泥塑做成各种透空的图案。

漏窗的功能，不在于空间的流通和视觉的流畅，而在空间上起互相渗透的作用。透过漏窗，隔院楼台罅影，竹树迷离摇疏，使景色于隐显藏露之间，所谓"擅风光于掩映之际，览而愈新"，使人备感空间景象之幽深、曚昽恍惚的变幻之情趣。

从造型上，漏窗玲珑剔透的图案，十分丰富多彩，有浓厚的民族风味，（参见图8-13苏州古典园林漏窗图案）在粉墙上，显得非常灵秀而雅致。窗的形状亦形式多样，如方形、圆形、扇形、六角形⋯⋯

图8-14 苏州留园漏窗景观

在空间构图上也有它的审美作用，图 8－14 所示是苏州留园庭院的一角，白壁如纸，映托丛簇花草，瘦漏湖石，隔院古木繁柯，浓荫匝地，境虽浅而清靓静幽。壁上一方漏窗玲珑，化实壁而虚空，显得分外素雅而灵秀。如果不辟此漏窗，一堵园墙，显然就不会通透而如此生动。

门空、窗空和漏窗，是门窗在造园艺术中的特殊形式，与建筑空间（指建筑物的内部空间）的构成没有直接的关系。建筑上的门窗，北方称之为"内檐装修"，也就是槅扇。内檐装修除门窗槅扇而外，还包括天花，亦称天棚或仰尘、挂落、飞罩、栏杆等。这些装修不仅对中国建筑的艺术形象起重要作用，对空间环境的创造，特别是建筑的内部空间环境，无论在功能上还是在美学上，都是不可缺少的重要因素。尤其是中国古典园林建筑的装修，无不造型秀丽，雕刻精美，可以说是具有艺术价值的工艺品。更重要的是，它们在园林的建筑空间艺术中，是创造空间景境的一种手段。这方面的内容很多，我们在谈到鸳鸯厅的流动空间时，已提到屏门、落地罩、纱槅等在室内空间意匠中的作用和意义。单从装修的空间意匠，就需要专题论述，可以详见拙著《中国建筑论》第九章 建筑装修与室内陈设。这里，我们着重对门窗槅扇与建筑空间环境的意匠，从设计思想方法方面作一些分析。

在分析建筑空间环境与门窗槅扇的关系之前，先从槅扇的一个装饰纹样设计谈起，旨在见微知著、芥子须弥，有助于对中国造园艺术创作思想方法的了解。

计成讲装修，在《园冶》列有专篇，名之为"装折"，"装折"一词，很有意义。中国建筑是木构架体系，墙壁不承重，只是一种围蔽结构，故民间有"墙倒屋不塌"之说。建筑多向庭院的一面开敞，满装门窗槅扇，门扇落地，窗扇下筑槛墙，为便糊纸以透亮，窗棂可以做成各式精美的漏空图案（《园冶》一书中就有 60 种）。门窗槅扇都用摇梗枢轴转动，安装拆卸十分方便，所以"装折"一词，很能形象地说明中国木构建筑装修的特点。

从构图上，门扇下部无须采光，则镶以实心木板，上部与窗扇分隔取得均衡，窗棂图案一致。门扇下部的一块木板，称之为"裙板"，板上均雕有纹样。

计成在《园冶》"装折篇"开宗明义地提出："凡造作难于装修，惟园屋异乎家宅。"说明装修虽是建筑的部分构件，能设计得得体合宜，也不是很容易的事，尤其是园林建筑要求有更高的艺术水平。所谓"难"处，不在装修本身的精致与否，而在建筑整体空间与环境的意匠，否则装修本身做得再精美，也无

1. 北京景山弘义阁　2、3、4. 苏州古典园林建筑　5、8. 苏州旧住宅　6. 吴县圣恩寺　7. 北京智化寺
9. 杭州净慈寺　10. 河北昌平大觉寺　11. 承德避暑山庄珠元寺　12. 杭州灵隐寺大殿

图 8-15 古建筑槅扇裙板如意纹变化规律

以附丽。失去整体空间环境的"意境"，再美的装修也没有意义。

　　建筑师多有这样的体会，方案的构思和设计倒得心应手，为一个细部的纹样却常常大伤脑筋。计成对构件的图案和纹样设计，要求"构合时宜，式征清赏"。"构合时宜"就是要有时代的气息，合乎时代的审美观念和趣味；"式征清赏"，就是要忌繁琐而务简洁，使人感到清颖、雅致。岂不难哉！

　　一个小小纹样意匠之难，不仅在比例尺度上要与被装饰的构件协调，同建筑空间环境和谐，而且要有助于表现出环境的特定气氛和建筑的性格，才是成功设计。我们就以槅扇上的一个局部裙板和裙板上最常见的一种最简单的如意纹，作为例子来说明。

　　图 8－15 所画的 12 种纹样，是从古建筑实物上收集的，也都是裙板上的装饰。它们各自的比例关系，决定于裙板的尺寸，也就是取决于建筑体量的大小。这些纹样，全是由如意纹变化而来，它们有简有繁。简者，只由一根线条构成，一笔就可画出；繁者，也仅是在这一画的基础上，稍加了点花饰。读者不妨审视，如果对中国古建筑有兴趣，并有一定的审美经验和修养的话，就不难从大体上分辨出是用于哪种类型建筑上的。

　　图中的 1 式～4 式，大体相似，除 4 式在外廓线条的转角处断开，做成葵式以外，都不出一画的范围，均有一种简而文的秀美，但又各具自己的形态和风格，这 4 个纹样都用于园林建筑。

　　图中的 7 式、9 式，仍以一画构成，7 式如灵芝，8 式如菡萏，9 式则重叠，形如袅绕上升的祥云，只在中间加了三组连接的短线，三者属同一构图手法。10 式、12 式，虽与 9 式迥异，基本上还是由如意纹变化而来。10 式挺拔而清逸，12 式古拙而雄厚。共同之处，都是用直线构成，显得端正而严肃。这 4 个纹样均出自寺庙佛殿的裙板。

　　11 式，是如意纹的变体，线条方整而有线脚，环套了上下层叠的 3 个小如意纹，成夔纹的式样，颇有堂皇典丽之感。这是用于皇家苑园热河避暑山庄珠元寺宗镜阁的裙板纹样。

　　5 式、6 两式，可谓大同小异，只前者构图较简，后者较繁，手法也相似。但两者却是出于完全不同的建筑类型，5 式是苏州旧住宅中的裙板纹样，而 6 式则出自吴县（苏州市辖）圣恩寺的梵天阁。如果将两者互换，就会感到 5 式太轻而 6 式嫌重，与建筑的性格不太相应了。不知识者以为然否？

　　总之，我们从这些纹样的结构繁简、线条的端方圆润、具体而细微的差别之中，可以看出，有的挺秀，有的端庄，有的古朴，有的典丽，会给人以不同的审美感受。如果这种感受是存在的，那么，就可以想见，它们在不同性质的建筑上所起的装饰作用了。

　　在生活中，即使广游遍览中国的寺庙、园林，人们往往并不注意这些纹样的存在，但是去掉它，一块裙板就会感到缺少点什么。这正如庄子所说："忘足，履之适也。"一双非常合适的鞋子，穿在脚上是不会觉其存在的，这就是装饰的意义。

可见，任何装饰，都有其物质和精神上的功用，装饰如果脱离被装饰的物体，为装饰而装饰，装饰就失掉了它的价值和意义。对建筑装饰（非附加的广告性的东西）来说，要达到**没有它**则感到缺少东西而**不够完善，有了它却不觉其多余而增辉**，甚至感觉不到它的存在，这就要求细部与整体的有机结合，被装饰的部分融化在整体的艺术形象之中。质言中，任何具象的形式美，只有从自身的否定中，才能得到肯定，也只有在整体的"空间意象"中才能获得它的审美价值和意义。这就是形式美的辩证法。

中国建筑的门窗槅扇，青绮疏琐，空灵而雅致。它在造型上，不仅使建筑形象更富于民族的风味和特色，在室内空间环境中，对创造不同的气氛和景象，也有很大的影响。清代的戏剧理论家和造园家李渔，可能受舞台空间艺术的启迪，他从木构建筑装修便于安装拆卸的特点，在室内空间的意匠上，提出"贵活变"的创作思想，是非常值得我们吸取和效法的。他说：

> 居家所需之物，惟房舍不可动移，此外皆当活变，何也？眼界关于心境，人欲活泼其心，先宜活泼其眼，即房舍不可动移，亦有起死回生之法。譬如造屋数进，取其高卑广隘之尺寸，不甚相悬者，授意工匠，凡作窗棂门扇，皆同其宽窄而异其体裁，以便交相更替。同一房也，以彼处门窗，挪入此处，便觉耳目一新，有如房舍皆迁者。再入彼屋，又换一番境界。是不特迁其一，且迁其二矣！[14]

李渔的想法很新颖，说得也很清楚，就是建造房屋时，房屋的体量大小，相差不大，关键是安装门窗槅扇的开间尺寸，若相差无几，就尽量统一，这样就可以把窗棂门扇做成一样的大小，而窗棂的图案各不相同，便于互相调换。同一建筑，原来安装的是这一套窗棂门扇，就可和另一建筑的门窗调换，两者都会使人耳目一新，如同换了一个环境。的确是一举多得，省时惜费的妙法。

这种办法，对今天的传统园林设计，是大可师法的。对不用窗棂槅扇的现代建筑，虽不适用了，但李渔"贵活变"的思想方法，还是足资借鉴的。门窗固定，而家具陈设是可以移动之物，室内设计不仅要考虑家具多样布置的可能性，也可以考虑不同建筑和房间的家具陈设互相调换的可能性，岂不是可以因

时因事随意改变其组合方式，获得室内环境的多种境界吗？若能如此，"是无情
之物，变为有情"，"则造物在手而臻化境矣！"⑮

　　当然，我们说可能性，不仅是指空间的大小，而且是在整体设计中具有这
样的可能才行，这是不言而喻的事。

第三节　江山无限景　全聚一亭中

　　"亭"，在中国传统建筑中，是很古老的形式之一。早在秦汉时代就有"十
里一亭，十亭一乡，亭有亭长"的编户制度（《汉书·百官公卿表》），汉代许慎《说
文》释名："亭，停也，人所停集也。"说明亭的起初，大概是在旅途上一定距
离处，建造为旅人休息的建筑物。旅人在途中休息有景可赏时，当然也会观览
途中的景色。实际上，亭在建造之始，也就具有休憩观赏的功用。而以观赏自
然风景为目的建造的"亭"，最早见于文字的，是北魏郦道元（466 或 472—527）
《水经注·浙江水》中所记的"兰亭"。记曰：

> 　　浙江又东与兰谿溪合，湖（临平湖）南有天柱山，湖口有亭，号曰兰亭，
> 亦曰兰上里，太守王羲之、谢安兄弟数往造焉，吴郡太守谢勖，封兰亭侯，
> 盖取此亭以为封号也。太守王廙之，移亭在水中，晋司空何无忌之临郡也，
> 起亭于山椒，极高尽眺矣。亭宇虽坏，基陛尚存。⑯

　　这就是大书法家王羲之写《兰亭集序》而著称于世的绍兴的兰亭。原先建
于湖口的兰亭，功用不详。因是山水绝胜之地，所以王羲之会同 42 友人，于三
月三修禊日在此聚会。但王廙之将亭移到水中，何无忌又建于山椒而"极高尽
眺"，显然都是为了观赏山水的需要了。

　　将"亭"造在园林里的最早记载，是北魏杨衒之《洛阳伽蓝记》所志，茹
皓筑华林园中的景阳山（北魏世宗朝，约 500～515），山上有"临涧亭"的记
载；而司农张伦在宅园中仿造的景阳山，当时人姜质游张伦的园林后，曾写了
篇《亭山赋》，以"亭"、"山"二字联用，大概是以亭为园林的象征之始。到隋
代，隋炀帝于大业元年（605）造西苑，苑中的 16 院，每院都建造一座逍遥亭。
唐代的禁苑，据《长安志》记载，苑中建有 18 座"亭"，占全苑列名的建筑
85％，可谓历史上大量以亭入园之始。唐代文学家元结在《右溪记》中，对小
溪胜景"无人赏爱"，感叹说："处在人间，可为都邑之胜境，静者之林亭。"不

用"园林"而用"林亭"，说明在唐人的观念中，已有造园是不能没有"亭"的了。他"疏凿芜秽"之后，就造了一座亭子。到明清时代，已是无亭不园，而且不只一座。除计成《园冶》用"园林"一词，其他论及造园的文字，多称之为"园亭"或"亭园"。"亭"，对中国造园之重要，可想而知。

在中国造园（广义的）中，亭的审美价值和意义，远远超过形式美的范畴。如清代画家戴熙在《赐砚斋题画偶录》中说："群山郁苍，群木荟蔚，空亭翼然，吐纳云气。"⑰他把山水中一座空亭，看成是山川云气吐纳的精神凝聚交点。苏东坡《涵虚亭》诗："唯有此亭无一物，坐观万景得天全。"张宣题倪瓒《溪亭山色图》诗亦有"江山无限景，都聚一亭中"之句。白居易在《冷泉亭记》中，一言概括了"亭"的妙用。即

撮奇得要，地搜胜概，物无遁形。

这句话非常精当地说明，亭的结构奇巧，要与景境协调和谐，相辅相成，相映成辉，故云："得要。"亭址的选择，不仅处地景境幽美，更重要的应是观览周围景色的最佳点，即"搜胜"。这样才能把四周一切妙景聚合，集中呈现在人们的眼前，所以说："物无遁形。"明代的袁宏道把白居易的这句话进一步精练成8个字，即

撮奇搜胜，物无遁形。

这应是"亭"的意匠之要诀。"亭"的妙处，苏轼诗"静故了群动，空故纳万境"可以道出其奥秘。静寂非寂灭，是群动（生命）之所生；虚空非真空，是万境之所由。这是由静而动、静中有动、动归之于静的观念，这种观念反映在园林建筑艺术中，就是力求在静穆中有飞动之感、静态中具有动势之美。很早在《诗经·斯干》中就有"如鸟斯革，如翚斯飞"的建筑形象描写。飞动之美，是中国建筑艺术造型的传统精神。

中国的"亭"，在造型上，就充分地表现出传统建筑的飞动之美及静态中具有动势的美学思想；在空间上，它集中地体现了有限空间中的无限性，也就是"无中生有"的"虚无"的空间观念。

庄子说"唯道集虚"，正由于"亭"的集虚，才有"纳万境"的独特妙用。

中国的"亭"，在形象创造上，可说是集传统建筑艺术之大成，它运用了古代建筑最富于民族形式特征的屋顶精华，从方到圆，自三角、六角到八角，扇面、套方、梅花、十字脊，单檐、重檐，攒尖挺拔，如翼斯飞，形象非常丰富

而多姿，气势生动而空灵。但是，不论亭的形式如何，都是四面阙如，八方无碍，可游目骋怀，极视听之娱！且亭的体量，可大小自如；亭虽结构奇巧，构筑则简便，对地形地势有高度的适应性：立山巅，傍岩壁，临涧壑，枕清流，处平野，藏幽林……空间中独立自在，位置极为灵活自由。有胜境处建亭，如画龙点睛，使景象增生民族的色彩和精神；无胜景处立亭，亦可于平澹中见精神，使景境富有活力而有生气。

中国到处有名山胜水，可谓崖崖壑壑竞仙姿，凡游人涉足处，几乎无不筑亭以待。历史上的亭记文学名篇很多，既反映出人们的美学思想，而且创造了许多"亭"的审美意象和山水之美的艺术境界，对造园艺术来说，是"意境"创造可以吸取的丰富源泉。现摘其要者说明之。

"快哉亭"，北宋清河张梦得谪居湖北黄州时所建，苏辙有《黄州快哉亭记》描述亭的景观说：

　　　　盖亭之所见，南北百里，东西一舍，涛澜汹涌，云天开阖。昼则舟楫出没于其前，夜则鱼龙悲啸于其下，变化倏忽，动心骇目，不可久视。今乃得玩之几席之上，举目而足。西望武昌诸山，冈陵起伏，草木行列，烟消日出，渔夫樵父之舍，皆可指数，此其所以为快哉者也。⑱

此亭可谓"撮奇搜胜"，尽得江流之美。苏东坡为之命名"快哉亭"。

江岸湖畔，历代为观赏江流潮汐的建亭佳处。但记中值得注意的一点，是建亭前后对景观的感受和心态，是大不相同的。建亭之前的观感，是波涛汹涌、云天开阖、鱼龙悲啸、变化倏忽的景象，使人"动心骇目，不可久视"。说明人在自然的无限空间里，面对大自然的变化莫测，会感到一种力量的威胁，自觉渺小而有某种失去安全之感。亭建成以后，人在亭中的观感就大不相同了，虽然这小小的亭宇，只不过头上有顶，四周有柱，空空如也，但却构成一种相对独立的有限空间，这是人为的也是为人所有的空间，它是人的本质力量的对象化，是人对自然的征服和占有，有了这个空间就改变了人与自然的关系，人就可安闲自适地去欣赏自然，山水日月"乃得玩之几席之上，举目而足"。有了这个为人的空间，就"可坐，可卧，可箕踞，可偃仰，可放笔研，可瀹茗置饮"。汹涌的波涛、鱼龙的悲啸，这些天籁之声，就与娱乐的"人籁"之声"合同而化"（袁枚《峡江寺飞泉亭记》），可谓"亭之功大矣"！由此，我们岂不是可以真正领会"空间"是建筑的本质的意义吗？

在自然山水中建亭，要能"撮奇搜胜，物无遁形"并非易事。以杭州灵隐寺的"冷泉亭"为例。因白居易（772—846）、袁宏道（1568—1610）、张岱（1597—1679）三人都写过《冷泉亭记》，随历史变迁，亭的复修重建而有不同的审美评价，从中不难体会出一些道理来。

白居易《冷泉亭记》(选录)：

> 东南山水，余杭郡为最。就郡言，灵隐寺为尤；由寺观，冷泉亭为甲。
>
> 亭在山下，水中央，寺西南隅。高不倍寻，广不累丈，而撮奇得要，地搜胜概，物无遁形。
>
> 春之日，吾爱其草薰薰、木欣欣，可以导和纳粹，畅人血气。夏之夜，吾爱其泉渟渟、风泠泠，可以蠲烦析酲，起人心情。山树为盖，岩石为屏。云从栋生，水与阶平。坐而玩之者可濯足于床下，卧而狎之者可垂钓于枕上。矧又潺潺洁澈，粹冷柔滑。
>
> 若俗士，若道人，眼耳之尘，心舌之垢，不待盥涤，见辄除去。潜利阴益，可胜言哉！斯所以最余杭而甲灵隐也。[19]

白居易是长庆三年（823）所记，记中说，冷泉亭为当时右司郎中河南人元藇所建。亭原造在溪水中间，亭高不过5米多，方圆不足7米，造型只说它构造奇异，处地绝胜，视野亦佳，显然与环境是相得益彰的。他说自然山水对人有益的话，是很有意义的。不论是世俗之士，还是有道行的人，耳目里的灰尘，心思口舌上的污秽，不等去洗掉，只要一看到这清幽的景色，就会消除干净。这种潜移默化的好处，哪里说得尽呢！说明自然山水的清旷幽静的环境，不仅使人赏心悦目，且有净化人心灵的意义。

袁宏道的《冷泉亭小记》，距白氏所记相隔近一个世纪，沧海桑田，已非原建时的情况了。记曰：

> 灵隐寺在北高峰下。寺最奇胜，门景尤好。由飞来峰至冷泉亭一带，涧水溜玉，画壁流香，是山之极胜处。
>
> 亭在山门外，常读乐天记有云："亭在山下水中，寺西南隅。"(下略)观此亭记，当在水中，今依涧而立，涧阔不丈余，无可置亭者。然则冷泉之景，比旧盖减十分之七矣。[20]

冷泉亭的位置，按白居易所记，当在涧水中间。袁宏道所见，却是靠近山涧边凸立，山涧仅3米多宽，涧中已建不下一座亭子。袁宏道说冷泉亭的景境，比唐时十分减去七分了。从这个审美评价，不仅说明灵隐寺与飞来峰之间的环境已有所改变，也说明亭的形体和位置与景境之间，也不那么和谐协调，亭的景观已大大地逊色了。

张岱在《西湖梦寻》的"冷泉亭"后，附录了袁宏道的《冷泉亭小记》，张岱小袁宏道约 30 岁。他是在明亡以后，避居山中，从事著述的，据他写的《西湖梦寻》"自序"可知，该文是辛亥年即清康熙十年（1671），作者 74 岁时所著，要晚袁著半个多世纪，中间历经明清间的社会大变革，冷泉亭恐亦非袁宏道时所见了。张岱《冷泉亭》(选录)：

> 冷泉亭，在灵隐寺山门之左。丹垣绿树，翳映阴森。亭对峭壁，一泓冷然，凄清入耳。

> 亭后西栗十余株，大皆合抱，冷飔暗樾，遍体清凉。……夏月乘凉，移枕簟就亭中卧月。涧流淙淙，丝竹并作。

> 余尝谓：住西湖之人，无人不带歌舞，无山不带歌舞，无水不带歌舞，脂粉纨绮，即村妇山僧，亦所不免。因忆眉公之言，曰："西湖有名山，无处士；有古刹，无高僧；有红粉，无佳人；有花朝，无月夕。"曹娥雪亦有诗嘲之，曰："烧鹅、羊肉、石灰汤，先到湖心次岳王。斜日未曛客未醉，齐抛明月进钱塘 (指钱塘门)。"

> 余在西湖，多在湖船作寓，夜夜见湖上之月；而今又避嚣灵隐，夜坐冷泉亭，又夜夜对山间之月，何福消受！余故谓：西湖幽赏，无过东坡，亦未免遇夜入城。而深山清寂，皓月空明，枕石漱流，卧醒花影，除林和靖、李峄嵝之外，亦不见有多人矣。㉑

张岱说冷泉亭，在灵隐寺山门的左边，以寺庙南向言，亭就在山门的东南；若从进庙方向言，亭的位置和袁宏道所见大致不变，在庙的西南。张岱收录了袁的《冷泉亭小记》，对袁的评价只字未提。从他对亭的景境描写看，仍然是景色清幽的胜境。他对杭州"脂粉纨绮"的市俗风气很反感，一再引喻嘲讽。事实上处于繁华都市之中的西湖，只有夜深人静之时，人们才能消受这林泉的清寂空明的意境了。

杭州交通方便，都市繁华，人烟稠密，去秋藉讲学之便，笔者重游 40 年未见之西湖，灵隐路上、寺庙内外，游人如蚁；山门外西南隅，餐室茶馆各种摊贩已列肆成街市，只闻人声喧闹，不闻天籁之清幽。今日之西湖名胜，可供国内外游人"观光"，已非闲时寻幽觅胜之地了。

以"亭"造境，何以为佳？吴振棫说得好，就是要在"未成之时，人不知其绝胜，既成之后，则皆以为不可易矣"[22]当是最佳的境地。"不可易"，就是建筑的体量、造型、位置与景境的关系都恰到好处，而不能轻易地加以改动，这样的设计就是成熟的最好的方案。

张岱所记的"筠芝亭"，就是"不可易"的佳构。他说：

> 筠芝亭，浑朴一亭耳，然而亭之事尽，筠芝亭一山之事亦尽。吾家后此亭而亭者，不及筠芝亭。后此亭而楼者、阁者、斋者，亦不及。总之，多一楼，亭中多一楼之碍；多一墙，亭中多一墙之碍。太仆公造此亭成，亭之外更不增一椽一瓦，亭之内亦不设一槛一扉，此其意有在也。[23]

"浑朴一亭"者，不仅指亭的形象简朴，而且有与环境浑然一体之意。所谓"亭之事尽，筠芝亭一山之事亦尽"，是说筠芝亭所在之山的一切美景，在亭中均可"举目而足"饱览无余。所以，在筠芝亭的景境范围内，既不能增加一砖一瓦，也不需要对亭作什么装修粉饰，增加任何东西都将是多余的累赘，当然也就没有任何可以去掉的东西，这就是"不可易"！正如形容美人之美，难以言喻时所说，增一分则胖，减一分则瘦了，筠芝亭之所以如此"不可易"者，是因为建亭之初，太仆公"意在笔先"，立意精妙的缘故。

中国人与自然的相亲、相近、相融的和谐关系，"亭"在人的生活中，可以说起了现实的独特作用。从苏辙的《黄州快哉亭记》所描写的建亭前后的审美感受与心境，我们不难体会出亭所揭示的建筑空间的本质，人在改造自然的同时改造自己的实践意义。事实说明，人的精神生活是随着物质生活的改变而改变的。

亭在自然山水中，由于位置和环境的不同，所起的作用也不一样。如泰山的日观峰，"旭日东升"是岱岳之顶的四大奇观之一。在峰的北侧悬空挑出一巨石，名"探海石"，原是看日出的最佳处。自建"观日亭"以后，亭立山颠，前临悬壁，六角重檐，攒尖高耸如入云表，登斯亭，"八极可围于寸眸，万物可齐于一朝"，视野无限广阔。在亭中观赏日出，凭栏倚槛，视觉无碍，"亭"不仅为游人创造了一个安适的环境，也使人与大自然更加接近，而有凌云亲和之感。（参见图3-1 山东泰山观日亭）

在自然山水中寻幽探胜，山路逶迤绵长，途中若无奇景可赏，游人易感跋

图 8-16　四川青城山奥宜亭景观

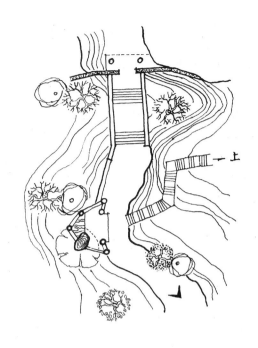

图 8-17　四川青城山奥宜亭平面环境图

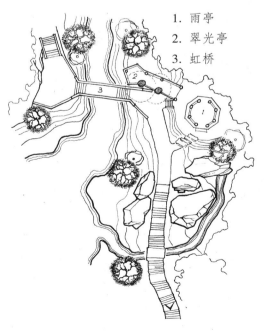

1. 雨亭
2. 翠光亭
3. 虹桥

图 8-18　四川青城山翠光亭平面环境图

图 8-19　四川青城山翠光亭景观

涉之劳。遇到交叉路口，则茫然不知所从矣。深山古刹，多在山道歧路处建亭，峰回路转，有亭翼然，是常见之景。筑亭的意义与作用，就不单是为游人提供小憩之处，且有引人入胜、指引迷途的作用，游人还会有进入景境的欣喜之感。如四川青城山的"奥宜亭"，就是建在上山嶝道的小路和架临涧壑石桥的大路之口（参见图8-16 四川青城山奥宜亭景观）。游人至此，小憩中可观风景，定方位。不难判断，去佛寺不是攀登上山，而是跨壑过桥。（参见图8-17 四川青城山奥宜亭平面环境图）

青城山的"翠光亭"，山道至此，必须跨过山涧到另一座山去。在空间上隔涧之山是断绝处，虽架桥可通，游人从心理上，却很易沿原路顺山坡而直往，因为从山形山势，前面并无险阻，长途跋涉，喜坦直而避歧险，是人之常情。若此处无明确标识，游人很易走上歧途。（参见图8-18 四川青城山翠光亭平面环境图）"翠光亭"的建立，显然是经过一番惨淡经营的，亭的平面不拘形制，临崖傍桥处为五角形，顺桥方向一面展开为两间矩形，整体如箭矢，指向对岸，栏路而横立，从亭的位置、平面、形体的意匠，其导向的目的是非常明确的。（参见图8-19 四川青城山翠光亭景观）　在空间艺术上，"翠光亭"亦可称佳构。游人从嶝道石级而上，在过小桥前，如图8-18上视点所示，道边崖际有巨石突立，与山岩夹道而峙，透过阙口仰望，苍松古木下"翠光亭"架空而半隐，前端栏杆曲折，翼角飞指向前，形象生动而诱人，虽不见桥头，从景观的空间构图，已起着暗示前进方向的作用了。

过阙口，为了加强这种空间的导向性，在"翠光亭"与山岩一块较平坦处，随形依势，建了一座体量较大的八角攒尖亭，名"雨亭"。这样就围合成一个半闭的导向空间和桥头休憩观赏的相对独立环境。游人则安然顺道而行，亭、桥、岩、壑皆为赏心悦目的佳景了。

青城山的"慰鹤亭"更有其特殊的作用和意义。图8-20亭所处位置十分险要，因两山如裂，夹隙借天，故地名"一线天"。仰视青天一线，俯瞰万丈深渊，山如劈裂欲坠，道如天栈迫隘，游人攀嶝道至此，可谓胆战心惊，望而却步。就在这进退维谷间，"慰鹤亭"立，展翅可飞之鹤可慰，何况人乎！

"慰鹤亭"基立之妙，就在于险，它显示着人对自然险恶环境的征服，给人以化险为夷之感。有了这亭在，险恶的环境，却化为诗情画意；有了这亭在，则转危为安，使游者安然！欣然！可谓"亭之功大矣"！（参见图8-20 四川青城山慰鹤亭景观）在造型上，青城山之亭，更有其独特的风格。正因为亭多立

图 8-20 四川青城山慰鹤亭景观

于悬崖峭壁上，为免固基之难，就以大树为天然擎柱，以不加雕琢的枝柯为架为栏，以树皮覆之为顶为盖，宜亭斯亭，宜榭斯榭，形象朴拙而自然，造型丰富而多样，使"青城天下幽"的胜境，增添了山林野致的建筑风格。

建在不同山水景境中的亭，有其不同的意象和作用，这样的例子，举不胜举。由上述数例，可以说明，亭在自然山水中，不仅只是为了造景和观景，还有其独特的物质和精神上的功用。计成在《园冶》所说的**"亭安有式，基立无凭"**，是对人工造园而言，在自然山水中建亭，就不能说是"基立无凭"了。山水是客观存在的自然，要为人们创造游山玩水的条件，就必须因地制宜，就自然山水之形势，按需而立。如登山途中，为免游人攀登跋涉之劳，应择景观佳处，又能于适当距离，建亭以待，可小憩可眺望；山重水复疑无路，有亭遥指又一村，歧路处筑亭则指引之；桥头上建亭，则标示之；危崖处建亭则招慰之……山顶构亭可广瞻而极目，水际安亭可旷远而俯鉴……可谓"基立有凭，亭安有式"矣！

亭，在自然山水中作为创造景境的手段，不仅在景境自身之美，可"撮奇搜胜，物无遁形"极观览之娱。由他处见亭，不论远近高下，要能以亭补旧青山，为山林增辉，与山林浑然一体，成为"不可易"的情景。这就是本书在"借景论"中，一再强调的空间视界的意象完美，也可谓之扩大了空间范围的"互相借资"的创作原则。

如浙江杭州西子湖中的湖心亭，明散文家张岱形象地赞誉它如人"眼中黑子"(瞳孔)，这种感兴，既出自于亭中，又得之于湖外。说他出自于亭中，如目可平眺环瞩西湖胜概;得之于湖外者,"湖心亭"确如西子的明眸。这就是"互相借资"的含义,明代书画家徐渭(1521—1593)的诗,作了绝妙的写照。诗曰:

> 亭上望湖水,晶光澹不流。
> 镜宽万影落,玉湛一矶浮。
> 寒入沙芦断,烟生野鹜投。
> 若从湖上望,翻羡此亭幽。

在园林中造亭与自然山水中不同,计成的《园冶·立基》中有一段精辟的概括。他说:

> 花间隐榭,水际安亭,斯园林而得致者。惟榭祇隐花间,亭胡拘水际,通泉竹里,按景山颠,或翠筠茂密之阿,苍松蟠郁之麓;或借濠濮之上,入想观鱼;倘支沧浪之中,非歌濯足。亭安有式,基立无凭。[24]

意思是:榭,隐建于花间,亭造在水边,是园林中常见之景。但榭并非只能隐于花间,亭亦不必一定建在水际,通流泉的竹林,可造景的山顶,或翠竹茂密的深处,苍松蟠郁的山脚,皆可筑亭;或枕涧鏨沟渠之上,想知游鱼之乐;或架沧浪池水之中,非为濯足而歌(是一种造境)。总之,园中建亭,并无一定之规;选定基址之后,却有一定的形式。

"亭安有式,基立无凭",可说是对亭的意匠经营的高度概括,颇具辩证法的精神。所谓"基立无凭",园林建筑既不同于自然山水之中,也不同于宫殿住宅,尤其是作为观赏点停憩的亭、榭,不能在造园之先就主观决定何处建亭,何处造榭,必须因地制宜,从总体规划出发,因形就势,根据景境创作的需要,"宜亭斯亭,宜榭斯榭"(《园冶

图 8-21　苏州沧浪亭

·兴造论》，要在"安亭得景"，"精而合宜"。

"亭安有式"，当亭的选址一经确定，就要考虑景境构成的各种因素，决定亭的体量大小、平面空间形式和亭的造型处理等等，所以说是"亭安有式"。这里，我们用苏州古典园林中的实例，来说明最简单的方亭，在不同的景境里是如何设计的。

沧浪亭　是在苏州历史最古老的园林"沧浪亭"中，是具有历史标志性的亭子。它建于园内山上最高处，是主要景区假山上惟一的建筑。位置显要，踞高形胜，也是园内的主要景观。清道光七年（1827）重修时，立"五百名贤祠"（石刻画像）在园内，从而带有纪念性的祠庙性质。亭的形制亦高，四根方形石柱，上架斗栱，歇山卷棚顶，亭的形象端庄而雄秀。（参见图8-21 苏州沧浪亭）

嘉实亭　在苏州拙政园东南隅枇杷园内，是以此亭为主所组成的庭园。庭院东北筑以起伏回绕的云墙，北接假山，以山上的"绣绮亭"为对景。东面是

图8-22 苏州拙政园嘉实亭

"玲珑馆"和"听雨轩"组合的庭院，折廊环护，构成空间开朗的院落。嘉实亭，坐南朝北，背靠界墙，故亭的北面砌墙辟门空，有遮蔽而又借天的作用。亭三面开敞，四角攒尖顶。体量较大，但与空间环境的尺度相宜，庭内配以花木树石，简约而不显空松，空间意象清靓而闲静。（参见图8-22 苏州拙政园嘉实亭）。

松风亭　在拙政园"远香堂"的西南隅，小沧浪水院中。亭的位置颇具匠

图 8-23 苏州拙政园松风亭

心，面向西北，斜置于高墙凸向院内阳角的转折处，也是原先进园内的游廊，由东西折向南北的交汇点。亭的妙处，既解决高墙转角破坏庭院的空间完整和闭塞感，使它化实为虚，对廊又起了屏蔽和诱导的作用，因亭后筑墙辟门空，从游廊内，不论是由东往西，还是自北而南，对水院都不能一望而尽，透过门空又可通几分消息。亭向水院，三面砌槛墙，半窗虚邻，四角攒尖，戗脊飞扬，并以石梁柱半挑于水上，给人以可居的亲切和形象的秀逸之感。（参见图8－23苏州拙政园松风亭）

　　上述三亭，形式各异，风貌悬殊，位置也不同，一立山颠，一穷水际，一踞庭院，而且都是平面最简单的方形。从它们所处的环境和造型意匠中，不是大可体会"亭安有式，基立无凭"的道理吗？[㉒]

　　方亭，亭的平面虽简，造型则富于变化，对环境的适应性也较强。如江苏扬州个园中的"鹤亭"，立于假山怪石之中，四角攒尖，用斜梁垂莲柱挑出檐口，虽不若苏州园林之亭，戗脊轻飏而飞舞，（因其出檐深远），却具一种质朴而清

图 8－24　扬州个园鹤亭景观

中
国
造
园
论

逸的风姿。（参见图8-24 扬州个园鹤亭景观）

　　苏州虎丘山第三泉上之亭，是驾于山岩裂隙泉上的一座方亭，坐西面东，背靠园垣，南侧一带院墙，藤萝蔓衍如屏，隙石嶙峋，颇有涧壑之意。亭的立基之妙，就在它翼角飞舞欲举，使狭隘不深之山泉裂隙，如计成所云，有"借濠濮之上，入想观鱼"的意境。（参见图8-25 苏州虎丘第三泉上高亭）

　　月驾轩。在虎丘前山西侧的"拥翠山庄"里，处园后最高处。是以方亭两面接廊屋的组合建筑，坐西面东，前虚后实，东面全部开敞，不设窗牖，只筑槛墙如栏，西面砌实墙，亦不辟漏窗。"月驾轩"之所以用亭廊组合的形式，因此处即园之界墙，后面是山坡，无景可看，若只建一亭，则孤峙无依，全用廊屋，亦单调乏味。如此组合，对外可做园之界墙，对内则有空间围合成院的作用。在造型上，亦有主次，有中心，有陪衬，发挥了亭的飞动之美。〔参见图8-26 苏州虎丘拥翠山庄月驾轩（方亭）〕

　　从亭的位置与空间环境的关系来说，方亭有轴向性，可凌空独峙，更宜于靠边建立。多边形的亭，方位是多向性的，以凌空为佳，靠边难好。近墙构亭，不论四边、多边，靠墙一面均宜蔽而不塞，筑墙辟门空或漏窗化实为虚。（参见图8-27 苏州怡园小沧浪亭），水际安亭，愈近水面愈佳，或"支沧浪之中"，或"水与阶平"，可濯足于床下，可垂钓于枕上。（参见图8-28 苏州拙政园塔影亭）。山上建亭，叠石假山规模再大，也终究有限，亭的体量宜小不宜大，大则山小；形欲挺拔而飞

图8-25 苏州虎丘第三泉上高亭

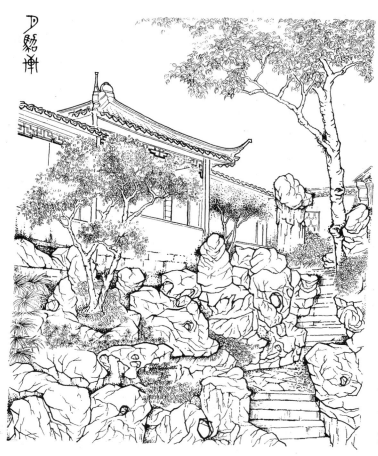

图 8-26 苏州虎丘拥翠山庄月驾轩（方亭）

舞，方能增山之气势。（参见图 8-29 苏州怡园螺髻亭景观）这就是计成所说："**精而合宜**"的含义。亭的形式还有圆形、套方、扇形（参见图 8-30 苏州拙政园扇面亭）等等。

事物是辩证的，"基立无凭"也有其一定的适应范围，对大中型园林来说如此，对小型园林就不尽然了。小园空间范围很小，多在住宅庭院组群之间，宅内厅堂的高大山墙，往往成为园内巨大的视觉障碍。纵观江南小园解决这一难题的妙法，几乎都在园墙有大山（隔院厅堂之山墙）处建亭，且亭基地势，随大山高下而高下，或抬高亭基，既增亭之势，也使联亭之廊曲折中有起伏，倍加空灵和生动，是绝妙的"化实为虚"的手法。典型的如苏州鹤园风亭（参见图 8-33 苏州鹤园风亭景观）可以称之为"**见山构亭**"法。

小园"见山构亭"，是造园空间之小与山水意境之大的矛盾，这种对立的矛盾到极处则"变"。这种"变"不仅是亭的位置问题，还要解决一系列新的矛盾，正因其园小，靠山建亭，亭与墙之间不可能留有多少余地。太近，则亭的翼角难以飞起，即使可以飞起亦不得舒展，反而使人有迫促不畅之感，空间更觉其小。古代匠师们可谓匠心独运，大胆而自由地从空间和形式上加以变革，非常成功地解决了这个矛盾。苏州鹤园是很典型的实例。

鹤园是苏州小园中之较大者，地形南北之长倍于东西，呈窄长状，总体布局，是实两端而虚其中，除门厅与前厅组成前院，其后主体建筑厅堂南北对峙，

图 8-27 苏州怡园小沧浪亭

图 8-28 苏州拙政园塔影亭

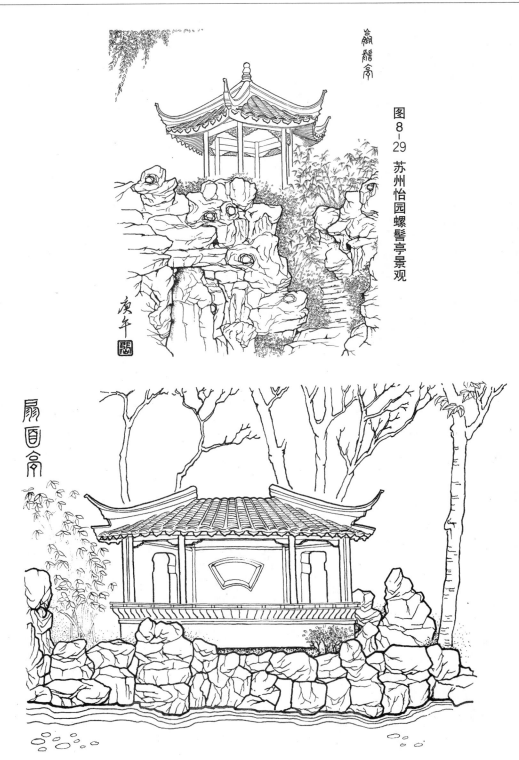

图 8-29 苏州怡园螺髻亭景观

图 8-30 苏州拙政园扇面亭

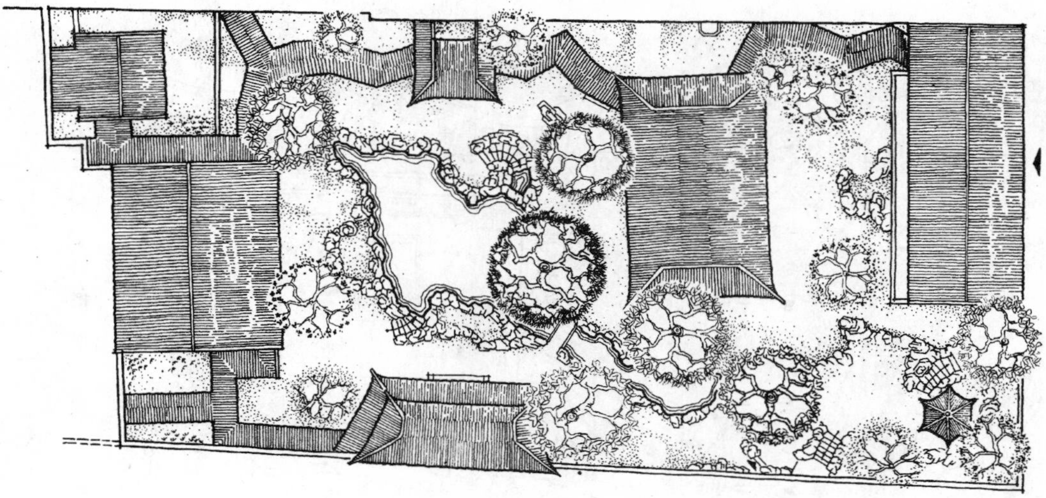

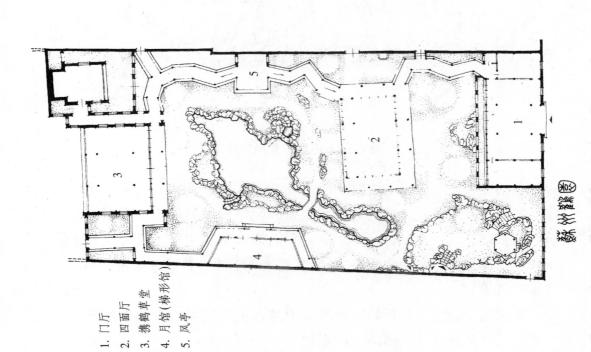

苏州鹤园

图 8-32 苏州鹤园俯视图

苏州鹤园

图 8-31 苏州鹤园平面图

1. 门厅
2. 四面厅
3. 携鹤草堂
4. 月亭馆(梯形馆)
5. 风亭

图 8-33 苏州鹤园风亭景观

中央以池沼为主，构成园的主要景区。由于东西宽度仅 20 米左右，池较小，故用湖石驳岸，犬牙互差，洞穴通透，以打破池岸的视界局限。沿东西园墙布置建筑，朝东宜居，而地窄，建筑靠墙，平面为六角形之半，呈"八"字形的重檐小阁；朝西宜游，则构筑廊亭。（参见图 8-31 苏州鹤园平面图、图 8-32 苏州鹤园俯视图）

　　这面西之亭意匠十分巧妙，亭的位置基本上在隔院厅堂的山墙下，山墙较高，相应的亦抬高亭基，随山墙高低而上下，在空间构图上，叠落的山墙成为亭的装饰性背景，曲折虚廊亦随之起伏，更加生动而空灵。限于地形，亭后空间狭隘，翼角不得舒展，则干脆将亭后的夹隙两头砌墙堵死，构成邻虚的小天井，可谓置之死地而后生；造型上，只正面保持亭的屋角飞扬的形象，（参见图

8－33 苏州鹤园风亭景观）侧面利用屋顶的坡度，与墙头盖顶联成一体，十分巧妙地运用了"处处邻虚，方方侧景"的原则，正侧两面的形象不同（参见图8－34 苏州鹤园风亭侧面景观），却浑然一体，构成各有特色的空间环境。这已成为苏州园林近墙建亭的一种特有的空间处理手法。

小园如此，大中型园林，凡隔院山墙在园内开敞景区中者，亦常用此法，即"见山构亭"法。如苏州耦园中就有这样的例子，可见，在特定条件下又是"基立有凭"了。正如《石涛画语录》所云：

> 凡事有经必有权，有法必有化。一知其经，即变其权；一知其法，即工于化。夫画天下变通之大法也！[25]

绘画与造园艺术是相通的，造化自然气象万千，仍然有它的客观规律，造园艺术也同样，问题是要"变其权"而"工于化"，具体问题要具体分析。

亭，是空灵的最具飞动之美的建筑，要展示出亭的飞动之美，在于"势"。"势"不仅是亭的形态，还要有一定的空间环境。如圆亭或多边形的亭，固然要凭空而立，方亭则宜于靠边建立，所谓"宜"不是无条件的，也得有一定的最小的空间距离，才能展其势。我们从鹤园风亭的分析中，已说明了亭的位置与空间环境的关系。有条件就是一种限制。随造园空间日小，庭院的增多，亭就很难适应小空间里造景的要求，为了解决这个空间上的矛盾，亭亦随

图 8－34　苏州鹤园风亭侧面景观

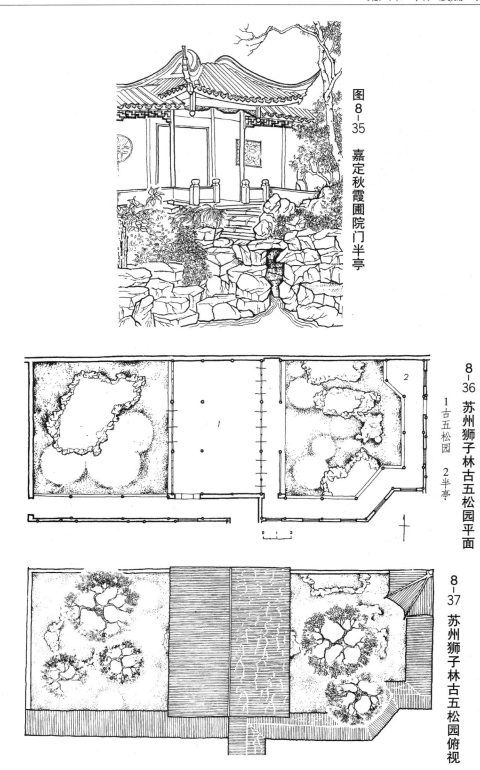

图8-35　嘉定秋霞圃院门半亭

8-36　苏州狮子林古五松园平面

1 古五松园　2 半亭

8-37　苏州狮子林古五松园俯视

图 8-38　苏州听枫园前院墙下半亭

1. 听枫仙馆　4. 半亭
2. 味道居　　5. 适然
3. 墨香阁

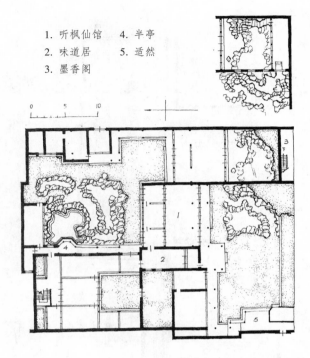

图 8-39　苏州听枫园平面图

图 8-40　苏州听枫园俯视图

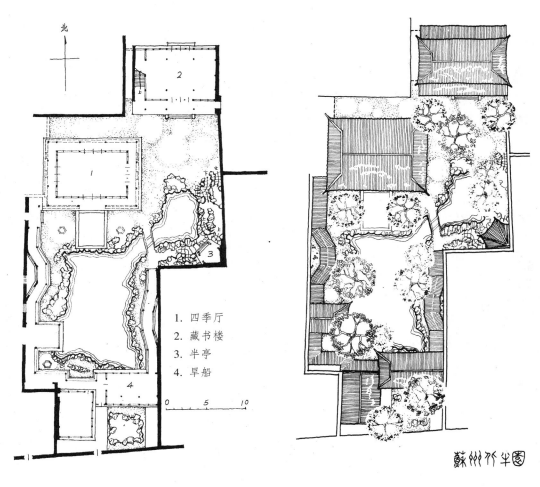

北

1. 四季厅
2. 藏书楼
3. 半亭
4. 旱船

0　　　5　　　10

图 8-41　苏州北半园平面图　　　　　图 8-42　苏州北半园俯视图

之变化而发展，出现了"半亭"这一特殊形式。

　　半亭，就是在结构上的半个亭子。正因其"半"，必须贴着墙壁建造，亭与墙之间就不需要再有什么距离。这就解决了亭不适于在小空间里构筑的矛盾，从而极大地提高了亭的环境适应性，真正达到**"无处不亭"**，充分地发挥了亭的空灵（虚）和飞舞（动）的艺术表现力。半亭的妙用，在以上章节的有关部分已谈到一些，这里就简略地加以概括，仅对个别特殊的实例进行必要的分析。

　　半亭，建于院墙门洞处，不仅可成为门洞的突出标志，也打破了墙垣的沉重和闭塞之感，有"化实为虚"之妙。如苏州拙政园"别有洞天"的半亭及图8-35所示的上海嘉定秋霞圃内院门上的半亭。

　　半亭，建于小院的一角，翼角飞舞，点染得闲庭小院生意盎然，有置之死

地而后生的妙用。如苏州狮子林的古五松园庭院，图 5 - 2 是庭院的景观，图 8
- 36 是平面图，图 8 - 37 是俯视图，从屋顶平面可见半亭之意。

半亭，用于小院廊的断头，一角扬起，直指蓝天，从空间高度上突破了庭院的封闭局限，构成静中有动的生动景象，令人有云水相忘的无限遐想。如苏州留园"石林小院"之静中观半亭（参见图 3 - 24 揖峰轩前回望静中观）。

半亭，附于隔院厅堂的山墙上，可使沉重者化为轻盈，呆板者变得空灵，变山墙为高耸亭顶的装饰性背景，是山墙"化实为虚"、"化景物为情思"的最有效的方法，是我们所说"见山构亭"法之所由。这种例子在苏州古典园林中，比比皆是。如沧浪亭园中东部之"御碑亭"（参见图 5 - 10）、网师园殿春簃院中之"冷泉亭"（参见图 5 - 11）、听枫园前院之"半亭"（参见图 8 - 38 苏州听枫园前院墙下半亭、图 8 - 39 苏州听枫园平面图、图 8 - 40 苏州听枫园俯视图）等等。

半亭，在小园中，可以成为构成主要景境的手段。

如苏州的北半园（现已残破），园甚小，宽仅 10 余米，深不过倍之，平面如半个凸字形（参见图 8 - 41 苏州北半园平面图）。总体布局，主体建筑"四季厅"在园北的较宽处，南端原在东南角有一座半个"不系舟"的小榭，名"旱船"。其南之小院因拓宽道路已拆除，"旱船"也旧貌难觅，成为简易的披屋了。中央池水满庭，池的东西两面，因空间狭小，都只能构筑亭廊，西面的亭廊已残缺不全，东面的半廊尚可见原貌。所以称"半廊"者，不仅廊很窄，宽只容人，两头一间靠墙部分是半坡顶也。廊的中部一段三间，离墙而凸出，中间开敞，两边砌墙凿窗空，以稍示蜿曲，且夹隙借天，点缀以竹石，颇有空灵之趣。

最妙还在于院墙曲折处一隅，建了一座六角半亭，亭下叠石使高，随着亭十分高耸的尖顶，将园墙相应地做成叠落的形式，从而打破了围墙等高的呆板和单调，使整个空间构图，是墙有高下起伏，景有主次虚实，轻重均衡，曲折有情，景物不多，空间亦有限，但意象颇丰而意趣无穷。园虽皆"半"，形象则完整，可谓"以少总多"，寓无限于有限之中矣！（参见图 8 - 42 苏州北半园俯视图、图 8 - 43 苏州北半园主景观面(西)、图 8 - 44 苏州北半园垣隔半亭景观）

如果说，"半园"的主要景观是"半亭"。那么，在苏州的"残粒园"中，"半亭"不只是主要景观，而且是主体建筑也是惟一的建筑物。

残粒园，园名"残粒"，是名副其实的，东西宽仅 10 米，南北稍长，约 12 米，园的总面积不过百余平方，作为一座与住宅相对独立的园林，可说是中国

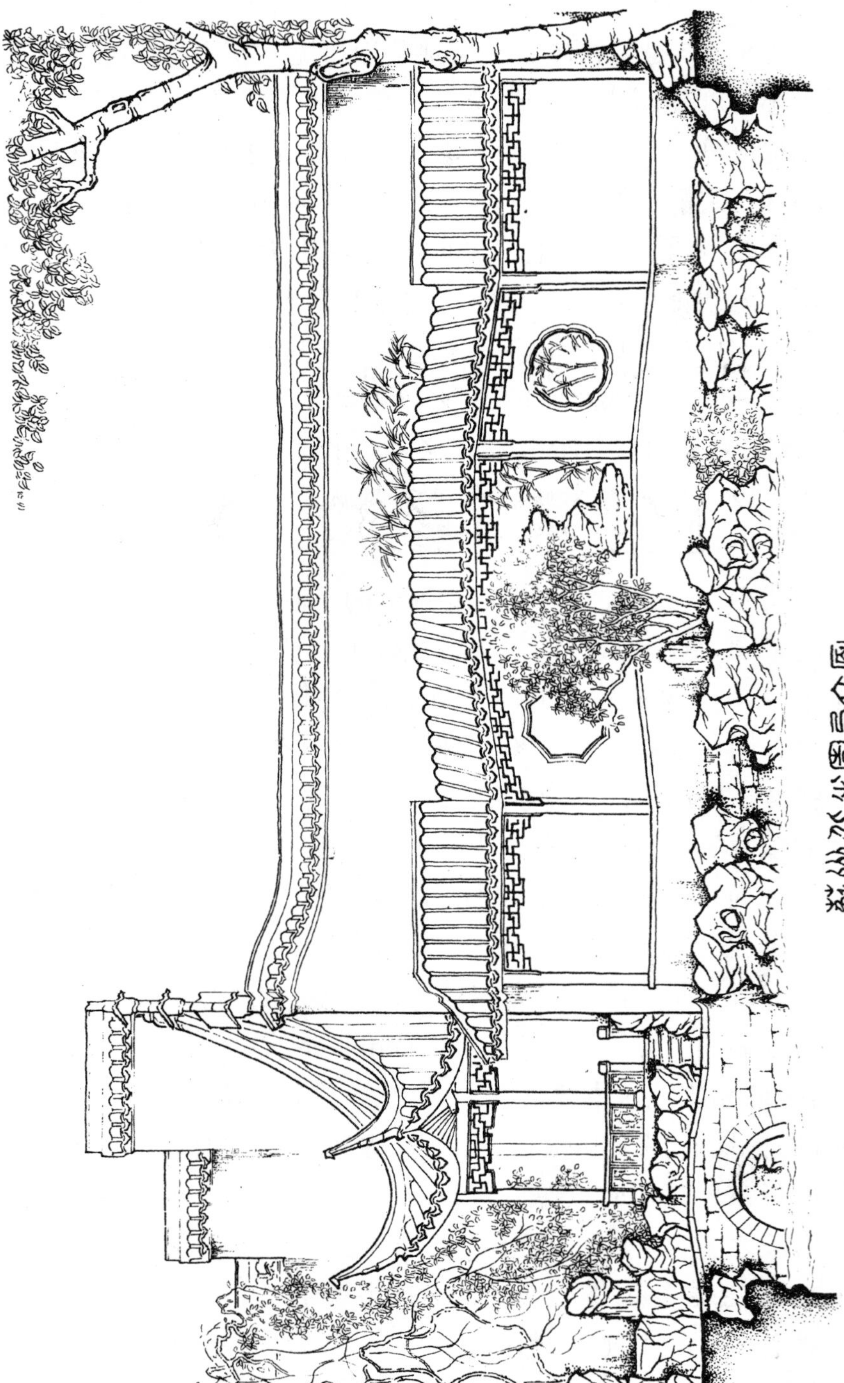

苏州北半园立面图

图 8-43　苏州北半园主景观立面（西）

图 8-44 苏州北半园垣隅半亭景观

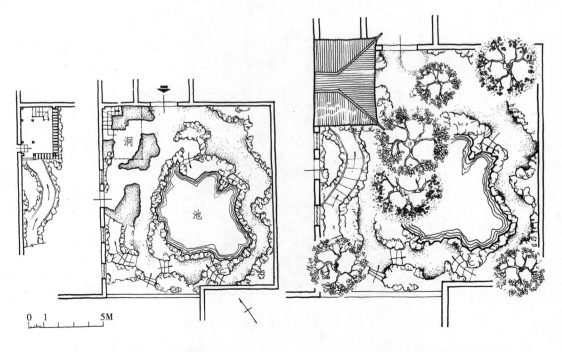

图 8-45 苏州残粒园平面图　　　图 8-46 苏州残粒园俯视图

图 8-47　苏州装家桥巷吴宅残粒园纵断面图

图 8-48　苏州残粒园东立面景观

图 8-49 苏州残粒园栝苍亭景观

古典园林中最小的了。平面近方形，园中景物，只有中央一勺之水和西北角上一座"半亭"（参见图 8－45 苏州残粒园平面图、图 8－46 苏州残粒园俯视图）。水面甚小，虽不能如文震亨所说："一勺则江湖万里。"（《长物志》）但由于其意匠的精妙，而颇有深远之意。除运用小池以乱石为岸的手法，获得视觉无尽的效果外，岸边湖石均叠在挑出石块上，使人不见水际，且池南岸地面拱起（平面上画踏步处），做成洞穴，其深莫穷，令人产生似有源头活水来的联想。（参见图 8－47 苏州装家桥巷吴宅残粒园纵断面图）

半亭，名"栝苍"，则建在隔院重楼的山墙上，因山墙高大，亭下叠石为山，山内洞穴宛转，外设嶝道、断涧、栈桥，洞内有石级可上，形成立体的环路（见平面和纵断面图）。从构图上，亭、山与背后的山墙、院墙，高下相应，加之墙头悬葛垂萝，十分和谐而生动。（参见图 8－48 苏州残粒园东立面景观与图 8－49 苏州残粒园"栝苍亭"景观）。

残粒园虽小，景物也只有小池山亭，但由于造园者立意高古，处处精思熟虑，大有深潭涧壑，映水增华；崎岖嶝路，似雍似通；高亭凌虚，垂檐带空的山林清旷意境，堪称"须弥芥子"。小小园林，充分显示出中国造园艺术的高度艺术成就。

质言之，**中国的"亭"，是无限空间里的有限空间，又是将有限空间融于无限空间的一种特殊的建筑空间形式**。它是空间"有"与"无"的矛盾统一，是融合时空于一体的独特创造；它为中国古代"无往不复，天地之际也"的空间观念提供了一个最理想的立足点，集中地体现出中国传统的美学思想和艺术精神！

笔者认为，认识了"亭"的审美价值和美学意义，可以说，就理解了中国园林建筑的空间艺术；掌握了"亭"的创作思想方法和规律，也就把握了其他园林建筑的意匠奥秘。所以，可借用张岱的话来结束本篇，那就是**"亭的一事尽，其他园林建筑之事亦尽"**！[26]

注：

①刘安等著：《淮南子·秦族川》。

②王羲之：《兰亭集序》，《古文观止》卷七，第 286 页，中华书局，1959 年版。

③《老子》：第四十七章。

④《韩非子·解老》。

⑤李渔：《闲情偶寄》，第 144 页，浙江古籍出版社，1985 年版。

⑥李渔：《闲情偶寄》，第 212～213 页，浙江古籍出版社，1985 年版。

⑦马克思：《经济学—哲学手稿》，第 89 页，人民出版社，1956 年版。

⑧鲁迅：《且介亭杂文集》二集"隐士"。

⑨《郑板桥全集》，第 218 页，齐鲁书社，1985 年版。

⑩《郑板桥全集》，第 223 页，齐鲁书社，1985 年版。

⑪张岱：《陶庵梦忆》、《西湖梦寻》，第 94 页，上海古籍出版社，1982 年版。

⑫⑬⑭⑮李渔：《闲情偶寄·居室部》。

⑯郦道元：《水经注·浙江水》。

⑰沈子丞：《历代论画名著汇编》，第 568 页，文物出版社，1982 年版。

⑱《古文观止·黄州快哉亭记》。

⑲《白氏长庆集》。

⑳㉑张岱：《西湖梦录·冷泉亭》。

㉒吴振棫：《养吉斋丛录》，第 206 页。

㉓张岱：《陶庵梦忆·筜芝亭》。

㉔张家骥：《园冶全释》，第 208 页，山西人民出版社，1993 年版。

㉕《历代论画名著汇编》，第 365 页～366 页。

㉖张岱：《陶庵梦忆·筜芝亭》。

第九章　笔在法中　法随意转

——中国园林艺术的创作思想方法

　　明代造园学家计成所著的《园冶》，堪称世界上最古的一部造园学名著了。郑元勋在《园冶·题词》的开头就提出，古人百艺皆有书传于后世，惟独没有一本造园的书，是什么缘故呢？他认为是由于"园有异宜，无成法，不可得而传也。"异宜，是指人有异宜，即园主的社会地位不同，要求亦不同；地有异宜，选择的园址客观条件有差异，加之古代还无人总结出如何造园的方法，所以不可能有专著流传下来。

　　中国造园历史非常久远，何以到明末才有计成的《园冶》之作呢？我认为最根本的原因，是与社会经济状态和社会实践的需要有关，封建社会初期的秦汉，中央集权政治之始，私家造园者只能是极个别的权贵和豪富，而且与土地兼并结合在一起。魏晋南北朝时代，政治斗争非常残酷，战祸频仍，门阀士族的许多著名之士，一批批被送上断头台，士大夫们多隐迹山林，寄情丘壑，退避以自保，从而发展了与庄园经济相结合的别墅山庄。唐宋时代，造园在官僚士大夫中盛行，主要还是集中在都城京畿之地。到明代资本主义在中国萌芽，社会经济有了长足的发展，私家园林在京城以外商业经济繁荣的城市如苏州、扬州、杭州等地得到飞跃的发展。江南园林的兴起，造园成为社会实践的需要，形成了造园的行业，才有可能造就出像计成这样对园林艺术有造诣的人；正由于有了专门从事造园专业的人才，也才有可能去总结造园的实践经验，写出《园冶》这样的专著。

　　《园冶》问世之前，没有以造园为业的人，造园也只有靠主人自出机杼了。

这种情况正说明，园林长期以来只能为少数封建权贵和官僚士大夫所占有，反映了中国封建社会经济的发展几乎长期处于停滞状态。造园既不可能成为一门学问，人们也不可能创造出具有高度艺术水平的园林。造园靠主人自出机杼，有很大的局限性和难以解决的矛盾，如郑元勋所说："所苦者，主人有丘壑矣，而意不能喻之工，工人能守不能创，拘牵绳墨，以屈主人，不得不尽贬其丘壑以徇，岂不大可惜乎？"（《园冶·题词》）主人造园的立意之所以"不能喻之工"，应有两种情况，其一，还没有工匠能懂得造园的专业语言，如总体布置、景点设计、图纸模型等；其二，园主的立意再高，如对园林工程技术无知，也不可能照其所想的景境去建成。无论哪种情况，要造出好的园林，是难以想像的。

郑元勋称赞计成，说他的创作极富变化，是"从心不从法"，实际上是计成掌握了造园的创作规律，而不拘泥于成法；"更能指挥运斤，使顽者巧滞者通"，计成更有现场指挥施工的才能，能使顽夯的石头变得灵奇，郁结的空间疏通而流动，这是一般人所难以企及的。由此可见，做一个名副其实的园林建筑师，需要有深厚的传统文化修养、丰富的想像力和艺术创作才能；同时还要能掌握、运用绿化、叠石、建筑等造园的工程技术，将思想艺术与物质技术融合成一体，从而达到**"笔在法中，法随意转"**的自由创作境界，创造出具有高度自然山水精神的园林。

郑元勋认为《园冶》"所传者只其成法"，而"无否（计成）之智巧不可传"。成法应指造园实践的法则和方法；智巧，显然是指景境创造的才能，即计成在《园冶·借景》篇所说，造园者要能"目寄心期"，"触情俱是"，也就是从客观状况中，目之所见而心有所感，即引起情趣感应的景境构思，造成别具空灵而幽深的意境。郑元勋也认为："但变而通，通已有其本，则无传终不如有传之足述。"然也！运用成法，要融灵变达，变化而不离其本，无传总不如有传能使人有所遵循了。

在艺术的有传与无传问题上，不仅只是造园艺术，纯属意识形态的艺术更是如此。如盛唐伟大的浪漫主义诗人**李白**；雄奇豪放、瑰丽绚烂的诗歌；世称"草圣"的书法家**张旭**，气势奇状、连绵回绕的狂草。他们的艺术特征，是内容溢出形式，不受形式的任何束缚，也就没有确定的形式，完全是个人天才的抒发，不可仿效，无法可循，是不可传的。

而杜甫则"铺陈终始，排比声韵"（元稹），把诗严格地凝练在一定的形式、规格和律令之中。杜诗的"体裁明密，**有法可寻**"，非李诗之"兴会标举，**非学**

可至"（胡应麟《诗薮》）。杜甫就将非学可至的天才美，转化为人人可学而至的人工美了。

　　在书法艺术上，颜真卿的楷书，浑厚刚健，方正齐整，它**"稳定而利民用"**（包世臣《艺舟双楫·历下笔谈》），成为宋代印刷体的范本，至今仿宋字仍然是工程制图的标准字体。正因为人人可从杜诗、颜字所创建的规矩方圆中，可学而至，从形式的规范中寻求到美，创造出美，为后世造就出灿若星辰的诗人和书法家。所以他们对后代社会的作用和影响，要比李白、张旭更为巨大、广泛和深远。

　　历史说明，任何艺术活动，都必须从不断实践中认识、探索事物内部的本质联系和发展的必然性，即客观规律。否则，这门艺术就不可能建立成一门学科并得到发展和光大。对从事艺术活动的个人来说，不了解或不能把握艺术实践的客观规律，创作就有很大的盲目性，也就很难创造出好的作品，更不可能取得出众的艺术成就。轻视理论研究者则认为，古代没有园林建筑师，造园林靠主人自出机杼，不是造得很好吗？言下之意，何必要去研究什么造园的理论。这种缺乏理性认识、思想狭隘保守的人，首先是不了解历史。据《洛阳名园记》所载，唐宋园林规模较明代私家园林要大，建筑多单栋分列，凉堂广榭体量亦较大，景境尚无叠石为山之作，而以池沼竹树为胜。园林的主要功用，是为公卿显宦的士大夫们邀朋聚友、饮酒赋诗、宴集娱乐，提供一个静谧清幽的环境和场所，我在《中国造园史》中作了分析论述，名之为**"宴集式园林"**，当时人文字中不称"园林"而称"池园"。

　　园林随社会经济的发展，尤其是城市商业经济的繁荣，由园主个人社交娱乐、有限使用的"宴集式"**池园**，发展成为家庭生活之一部分的**宅园**，造园林的功能扩大，造园者也逐渐多了，对园林的要求也高了，唐宋池园的凉堂广榭、池沼竹树，简率而疏旷的景境，已不适应城市园居生活的要求。随着城市造园空间日小，写意山水式的造园创作标志着中国园林趋向成熟，向艺术的更高层面**咫尺山林**发展。

　　园主自出机杼的时代，说明城市经济尚不发达，造园只是极少数人个别行为的落后状态。到明代后期情况就大不相同了，如计成在《园冶·兴造论》一开头就指出："世之兴造，专主鸠匠，独不闻三分匠七分主人之谚乎？非主人也，能主之人也。"这时造园专以工匠为主，说明能自出机杼的园主已少有了，所以计成强调"三分匠七分主人"的"主人"，不是指园林的产业主，而是指能主持造园的人！即使有的园主能自己规划构思造园，与以造园为业的专家相比水平亦相差很远。为《园冶》写题词的郑元勋，他自造"影园"的过程就是个很生动的例子。郑元勋，安徽歙县人，工诗画，崇祯癸未（1643）进士，家居江都，在城南筑影园。他在《影园自记》中有"吾友计无否善解人意，意之所向，指挥石匠，百无一失，故无毁画之恨"的记事就很说明问题。在《园冶·题词》中亦云："予卜筑城南，芦汀柳岸之间，仅广十笏，经无否略为区划，别现灵幽。予自负少解结构，质之无否，愧如拙鸠。"郑元勋非常钦佩计成的才能，他自负还是懂得点造园的，相对计成而言，就惭愧得如不会做巢的拙鸠了。

在传统文化和艺术修养方面，郑元勋是中过进士的士大夫，而且工诗画；计成虽能诗画，但只是没有功名的一介寒士，毫无优越之处。他在造园艺术创作才能上，超过郑元勋者，无他，是计成潜心研究造园，把握了园林艺术创作规律的缘故。理论对实践的指导意义，其重要性是不言而喻的。为了有助于园林专业的学生对园林设计的了解，下面我从园林艺术创作思想方法的角度，结合实例分析作概要的阐述。

第一节　私家园林的意匠

园林设计，首先要解决的是规划设计，即总体布局问题。清代乾隆年间，沈元禄《猗园记》中有两句话很精辟，即"**奠一园之体势者，莫如堂；据一园之形胜者，莫如山**"。我认为这两句话对园林总体规划设计是关键性的概括，计成在《园冶·立基》中开宗明义："**凡园圃立基，定厅堂为主。**"[①]也强调堂的位置经营的重要性。

为什么在园林总体规划中堂的位置如此重要呢？

堂，在传统建筑中，是当正向阳轩敞的房屋，是组群建筑庭院组合中的主体。园林中的堂，是园主邀朋请友、接待宾客娱游观赏，聚会宴集的地方；平时也是家人团聚娱乐之处。是园林中的主体建筑，当然是主要的景点。关于堂的建筑意匠，见《中国建筑论》第三章"中国建筑的名实与环境·堂"一节。

堂从待客要求，客人登堂，必先入园，城市傍宅之园，多在宅后。古时内外有别，为避免客人穿过住宅入园，对家庭生活的干扰，就必须开辟直接通向街道的园门。大中型园林，宅多在街北，园在宅后，且三面被围于街坊建筑之中，出路只有向南，也就是与住宅大门同一方向，实际上是与宅门并列。如苏州古典园林中的"**拙政园**"和"**留园**"均如此，这种做法只有在建造房屋之初，

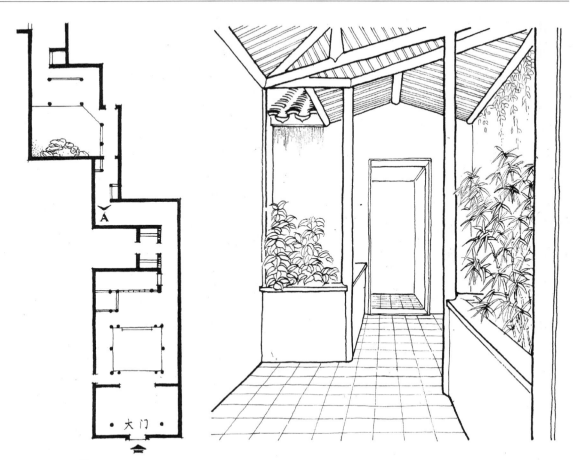

**图9-1 苏州留园入园通
道的空间意匠**　　　　　　　**图9-2 苏州留园入口通道曲廊透视图**

在宅旁留出隙地，形成夹隙小弄，才能由街道不经住宅直接进入园林。这就是
《园冶·相地》讲城市园林"傍宅地"所说**"设门有待来宾"**②的要求，设园门是
住宅和园林在建造之初，在总体规划设计中就需要解决的问题。

一、夹巷借天　浮廊可渡

　　园林直接对外的出入口与宅门并列时，所留夹巷之长，多为宅的纵深轴线
长度，曲折而狭窄。为解决夹巷空间的迫隘和闭塞感，留园和拙政园的处理方
法是有所异同的，共同处是三间门屋的园门均开在园林的园墙上。而临街的入
口处理，拙政园做成便门形式，现在东部的园和大门，是为了适应大量游人进
出的需要，后来开辟的。原来的园门就关闭不用了。现今从东面侧门入园，景
观序列和游览路线全被破坏，已难获得原先游园那种审美意趣和境界了。

留园临街入口，留地较宽，设计成轿厅，夹巷长达50多米，空间曲折而富于变化，夹巷虽窄却不乏空灵，大有化腐朽为神奇之妙。（参见图9-1 苏州留园入园通道的空间意匠）轿厅的基地较深长，则中开天井，后留夹隙，既解决了采光通风，又为下轿后留有缓冲和过渡的空间。由右入北廊，曲曲折折，在窄廊的两侧，忽左忽右的夹隙借天，最妙的是接园门小院的一段，仅方丈之地，对角留出两个夹隙，一偏东南，一偏西北，短短的通道又成曲廊，但却曲折有情，夹巷显得空灵，光影变化而有幽深之趣。（参见图9-2 苏州留园入口通道曲廊透视图）

二、安门须合厅方

计成在《园冶·立基》篇，一开头就强调确定厅堂位置的重要，并阐述了如何布置之后，接着说"选向非拘宅相，安门须合厅方"的话，前一句是说园林建筑物的方向选择，不要拘泥于风水的吉凶祸福之说，当然要根据功能的要求，这是为后一句话"安门须合厅方"作铺垫。安门之"门"，并非泛指，是定指园林直接对外的园门。何以见得是指园门呢？因为计成在《门楼基》中已作了明确的交待，"园林屋宇，虽无方向，惟门楼基，要依厅堂方向"[3]。

为什么园门要依厅堂方向呢？

这里的厅堂亦非指一般的厅堂，而是指园林中的主体建筑之堂，如拙政园中的**远香堂**。从园林的总体规划来说，堂，既是园林建筑的主体，是待客、宴饮等集中娱乐的活动场所，也是客人进园后主要停留之处，还是园中主要景区能一览园林胜概的地方。由园门至堂，应该近便而通达，所谓"依厅堂方向"，不仅要求园门与堂的方向一致，而且方位最好在一条轴线上，而门与堂之间的路线，也就是园中的主要游览线。

拙政园的这条主要游览线的设计是较典型的：由临街门入曲折的夹巷，经腰门（园门）而入，门内假山屏蔽，循廊绕水，或跨溪流，至远香堂，豁然开朗，形成空间上的强烈对比。（参见图9-3 苏州拙政园总平面图）屏蔽而通，入园后，主要景区不会一览无余，这是古典园林空间意匠欲放先收、欲显先藏的传统手法。

在园林总平面上，要确定堂的位置，必须要有两条坐标轴，由门至堂只是其中之一。

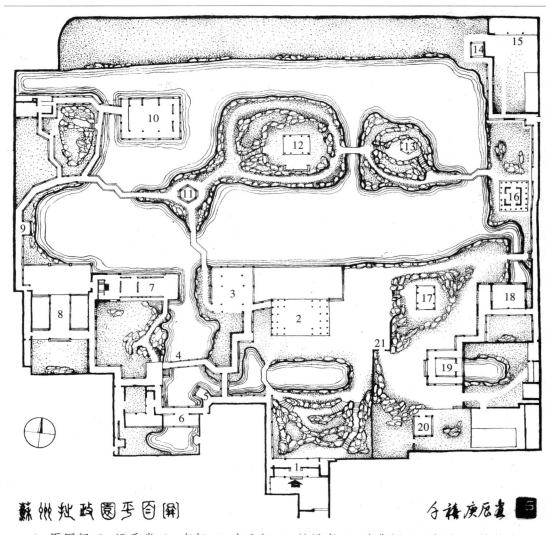

1.原园门　2.远香堂　3.南轩　4.小飞虹　5.松风亭　6.清华阁　7.香洲　8.笔花堂

9.别有洞天　10.见山楼　11.荷叶四面亭　12.雪香云蔚亭　13.待霜亭　14.绿漪亭

15.菜花楼遗址　16.梧竹幽居亭　17.绣绮亭　18.海棠春坞　19.玲珑馆　20.嘉实亭　21.枇杷园

图9-3　苏州拙政园总平面图

三、留径可通尔室

计成在《园冶·相地·傍宅地》中指出：**"设门有待来宾，留径可通尔室。"**④
"设门"与"留径"是同时并举的，道理很简单，园林是园主居住生活的有机组
成部分，经常使用的是园主及其家人，住宅和园林必须要有方便的联系；要从
接待宾客聚会、宴饮等活动，也要从宅内供应和服务诸方面考虑。所以，从宅

内至园中之堂，在规划之初，也要考虑留捷径供家人奔走。李渔在《闲情偶寄》中说：

> 径莫便于捷，而又莫妙于迂。凡有故作迂途，以取别致者，必另开耳门一扇，以便家人奔走，急则开之，缓则闭之，斯雅俗俱利，而理致兼收矣。⑤

这对"留径"如何设计，是最好的说明。

设门与留径，是影响园林总体规划的两个重要的制约条件，或者说是总体布局中必须首先要解决的矛盾。矛盾解决得如何，决定园林的整个空间结构和景点的布局安排。但解决这一对矛盾，需要考虑许多相关的因素，诸如，园与宅的相对位置与组合关系，园址的地形、地势与大小；地下水位与地面植被，周围环境与道路关系等等。必须综合分析这些因素，研究方案的可能性与极限性，才能科学并艺术地解决"设门"与"留径"的问题。

园门至堂，是对外的游览路线；由宅至堂，是对内的园居生活路线，把这两条路线看做"堂"的两条坐标轴，其交点就是堂的位置了。堂的位置一定，园林总体布局的空间结构也就确定了，故云"奠一园之体势者，莫如堂"也。

四、未山先麓

中国造园，是以自然山水为创作主题的，童寯先生（1900—1983）在《江南园林志·造园》中曾指出："吾国园林，无论大小，几莫不有石。李格非记洛阳名园，独未言石，似足为洛阳在北宋无叠山之证。"⑥北宋洛阳的园池"多因隋唐之旧"，且"河南城方五十余里，中有大园池"（李格非《洛阳名园记》）。规格之大者常占一坊之地。对唐宋园林无叠山的问题，我在 1986 年出版的《中国造园史》"宋元时代"一章中专列"洛阳园林'无叠山'论"一节，作了较详细的分析，这里仅从造山艺术本身的发展来谈。

自然山林，结云万里，广土千里，像北宋"**艮岳**"那样摹写式大体量的山水造景，在私家园林中根本无法实现，尤其是北宋仁宗朝坊市制的崩溃，城市经济繁荣，人口的增加，摹写山水更加不能适应私家园林的空间要求，山水造景势必向**写意式**发展。

首先在绘画领域，元代蒙古族入主中原，汉族士大夫知识分子中一班气节之士，不甘屈服，多放弃"学而优则仕"的传统道路，借笔墨以抒发抑郁之情，作画非以写愁，即以寄恨。不再追求对景物的忠实再现，而是纯粹于笔墨之中求神趣，求灵性。这种写意式的文人画，元以后成了时代的风尚，无疑地会对园林山水景境的创作产生影响。但绘画是在两度空间里创作，可以任意地信笔挥毫；造园是在三度空间里创作，要受表现手段、物质技术的严格制约，不是随意凭想像可为的。

那么，园林山水写意式的创作是如何产生的呢？或者说根据是什么呢？

写意山水的创作，不可能凭主观想像，惟一的途径是**师法自然**。事实上，古时在郊野常有一些小景，却会使人有涉身岩壑之感，如在本书"意境论"中所举元结的《右溪记》、柳宗元的《小石潭记》等等。

《右溪记》和《小石潭记》在造园学上的意义，就在于文学家把自然景物中的"虚与实"、"多与少"、"有限与无限"，按照人的视觉心理活动特点，形象地把它揭示并表现出来，这对园林山水写意式造景，不仅只是一种启迪，而且是可以借鉴的楷模。

将这种"小中见大"的自然景象作为一种思想方法运用于造园，是一种新的创造，如张南垣的**"截溪断谷"**法，平冈小坂，"错之以石，碁置其间，缭以短垣，翳以密筱"，能使人产生"若似乎处于大山之麓"的审美感受。张南垣之法，是总结前人实践而得，如明刘侗在《帝京景物略》中所记的"定国公园"，张岱《陶庵梦忆》中的"愚公谷"园林，都有这种造景的手法。原苏州庙堂巷的**壶园**（已毁），东墙藤萝密翳，加以竹树掩映，园林虽小，颇有山林之趣。

"截溪断谷"法，并非只适用于古典私家园林，对今天的造园也适用，根据景境的要求、围墙处景点设计的需要，使墙垣隐约于藤萝间，满墙皆绿，风吹叶动，就是一种化实为虚、化景物为情思的手法。

"截溪断谷"法，可以说是计成**"未山先麓"**的造山的具体手法。计成从理论上概括出"未山先麓"的造山艺术原则，是以人们登山时的心理活动特点为据的，他用**"欲藉陶舆，何缘谢屐"**的典故很形象地阐明这一特点，（见第七章"意境论"的分析）也说明"未山先麓"这一写意式造山形成的思想方法。

园林造山，凡人可登临驻足者，重山峻岭的形象，摹写不得，写意亦不可为。所以，园林中的峰、峦、岩、涧，皆可望而不可游之叠石也。造园者立意为之，游园者会意赏之，借论画者之言，土石本无情，不可使掇山叠石者无情；造山在摄情，不可使观赏者不生情。叠石贵简不宜繁，今之叠石者，多极少有传统文化的素养，只知追求**物趣**，千窍百孔，如乱堆煤渣。叠石，如论画者云，

"画以简为尚，简之入微，则洗尽尘滓，独存孤迥"，而叠石为峰，纯属**意趣**，不在石形的复杂变化，而在石形的体态动势，可谓"怪僻之形易作，作之一览无余；寻常之景难工，工者频观不厌"[⑦]；叠石之工者，在于"状飞动之趣"，才能"写真奥之思"(刘禹锡《诗评》)，给人以山峰峻立的崇高精神。

园内造山，只是"平冈小坂，陵阜陂陁"，或外石内土，局部做成涧壑，用湖石者，如苏州环秀山庄；用黄石者，如苏州之耦园。或土中带石，于底脚处，嶝道曲折，石块嶙峋，如苏州拙政园池中之山。以造山为主的私家园林，至今遗存者，尚有浙江海盐的**"绮园"**，为清代同治十年（1871）冯氏所建，为江南园林中假山之最大者。（参见图 9 - 4 浙江海盐县绮园总平面图）园基南北长而东西短，假山以**"E"**字形环抱全园，南面空缺很小，中建一堂，堂前凿池，池南湖石叠成涧壑，池沿东山麓向北与大池相连。北面空缺很大，池甚宽广，大池偏东有曲堤纵贯，堤中央水架拱桥。山在池东绵延起伏，至池北峰巅，顶立小亭，屹然高耸。山为外石内土，即以石包土，山之上下多合抱古木，老树繁柯，绿荫匝地，木杪排空，碧波泛影，空明水静，颇具山林清旷的意境。

绮园的建筑早已毁尽，园恢复后所建东山麓之亭，池边水榭，均粗率不合形制，正因其少，尚不碍园林山池景观之胜。山的造型，堂前池南，湖石掇叠者较精，中间横岭，南面堂背，北面大池，和北部横岭临池一面，皆叠成石壁，并无山的造型，而有山林气势者，壁面藤萝蔓衍，顶上古树参天，如论画者云："山本静，水流则动；石本顽，树活则灵"也。绮园之山，可谓既奠定了一园的体势，也充分表现了"据一园之形胜者，莫如山"。

五、疏水无尽

园林造景，有山不可无水，山无水则不活。从园林工程言，造山与凿水，是一个系统工程，《园冶》云："**入奥疏源，就低凿水，搜土开其穴麓，培山接以房廊。**"[⑧] "高阜可培，低方宜挖"，是堆山凿池的基本原则。

园林的山水布局，笪重光《画筌》云："目中有山，始可作树；意中有水，方许作山。"注："作画要胸有成竹。今人作画时，胸中了无主见，信笔填砌，纵令成图，神气索然。"[⑨]这虽是讲画山水，但与造园创作的道理相同。园林造山理水，必须根据地形、地势与堂的关系等因素，要以综合的意匠经营，即在规划下笔之前，对山水形象有整体构思。因地制宜，如拙政园之山在水中，构成岛屿；或如绮园之山环水抱，冈阜绵延；或如留园之环池叠山，水在山中。

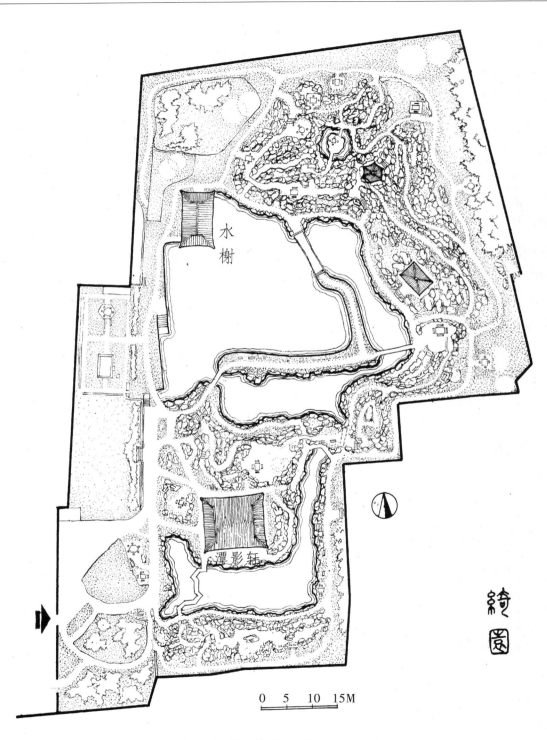

水榭

潭影轩

0　5　10　15M

图 9-4　浙江海盐县绮园总平面图

绮园

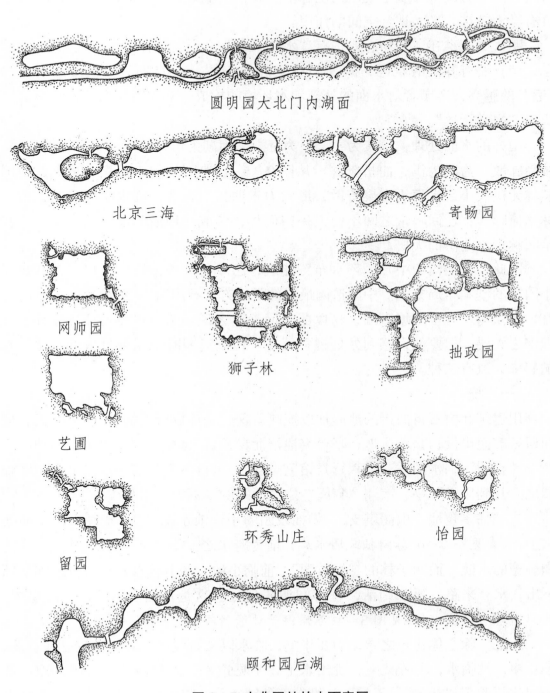

圆明园大北门内湖面

北京三海

寄畅园

网师园

狮子林

拙政园

艺圃

留园

环秀山庄

怡园

颐和园后湖

图 9-5 古典园林的水面意匠

　　园林理水，中国园林历来以水多为胜，水不仅是创造咫尺山林的不可少的材料，同时有调节环境小气候的生态学意义，从审美上，清池涵月，濯魄清波，具有澡雪精神、扩大视觉空间的作用。

　　明人文震亨在《长物志》中有"**水令人远**"之说，园林之水要使人生"**远**"思，园林要有静谧的氛围，游人要有宁静的心情。水的艺术形象要能给人以"**远**"的感受，造园者对水面的处理和水环境的构成，必须能使人"视觉莫穷"，或曰"视觉无尽"。

　　园林的水面处理，以聚为主，汇为巨浸，为湖为沼，浮空泛影；以散为辅，枝径脉散，为溪为涧，曲折幽深。从图9-5 古典园林的水面意匠可见，中国园林无论大小，水面均有聚有散，形状力求曲折而自然，临水亭榭参差，山石林木掩映，在迂回映带之间不使人一望而尽，形成一种清旷深远的意境。这些是园林理水之法的大概。

　　因此，以池沼为中心，环水布置建筑，已成为一种传统的格局，尤其是中小园林的基本布局方式。中国造园最忌的是"**方塘石洫**"，一览而尽，无意趣可言，故张南垣有"方塘石洫，易以曲岸回沙"之说。园林水面与环境设计，是理水之大要，但要使人感到处处视觉无尽。传统造园有一系列具体的手法，归纳起来大致有三种。

（一）掩

　　用建筑和树石将曲折的池岸加以掩映。这就是计成所说的："杂树参天，楼阁碍云霞而出没；繁花覆地，亭台突池沼而参差。"这样的例子很多，如拙政园西部"补园"临水的"三十六鸳鸯馆"、怡园"可自怡斋"前架水之平台、网师园之"月到风来"亭、南翔"猗园"之"浮筠阁"等等，不胜枚举。

　　或"临溪越地，虚阁堪支"，如拙政园的小沧浪水院，"清华阁"挑空横架水上，（参见图9-6 苏州拙政园水廊）前为跨水之浮廊"小飞虹"，构成一座清幽静邃的水院。而狮子林的"修竹阁"，前临小池，阁下叠石若水口，水如从阁下出，水有来路，死水则活，且莫知源头何处。这是"临溪越地，虚阁堪支"的典型理水之法。（参见图3-4 苏州狮子林修竹阁）

　　总之，除主体建筑之堂，为要华整，临水以文石驳岸，其他不论是厅、阁、亭、榭，凡临水，前皆架空，挑出水上，不见边岸，以打破池的视界局限。苏州拙政园西部"补园"，入门后，沿东面的园墙，一带水廊，平面曲折，且高下起伏，挑空架于水上，既使狭长的池水不见边岸，起到扩展水面和空间的效果；

图9-6 苏州拙政园水廊

又将一堵长墙，化实为虚，化景物为情思，使狭长的小园不觉其小，而有山林的幽邃之趣。

（二）隔

《园冶·立基》："疏水若为无尽，断处通桥。"⑩《园冶·相地》在"郊野地"中亦说："引蔓通津，缘飞梁而可度。"都是水面空间"隔"的手法。蔓，是形容细长的沟渠，如太原晋祠智伯渠对联之"一沟瓜蔓水，十里稻花风"之渠也。

　　隔的方法很多，或筑堤横断水面，或跨水浮廊可度，或涉水点以步石，都是"疏水若为无尽"的"隔"的手法。"断处通桥"的"断处"，是指水面有大有小、有宽有窄，在相接处用桥将水面空间隔断。拙政园的池水设计，是典型的例子，劝耕亭小岛与东岸、小岛与香雪云蔚亭大岛之间的石板小桥，荷风四面亭小洲南、西两面与池岸间的石板曲桥，既为游览交通所必须，而且又形成环路，有往复无尽的空间流动之妙。在空间上虽有隔断之意，各自相对独立成境；但又隔而不断，相互融于景境之中。这样的例子较多，如补园之"笠亭"小岛、狮子林之水中"观瀑"亭、南翔猗园之"梅亭"和"小松冈"、南浔宜园大池中之"半湖云锦万芙蓉"厅岛屿等等。凡在造园规划之初，意在水中建亭榭，筑岛屿者，莫不如此。

　　留园由西北角廊下，引出通向园池的小溪上架有三处石板桥，这是较典型的"引蔓通津，缘飞梁而可度"的手法。苏州壶园，本是座小小的庭园，在池岸曲折的水面上，两处构筑了石板小桥，使一望而尽的池水尽头，增加了空间层次和景深，隔出了境界，不大的小院，给人以幽邃之感，其中就有"断处通桥"可扩大景深的作用。这是用得很多的一种手法。

（三）破

若池不大、水面甚小时，打破池岸的规整和视界局限就更为重要。故凡曲溪绝涧，清泉小池，以乱石为岸，敧嵌盘屈，犬牙交错，植以细竹野藤，饲以朱鱼翠藻，虽一洼之水，而有悄怆幽邃的山野风致。苏州狮子林"修竹阁"的小池是较典型的例子。而苏州残粒园，（参见图 8－45 苏州残粒园平面图）是苏州园林中之最小者，园的面积仅约 120 平方米，池的水面不规则，最大直径约 5 米，是园中惟一的景物，除此小池而外，只东北角用湖石堆叠的山洞上有半座附隔院楼厅山墙的亭子，这半个歇山顶的半亭名"栝苍"。为了使小池不觉其小，造园师匠心独运，将围池边驳岸的湖石堆立在挑出水面的石板上，使人不见池水的边界，令人产生出一种潭深莫测的"远"思。（参见图 8－49 苏州残粒园栝苍亭景观）

造园是否水面愈大愈好？

李格非《洛阳名园记》说："园圃之胜，不能相兼者六：务宏大者少幽邃，人力胜者少苍古，多水泉者难眺望。"园林水面大小、不论是汇水为池，还是分流成溪，必须根据具体的空间大小，地形、地势、树木、地下水位高低等等，采取不同的意匠和手法，如论画者云："画无定式，物有常理"也。

造山理水，主要是指园林景区中"咫尺山林"的创作。宅园在明清私家园林中，是主人居住生活的有机组成部分，除待宾客、家人休闲娱乐外，也是为主人琴棋书画、修心养性等活动的地方，多构筑若干庭院来解决。这种在园中构筑的庭院，虽不在景区之中，也不可能隔绝于景区之外，它应成为园中的一个景点。

问题是，端方规整的建筑庭院与自然灵活的山水景区，在空间与视觉上如何能统一协调呢？事实上，凡来苏州的游人，在游园中从来无人感到景区与庭院有什么不协调，是两个完全不同的场所。而是不由自主地将两者作为一个有机整体，在两者之间往复游览，只感到处处引人入胜，令人兴趣盎然而流连忘返。

这说明，住宅庭院与园林庭院有"质"的不同。**住宅庭院**，是以三或四幢房屋，**按礼制**要求，沿轴线主次分明、对称均衡的围合成院。

园林庭院，多以一幢房屋，按**审美**需要，不受轴线和方向的限制，用廊、墙组合成院。

简言之，园林庭院是具有景观价值或景观意义的庭园，造园学称之为"**庭园**"。有关"庭园"一词的概念，见第一章"庭园"一节。

六、庭院构成

庭园与宅院构成的不同，计成在《园冶·屋宇》篇开头就指出："凡家宅住房，五间三间，循次第而成；惟园林书屋，一室半室，按时景为精。"[⑪]上面我们对"住宅庭院"和"园林庭院"的解释，可为计成所说的话作较全面的注解。计成以"**家居必论，野筑惟因**"概括两者的区别。《园冶·屋宇》篇是讲园林建筑的，涉及的问题较多，从庭院构成来说，其中有两点是应重视和研究的。

其一，计成提出园林厅堂与一般不同，要"**前添敞卷，后进余轩；必用重椽，须支草架**"[⑫]。前句是说，厅堂的前后要设檐廊，所说的"卷"和"轩"，均是指廊上顶部所做的"轩式"构造形式。设廊就加大了进深，檐口则随之下降，势必影响室内的采光，为了抬高檐口，构架的梁柱要移位，就破坏了大梁上部构架的对称和规整，所以必须用"重椽"做成假顶，即"屋中假屋"，既表里整齐，又遮住上部的梁架，上部梁架无须加工，故称"草架"。这就是"必用重椽，须支草架"的道理。

为什么园林厅堂必须"前添敞卷，后进余轩"呢？

从苏州古典园林实例看，不仅只是厅堂多前后设廊，凡庭园中的建筑，几乎都设有前廊。如前所说"园林庭院"，大多是用一幢房屋与廊、墙等围合成院的，如不"前添敞卷"，廊则无处连接。换句话说，建筑的檐廊就是将建筑空间引申和连续出去的"廊"的起点、休止和终点，这就是《立基》篇在"房廊基"中所说："廊基未立，地局先留，或余屋之前后"的道理。计成在《屋宇》中说："长廊一带回旋，在竖柱之初，妙于变幻。""竖柱之初"也就是要"地局先留"。廊的布局和设计，要在规划设计时统一考虑，如何才能使廊"妙于变幻"，不是廊本身的设计问题，只有在庭园的空间意匠中才能产生。

其二，《屋宇》篇在廊的"妙于变幻"之后，接着就说："**小屋数椽委曲，究安门之当，理极精微**。"[⑬]这句话研究中国园林者，每多不解而望文生义。实质上，计成是讲庭院的空间意匠。数椽小屋，是言其屋甚小，即"一室半室"的意思，"最多是指二三间的小屋，其室内空间如何曲折？门窗的设置也未见有奇妙者，何'当否'之有？委曲，是形容以小屋所构成的空间环境，即庭院。从苏州古典园林实例可见，园林建筑的庭院组合，与院外空间的交通联系，往往不止一处出入口（多用廊内外通联），少则二三处，如拙政园的'海棠春坞'小院；多则五六处，如留园的'石林小院'。出入的方式，不仅有曲有折，有明有暗，有藏有露，虚虚实实，从不同处入院，给人以不同的景观，而且在空间上则组成复杂的环路，造成空间流动和往复无尽的妙趣。可见'究安门之当'，并非指小屋本身的安门问题，而是指小屋庭院多向出入口的意匠[⑭]。

庭院空间意匠的具体手法，就是《园冶》精华之一的"**砖墙留夹**"和"**出幕连墙**"，砖墙留夹，是一种塞极而通"暗度陈仓"的独特手法；出幕连墙，则是从室内山墙门空隐出，斋馆深藏于隔院，游人会有出乎意料的奇趣。详见本书第三章的分析。这种往复无尽、变幻无穷的空间设计方法，如计成所说，堪称**理极精微**，在世界造园中也是无与伦比的。

七、庭园景观

庭园是园中之院，其空间构成完全不同于宅院，但在意匠上则与景区有着内在联系。庭园的空间小而端方，与景区造景不同，其立意不在可游，而在可观。综观苏州园林的庭园造景，大致可归纳为三种类型。

闭塞中求敞

庭园空间小，可略加点缀，但要求"虽略施树石，有清虚潇洒之意，而不嫌空松；少缀花草，有雅静幽闲之趣，而不为岑寂"[⑮]。如拙政园的"海棠春坞"小院，以白壁为纸，数块叠石，一丛翠竹，老树繁柯（惜此树已死），荫翳满庭，十分宁静而清幽。

若以叠石为主时，如计成云："掇石须知占天，围土必然占地，最忌居中，更宜散漫。"[⑯]要讲究峰石的体势，不论是一块还是两三块拼叠，都宜上大下小，有飞舞欲举之势。同时必须考虑峰石的大小高矮与庭院空间的构图关系。如苏州留园"**冠云峰**"，当空兀立，高过檐宇，其庭院空间相应地要大。而狮子林中"古五松园"，庭院较小，叠石的体量则较小，且采取数石散立的方式。但峰石不论大小高低，都要上大下小者，取其动势，方能给人以"**一峰则太华千寻**"的联想。

小院凿池，为空间所限，既无烟波浩淼的气势，也难成曲折幽邃的景境。

不如池水满庭，围以房廊，不留隙地，使建筑如浮筏水上，而有房舍映云中、人在行云里的情趣。如苏州惠荫园的中部庭院、杭州"玉泉鱼跃"水院。

总之，院虽小景物亦不多，但一树一石，一花一草，皆灵性所寄，令观者动情怀，兴远思，小院而不觉其小，这就是中国艺术"**以少胜多**"的传统手法。

浅显中求深

老树压低檐，浓阴匝地；怪石林立，若三山五岳；繁花锦簇，藤萝蔓衍，小院在花草树石掩映之中，使人不能一望而尽。但要"纵极浓阴叠翠，略无空处，而清趣自存；极往来曲折，不可臆计，而条理愈显"[⑰]。乍见满目树石，细玩更怡人情，方无闭塞郁结之感。如留园"揖峰轩"，即"**石林小院**"，不仅满院峰石，并利用进院廊端的一角，戗脊飞扬，直指蓝天，从空间高度上打破围闭的庭院，显得非常活泼而生动。此谓"密致之中，自兼旷远"也。

"**残粒园**"之小，实等于大园中的一个庭园，在此方丈之地，却立意深邃。园以叠石为主，峭岩陡壁，下临小池，石块嶙峋，惟一的半亭"**括苍亭**"，高峙于一隅的山洞之上，使人有如临绝涧幽壑之感。这是从空间高度上求深。（参见图 8 - 49 苏州残粒园括苍亭景观）

庭园中的厅堂，体量较大，台基亦较高，多不用规整的石级，而用自然的湖（黄）石作阶，或近阶处错置些石块，或于一隅叠石做花坛，人多不知其意，这是喻山林之石骨露土，暗示房舍造在山上也。如论画者云，"一勺水亦有曲处，一片石亦有深处"（《南田论画》），其效果如何？就在造园者立意的深浅和雅俗了。（参见图 8 - 45 苏州残粒园平面 图 8 - 46 苏州残粒园俯视）

狭隘中求险

庭园狭窄的造景之法，李渔《闲情偶寄·石壁》："山之为地，非宽不可，壁则挺然直上，有如劲竹孤桐，斋头但有隙地，皆可为之。且山形曲折，取势为难，手笔稍庸，便贻大方之诮。壁则无他奇巧，其势有若累墙，但稍稍迂回出入之，其体嶙峋，仰观如削，便与穷崖绝壑无异。"[⑱]峭壁山最宜于造在空间小、地形狭长的庭院里，因"使坐客仰视，不能穷其颠末，斯有万丈悬岩之势，而绝壁之名为不虚矣"[⑲]。李渔可谓已得人视觉心理活动的三昧。因为人近观仰视，灭点在上空无限远，仰视则不见其崖脚，使人颠末莫测，而有高不可攀之感。

李渔认为理峭壁山没有什么奇巧，就如垒墙一样，用自然石块垒叠，只要"稍稍迂回出人"就行了。此说未免太简单化了。计成说得好，理峭壁山要"藉以粉壁为纸，以石为绘也。理者相石皴纹，仿古人笔意，植黄山松柏、古梅、美竹，收之圆窗，宛然镜中游也"[20]。

园林造山，不论是造园山、叠峰石、垒峭壁，关键就在一个"**势**"字，形态有动势，才有生气。如论画者云："得势则随意经营一隅皆是，失势则尽心收拾满幅都非。"[21]是否得势，不只在峰石的造型，而且在其空间位置。中国园林是时空结合的艺术，任何景物，都在园林一定范围的空间之中，就必须考虑人在空间环境中的视觉要求与审美的感受。可谓"**虚实相生，无画处皆成妙境**"，这"无画处"，在园林即是"**空间**"。

在园林总体规划中，庭院建筑不论是做房闼、供登眺，还是藏书画，都是供主人的生活活动之用，为了生活方便，就应与住宅之间有便捷的联系。从苏州古典园林实例看，无论园与宅的相对位置如何，是园在宅后，或园在宅旁，园林庭院的位置经营，多布置在靠住宅的一面。但在空间联系方便的同时，还必须满足建筑功能对环境的要求。如做书房者，既不隔绝于景区之外，又须隐蔽幽静，深藏而不露。苏州网师园的"**五峰书屋**"，是书房位置经营的典型佳构。网师园在住宅西面，书屋在园的东北隅，嵌在住宅之中。由宅进园，近在咫尺，十分便利；又很隐蔽，自然静僻清幽。可见，网师园书房的位置经营，是在竖柱之初，即在总体规划时对住宅与园林有整体性的综合考虑，才有可能成为范例。

在园林设计过程中，定厅堂，造假山，凿池沼，布庭院，构游廊等等，表示在总平面图上，只是些两度空间的平面符号，它们自身是孤立的、静止的、凝固的东西，要把它们从睡梦中唤醒，实现造园者精心构思的城市山林，就必须使它们相互之间有内在的联系，成为互融的、有生命活力的和谐整体，换句话说，就是要组成一幅具有高度艺术性的"**流动画卷**"。为此造园者就必须科学地和艺术地，把它们组织在游览路线的网络之中。科学，就是要满足人们园居生活的功能需要；艺术，就是要合乎人们视觉审美心理活动的要求。达到使游人移步换景，处处引人入胜，在往复循环、空间无限而视觉莫穷之中，意趣无穷而流连忘返。

有人以为，园林设计主要就是造景，景点设计好了，用路把景点连接起来，不就行了吗？大谬不然也！这是不了解中国的园林艺术，更不了解中国造园创作思想的缘故。

《说文解字》："路，道也。"又："道，所行道也。"段注："道从辵，人所行也；首者，行所达也。"后引申指道理，即事物的规律，意为一定的道理，如道路一样为人所共同遵行。我国古代哲学家老子把"**道**"看成宇宙的本体，天地万物的变化和运动规律。山水等自然的外在现象是"道"的表现形式，所以在古代哲学家和艺术家的眼里，只有作为"道"的表现形式才能成为艺术的表现对象。换句话说，中国传统艺术所表现的东西，是贯通宇宙的"道"的具体显现。中国的画家，正是放眼于体现天地之"道"的宇宙中去观察，才能形超神越，即使寥寥数笔的白石老人之《虾》，也会给人以深邃的时空感和生命的活力。

咫尺山林的中国园林，不是对自然山水形式的模仿，而是对"道"的理解，是对自然山水的概括、提炼和加工了的人工自然。中国园林在有限的空间里之所以能给人以无限的自然山水的审美感受，从造园的创作思想上，就是要突破有限空间的局限，超越有限，追求**空间的无限性与永恒性**。而张南垣的"截溪断谷"、计无否的"未山先麓"，是寓可见的山麓于联想的山岳之中，这种寓局部于整体之中的写意式山水，正是在山水形态上的一种空间突破。

从园林的功能**可居**、**可望**、**可游**而言，园林建筑，哪怕是小小的庭院或深藏的小斋，如苏州网师园"潭西渔隐"庭院中的"**殿春簃**"，三间房舍后靠园墙，留有借天夹隙，其中点以竹石，从后窗视之，如张岱所说："方竹数竿，潇潇洒洒，郑子昭'满耳秋声'横披一幅。天光下射，望空视之，晶沁如玻璃、云母，坐者恒在清凉世界。"[②]人居其中，可谓敛之可藏于密，放之可弥六合了。突破室内空间的局限，仍然要有景可望，方能"乘物以游心"，遨游于天地之外。说明有可望之景、可游之境，园林才有可居的意义。所以，园林在空间上的突破，关键在可望、可游的意匠经营之中。

可望，多属静赏，重在景观的创造；可游，行中之动观，是包含可望的游览路线的规划。由游览路线构成的网络，如人之脉络，有了脉络有序的和有节奏的流动，才能赋予园林景境以生命的活力。游览路线的规划，对园林设计的重要自不待言。

园林的景境，有亭台楼阁、池沼竹树、草坪花丛、假山洞壑……人在园中游览，视线是在不断的运动之中，可仰俯，可环瞩，可远眺，可近赏。如何游览才能移步换景、引人入胜，路线的规划应起到引导和组织游人的作用。

中国园林是**时空融合的艺术，是流动的空间**。设计者应在路线的不断延长和曲折回环之中，充分地想像随游览的**时间**延续、**空间**景象变化的情况。路线要有主次、有开合、有屏蔽、有藏露。随景境的变化，路线亦各有所宜，或明或暗、或藏或露、或半明半暗。如明者踏园径，跞空庭；暗者穿竹林，过厅堂；半明半暗者步曲廊。虚中有实，实中有虚，方方皆景，处处邻虚，变化莫测，意趣无穷。

园林游览路线的设计，最重要者是从中国"**道**"的象征"**圆**"的思想出发，按圆的轨迹运动，往复循环，无始无终，无尽无休。所以中国的园林道路，整个园林的景区与景区、景区与庭院、庭院与庭院之间，都做成首尾相接、可以循环的路线，构成外环接内环，大环套小环，环中有环，环环相连相套，错综复杂的**环形人流路线**。游人在这往复循环之中，会莫明其妙地从不同方向进入同一景点或庭园，虽依稀相识，但不乏新奇，往往蓦然回首，原来此地恰是来时处。园林虽小，游人非但不觉其小，反而有未能游遍之憾。在游人兴致勃勃、流连忘返之中，园林的空间被不断地扩大了。这就是说，**循环往复则视觉无尽，视觉无尽则空间无限**，园林的景境才能使人有深邃的、无限自然的审美感受。

思与境偕的写意式的山水创作，往复无尽流动空间的路线设计，是中国园林"咫尺山林"创作思想方法的核心。

从娱游观赏的共性，**循环往复的环形游览路线**，不仅为中国古典园林所必需，就是对现代公园和风景区也十分必要。路线的往复无尽，就意味着时间的延长、空间的扩大，从而充分地发挥了景点的审美作用和游览价值，实际上等于扩大了公园和景区的容量和效益；路线的循环往复，有利于人流的分散，避免景点游人过度集中，紧急情况时，也易于解决游人的安全疏散问题。这对我国名胜风景区，节假日游人大量集中，是应该重视的问题。

第二节　皇家园林的意匠

清代康熙至乾隆，是满清王朝的鼎盛时期，也是历史上皇家园林发展到顶峰的时代。园林数量之多，规模之大，类型之丰富，在造园艺术上成就之高，堪称空前绝后。

清代的皇家园林，除在京城内的宫苑，如景山、三海等之外，多集中在西郊一带。西郊山峦绵延，"争奇拥翠，云从星拱"，屏嶂于皇都之右。且地下泉

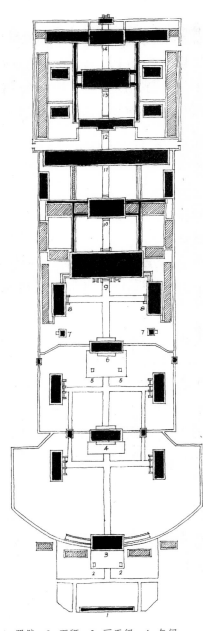

1. 照壁　2. 石狮　3. 丽正门　4. 午门
5. 铜狮　6. 宫门　7. 乐亭　8. 配殿
9. 澹泊敬诚殿　10. 依清旷殿
11. 十九间殿　12. 门殿
13. 烟波致爽殿　14. 云山胜地楼
15. 岫云门

图 9-7 避暑山庄正宫平面图

源丰富，"沃野平畴，澄波远岫"，自然山水景观"可称绝胜"之地。明代已是离宫别馆、园林荟萃、佛寺道观、精蓝棋置的风景名胜区了。清代盛期在前代的基础上进行了大规模的园林建设，建成了著名的**"三山五园"**，即香山静宜园、玉泉山静明园、万寿山清漪园（颐和园）及畅春园、圆明园，并以圆明园为中心，园林荟萃如众星拱月，构成规模宏大的园林风景区。京师以外，还在河北省承德市建了"热河行宫"，即**"避暑山庄"**，誉称"宇内山林无此奇胜，宇内园庭无此宏旷"的山水宫苑。（参见图 9-7 避暑山庄正宫平面图）

关于清代皇家园林的具体情况，见拙著《中国造园史》及《中国园林艺术大辞典》的有关章目。以下仅从园林设计角度，就个人所见，对园林设计思想方法，能有所裨益者，提出并作概要的分析阐述。

"理论由实践赋予活力"。（列宁）建筑与园林，最大的不同于纯艺术者，首先在于它们是一种**物质生产**，一经建成，如不是天灾人祸的毁灭，可以存在百年以至千年以上。今天遗存下来的皇家园林，有的就经历了许多代王朝的更替，在漫长的历史过程中，或因破坏而重建，或扩建而加以增华，园林的风貌在不同程度上会有所改变，这是必然的现象。但是，社会总是向前发展的，人的欣赏水平、艺术创作的技巧和能力，也总是今胜于昔的，同人的物质生活联系密切的建筑和园林艺术，更是如此。所以说，今天我们看到一座整体和谐、艺术水平很高的园林，它在历史上是曾经改造过的。那么，如果能够从改变的前后加以对比分析，毫无疑问，我们就会从园林的创作

中国造园论

思想方法上获得有益的经验和教训。

今天的皇家园林，是历史的社会实践，我们看到的只能是结果，看不到其变动过程，但我们不难从有关古籍的不同记载，加以比较分析，会惊喜地发现某些变动对造园实践的意义和作用，从而加深对中国造园的理解。这是余埋首古籍，数十年爬剔、分析、比较的一得之见，而这种**历史变更比较法**，是研究中国古代园林的重要思想方法之一。

一、景山及五亭

景山，在北京故宫正北，神武门对面的中轴线上。元代时，原是大都城内的一个土丘，名青山。明代永乐十四年（1416）营建北京，将拆除大都的旧城和挖紫禁城护城河的土堆筑其上，**名万岁山**。"相传其下皆聚石炭以备闭城不虞之用者。"㉓俗称**煤山**。明朝末代皇帝崇祯在北京陷落时于煤山东麓之槐树自缢，故煤山之名遂著。

景山之名由来，尚未见有说明者。从清朱彝尊《日下旧闻》载："万岁山嘉树郁葱，鹤鹿成群，俗称煤山。天启甲子（1624）六月，山椒有五色云，灵台占曰景云将降。"㉔《瑞应图》曰："景云者，太平之应也。一曰庆云，非气非烟，五色纷缊。"这大概是后来称之为"景山"的缘故吧。

明代的景山到清代已有不小的改变，且不论山下的建筑情况，仅就景山自身的改变，将两代有关资料列出如下，以作比较。

明代的景山：

> 万岁山在子城东北玄武门外，为大内之镇山，高十余丈，周回二里许。林木茂密，其颠有石刻御座，两松覆之。山下有亭，林木荫翳，周回多植奇果，名百果园。㉕

清代的景山：

> 神武门之北过桥为景山……入门为绮望楼，楼后即景山，有五峰。
>
> 北上门左右向北长庑各五十楹，其西为教习内务府子弟读书处。景山五峰上各有亭，中峰亭曰万春，左曰观妙，又左曰周赏，右曰辑芳，又右曰富览，俱乾隆十六年（1751）建。景山后为寿皇殿。㉖

对比之下，可明显看出明代的景山，山下建筑物很少，有些亭子，主要是果木，而名"百果园"。从山顶上"有石刻御座，两松覆之"的描写，可看出是孤峙独秀，浑然一体之山，山上少有建筑物。

清代的景山，山下主要是建筑，山后的"寿皇殿"，是一组由殿堂构成的庭院，为清帝供祀列祖列宗"御容"（画像）瞻礼的地方。景山的历史演变，请见拙著《中国造园史》。

清代对景山作了很大的改造，山体呈笔架式的五峰，五峰上各建一亭。中峰最高，上建三重檐黄琉璃瓦四角攒尖顶大方亭，名**"万春"**；其东西两侧峰顶，各建重檐绿琉璃瓦八角攒尖顶亭一座，东名**"周赏"**，西名**"富览"**；东西两端峰顶，各建重檐蓝琉璃瓦圆攒尖顶小亭，东名**"观妙"**，西名**"辑芳"**。

以"万春"亭为中心，主峰最高，亭的体量亦大，形体规整，形象端庄而典雅；左右对称，峰呈叠落之势，亭的体量亦渐小，造型由华丽而圆转。景山对称均衡的布局，五峰并峙如排衙的形式，非常适于在皇宫之后、中轴线上制高点的要求。景山虽小，借亭宇之飞扬，而具雄拔峭峻之势，加强了"大内之镇山"的气势，成为故宫背后的一座屏障，也是鸟瞰京都风貌的最佳观赏点。登山南眺，宫阙殿阁千门万户；北望，市井街衢鳞次栉比。（图9-8 北京景山总平面图）

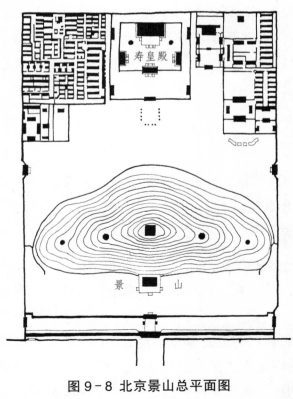

图9-8 北京景山总平面图

清代景山的意匠，显然是借鉴北宋**"艮岳"**万岁山主峰的设计模式。"艮岳"万岁山主峰高近150米，三倍于景山，主峰山顶也列有五亭，以介亭为中心，左右对称，各有二亭，《宋史·地理志》记载得很清楚，说："介亭左复有亭，曰极目，曰萧森；右复有亭，曰麓云、半山"。[⑳]宋代的"艮岳"，是将**摹写式**造山艺术发展到顶峰的杰作，同时也就为摹写式造山艺术画上了句号。清代的景山，可说是对宋代"艮岳"万岁山主峰"因地制宜"的杰出的再创造。由此也可见我国园林文化历史发展"继往开来"之端倪。

二、琼华岛及白塔

琼华岛自金大定十九年（1179）建成，历元迄明，经多次修建，时有不同，但山顶以"广寒殿"为主，其他殿亭等建筑散点布列山之上下，这一基本格局并无根本的改变。直到清代顺治八年（1651），在琼华岛广寒殿旧址"立塔建刹，称白塔寺，今易名永安寺"⊗。琼华岛经472年以后，就彻底地改变了原来的风貌。关于琼华岛历代变迁和清代园苑的造山艺术，参见拙著《中国造园史》第六章 明清时代"北京三海"及本书第七章"意境论"中"师法自然"一节。

琼华岛，是北京名胜"**北海**"的主要景观。自金明昌中（1190—1195）就有"燕山八景"之目。即：琼岛春云、太液晴波、玉泉垂虹、西山晴雪、蓟门烟树、卢沟晓月、居庸叠翠、金台夕照。北海就占了两景。现摘录《燕山八景图诗序》对两景山水的描绘，以想见其风光。

琼岛春云

琼岛在皇城西北苑中。下瞰池水，环以雉堞，地势陂陀，叠石为山，崭岩磊砢，层叠而上，石磴阴洞，萦纡蔽亏，乔松古桧，深翳森蔚，隐然神仙洞府也。

山之上常有云气浮空，氤氲五彩，郁郁纷纷，变化翕忽，莫测其妙，故曰琼岛春云。

太液晴波（北海即太液池）

太液池在城之右，东瞰琼华岛，而西北南三面极深广。芰荷菱芡，舒红卷翠，鱼跃鸟浮，上下天光，真胜境也。

天气清明，日光涴漾，而波澜涟漪，清澈可爱，故曰太液晴波。

元代的北海琼岛如宫词云："瑞气氤氲万岁山，碧池一带水潺潺。"山顶广寒殿立在翠峰头上，北岸远眺万岁山，是"峰峦隐映，松桧隆郁"，给人的感受是"**秀若天成**"。

清初改造后的琼华岛，从太液池北临水的**五龙亭**中南望，"玉蝀前横，琼岛东抱，波光塔影，沧涟映带"。白色的喇嘛塔，翼然屹立山头，成为北海的最高点，更加突出了琼华岛的中心构图作用。而"塔色正白，与山峦青霭相间，旭光薄之，晶明可爱"[29]，赋予北海一种独特的风貌，万岁山由此以"**白塔山**"著名了。清帝乾隆有诗云："玉塔耸崔巍，琼岛围罗列。浸映太液光，精神堪澡雪。"

清代对琼华岛的改造，最重要的有两大措施：除在山顶广寒殿旧址建造白塔外，就是拆掉山前旧建筑，改建永安寺。以寺院整体建筑群沿山麓自下而上，层层叠叠，如乾隆在《塔山西面记》中所说："**因山以构室者，其趣恒佳。**"[30]其趣之所以恒佳，是**室有高下**。室有高下，逛庙游览，而不觉登山之劳。回首眺望，"飞阁流丹切昊空，登临纵目兴无穷"也。

就造山艺术而言，殿庭借山势之高下，使平面空间结构的梁架建筑在空间上立体化，极大地丰富了建筑群的艺术形象；使并不高耸峻拔的山头，借建筑高下、檐宇层叠而气势非凡。

"因山构室"作为造山艺术的一种创作思想方法，可以说是大体量的皇家园林造山，由宋代的"摹写"到清代"写意"的升华。

第三节　颐和园的山水

颐和园原名"清漪园"，乾隆十五年（1750）始建，乾隆二十六年（1761）建成。全园由万寿山和昆明湖组成，占地约290公顷，园林建筑3000余间，是一座半人工的自然山水园廷。

万寿山是燕山的余脉，金代时名"金山"。元代时，传说曾出土石瓮，更名"瓮山"。明代在山南麓建有"圆静寺"。历来这一带就是山水名胜之地，但瓮山直到清代建颐和园以前并不出名，如明刘侗、于奕正《帝京景物略》云："瓮山，去阜成门二十余里，土赤渍，童童无草木。"渍，是沿河的高地。想见，瓮山体既不伟，形也不奇。从"山下数十武，元耶律楚材墓。墓前祠，祠废像存，像以石存也。"[31]在瓮山南麓，数十武（武为半步，即三尺）的地方有元代宰相耶律楚材的坟墓，说明从元初到明末，瓮山还是处于游人不到的荒郊，墓已破败不堪，山上的圆静寺也"破瓦堆垣"，十分荒凉了。

昆明湖原是北京西北郊的泉水汇聚而成的天然湖泊，曾有七里泊、大泊湖等名。元代因瓮山而更名"瓮山泊"。元天历二年（1329）在湖西北建巨刹"大承天护圣寺"，明宣德二年（1427）重修，改名"功德寺"，中叶以后倾圮。明

末环湖建了十座寺庙，称"西湖十寺"。除寺庙，还有不少园林，故云："西湖十里，为一郡之胜地。"（《纪篡渊海》）

一、山湖关系

瓮山，从金元到清代建清漪园以前（1153—1760），长达600余年，一直未能成为西湖的风景胜地。其原因不外两方面，山本身的条件，和山与湖的关系。明末清初人孙承泽在《天府广记·岩麓》中，收录有数篇明人写的瓮山游记，可从中摘其要者分析之。

陈衍记："凡客长安（北京）者，未有不指西山为胜概者也。然游览所至，亦自玉泉香山华严而止。"作者是游瓮山附近的"白鹿岩"，"日暮归宿瓮山，次早略至玉泉而返"。是时瓮山还不是游览之处。

朱长春记："西山之胜众矣，不能详记其所过。游自玉泉山始。……自华严而下，度三石桥，折水门而临之……金山（瓮山）观不如华严，轩槛差之可以寝处，客多宿者。"可见山不如华严之可观，山上庵寺房屋虽不甚讲究，还可以住宿。所以，当时的瓮山成了人们游西山的住宿之地。

倪岳（1444—1501）记曰："瓮山在都城西三十里，清凉玉泉之东，西湖当其前，金山拱其后。山下有寺曰圆静，寺后绝壁千尺，石磴鳞次而上，寺僧淳之晶庵在焉。然玩无嘉卉异石，而惟松竹之幽，饰无丹漆绮丽，而惟土垩之朴。"这正好作"观不如华严"，"轩槛差之"的解释。但倪岳却发现瓮山的登眺之美，他说瓮山之"可登可眺，或近或远"："于以东望都城，则宫殿参差，云霞苍苍，鸡犬茫茫，焕乎若是其广也。西望诸山，则崖峭嵯岏，隐如芙蓉，泉流波沉，来如白虹，渺乎若是其旷也。至是茂树回环，幽荫蓊蔚，坳洼渟漾，百川所蓄，育乎若是其深者，又临瞰乎西湖者矣。"[②]

倪岳认为："攀援而登，箕踞而观"，"则有不必穷深极幽而西山之奇一览俱足者矣。然后知是山之特出，殆冠乎西湖之上，而余之游于此者亦已三矣"。倪岳一再登瓮山者，是能饱游饫看西山之奇，并指出瓮山这一**特殊**之处，就在于"殆冠乎西湖之上"。因为瓮山并不高峻，正由于山前西湖之旷远，才能有东望都城、西望诸山之胜。

瓮山虽有登眺之美，却未能成为游人必到之处，除本身景观条件较差，更为重要的是它与西湖的相对位置关系不佳。

李东阳记云："西湖方十余里，有山趾其涯曰瓮山，其寺曰圆静，寺左田右

湖，近山之境，于是始盛。"㉝

宋启明《长安可游记》："瓮山圆静寺，左俯绿畴，右临碧波。"㉞

《帝京景物略》："度山前小桥而南，人家傍山，临西湖，水田棋布。"㉟

《长安客话》："瓮山人家傍山，小具池亭，桔橰锄犁咸置垣下。西湖当前，水田棋布，酷似江南风景。"㊱

袁廷玉诗："玉泉东畔瓮山阳，水抱孤村地脉长。"盖咏此也。

明万历年间画家李流芳描绘西湖的景色时说："出西直门过高梁桥，可十余里，至元君祠，折而北，有平堤十里，夹道皆古柳，参差掩映。澄湖百顷，一望渺然，西山匋匋，与波光上下。湖中菰蒲寒乱，鸥鹭翩翩，如在江南图画中。"百顷汪洋、十里平堤的西湖，是东西短而南北狭长的水面。湖与山的相对关系，东面只到圆静寺，寺前的右面，即瓮山的西半部；寺左，即瓮山的东半部，则是一片田畴。显然山与湖尚缺乏整体的有机联系，要以湖山为主建造园苑，势必要对瓮山和西湖进行改造。

二、湖山改造

《日下旧闻考·国朝苑囿·清漪园》收录《水经注》："西湖东西二里，南北三里，盖燕之旧池也。绿水澄澹，川亭望远，为游瞩之所。"按此条记载，北魏时西湖已存在了。湖的大小，周回约5公里。从收录的其他资料看，如：《长安客话》："土名大泊湖，环湖十余里"；《怀麓堂集》："西湖方十余里"；《纪纂渊海》："西湖在玉泉山下，环湖十里为一郡之胜观"。从北魏到明末，西湖水面似乎没有多大变化。

对湖的改造，乾隆《御制万寿山昆明湖记》说，开西湖是瓮山诸泉时皆湮没，为了不听其污阏泛滥而不治，"因命就瓮山前，芟苇葑之杂丛，浚泥沙之隘塞，汇西湖之水，都为一区。经始之时，司事者咸以为新湖之廓与深两倍于旧，踟蹰虑水之不足。及湖成水通，则汪洋渟泓，较旧倍盛……湖既成，因赐名万寿山昆明湖"㊲。"得泉瓮山而易之曰万寿云者，则以今年恭逢皇太后六旬大庆，建延寿寺于山阳之故尔。"

清漪园为使湖山连成一气，将水面向东、北拓展，直抵瓮山脚下，筑湖东大堤，保留了原在西湖东岸的龙王庙，成为湖中的一座岛屿。如《山行杂记》云："西湖北岸长堤五六里，堤柳多合抱，龙王庙踞其中。外视波光十里，空灏际天。"㊳**龙王庙岛**与东堤间，长桥横卧，东岸桥头为"**廓如亭**"。原西湖东西水面宽 1 公里，而昆明湖北岸长堤约为 3 公里，故乾隆皇帝弘历《御制万寿山昆明湖记》云："新湖之廓与深两倍于旧。"龙王庙岛之南，"绣漪桥北湖中圆岛，上为凤凰墩"。**凤凰墩**，是"渚墩学黄埠，上有凤凰楼"[39]。"黄埠"是无锡锡山之阳四面临水的小岛，凤凰墩是肖其意而造之景。

昆明湖的西堤外为两个小湖，即养水湖和西湖。湖中均有岛，养水湖岛上有"藻鉴堂"，西湖岛上有"冶镜阁"，与主体水面昆明湖中的龙王庙岛，三者呈鼎立之势。从这湖中三岛的布局，不难看出古代苑囿"海上三神山"造景的影子。

水面的扩大，使原来瓮山半面临水变为万寿山全面对湖，并将湖水沿万寿山西北麓延伸，呈迂回环抱之势，构成"秀水明山抱复回，风流文采胜蓬莱"的佳境。

"低方宜挖，高阜可培"，大量的凿湖土方，堆筑在瓮山之上，使园的主体**万寿山**呈东西两坡舒缓而对称的山峦。经过大规模的地形地貌的改造，在园的空间结构上，山湖就有机地统一起来，也奠定了清漪园的基本风貌。

三、万寿山的意匠

万寿山改造后的高度，约 60 米，对自然山林来说并不高，何况与 200 多公顷的昆明湖水面对比，仍然是体既不巍峨，形亦不奇特。因此采取了**"因山构室"**以增山势的**"寺包山"**方式。在前山"开面"处建造了**大报恩延寿寺**。按乾隆官样文章的说法，建延寿寺是为庆祝他母亲的 60 诞辰，"以瓮山居昆明湖之阳，加号曰万寿，创建梵宫，命之曰大报恩延寿寺。殿宇千楹，浮图九级，堂庑翼如，金碧辉映，燃香灯，函贝叶，以为礼忏祝嘏之地"[40]。

万寿山是半人工之山，对园林造山而言，是非常之大了，欲增其势，只有**"因山构室"**之法，可以说这是大规模造山艺术最重要的也是惟一的方法。正由于延寿寺的千楹殿宇，依山重叠，层层而上，可谓：

建筑依山势之高下层叠，倍加空灵；
山峦借层叠之翼如堂庑，气势大增。

前山除大报恩延寿寺这组在中轴线上的主体组群建筑，（参见本书图 7-4 万寿山大报恩延寿寺平面图）临湖傍山，因形就势外，还建有不少堂馆楼阁，用一条长达 728 米、多达 273 间的长廊，在湖山之间如一条锦带，把山水建筑连成一体，构成山前的一条主要游览线。廊以山门为中心，沿廊东西对称点缀了四座八角重檐攒尖顶亭子，成为这条游览线上的休憩和观赏点。漫步长廊，可**动观**山湖长卷；驻足亭中，则**静赏**湖光山色。长廊在空间上起了一定的组织、构图和引导的作用。

塔与阁之变

乾隆《万寿山多宝佛塔颂》云："万寿山阴**花承阁**西，五色琉璃合成宝塔，八面七层，高五丈余，黄碧彩翠，错落相间，飞楣宝铎，层层周缀。槾窠户牖，不施寸木。黄金为顶，玉石为台，千佛瑞相，一一具足。坐莲花座，现宝塔中。轮相庄严，凌虚标胜。用稽释典，名曰**多宝佛塔**。"④

从这段文字描绘的塔，"黄碧彩翠，错落相间"，"槾窠户牖，不施寸木"，这是建于万寿山后山、八面七层、高 16 米的七色琉璃塔，因塔身上有"千佛瑞相"，而称多宝佛塔。

令人不解的是，《御制万寿山大报恩延寿寺碑记》中说："殿宇千楹，浮图九级"的塔，是在前山中轴线上非常重要的一座高层建筑，在《钦定日下旧闻考》八十四卷的"国朝苑囿"中，却没有文章。而对造在后山的小琉璃宝塔，倒写有《塔颂》，这是什么原因呢？

这个问题，直到 20 世纪 80 年代我回家乡，前辈著名中医秦正生先生送我一本《养吉斋丛录》，发现其中有关记载，才解开多年的谜团。据《养吉斋丛录》中说："寺后初仿浙江之六和塔，建窣堵波，未成而圮。因考《春明梦余录》谓京师西北隅不宜建塔，遂罢更筑之议。"⑫

实际上，完全不是什么"未成而圮"，而是九层的延寿塔，已造到第八层时是"奉旨停修"，拆掉改建成今天所见的**佛香阁**。乾隆《新春游万寿山报恩延寿寺诸景即事》诗中就说得很清楚，"宝塔初修未克终，佛楼改建落成功"。乾隆既不迷信风水，也不听什么"罢更筑之议"。虽未说明，为什么不惜将已快造好的塔拆掉重建？但从将**塔**更建为**阁**来看，建筑形式的改变，只能从这一高层建筑与万寿山的整体形象来分析。

延寿塔是仿六和塔建的，现存"六和塔"是明代的遗构，八面七级，砖身木构檐廊，高 59.89 米，近 60 米，比例壮硕。可以想见，塔的垂直线轮廓，孤峙独立，不可能与万寿山形成整体性的艺术形象。这一点单凭想像是不行的，我深有体会，在自然山水风景区中，设计园林建筑，尤其是单体建筑的造型和尺度，是很难把握的。正因为延寿塔快要造好了，才看出塔与山的关系不够协调和理想。乾隆不愧是园林艺术家，他不能让塔造好而留下永远的遗憾，所以下令拆除重新更建佛香阁。

佛香阁，建于多宝殿后高 20 米的石台基上，俗称"塔城"。阁为八面三层四重檐，高 41 米，加台基通高 61 米，与六和塔高度大致相等，而形象庄严宏丽。佛香阁的体量和形象，对颐和园山水景观具有点睛的作用，是湖山的构图中心。其位置不在山顶，在峰之前面高出山顶的"智慧海"，从而加深了山体与建筑间的空间层次，它屹立凌霄，是全园最高的制空点，是颐和园的标志，使万寿山的气势十分宏伟。（参见图 7-3　北京颐和园万寿山上远眺胜概图）

万寿山由"延寿塔"改建"佛香阁"的经验和教训，对今天的风景区规划设计，是大有启迪意义的。

四、湖的意匠

昆明湖的理水，除了扩大明代的西湖与万寿山的有机联系，水面的设计亦有其匠心独到之处，今天也足资借鉴者。

论园者曰："**务宏大者少幽邃。**"颐和园的山湖环境，西山而外，一片平畴，空浩际天，也就一目了然。扩大湖面，保留龙王庙成湖中之岛，就是一大杰作。龙王庙岛不仅增加了水上的一处景点，丰富了湖面的景观，而且因岛近东岸，无形之中就起到了水面的空间分隔作用，从而隔出层次，隔出景深，"**隔**"**出了境界。**

"龙王庙岛屿在山湖成景中的地位颇为重要，此岛正处万寿山与昆明湖的中轴线上，是万寿山南望湖上的主要对景。在龙王庙与东堤间，架有一座长达 **150** 米，由 **17** 孔券构成的大石桥，若长虹卧波，斜向与岛连接，桥头建有六角重檐的'**廊如亭**'。岛、桥、亭的组合，就形成向万寿山回合环抱之势，使山、湖、岛在空间上呼应起来，而联络一气。"[43]（参见图 7-5　颐和园山湖位置图）

"**疏水若为无尽，断处通桥。**"计成的这一理水的思想方法，看来对大规模造园也是适用的。这种空间上分隔而水面不断的"隔"的手法，是中国造园的一种传统方法。

从空间构图上，为了与长桥取得平衡，东岸桥头的廊如亭，体量较一般园亭大得多，由于龙王庙岛上建筑体量较小，故远景景观使人感到长桥沉重，亭子过大。但这并非原貌而是后来改建所造成的遗憾。今存之"**涵虚堂**"是光绪时改建，从亭、桥、岛的组合，涵虚堂的分量显得很不够。据《万寿山名胜实录》记载，弘旿画的《都畿水利图》可知，乾隆原在岛的东北临湖建的是三层重檐的"望蟾阁"，阁左右建有"月波楼"和"云香阁"，都是楼阁建筑，崇楼杰阁，檐宇雄飞，龙王庙岛则有了气势，亭、桥则不觉其大其重矣。

昆明湖，在万寿山前至龙王庙岛，是水面最阔处，过龙王庙岛向南，东西堤间的湖面渐窄，在南端湖中的"凤凰墩"是座很小的岛屿，仿江南黄埔墩为之，它基本上处于万寿山。龙王庙在中轴线上，这就构成万寿山、龙王庙、凤凰墩三者在尺度上的次第渐小的关系，从人的视觉心理上，就加强了湖面纵深的透视感。由万寿山南视，烟波浩淼，一望无际，令人襟怀为之一畅。

第四节　避暑山庄

避暑山庄，也称**热河行宫**，是迄今遗存规模最大的一座清代皇家园林，占地 5.64 平方公里，比北京颐和园大一倍，比北海要大八倍。是以**自然山林**为基础的**宫苑**。

避暑山庄，原是清朝皇帝为**木兰秋狝**[44]"省行营驼载之劳"，在古北口外修建的八处行宫之一。康熙四十年（1701）冬，玄烨祭孝陵后出喜峰口，狩猎途中经此，深感此处"形势融结，蔚然深秀，古称西北三川多奇雄，东南多幽曲，兹地实兼美焉"。遂于康熙四十二年（1703）始建，到乾隆五十七年（1792）停建，经康熙、雍正、乾隆三朝陆续修建，历时近一个世纪，是在自然山林中建成的，融南北名胜、园林艺术精华于一体的皇家园林，被誉为"**宇内山林无此奇胜，宇内园廷无此宏旷**"的自然山水园，是中国传统造园艺术中的一座宏伟里程碑。

论画者云："千里之山，不能尽奇；万里之水，岂能尽秀。"[45]园林是娱游观赏的可居环境，以自然山林为园，要达到**可望**、**可游**、**可居**的要求，也必须加以改造，按帝室园居生活的要求，将自然人化。当然这种改造不同于平地造园，在造园的思想方法上，也就有其特点和要求。

康熙与乾隆，都是很有艺术修养的皇帝，对造园艺术，可以说是造诣很高，尤其是乾隆皇帝弘历，对当时皇家园林的创作和建设，起了决定性的作用。据吴振棫《养吉斋丛录》卷十八附录"张文贞玉书赐游热河后苑记"所说："（热河行宫）先后布置，皆由圣心指点而成。"[46]而这祖孙两代皇帝，每当一座园林建成，都做有园记和大量的诗词，其中有关造园的一些议论，多闪耀着睿智的光辉，远非骚人墨客雅兴的品评之谈。首先就强调"避暑山庄"是"自然天成

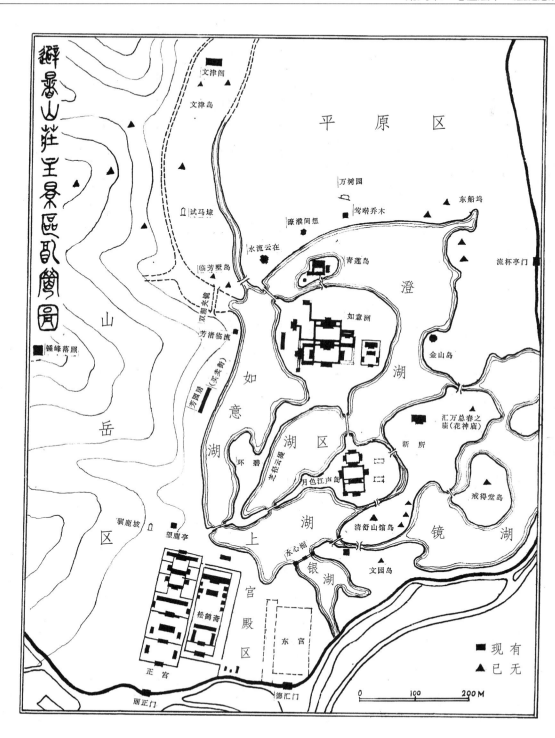

图9-9 承德避暑山庄主景区配置图

地就势，不待人力假虚设”的山林。康熙皇帝玄烨多次谈到他的造园思想：要"度高平远近之差，开自然峰岚之势"[47]。乾隆皇帝弘历文字中论及的造园思想很丰富，对山林中造园说得很清楚："峰头岭腹，凡可以占山川之秀，供揽结之奇者，为亭，为轩，为庐，为广，为舫室，为蜗寮，自四柱以至数楹，添置若干区。……非创也，盖因也。"[48]这里所云的"非创"，是指建筑的环境与景观——自然山水，不是人工的创造。如计成《园冶》所说："园地惟山林最胜，有高有凹，有曲有深，有峻而悬，有平而坦，自成天然之趣，不烦人事之功。"[49]"因"者，凡在自然山水中建造景点，不论是单体还是组群建筑，其形体和位置经营，都必须因山之势，度地之宜。

如论画者云："得势则随意经营，一隅皆是；失势则尽心收拾，满幅都非。"[50]在自然山水中建筑，就是对自然的一种改造，并形成山水中的人文景观。如建筑，精在体宜，位置经营恰当，能使"草木为之含辉，岩谷因而增色"。反之，形体不当，位置相戾，就造成建设性的破坏了。（图9-9 承德避暑山庄主景区配置图）

一、自然改造

避暑山庄是以自然山林为园，重峦叠嶂，蔚然深秀，喻其兼有西北奇雄、东南幽曲之美。虽然如此，但要满足皇帝苑居生活的要求，除山林而外，仍然需要一定的改造。且不谈任何景点的设置和建立，对自然都是一种改造活动。避暑山庄改造较大的有两方面，即建设宫殿建筑群的基地和理水的需要。

宫殿区基地的改造

中国的宫殿，严格的对称均衡，端方规整，殿庭深重，毫无绿化的环境，长期生活其中，谁都会感到憋闷不畅的。所以历代帝王无不好营苑囿，尤其是清代的皇帝，每年几乎有2/3的时间生活在苑园里，只在举行重大典礼的时候才回北京宫殿。因此，清代的皇家园林不单单是只供帝王游娱休憩的地方，也是苑居时处理朝政、召见大臣等政务活动的场所。如乾隆皇帝弘历所说，园中建造宫殿，是园居时可"朝夕是临，与群臣咨政要而筹民瘼"[51]的需要。在清代的皇家园林中，宫殿是重要的组成部分，如颐和园、圆明园、静宜园等都是如此。

康熙朝大学士张玉书赞美避暑山庄："宇内山林无此奇胜，宇内园廷无此宏旷。"他用"园廷"一词称避暑山庄，可以说是很确切地反映出清代皇家园林的特点。乾隆皇帝弘历命窦光鼐、朱筠等根据朱彝尊的《日下旧闻》加以增补、考证而成的《日下旧闻考》，从七十四卷至八十八卷的皇家园林部分，标题为"国朝苑囿"，用秦汉时代圈养禽兽为特点的"苑囿"来泛称清代皇家园林，显然很不恰当。秦汉以后，皇家园林中圈养禽兽的生产基地性质消失[32]了，在文献中出现"苑园"一词，正反映了这种历史的变化。而"苑园"一词并不能涵盖清代皇家园林的特点，为了便于区别清代皇家园林与历史上的"苑囿"与"苑园"的不同，我认为用"园廷"一词，是很恰当的。

从园林的规划设计要求来看，宫殿区是皇帝处理朝政、举行典礼和帝室生活起居的地方，从建筑面南为尊，山庄宫殿必须在园廷的南面；从宫殿政务的对外性，园门在宫殿之南，且与城市及市际交通有方便的联系；从皇室园居的对内性，宫殿必须与主要游娱景区相连。

从现存宫殿区布局，宫殿在湖洲区之南，南端与市区毗邻，西北部为山峦区，是园内几条游览线的起始点，是控制园廷的主体。说明：是宫殿的功能构成规划设计的依据，而规划设计就在于充分体现宫殿的功能要求。

避暑山庄的宫殿区，原先的地形地势，是西南皆山丘，东南是洼地，不合乎宫殿建筑群的基地建设要求，必须加以平整。康熙时命铲平西南的山丘，将土方石块向东、南推移，把低洼地垫高填平，度高低之势，改造与利用结合，形成一块爽垲高敞的台地，加上东部低6米的平地，约10公顷。

在台地之西建山庄的正门"丽正门"，在丽正门内中轴线上建九进殿庭的"正门"，前朝后寝，主体建筑前为**澹泊敬诚殿**，是园居时举行重大典礼处。后有**烟波致爽殿**，是皇帝接受后妃朝拜的地方，"四围秀岭，十里平湖，致有爽气"，故名。其后为**云山胜地楼**，楼下西间有室内小戏台，是皇帝日常听戏曲处。《热河志》载："高楼特起，八窗洞达，俯瞰群峰，夕霭朝岚，顷刻变化，不可名状。"玄烨诗赞楼外景色："万顷园林达远阡，湖光山色入诗笺。"（参见图9－10　避暑山庄大门"丽正门"）

乾隆时在"正宫"东面，建了一组八进殿庭的"**松鹤斋**"，规模较正宫略小，为皇太后的寝宫。这是很园林化的一组宫殿，庭院中青松蟠郁，假山玲珑，并有白鹤、驯鹿悠游其间。如弘历诗："常见青松蟠户外，更欣白鹤舞厅前。"在"松鹤斋"北面的"**万壑松风**"，是宫殿区最早的一组庭院，主殿万壑松风与附属的五栋单体建筑，前后参差，用回廊相连，布置灵活，地踞高岗，俯临湖

图 9-10 避暑山庄大门"丽正门"

图 9-11 避暑山庄中的万壑松风

中国造园论

畔，周围原有古松数百株，可谓"松影晴乃暗，涛声静不纷"。环境非常清幽，曾是康熙、乾隆读书写字的地方。（图9-11　避暑山庄中的万壑松风）

正宫与松鹤斋及其后的万壑松风，是建在台地上两根轴线并列的宫殿组群建筑。在松鹤斋东面，则是规模宏大的"**东宫**"，宽**90米**，全长**230米**，较正宫短**70米**。东宫的地势比正宫区低**6米**，在东宫前宫墙上专辟有大门，称"**德汇门**"。宫中有大戏楼，名"**清音阁**"，与圆明园同乐园中的戏台同名，与现存故宫畅音阁、颐和园中德和园的大戏楼形制略同。东宫于1945年全部被焚，已成一片旷场。

宫殿区的正宫、松鹤斋、东宫三组建筑的结束，正是苑景中湖区三条游览线的起始。宫殿区的位置经营，与内外的联系和关系，都充分反映了**园廷**为宫殿主人皇室园居生活服务的特点与要求。

清代皇家园林中的宫殿，与京师紫禁城中的宫殿，除了群体布局相同，都采用轴线对称、均衡的方式，在建筑形制、尺度与体量、环境与风格等方面，都有很大区别。概言之，如康熙《御制避暑山庄记》所说："**无刻桷丹楹之费，喜泉林抱素之怀**。"具体地说：

在建筑形制上，**屋顶**不用庄严的庑殿，正殿用歇山，配殿用硬山，但都不筑正脊，一律用卷棚顶；用灰瓦而不用琉璃。**殿身**，柱不加丹，梁不彩绘，"无刻桷丹楹之费"也。**台基**，堂涂数级，不用阶陛，力求平易。宫殿的**体量**不求高大宏伟，而是**尺度**较小，精在宜人。所以说，山庄的宫殿无故宫的金碧辉煌、威严壮丽，而是古朴淡雅和谐地融于自然山林之中。

开挖湖渠的改造

论画者云："山以水为血脉，以草木为毛发，以烟云为神彩"，"故山得水而活，得草木而华，得烟云而秀媚"[53]。

避暑山庄的山林，虽兼雄奇、幽曲之美，但缺乏浮空泛影的大面积水面。原来山庄的湖区，是一片沼泽，间有几个泡子，所以建园之初，"**入奥疏源，就低凿水**"[54]，开挖湖沼，是首要的任务。自康熙四十一年（1702）至康熙四十七年（1708）进行湖区的开拓，湖洲共占地57公顷，水面与洲堤约各占一半，形成九湖十岛的格局。九湖由东至西北是：镜湖、银湖、下湖、上湖、澄湖、如意湖、内湖、长湖、半月湖。十岛之五大岛为：文园岛、清舒山馆岛、月色江声岛、如意洲、文津岛；五小岛有：戒得堂岛、金山岛、青莲岛、环碧岛、临芳墅岛；内湖在日军占领时期，日军为作打靶场竟将其填平。半月湖则因年久淤塞而湮没，随着两湖的消失，文津岛和临芳墅岛连成一片，已不成其为岛矣。九湖今剩七湖，十岛仅存八岛了。

山庄的水面，用洲渚岛屿、堤坝桥梁分隔九湖之多，如此缩小水面空间和景观视界，这种"**化整为零**"的做法，目的何在？或者说，如此设计的思想依据是什么？如果认为这样做是为了加强江南水乡风貌景观的话，那么，不妨看看当时大学士张玉书游湖后所写的感受，他说："登舟泛湖，湖之极空旷处与西湖相仿佛，其清幽澄洁之胜，则西湖不及也。"⑤所云"与西湖相仿佛"者，是"**湖之极空旷处**"也！湖的空旷之"**极**"处，只能是九湖之一的某一处，不会有第二处。据此，推而广之，其余不很空旷的湖，也就不会给人以"与西湖相仿佛"之感了。是否像西湖，并不能说明湖的景色美与不美，但却说明山庄将水面"化整为零"的做法，与加强水乡风貌并无多大关系。

康熙与乾隆皆"数巡江南，深知南方之秀丽"⑥。每造园无不将江南园林和风景名胜"肖其意"而仿建之，不仅山庄湖区如此，如文园岛之"狮子林"，金山岛之"小金山"、青莲岛之"烟雨楼"、文津岛之"文津阁"等等，就连颐和园中烟波浩淼的昆明湖，其西堤六桥，也是仿杭州西湖的"**苏堤春晓**"。可见，清代皇家园林的水面设计，其依据不是模仿什么，而是决定于园基的客观自然条件。

为了便于说明问题，现以颐和园的昆明湖与山庄的塞湖（九湖的总称）加以对比来分析。

颐和园所处地域，万寿山尊踞其北，玉泉山拱卫在西，湖在山前，而东、南平畴一望无际。湖曾经过开拓，水面亦分隔为数湖，昆明湖最大，西湖、养水湖较小。占地**约220公顷**。

颐和园的特点，**山**是园景的**主体**，是可望、可游、可居的主要景区。山有空间高度，因而具有视觉景观的**主导**和**空间控制**的作用。从视觉审美要求，山湖的比例关系，水面宜大不宜小，小则与山体不相称，如在视界范围内中断，则破坏了山湖空间构图的完满。水面大，则烟波浩淼，一望无际，以不尽而尽，以不了而了之，造成汪洋漭沆的磅礴气势，令人悠然而生时空无限与永恒之感。

避暑山庄是四围皆山，具体环境则是三面绕河，一面依山。三河是：东面武烈河、南面西沟、北面狮子沟，两沟清代常年流水，现为季节性的旱河。西面傍依广仁岭；隔河之山，东与磬锤峰、蛤蟆石相望，南有僧冠峰对景，北有

中国造园论

金山为屏嶂。就如张廷玉在《御制避暑山庄三十六景诗恭跋》中所说："自京师东北行，群山回合，清泉萦绕，至热河而形势融结，蔚然深秀。"

可见，山庄处地形势与颐和园全然不同，意匠经营自然各有千秋。山庄三面绕河一面依山，犹如半岛。在总体规划中，宫殿区位置一定，湖区的开拓就有了限度，山庄湖区包括洲岛堤桥在内，占地共 85 余顷，仅为颐和园昆明湖的 1/4 左右，即昆明湖比塞湖大近 4 倍。从客观自然条件，山庄的湖区，扩大要受一定的限制；从景境创作要求，湖区也不需要扩大。因为山庄的湖山关系，完全不同于颐和园，山庄之山，非万寿山的孤峙独秀，而是重峦叠嶂，远岫环屏，由西北向东南逐渐倾斜，西北部高峰，海拔 510 米，至东部湖边和平原区，海拔约 330 米，高差达 180 米。山区之中，自南而北，以榛子峪、梨树峪、松林峪、松云峡等四条峡谷，向东部的风景展现了幽邃深远的山林景色。山是东南、西北的走势，湖在山之南端，是山谷之水的汇集处，山不是园林主体，也不可能是园居游娱活动的主要景区。

山区中，原先虽建有园林和寺庙 40 余处。（现均已毁坏而埋没不存，今只重建了南山积雪、四面云山、锤峰落照三座亭子。）游山，是"**欲藉陶舆**"，还是"**何缘谢屐**"，都不免登攀跋涉之劳，对皇室成员，即便是后妃们也不可能经常去爬山涉壑游逛山林。清代皇家夏天在山庄避暑，一般 3 个月，多时 5 个月，漫长的园居生活，必须要解决日常消闲娱游活动的需要。

不能经常地涉壑爬山，却可方便地荡湖玩水。所以，康熙在建山庄之初，就集中力量挖湖开渠，将大量景点建在洲岛湖滨。在康熙、乾隆题名的七十二景中，以水命名的就有 1/3，其中一半以上在湖区；而模仿江南园林的景点，几乎全在湖滨。全园总计有 184 景，湖区就有 66 景，也就是说，占全园土地面积仅 10% 的湖区，却拥有 35% 的景点，占全园之景在 1/3 以上。正反映了这种功能要求。

在山庄湖区 58 公顷的范围，如果全都开拓成水面，而要在其中安排六七十处景点，显然是无法做到的。从园林规划设计角度，任一园林建筑师，在这既定的 58 公顷土地上，开凿池沼，要求湖区的水景设计容纳尽可能多的景点，且能各自成境，允许条件是景点的占地面积不超过水面，即最多占湖区面积的 50%（现水面 29 公顷，洲堤 28 公顷）。设计方案的意向性，只能有一种，即将湖面"**化整为零**"，分隔成大小不等的多个水面，视各个水面的大小和环境，或筑洲渚，或垒岛屿，既为景点提供丰富多样的地貌环境，又将诸景融于山光水

图 9 - 12　避暑山庄中的如意湖

色的湖洲之中。（参见图 9 - 12　避暑山庄中的如意湖）

可以说明，避暑山庄塞湖的意匠，用"化整为零"的手法，形成"九湖十岛"的格局，不同于颐和园昆明湖那样汪洋浩渺山湖一体，并非像有的说法，是"突破了茫茫一片追求气势的传统格局"，更谈不上"避免了昆明湖略显单调和空旷的美中不足"。避暑山庄与颐和园水面的不同处理，并非出于追求不同的园景形式。这两者形式之所以不同，决定性的因素是因处地山水的不同，即造园的客观自然环境各不相同的缘故。

实际上，颐和园昆明湖，烟波浩淼、一望无际、气势磅礴的旷如之美；避暑山庄塞湖，堤桥纵横、楼台隐现、层次丰富的奥如之美，都是"**因地制宜**"，科学地、艺术地改造与利用自然的典范！在中国造园艺术上是杰出的创作。

二、水面的意匠

摘其要者略述之：

芝径云堤　康熙《芝径云堤诗》："命匠先开芝径堤，随山依水揉辐齐。"揉，同"輮"，车轮的外廓；辐，连接车毂和车轮呈放射状的直木棍。这句诗说明，湖区的工程，首先是从"芝径云堤"开始施工的。从清仁宗嘉庆的《芝径云堤歌》"山庄胜境肇仁皇，芝径云堤诚鼻祖"之意，整个避暑山庄的园林建设，也是从"芝径云堤"开始破土动工的。

康熙非常重视湖区的建设，他将挖湖堆堤、筑渚垒岛、构成的三条游览线，比喻成连接山峦区的"**辁**"和宫殿区"**毂**"的车"**辐**"，车轮无辐则无轮之用，车也就不能运行。比喻十分精妙，抓住了山庄建设的关键，只有把塞湖建造好，避暑山庄才能"**随山依水辁辐齐**"。这不仅充分说明，塞湖的意匠经营对山庄的成败是多么的至关重要；也足以说明康熙皇帝玄烨造园思想的深刻，对造园运筹帷幄的智慧才能。

芝径云堤在湖的中心，是湖区中

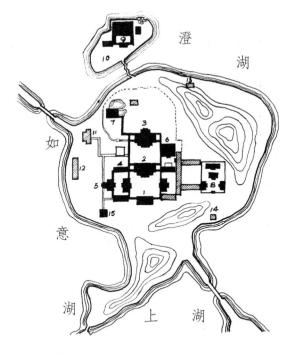

1. 无暑清凉 2. 延薰山馆 3. 乐寿堂 4. 川岩明秀 5. 金莲映日 6. 一片云 7. 沧浪屿 8. 般若相 9. 烟雨楼 10. 青莲岛 11. 西岭晨霞 12. 云帆月舫 13. 澄波叠翠 14. 清晖亭 15. 观莲所

图 9 - 13 避暑山庄中的如意洲平面图

路游览线的起点，如《热河志》所说："由万壑松风北行，长堤蜿蜒，径分三洲，若灵芝、云朵、如意。堤左右为湖，中架木桥，南北树宝坊，湖波镜影，胜趣天成。"径分三洲者，是指环碧岛、月色江声岛、如意洲三洲岛。（参见图9 - 13 避暑山庄中的如意洲平面图）

中国造园，理水最忌"方塘石洫"，塞湖分隔水面的堤堰，形如灵芝、云朵、如意，取其蜿蜒，而有若天然，故名。而芝径堤之三洲岛，显然是受秦汉苑囿水景"海上三神山"模式的影响。中国艺术对表现的技巧和形式，常用通俗而形象的事物名之，颇为形象有趣的如中国画的线条皴法，有披麻、解索、斧劈、乱柴等名，书法、诗词亦如此，为的是便于**程式化**。而中国的京剧艺术，堪称中国艺术中程式化的典范。艺术表现或表演的**程式化**，才能使人习之而能，学而可至。程式化并不妨碍艺术的创造和发展。秦汉以来，历代皇家园林的水景，虽均用"海上三神山"的模式，但景境则永无相同者。程式却可为园林设

中国造园论

计时的**立意**提供思路和素材。

人工开挖湖渠与大量土方的利用，是个系统工程。颐和园昆明湖的开拓，是将土方用于改造万寿山的形体。避暑山庄挖湖，则筑洲渚、垒岛屿，并将土方堆于湖畔，形成逶迤起伏的丘陵，植以松柏垂柳，造成"**堤堰桥横，洲平屿矗**"的清幽景境。

在湖区建设中，值得提出的是挖湖开渠，重视保存树木，并利用古木造景的设计思想。"挖湖时将长有松树和林木的地方留下，成为洲岛，如意洲上澄波叠翠亭旁'一松盘郁，古色苍然'，沧浪屿旁原有巨松，因此在沧浪屿中题有双松书屋，这些松树是特意留下作为点景的。"⑤康熙四十七年（1708），大学士张玉书随玄烨出塞，赐游山庄，在《扈从赐游记》中对湖区树木记曰："岸有乔木数株，近侍云：'此皆奉上命所留。'随树筑堤，苍翠交映，而更具屈蟠之势。舟中遥望，胜概不可殚述。有远岸萦流极其浩淼者，有岩回川抱极其明秀者，万树攒绿，丹楼如霞，谓之画境可，谓之诗境亦可。"

利旧为新　避暑山庄湖上景点**水心榭**，是利旧为新较典型的例子。这里原是山庄东南宫墙的出水闸，康熙四十八年（1709），湖面向东开拓，增凿了银湖和镜湖，水闸由界墙而位处湖心，遂在闸上架石梁成长桥，桥上建三座亭榭，中间之榭面宽三楹，重檐歇山卷棚顶。南北两头各建一座重檐攒尖顶方亭，桥头各有一座四柱冲天牌楼 (均已不存)。桥的石梁下有八孔水闸，可控制水位，用

图 9 - 14 避暑山庄中的水心榭

高差形成瀑布，水流昼夜不息。玄烨题名"水心榭"，是山庄水上眺望观景之佳处，其特殊的形制也成为山庄标志性的一座建筑。（图 9-14 避暑山庄中的水心榭）

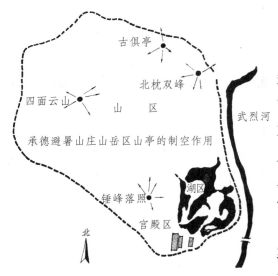

图 9-15 承德避暑山庄山亭的制空作用图

三、山之园林　园林之山

古人在数千年以前就好建高台，这种从高度上占有空间，形成中国人"**登高望远，人情所乐**"的审美经验，其乐就在"仰视宇宙之大，俯察品类之盛。所以游目骋怀，足以极视听之娱，信可乐也"⑤。所以，陶渊明问："俯仰终宇宙，不乐复如何？"

登高望远，是中国人重要的审美经验之一，经数千年的历史已积淀成为一种观念，这种观念体现了人对空间的占有和对自然的征服精神。人在崔巍的高山之巅，滂沱的大海之滨，浩瀚的沙漠之中，无垠的原野之上，仰视俯察自身是何等的渺小和软弱，大自然的变化莫测，只会使人感到难以抗拒的巨大威胁力量。

但是，只要人们在高山之巅造一座小小的空亭，就从本质上改变了人与自然的关系。正如我在前一章"中国园林建筑的审美价值与意义"中，通过对苏辙《黄州快哉亭记》的分析，说明了从空间上**亭**所体现的建筑**本质**：有了亭这人为也是为人所占有的空间，它是人本质力量的对象化，就体现了人对大自然的征服和占有；有了这空间，人就可以安闲自适地去欣赏品评风景，山水日月乃得玩于几席之上矣。

对避暑山庄而言，**山庄的娱游之胜在湖，而其最大的优势在山**。山庄之山，峰峦叠翠，为造园提供了诸多制空点和观景点。山顶构亭，极目所至，将地域的山水尽收眼底，景观视界扩大到无限和无尽。山顶构亭，是将**自然之山人化**，将山点染得富于中华文化的传统精神，**山庄之山才能成为园林之山**。（图 9-15 承德避暑山庄山亭的制空作用图）

康熙和乾隆是非常懂得"江山无限景，都聚一亭中"的妙用的，在山庄各观览面的山顶都构筑有亭。如：

四面云山　《热河志》："山庄西北隅最高处，一峰拔地，构亭其上，圣祖 (康熙) 题额'四面云山'。联曰：'山高先得月，岭峻自来风。'是亭切汉凌霄，群山拱揖，各开生面。东眺天桥，云垂檐际；南则玉冠诸峰，望如屏列；北则金山、黑山屹峙；广仁岭迤西诸峰，盘礴案衍，络绎奔赴。凭虚纵览，万景天全。"⑨当蓝天一碧，万里无云，天气晴朗时，可远瞩数百里外的峦光云影。

锤峰落照　由榛子峪口上山，在西岭平冈上，面东构筑五间单檐歇山卷棚顶方亭，每当"夕阳西映，红紫万状，似展黄公望《浮岚暖翠图》。有山蠡然，倚天特作金碧色者，磬锤峰也"。是借景磬锤峰之佳处，康熙有诗赞曰："纵目湖山千载留，白云枕间报深秋。绕岩自有争佳处，未若此峰景最幽。"（参见图9－16 避暑山庄中的锤峰落照）

北枕双峰　在松云峡景点"青枫绿屿"北山之巅，为双排柱单檐攒尖顶方亭。南与"南山积雪"亭对峙，东与磬锤峰隔河相望，北以金山、黑山为背景，是山庄东北的制高点和登眺处。乾隆诗："欲排云雾叩仙关，咫尺罗天即此山。却喜晴明聊纵目，滦河如带一湾湾。"

南山积雪　在"北枕双峰"亭南的峰顶上，为双排柱单檐攒尖顶方亭，玄烨题名"南山积雪"。亭东悬崖壁立，亭立翼然，十分挺秀。东眺热河如锦带，俯瞰湖区如盆景，尤其是冬日，登亭南望，"复岭环拱，岭上积雪，经时不消。于此亭遥望，皓洁凝映，晴日朝鲜，琼瑶失素，峨眉明月，西昆阆风，差足比拟"。（参见图9－17 避暑山庄中的南山积雪）

从以上山庄几座山巅之亭的描绘，亭的审美价值与意义，是不难体会的。山巅之亭有登眺之胜，限处构亭则有看山之妙。弘历有看山亭诗曰："**构亭恰似邀山至，坐看山疑亭所邀**。"文思巧妙，自不待言，而这巧妙之中却蕴藏着深层的道理，即：人在对**自然人化**的基础上，进一步发展为对**自然拟人化**，反映出中国人与自然相亲、相合、相融的关系，人与自然十分相得和谐与协调，是"天道"与"人道"的统一。中国人这种对大自然的酷爱，真挚、深层的感情和精神上的交流，形成这种拟人化的审美思想和审美的感兴，而这种审美思想与感兴，正是中国造园思想在本质上不同于西方的原因。

四、山庄景点的意匠

清代皇家园林的规模多很庞大，景点数以百计，如计成所说设计者"**目寄心**

中国造园论

图 9-16 避暑山庄中的锤峰落照

图 9-17 避暑山庄中的南山积雪

中
国
造
园
论

期"，则"**触情俱是**"。若心之所期，所触之情，没有广博的文化积累和丰富的素材，单靠造景基地的客观条件与环境，要设计出数以百计的景点，互不雷同，各有特点，构成园林的有机组成部分，要是没有借鉴和启发，是不可能完成的。

中国历史文化悠久，有非常丰富灿烂的园林文化遗存，乾隆皇帝弘历对造园很强调借鉴，他多次南巡，凡其所游胜景，都命画师摹写下来，作为造园经营意匠的素材。乾隆在其许多园记中，对如何借鉴有非常精辟的见解。他认为对借鉴或模仿的对象，"**尽态极妍而不必师，所可师者其意而已**"。提倡不仿其形，而**肖其意**。就如中国的绘画，不追求形似，要求**以形写神**，从**神似**中见形质。所谓"神"无"形"则不存，"形"无"神"则死，"神似"就成为艺术美的一种理想境界，也是中国造园艺术创作的重要原则之一。

借诗情画意以造景

锤峰落照　是山庄登眺东面高山冈上磬锤峰晚景的最佳观赏点。磬锤峰，是上粗下细、形似棒槌的巨石，连底部突起如基座的磬石通高 60 米。早在北魏郦道元《水经注》中就有记载："濡水（今滦河）又东南流，武烈水入焉，其水三派合……东南历石**挺**下，挺在层峦之上，孤石云举，临崖危峻，可高百余仞。"[60] 是著名的一处自然景观，每当夕阳西映，红紫万千，磬锤峰金碧与山光辉映，可谓"千尺石挺兀倚空，孤峰犹带夕阳红"。玄烨认为"锤峰落照"的景色，"似展黄公望《浮岚暖翠图》"。此景虽非借画而造，观景却有如画之美，可谓"**会心山水真如画，巧手丹青画似真**"了。

万壑松风　这是一组非对称组合的庭院，建筑前后错列，回廊曲折围绕，地踞高冈，俯临湖畔，周遭古松数百，"松寮隐僻，送涛声而郁郁"，景境静僻而清幽。此景因有宋画家巨然的《万壑松风图》画意，故名。

造园是时空结合的四维空间艺术，借两维空间的绘画来造景，只能从领悟的画意中获得灵感和启迪而已。

月色江声　是芝径云堤连接的三洲岛之一，

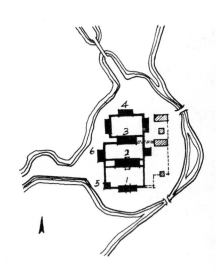

1. 月色江声　2. 静寄山房　3. 莹心堂

4. 湖山罨画　5. 冷香厅　6. 峡琴轩

图9-18 避暑山庄中的月色江声平面图

地势平坦，渚上建有三进庭院，门殿"月色江声"：主殿**"静寄山房"**；其后为**"莹心堂"**，是皇帝的书斋，弘历有诗"水心构书堂，即以名莹心"。后进院中有假山、古松，主殿玄烨题名"湖心罨画"。（参见图9-18　避暑山庄中的月色江声平面图）

月色江声的意境，取材于苏东坡的前、后《赤壁赋》中"山高月小"、"水光接天"的景境。既不会如苏东坡即景生情，引发遗世独立之情；也不会对这无尽的时空，了悟人生而有胸怀豁达的心境。

正如苏东坡在《前赤壁赋》中指出："惟江上之清风，与山间之明月，耳得之为声，目遇之而成色，取之无禁，用之不竭，是造物者之无尽藏也。"皓月当空，银辉遍地，环境变化莫测，月夜之景，意境亦千变万化。山庄中吟诗赏月的景境不止一处，以梨花为景者，山庄"梨树峪"堪称绝胜。司空图《菩萨蛮》谓梨花为**"瀛洲玉雨"**《清异录》，**满山梨花，望之如涛似雪，月夜梨花，如金代萧贡诗："香惹梦魂云漠漠，光摇溪馆月溶溶。"**

梨花伴月　康熙《梨花伴月诗序》："入梨树峪，过三岔口，循涧西行可里许，依崖架屋，曲廊上下，层阁参差，梨花万树，微云淡月时，清景尤绝。"[61]梨花伴月，是一组较大的庭院组合建筑，在中轴线上，前后以**"梨花伴月"**、

图9-19　避暑山庄中的梨花伴月

图 9-20 避暑山庄中的沧浪屿

图 9-21 避暑山庄中的天宇咸畅

"永恬居"、"素尚斋"三座殿堂组成，两厢为随山坡叠落的廊房。建筑在满山遍峪的梨花之中，溶溶月色千树雪，这种诗意的朦胧之美，景境的晶莹清幽，真是澡雪人的精神，净化人的灵魂。（参见图9-19 避暑山庄中的梨花伴月）

文学所描绘的形象或景象，具有很大的模糊性，为读者的想像留有广阔余地，领悟人人不同。景境的文字描写得具体的，借以造景，也因人因地而异；描写简率而抽象的，不能作为创造景境的题材，但可作为题目，有题总比无题更好做文章。山庄之景与文学有关者，如**沧浪屿**之与宋苏舜钦的《沧浪亭记》，**香远益清**之与宋周敦颐的《爱莲说》，**放鹤亭**之与苏轼的《放鹤亭记》，**凌太虚**之与苏轼的《凌虚台记》等等，不一而足。（参见图9-20 避暑山庄中的沧浪屿）

仿建园林名胜之景

康熙和乾隆都曾六下江南，对江南的名胜园林的秀美，不能忘怀，遂命画师摹写带回北京做造园的素材。如王闿运在《圆明园宫词》中所说："谁道江南风景好，移天缩地在君怀。"在山庄中就有不少"**肖其意**"而仿建的景点。

金山　是山庄湖区东游览线上的景点，在澄湖东南部，用石构筑的一座小岛，为仿江苏镇江金山寺而建，西麓设码头，岸上有面西敞厅式门殿，门殿东有殿五楹，单檐歇山卷棚顶，名**镜水云岑**。由此登山顶，是环抱如半月形的爬山廊，拾级而上至顶部平台，面南临崖有殿，面阔三楹，廊庑周匝，名**天宇咸畅**。殿北是六面三层楼阁，名**上帝阁**，俗称金山亭。

图9-22 江苏镇江金山寺胜概

图 9-23 避暑山庄青莲岛烟雨楼

玄烨说登此阁，"仰接层霄，俯临碧水，如登妙高峰上。北固烟云，海门风月，皆归一览"[62]。（参见图 9-21 避暑山庄中的天宇咸畅）

康熙是做文章，难免美言溢誉，但山庄的金山虽不高，却是湖区的制高点，三面环水，登阁远眺，饫览湖光山色，不失为东线游览之高潮。

镇江之金山，又名金鳌岭。高 60 米，周 500 多米，原屹立长江之中，故唐张祜有"树影中流见，钟声两岸闻"的诗句。随长江变迁已成内陆山。金山寺沿山构筑，形成**寺包山**、山寺浑然一体的独特风格。王安石游金山寺诗："数重楼枕层层石，四壁窗开面面风。忽见鸟飞平地起，始惊身在半空中。"山巅矗立八面七级的**慈寿塔**。镇江金山的主要特点，是**殿宇层层，塔立山巅**。山庄的金山，可谓肖其意而不失处境之所长。（参见图 9-22 江苏镇江金山寺胜概）

青莲岛　在山庄湖区如意洲北的小岛上，四面环水，独自成境，岛上仿浙江嘉兴南湖湖心岛上**烟雨楼**而建，同名烟雨楼。（参见图 9-23 避暑山庄青莲岛烟雨楼）

烟雨楼，是岛上主体建筑，在岛北临湖，面阔五间，二层楼房，单檐歇山卷棚顶，廊庑周匝，落翼侧廊延伸，与门殿回廊围合成院。楼有楹联："百尺起空濛碧涵莲岛，八方临渺渺澄印鸳湖。"南湖又称鸳鸯湖。楼院东有三间**青阳书屋**，西南角有**对山斋**，斋南掇山，洞窟婉转，其上立六角攒尖顶**翼亭**。青莲岛古松蟠郁，烟雨楼视野旷如，风卷云低，烟雨空濛之时，是欣赏烟容雨态之美的最佳处。

浙江嘉兴**烟雨楼**，原是五代时广陵郡王钱元璙，在湖滨筑台作登眺之所，取唐杜牧"南朝四百八十寺，多少楼台烟雨中"诗意名楼。宋废，明嘉靖二十八年（1549），仿楼旧制建于湖心，岛的土阜上，四面临水，水木清华，晨烟暮雨，为游览胜地。（参见图 9-24　浙江嘉兴烟雨楼平面图）

山庄烟雨楼北面向湖，嘉兴烟雨楼南面向湖，建筑组合与布局各异，所仿者四围皆水，岛上建楼，以观赏烟雨为胜之意而已。

文津阁　是山庄文津岛北部最大的一组建筑，是清代七大藏书阁的北四阁之一，七阁皆仿浙江宁波范氏**天一阁**形制建造。

天一阁是明代著名藏书家范钦于 1561 年修建的，他深感火灾对藏书的威胁，见《易经》郑玄注有"**天一生水**"、"**地六成之**"的说法，遂以"天一"二字命名藏书楼，取以水克火之意，并对楼阁藏书与环境防火，采取了相应的措施。为合"天一"、"地六"之说，楼阁采用六开间，外观两层，实际三层，中间夹一暗层。三层楼是连通的敞间，取"天一生水"之意；底层分隔成六个单间，象征"地六成水"；中间暗层阳光不能直射，做藏书库。为防火，在庭院中凿池贮水，同时叠石植树，造成非常静谧清幽的环境。

中国传统建筑，很少从使用要求科学地设计出专一功能的建筑。所以，范氏的"天一阁"就成为清代朝廷建筑藏书阁的标准模式。山庄**文津阁**，阁的形制、室内空间分隔、庭院凿池、池南假山环抱等，都与"天一阁"类同。附属建筑仅有门殿、碑亭，以垣墙环绕成院。阁前池水澄碧，清澈见底，池南假山嶙峋，苍松蟠郁。假山上有磴道月台，下有洞府石窟，奇特处：光线从假山洞隙折射池中，形成一弯新月。阳光当头照，素月水中悬，顿感情趣盎然。

文园　在银湖中的一个岛上，为仿建苏州狮子林之景，乾隆题名**文园狮子林**（已毁）。乾隆对狮子林可说是情有独钟，除山庄而外，在圆明园的长春园也仿建了狮子林。

苏州狮子林，原以多怪石，有状如狻猊者而名。清钱泳《履园丛话》云，是僧人天如禅师，请朱德润、赵善长、倪云林、徐幼文共同策划叠山而成的园林。童寯先生在《江南园林志》"狮子林"条曾指出："狮林原为佛寺，人称倪瓒叠石固非，谓为倪之别业更非。"⑱可见，早在 20 世纪 30 年代，已有狮子林叠山出自倪瓒之手的说法，今天甚至说是"元代画家倪瓒所设计修建的狮子林"。

这些说法，无非是欲抬高狮子林的身价而已。狮子林的叠石艺术如何呢？晚于乾隆的清人沈复在《浮生六记》中，对狮子林叠山的评价："以大势观之，

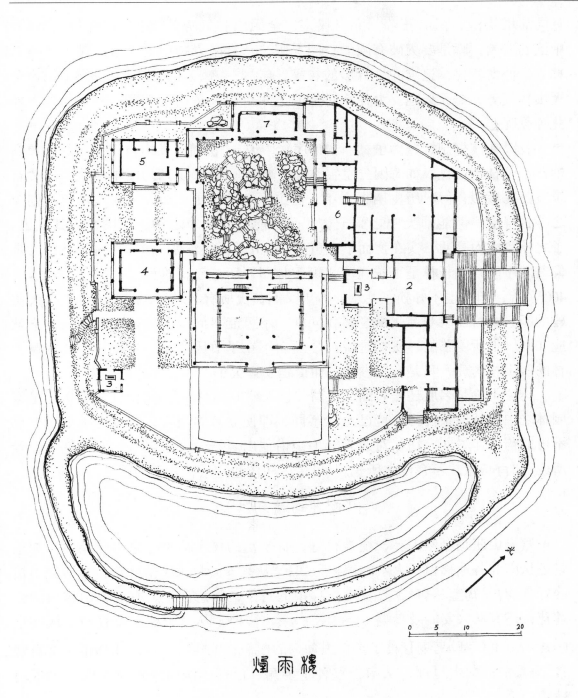

烟雨楼

1. 烟雨台楼 2. 清辉堂 3. 碑亭 4. 鉴亭 5. 来许亭 6. 亦方壶 7. 宝梅亭

图 9-24　浙江嘉兴烟雨楼平面图

竟同乱堆煤渣，积以苔藓，穿以蚁穴，全无山林气势。"⑭这个评价是正确的。中国的造园，就是要突破有限的空间局限，从有限景物中见无限。狮子林峰石林立，似禽若兽，追求的是石形的**物趣**；岩涧洞穴，百孔千窍，空间郁结，全无山林气势，毫无**天趣**。为什么对造园艺术有很高造诣的乾隆，一再仿建，如此钟爱呢？

乾隆在《御制续题狮子林八景诗序》中说："倪瓒原卷中自识，与赵善长商榷作狮子林图，且属如海因公宜宝弆（jǔ, 收藏）云云，是则为图本自倪，而叠石筑室已在疑似，何况历岁四百余年，室主不知凡几更，而今又属黄氏矣。则今之亭台峰沼，但能同吴中之狮子林，而不能尽同迂翁之狮子林图，固其宜也。予之咏高山而慕蔺，实在倪而不在黄。"⑮弘历说得很清楚，《苏州狮子林图》是倪瓒的手笔，狮子林是否按《苏州狮子林图》所造已很难说了，何况已经历了400多年，园主也不知换了几个，今天又属黄氏所有（清初归黄氏，名涉园）。今天仿建的园景，可能有与苏州狮子林相同处，不可能尽同倪瓒的狮子林图，本来就应如此。他所羡慕的，实在是倪氏之画而不在于黄氏之园。乾隆并非欣赏狮子林的假山才仿建，只是有所参考，而借题发挥罢了。

仿建不论是名胜还是名园，所谓"移天缩地在君怀"，将他处之景仿建皇家园林之中，基地条件与环境已全然不同，即使立意庸俗者，刻意追求形似，也不可能与原作尽同。仿建对造园能手是借他山之石，攻己之玉。原则就是乾隆所说："**肖其意，不舍己之所长**。"可惜山庄仿建之景，几乎均已湮没不存。

以观赏动植物造景

避暑山庄是自然山林，植被很好，有丰富的树木品种。康熙建园时，为造景还从南北各地移植了大量的植物，如："从兴安岭移来了落叶松；在清舒山馆静好堂前，'筼筜丛碧'，是从南方移植的竹子；如意洲上，有五台山移植的金莲花；还有从兴安岭及乌喇（今吉林省永吉县）移种了丛生朱楳的草荔枝；从盛京（今辽宁省沈阳市）及乌喇移种了类似黑葡萄的樱额；乾隆时，从西北移植了奇石蜜食（绿葡萄）；湖水里面，从南方移种了菱角、浮萍；从内蒙古敖汉旗移种了白莲"⑯等等。

玄烨很重视对树木的保护，在开挖湖渠之初，就提出"**庄田勿动树勿伐**"的要求，保存树木，并借以造景。他深知植物对景境创造的重要意义。康熙《御制避暑山庄记》："依松为斋，则窃崖润色；引水在亭，则榛烟出谷。皆非人力之所能，借芳甸而为助"⑥也。所以，他要使山庄"香草遍地，异花缀崖"，造成"触目皆仙草，迎窗遍药花"，芳香沁人，色彩斑斓，绮丽的风光和景色。现以某种植物为景者，例言之：

金莲映日　在湖区如意洲上，延薰山馆殿庭西，川岩明秀西厢处，有阔五楹重屋楼殿，曲廊回绕成院，植旱金莲花数万本。康熙《金莲映日诗序》："广庭数亩，植金莲花万本，枝叶高挺，花面圆径二寸余。日光照射，精彩焕目，登楼下视，直作黄金布地观。"玄烨诗：

> 正色山川秀，金莲出五台。
> 塞北无梅竹，炎天映日开。

金莲花出山西五台山，塞外尤多，花色金黄，若莲而小，六月盛开，一望遍地金色灿然。这是以观赏金莲为主题之景。（参见图9-25　避暑山庄中的金莲映日）

曲水荷香　在山庄的北山山麓，是山水中一处绮丽的小景，涧水曲折于奇石参差之中，汇成小池，中植芙蓉无数。水上架四角重檐攒尖顶方亭，后有清斋涵馆，濒水回廊围绕成院。（参见图9-26　避暑山庄中的曲水荷香）

康熙《曲水荷香诗序》："碧溪清浅，随石盘折，流为小池。藕花无数，绿叶高低，每新雨初过，平堤水足，落红波面，贴贴如泛杯。兰亭觞咏，无此天趣。"玄烨诗：

> 荷气参差远益清，兰亭曲水亦虚名。
> 八珍旨酒前贤戒，空谈流觞金玉羹。

此景奇石参差，鳞次瓦叠，涧水潺潺，满池芙蕖，翠盖红葩，亭的环境景观清丽动人，故玄烨认为"兰亭觞咏，无此天趣"了。

观莲所　在湖区大岛如意洲上，是西南隅临湖的小亭，为观赏湖上莲花所建。山庄借荷花造景有好几处，是因为从内蒙古敖汉旗移种来白莲，耐寒的敖汉白莲，栽植在有温泉的湖里，因而荷花深秋也不凋谢。如弘历《九月初三日热河见荷花》诗所说："前朝见菊黄兼绿，今日看荷紫带红，夏卉秋葩浑不辨，一齐摇曳晓风中。"⑧（参见图9-27　避暑山庄中的观莲所）

荷花晚开迟谢，萧瑟寒秋，芙蓉万柄，翠盖红衣，与傲霜秋菊同辉，为山庄的水景奇观。可谓"荷花仲秋见，惟应此热泉"矣。

蘋香沜　在澄湖的东北岸，南与香远益清相对，《热河志》："万树园之东

图 9-25 避暑山庄中的金莲映日

图 9-26 避暑山庄中的曲水荷香

图 9 - 27 避暑山庄中的观莲所

图 9 - 28 避暑山庄中的蘋香沜

图 9-29 避暑山庄中的试马埭

　　南，湖水分流，一鉴澄澈。中多青萍，丰茸浅蔚，清香袭人。水滨有殿三楹，南向。"殿后粉墙回绕成院，院中有四角单檐攒尖顶方亭，后墙设垂花门，院东有二层楼房。（参见图9-28 避暑山庄中的蘋香沜）

　　蘋香沜，是专为赏浮萍建造的景点，夏日，浮萍满池，水波荡漾，无根之萍，"巧随浪开合，能逐水低平"，飘荡流连似如有情，引人遐想。乾隆有诗曰：

香风摇荡绿波涵，花正芳时伏数三。

词客关山月休怨，来看塞北有江南。

　　试马埭　山庄湖区北部至西北山麓，除山麓坡地外，一片平原有 **50** 多公顷。原是武烈河的河谷平原，蒙古牧民放马的牧场。围入热河行宫时，其中的古松老槐等树木已在百年以上，地上芳草萋萋，绿茵如毯，立有石碣"**万树园**"，是独具蒙古林原特色的自然之景。乾隆时常在此召见各少数民族王公和使节，举行上千人参加的"大蒙包宴"。现恢复了蒙古包作为旅游度假村。

　　万树园西南，地势平坦开阔，牧草密茂与松树园连成一片，修有马道，可策马扬鞭，纵横驰骋，弘历立碑，题名"**试马埭**"。清帝在木兰行围之前，从全

国各地选来的好马，都要送来"相其驽骏，而调试之"。选中者参加秋狝。（参见图9-29 避暑山庄中的试马埭）

驯鹿坡　由宫殿区正宫出后门，在榛子峪沟口的玉麟坡。建园后园内野鹿数以千计，这一带因土厚草肥，向阳近水，鹿常聚此啃青，久之"鸟似有情依客语，鹿知无害对人亲"。为此，乾隆在此构亭一座，名**望鹿亭**，并题诗："驯鹿亲人似海鸥，丰茸丰草恣呦呦。"鹿与古人生活十分密切，早在《诗经·小雅》中以"鹿鸣"为篇名的是宴会时奏的乐歌。宋代殿试状元设宴奏此乐，而称**"鹿鸣宴"**。（参见图9-30 避暑山庄中的驯鹿坡）

清盛时，山庄中饲养动物的种类很多，以鹿为最，据《热河园廷现行则例》记载，乾、

图9-30 避暑山庄中的驯鹿坡

图9-31 避暑山庄中的石矶观鱼

中国造园论

嘉时期有大批的鹿，道光十八年（1838），还有 500 余头。今山庄野鹿仅剩百余只，"亭中麋鹿对人亲"的情景已难觅，"隔峰驯鹿若堪招"也只偶尔可见了。以动物为审美主题的，游鱼飞鸟，风声鹤唳，在山庄均有欣赏的景点，如**知鱼矶**、**石矶观鱼**、**莺啭乔木**、**放鹤亭**、**松鹤清越**等等。（参见图 9 - 31 避暑山庄中的石矶观鱼）

但如**试马埭**、**驯鹿坡**这样的景境，"皆非人力之所能"，是自然生成的景观，作为园林充分显示山庄以自然山林为园的特点，也只有避暑山庄才能有如此之景，山庄在清代皇家园林中，是具有独特的山野风格的园廷。

第五节　圆明园

圆明园，是清代继"避暑山庄"之后，建造的又一座规模宏大的园廷。圆明园包括**长春园**和**万春园**，总占地面积 **520** 顷，周回 10 余公里。园中有 150 余景，不同结构和形式的桥梁 100 多座，园林建筑总面积 16 万平方米，比故宫还多 1 万平方米。从康熙四十八年（1709）赐给胤禛算起，到乾隆三十七年（1772）增设万春园总领，园基本建成，历时 60 多年，长达半个世纪以上，殚尽全国的物力和财力，使役了无数能工巧匠，如清·马雍《后圆明园词》："凿海移山适君愿，浩役频仍历四朝，靡费何曾惜千万。"造成这样一座"天宝地灵之区，帝王游豫之地，无以逾此"[69]的园廷。

一、圆明园的创作思想方法

圆明园是平地造园，不像避暑山庄和颐和园要受自然山水的条件制约，给造园者的创作空间以很大的自由。但任何设计的制约条件（设计条件）愈少，方案构思愈自由，设计者把握整体的运筹决策也就愈难入手。圆明园，既然不存在自然山水制约的外部条件，就要从**内因**，即皇帝的园居**生活方式**要求找设计依据。乾隆在《御制圆明园后记》中说："夫帝王临朝视政之暇，必有游观旷览之地，然得其宜适以养性而陶情，失其宜适以玩物而丧志。"[70]他认为宜适的园居生活是："而轩墀亭榭，凸山凹池之纷列于后者，不尚其华尚其朴，不称其富称其幽。乐蕃植则有灌木丛花，怒生笑迎也；验农桑则有田庐蔬圃，量雨较晴也；松风水月，入襟怀而妙道自生也；细旃广厦，时接儒臣，研经史以淑情也。或怡悦于斯，或歌咏于斯，或惕息于斯，我皇考之先忧后乐，一皇祖之先忧后乐，周宇物而圆明也。"⑦文中的"旃"（zhān），通"毡"，意指铺垫的毛织物。"惕"（tì），戒惧；惕息，不敢喘息的恐惧之状。

暂且不谈乾隆对园居生活的思想境界，从其百余字的阐述中，提到的景物有：凸山凹池，灌木丛花，松风水月；园林建筑有：轩墀亭榭，田庐蔬圃，细斿广厦。差不多包括了构成园林景境的各种要素。他赞扬父祖的"先忧后乐，和自己"惕息于斯"的表白，只是借范仲淹《岳阳楼记》"先天下之忧而忧，后天下之乐而乐"，以示"居庙堂之高，则忧其民"之意。并没有对引发范仲淹感悟的洞庭湖的景象，"衔远山，吞长江，浩浩汤汤，横无际涯；朝晖夕阴，气象万千"的欣赏与追求。

帝王造园，即使将名山大川"移天缩地"仿造于园中，必须**宜适**皇帝惬意的娱游生活要求，故只能"**肖其意**"而已。从帝王园居生活方式的需要，在总体上无碍于自然山水意境创造的前提下，要求有尽可能丰富多样的景境，以满足皇室多种多样的娱游活动和休闲的生活方式。所有园廷概莫能外。所以说：**园廷具有大量景点的形式，取决于皇室园居生活的内容要求**。

圆明园，在54余亩的平地上，建造出150多个景点，既要有所分隔，各自成景境；又要相互联系，融于整体的园景之中。这是在总体规划设计之初，必须首先解决的难题。

圆明园这一带，是永定河冲积"洪积扇"边缘泉水溢出的地区，涌出之泉，汇成大大小小的水面，旧称南、北海淀，是以多水泉为胜之地。圆明园的总体规划和景境的创作，充分地体现了弘历所提"**就天然之势，不失己之所长**"的创作原则。

> 圆明园是就地势低洼，多水泉的天然之势，充分发挥"就低凿水"，宜于以水构境成景之所长。圆明园开凿的水面，占全园面积一半以上，聚而成湖，是为景区的中心和主体。如西部景区的后湖，宽约二百米；东部景区的福海，宽达六百余米，沉然巨浸。散则为溪为河，回环潆绕，曲折蜿蜒，组成一个完整而错综复杂的水系，如园中的脉络，将大小不一的洲渚岛屿连成一体，既为造景提供构筑之地，又将仿建之景融于这水乡的空间环境之中，赋予新的意境和情趣。⑦

水将全园分成40余处洲渚岛屿，故乾隆题名为四十景。何以称园总计有150余景呢？这是因为洲岛皆各自成景境，景境中不止一栋建筑，或组合成院，或散点或自由布置，建筑多题额，命名为景。对此，乾隆作了解释，他说："盖一轩一室，向背不同，景概顿异，而兴趣因之亦殊。故园内每一区宅而名数十者，率是道也。"[73]这就为我们划分园景的等级提供了依据。乾隆所说的"区宅"，也就是一处具有相对独立空间的景境。景境中的景，即景点。景境中包含有若干景点，即由**景点组合成景境**，由若干**景境组织成景区**。

例言之，圆明园第23景**"濂溪乐处"**，这一处景境中就有：汇万总春之庙、香远益清、乐安和、味真书屋、池水共心月同明、云霞舒卷、濂溪乐处、菱荷深处、香雪廊、云香清胜、临泉11个景点。"濂溪乐处"占地约75亩，大岛中有小岛，是圆明园中最大的景境。

《园冶》云："**高阜可培，低方宜挖**"。圆明园用水将园地分割成形状不等、大小40余块陆地。开挖湖渠的土方，不可能集中堆筑体量较大的山，去追求悬崖峭壁、高险峻拔的气势，而是**就水之势**，**因地制宜**，沿洲岛边缘，堆筑成尺度不大、连绵起伏、曲折有致的峦头冈阜，并叠石造型而具山崖丘壑之意。山高不过15米，一般仅高10米左右，不仅形成景境之间的空间视界，高低开合，隐显藏露，丰富了景观的变化；亦是景境的背景和空间构图的手段。景内依山傍水，远岫环屏；夹水则山穷水复，峰回路转，堪称"直把江湖与沧海，并教缩入一壶中"(戴启文《圆明园词》)。

圆明园的山既不高大，无法增之使其高大；水亦不宽广，不能扩之使其宽广。造园艺术，人工山水，是创造山水的**意象**，虽不求真，但不能假，要"**做假成真**"，使人不觉其小。这是视觉的审美心理问题，要使游人不觉山水之小，只有缩小建筑尺度，缩小了人们日常已习惯的参照物——建筑的尺度和体量，对比之下人在园中游，就不会觉山水之小了。圆明园的建筑，早已成墟莽，无法实证。但从避暑山庄的建筑看，房屋的举架较低，进深较浅，体量不大。由此可以佐证，圆明园的建筑，从景观设计要求，绝不会有高堂广榭，而是小巧紧凑，朴实无华，尺度宜人的。见下节"**蓬岛瑶台**"一景的意匠分析。

二、圆明园四十景的意匠

乾隆仿效康熙在"避暑山庄"的做法，将圆明园中自成景境的四十处，以四字题名，大书于木，悬挂于建筑。四十景有景点150余处，如此众多的景点，取材大致有三类，一是以宫殿祠庙入园，二是仿建江南名胜名园，三是取古人的诗情画意。这是为了便于分析、探讨古人园林的创作思想方法，从造景的取

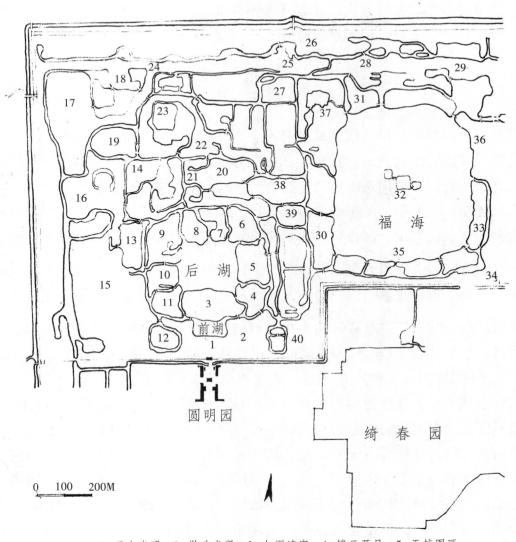

福海

后　湖

前湖

圆明园

绮春园

0　100　200M

1. 正大光明　2. 勤政亲贤　3. 九洲清宴　4. 镂云开月　5. 天然图画
6. 碧桐书院　7. 慈云普护　8. 上下天光　9. 杏花春馆　10. 坦坦荡荡
11. 茹古涵今　12. 长春仙馆　13. 万方安和　14. 武陵春色　15. 山高水长
16. 月地云居　17. 鸿慈永祜　18. 汇芳书院　19. 日天琳宇　20. 澹泊宁静
21. 映水兰香　22. 水木明瑟　23. 濂溪乐处　24. 多稼如云　25. 鱼跃鸢飞
26. 北远山村　27. 西峰秀色　28. 四宜书屋　29. 方壶胜境　30. 澡身浴德
31. 平湖秋月　32. 蓬岛瑶台　33. 接秀山房　34. 别有洞天　35. 夹镜鸣琴
36. 涵虚郎鉴　37. 廓然大公　38. 坐石临流　39. 曲院风荷　40. 洞天深处

图9-32 北京圆明园四十景位置图

材和仿建角度所作的大致分类，还有一些不属此类的景境创作，就不在此作分析了。现就各类中之较典型的景境简析之。（参见图9－32 北京圆明园四十景位置图）

以宫殿祠庙入园

宫殿造在园林中，是清代**园廷**的特点。圆明园中的宫殿，不仅保持了布局严整、轴线对称的组合方式，且较颐和园的宫殿更加园林化，不是将宫殿区相对独立，而是将宫殿的建筑组群，与整个园林的山水景境结合，成为一"景"。

正大光明　是圆明园的正殿，由宫门"出入贤良"及东、西配殿组成殿庭，两旁为翻译房、太监房、御茶房等附属建筑。乾隆《正大光明殿诗·序》云：

> 园南出入贤良门内为正衙，不雕不绘，得松轩茅殿意。屋后峭石壁立，玉笋嶙峋，前庭虚敞，四望墙外，林木阴湛，花时霏红叠紫，层映无际。[74]

所说"屋后峭石壁立"者，叫寿山。殿前东侧，以曲尺回廊围蔽，西侧则豁然开敞，可见林木云蔚、冈阜绵延的景色，从空间上就同后湖景区联系起来，将宫殿融于园景之中。（参见图9－33 圆明园中的正大光明）

鸿慈永祜　是乾隆祭祀康熙、雍正的祠庙，又名**安佑宫**。是园内规模最大的一组庭院建筑，主殿安佑宫为九间重檐歇山顶大殿，是园内建筑规格最高者。位于园内西北隅，地势高爽干燥之处。因为是宗庙性质，布局端庄严谨，对称均衡。地形窄长，前狭后宽，其形如瓶。四周环以曲水，沿水堆筑山峦冈阜，山形亦采取左右均衡的构图，北面两座高峰，卫峙于安佑宫左右，东西两侧如山的余脉，由高渐低，逶迤起伏，并以两座小冈将前后宽窄处分隔，前部空间较小，用四根华表拱卫一座牌楼，为进入宗庙的序曲或前奏。由两冈间豁口进入安佑宫的空间范围，"坊南及东西复有三坊环列，其南为月河桥。又东南为致孚殿，三楹西向。宫门五楹南向为安佑门，门前白玉石桥三座，左右井亭各一，朝房各五楹，门内重檐正殿九楹，为安佑宫。"[75]（参见图9－34 圆明园中的鸿慈永祜）

鸿慈永祜从地形规划、建筑布局、山水造型，都力求端整，气氛肃穆。由于其山环水抱，加之"周垣乔松偃盖，郁翠干霄"，便协调而融合地成为园中一景。

慈云普护　在后湖北岸，碧桐书院之西，围绕后湖的九洲之一。前临湖，

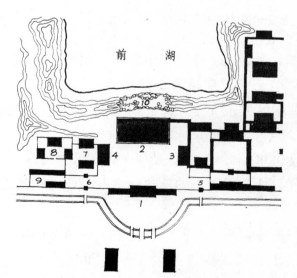

1. 出入贤良
2. 正大光明
3. 东配殿
4. 西配殿
5. 东如意门
6. 西如意门
7. 翻译房
8. 太监房
9. 御茶房
10. 寿山

图 9-33　圆明园中的正大光明

图 9-34　圆明园中的鸿慈永祜

曲溪环绕，于洲西面，溪水汇聚成池，使洲的平面呈"冂"形，"前殿南临后湖三楹，为**欢喜佛场**。其北楼宇三楹，有**慈云普护**额，上奉观音大士，下祀关圣帝君，东偏为**龙王殿**，祀圆明园昭福龙王"[76]。（参见图 9-35　圆明园中的慈云普护）

　　这一组宗教性建筑安排得可谓妙极。欢喜佛，是藏传佛教本尊神，为密宗最高修炼形式，是原始生殖崇拜意识形态的反映，皇室奉此有性教育之义。（参见图 9-36　欢喜佛）

　　北面三间楼殿，楼上供奉佛教的观音菩萨，楼下又供道教的鬼神关圣帝君，东面则是水神龙王，可谓佛道合流，鬼神共处了。这种颇有浓厚趣味性的神、鬼、佛的组合，说明乾隆本人是个不迷信宗教的皇帝。其实，宗教对睿智的明君，只是取其"助王政之禁律，益仁智之性善"的精神统治作用而已。乾隆在

图9-35 圆明园中的慈云普护

图9-36 欢喜佛

颐和园、避暑山庄中，都建了寺庙，而且不止一处。圆明园里除了慈云普护，还有"日天琳宇"、"月地云居"、"坐石临流"中的"舍卫城"等等，他之所以在园中建庙宇，如他在"月地云居"的诗中所表白："**何分西土东天，倩他装点名园**。"弘历不过是用这些梵宫琳宇来装点他的名园而已。

　　圆明园中以宗教为题材的景境，无论从总体布局，还是建筑形制，都不拘泥于一般寺庙建筑的陈规，严整中而富于变化，是一座寺庙，也是一处景境。从设计思想和处理手法上，都是值得深入研究和借鉴的。

仿建江南名胜名园

　　江南人文荟萃，名胜名园星罗棋布。康熙、乾隆非常喜爱，六次南巡，命画师将所游胜景摹写，作为建园的仿建题材。设计者收集各地已实践的佳作为素材，作为自己设计时的参考或借鉴，对园林建筑师是很好的设计方法。仿建或借鉴，绝非抄袭。如何借鉴？乾隆皇帝弘历很精辟地概括为：**略仿其意，就天然之势，不舍己之所长。**[⑰]

现就圆明园中"仿"建江南名胜名园之景的几个例子，来阐明"借鉴"的问题。

曲院风荷　在圆明园后湖与福海之间，是仿浙江杭州西湖苏堤跨虹桥的"麴院风荷"所建之景。此景本四面环溪，洲中又凿大池，水面狭长，中架九孔石桥，横贯东西两岸，池呈"日"字形。桥两头建牌楼，东名"玉𫘝"，西名"金鳌"。池西长近0.5公里的土堤，略仿西湖苏堤之意，故"金鳌"西河外，南有**"四围佳丽，"**冈稍北有**"苏堤春晓"**二景点。"玉𫘝"东有亭，名**"饮练长虹"**。池外隔堤环溪，沿溪冈阜连属。主要建筑集中在北端隔河的小岛上，以**"麴院风荷"**与**"洛伽胜境"**一组建筑，前后交错，用曲廊相连呈"L"形，在岛北呈半抱之势，与前列之**"渔家乐"**，构成开敞式的"曲"院。

乾隆《御制麴院风荷诗·序》："西湖麴院为宋时酒务地，荷花最多，是有麴院风荷之名。兹处红衣印波，长虹摇影，风景相似，故以其名名之。"[⑱]

以《圆明园四十景图咏》中的"曲院风荷"图，与《南巡盛典》中的杭州苏堤"曲院风荷"图对比，（参见图9－37《南巡盛典》中的曲院风荷　图9－38圆明园曲院风荷胜概）。从环境景观、建筑布局看，两者相去甚远。乾隆所说："风景相似"者，非"形似"，而是"神似"，即肖其庭院之曲，与荷香风清之意。康熙南巡改"麴院荷风"为"曲院风荷"。清人许承祖《曲院风荷诗》，诗云：

> 绿盖红妆锦绣乡，虚亭面面纳湖光。
> 白云一片忽酿雨，泻入波心水亦香。

平湖秋月　此景位于福海北岸的西隅，面积不大，地形曲折，建筑在岛的前部偏西，后部峰峦屏蔽，以**"平湖秋月"**与**"夏隐亭"**一组建筑，廊庑相连，南面湖；西临河；东隔水架桥，有景点**"山水乐"**和**"双峰插云"**；西过板桥，与**"廓然大公"**景相通。

乾隆《御制平湖秋月词·序》云："倚山面湖，竹树蒙密，左右支板桥以通步屐。湖可数十顷，当秋深月皎，潋滟波光接天无际。苏公堤畔，差足方兹胜概。"[⑲]（图9－39《南巡盛典》中的平湖秋月　图9－40　圆明园平湖秋月胜概）

是景仿杭州白堤的"平湖秋月"，是架在湖西岸水上的一组建筑。西湖水面

1. 聚景楼
2. 望春楼
3. 跨虹桥

图 9 - 37《南巡盛典》中的曲院风荷

1. 曲院风荷　2. 洛伽胜境　3. 渔家乐

4. 九孔桥　5. 金鳌　6. 玉蝀

7. 饮练长虹　8. 苏堤春晓　9. 四围佳丽

10. 宁和镇

图 9 - 38 圆明园曲院风荷胜概

中国造园论

1. 望月楼
2. 座落
3. 御碑亭

图 9-39 《南巡盛典》中的平湖秋月

图 9-40（A）圆明园平湖秋月胜概

5.66 平方公里，湖岸周长 15 公里，比圆明园的整个面积还要大。圆明园的福海是无法比拟的，且建筑与水结合亦不如杭之悬空架水。但杭州的"平湖秋月"，建于湖与堤路之间，背景是沿路建筑物，且车水人流，城市之嚣烦，环境较圆明园差甚，两者的地势环境殊异，相同者是"万顷平湖长似镜，四时月好最宜秋"之意境也。

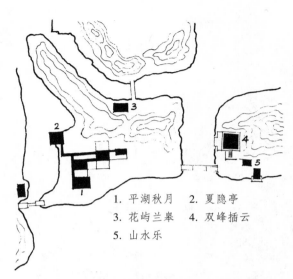

1. 平湖秋月　2. 夏隐亭
3. 花屿兰皋　4. 双峰插云
5. 山水乐

图 9-40（B）圆明园平湖秋月平面图

坦坦荡荡　是仿杭州"玉泉鱼跃"，而未用其名。杭州此景，是在栖霞岭与灵隐山之间，青芝坞口的"清涟寺"内。据《南巡盛典》描述清代时的情况：

泉"在清涟寺内，发源西山，伏流数十里，至此始见。甃石为池，方广三丈许，清澈见底，畜五色鱼，鳞鬣可数，投以香饵，则扬鬐而来，吞之辄去，有相忘江湖之乐。泉上有亭曰'洗心'，旁一小池，水色翠绿"。（参见图 9-41《南巡盛典》中的玉泉鱼跃）

从《南巡盛典》的玉泉鱼跃图看，在寺的第二进西跨院中，院的西边凿有长方形大池，西北两面临池建有廊庑，西面中间有门房，可通垣外建于台上的两层重檐歇山顶楼阁。游人在廊庑中可凭栏观鱼。

"坦坦荡荡"，既不受寺庙庭院形式的束缚，也未拘泥于院内凿池的格局，而是突出观鱼的主题，打破封闭式的庭院组合，在岛中凿长方形大池，池中央筑平台，台上建歇山卷棚顶敞厅**"光风霁月"**。台东西北三面，平桥如堤，池遂成"品"字形，沿池均绕以石栏，处处可凭栏观鱼，从而大大地扩大了观鱼面，提高了观鱼的观赏功能。（参见图 9-42 北京圆明园坦坦荡荡胜概）

池南以门殿**"素心堂"**五楹为主，堂北面有三间抱厦，东连**"半亩园"**，西接**"澹怀堂"**，均五楹悬山卷棚顶；西北**"知鱼亭"**，东北**"双佳斋"**，曲廊与"素心堂"连成一组建筑，半绕大池，与池中"光风霁月"构成开敞式庭院。东有冈阜为界，西面后湖开敞，北面隔河以山为屏，南与"茹古涵今"隔水相望。

乾隆《御制坦坦荡荡诗·序》："凿池为鱼乐国，池周舍下，锦鳞数千头，唼喋拨刺于荇风藻雨间。回环泳游，悠然自得，诗云：众维鱼矣，我知鱼乐，我嵩目乎斯民！"⑩

坦坦荡荡山环水绕，围而不闭，把一个很大的"方塘石沼"，置于空间景象

中国造园论

图 9 - 41《南巡盛典》中的玉泉鱼跃

图 9 - 42（A）北京圆明园坦坦荡荡胜概

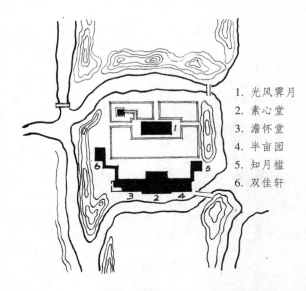

1. 光风霁月
2. 素心堂
3. 澹怀堂
4. 半亩园
5. 知月槛
6. 双佳轩

图 9-42（B）北京圆明园坦坦荡荡平面图

极富变化的环境之中，而无玉泉鱼跃的空间浅显，缺少自然之趣的不足。这种"仿"不仅是一种创造，而且是一种艺术境界的升华。

从以上三例，足以说明，造园艺术"借鉴"之意义；从对比分析中，不难得出"略仿其意，就天然之势，不舍己之所长"的三昧。

取古人的诗情画意

中国艺术的思想精神，皆源于儒道佛；中国艺术之间，是相互渗透、互相补充的。古人尝云：诗是无形画，画是有形诗。宋代画家郭熙在《林泉高致》中，不仅主张取法古人，还主张取资于"晋唐古今诗"，并集录不少"发于佳思而可画者"的诗或诗句，如："舍南舍北皆春水，但见群鸥日日来。"（杜甫）"渡水塞驴双耳直，避风羸仆一肩高。"（卢雪诗）"天遥来雁小，江阔去帆孤。"（姚合）"春潮带雨晚来急，野渡无人舟自横。"（韦应物）等等，不一而足。

古代诗人往往是画家，且兼长造园，如南朝的谢灵运，唐代的白居易、王维，宋徽宗赵佶，元代的倪云林，明代以造园谋生的计成、张涟也是能诗善画之人，清高宗弘历不仅是诗人，也是在造园理论上有所建树的园林艺术家。对园林建筑师而言，古典文学艺术方面的修养，是中国造园艺术创作的必要修养之一。圆明园四十景中，有一些就是取古人诗情画意而创作的景境。如：

杏花春馆　在后湖的西北隅，是环湖九洲中较大的一个洲渚，东为"上下天光"，南邻"坦坦荡荡"。是取唐诗人杜牧的"借问酒家何处有，牧童遥指杏花村"的诗意造境，后来杏花村泛指为卖酒处，故弘历诗中有"载酒偏宜小隐亭"之句。这里的景象，如弘历《御制杏花春馆诗·序》所说：

> 由山亭逦迤而入，矮屋疏篱，东西参错，环植文杏，春深花发，烂然如霞。前辟小圃，杂莳蔬蓏，识野田村落景象。㉛

从《圆明园四十景图咏》的杏花春馆图看（参见图 9-43 圆明园杏花春馆

中国造园论

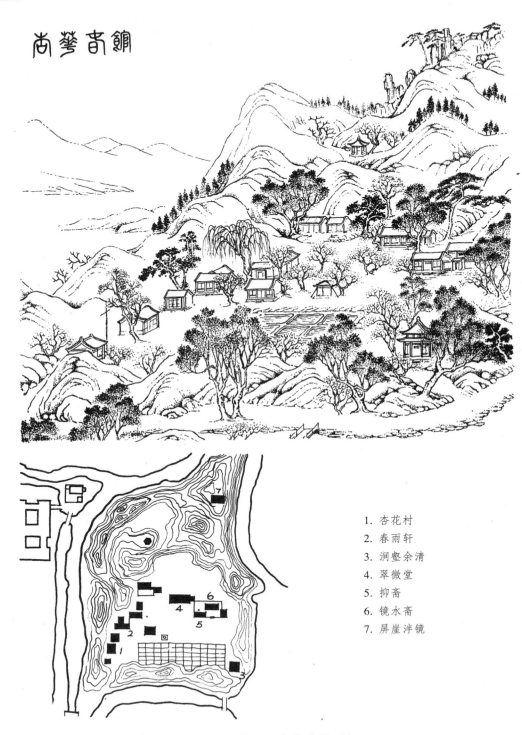

1. 杏花村
2. 春雨轩
3. 涧壑余清
4. 翠微堂
5. 抑斋
6. 镜水斋
7. 屏崖泮镜

图 9-43　圆明园杏花春馆胜概

胜概），洲屿四围环水，沿水堆筑山冈，中间一片平畴。从山的意匠，北部峰峦重叠，体量较高大，山上有亭翼然。山脉向两侧延伸，临湖的东面与沿河南面，只地面稍有起伏而已，形成空间上向湖面，与坦坦荡荡的方向开敞。为切杏花村之题，沿山麓冈脚"环植文杏"，建筑则"矮屋疏篱"，体量小而简朴，并用"东西参错"的自由布置方式，南面还辟了一块园圃，种瓜果蔬菜之类，造成"野田村落景象"。此景立意，按乾隆的说法，是"验农桑则有田庐蔬圃，量雨较晴也"⊗。

武陵春色　此景区在圆明园四十景中是面积较大的岛屿之一，位于"坦坦荡荡"之北，东为"映水兰香"，西邻"月地云居"，深藏在洲渚之中。是借陶渊明《桃花源记》的意境为题材的造景。陶渊明虚构故事，武陵渔人入桃花源，见洞中居民世外生活的理想乐园，亦称"武陵源"。乾隆《御制武陵春色诗·序》描述：

> 循溪流而北，复谷环抱。山桃万株，参错林麓间。落英缤纷，浮出水面。或朝曦夕阳，光炫绮树，酣雪烘霞，莫可名状。⊗诗云：
>
> 复岫回环一水通，春深片片贴波红。
>
> 钞锣溪不离繁囿，只在轻烟淡霭中。

武陵春色的景境意匠，是颇具匠心的。为体现"桃花源"的隐僻幽邃，洞口难觅，将北面溪流引入岛内，潴成小湖，堤岸曲折，支流纵横，以水分隔岛成三部分：湖之东、南，地形狭窄，复岫回环；湖之西，入山口，两溪分流，往西将岛一分为二，南为**武陵春色**，北为**桃源深处**；往南，曲折逶迤，可抵深藏复谷之中的**桃源洞**，穿洞而出，溪水折向东流，至岛外环河。设计者为体现桃源洞口的隐蔽难觅，可谓极尽曲折幽邃之能事。（图9-44　圆明园武陵春色胜概）

桃源洞口南，有一山坳，为进入桃花源的前奏，散点布置了一些体量很小的建筑，如小隐栖迟、紫霞想、洞天日月多佳景、天然佳妙等景点；西进山口，为武陵春色的主体建筑，以前后两座殿堂，围以廊房闭合成院的**全碧堂**和**天君泰然殿**。向北越溪过桥，就是自由错列，缭以曲垣，连以周廊的**桃源深处**了。

"武陵春色"充分发挥了多水泉之长，用水来进一步划分景境，"借地形的曲折变化，达到幽深的目的；以地块的小而多变，衬托出山的深邃和高峻。是用'化整为零'、'小中见大'的手法，造成'复岫回环一水通'的幽僻的隐者

1. 全碧堂
2. 天君泰然殿
3. 小隐栖迟
4. 紫霞想
5. 洞天日月多佳景
6. 天然佳妙
7. 桃园洞
8. 清秀亭
9. 桃源深处
10. 品诗堂
11. 绾春轩
12. 清水濯缨
13. 清会亭

图9-44 圆明园武陵春色胜概

之境。为了切'桃花源'之题，在南部两个小岛的溪流转折处，构筑石洞，横跨在'桃花溪'上，加之参错于林麓间的'山桃万株'，和深藏在山坳里一组尺度不大的建筑组群，以造园艺术成功生动地再现出'桃花源'的武陵春色"[34]。

蓬岛瑶台　这是"仿李思训画意，为仙山楼阁之状"，造在**福海**水中央的一景。李思训，是唐宗室，官武卫大将军，善画金碧山水，世称大李将军。乾隆《御制蓬岛瑶台诗·序》：

> 福海中作大小三岛，仿李思训画意，为仙山楼阁之状，岧岧亭亭，望之若金堂五所、玉楼十二也。真妄一如，大小一如，能知此是三壶方丈，便可半升铛内煮江山。[35]

福海中作大小三岛的造景，是秦汉以来，皇家园林"海上三神山"的传统格局。典出《史记·秦始皇纪·二八年》："齐人徐市等上书，言海中有三神山，名曰蓬莱、方丈、瀛洲，仙人居之。"文中的"岧岧亭亭"，是借《文选·西京赋》："干云雾而上达，状亭亭以岧岧。"这是形容从岸上望去，水中的蓬岛瑶台，烟云缭绕，如天上的神仙宫阙。

对这种艺术意境的创造，弘历认为"真妄一如"，即人造的景境与神话仙境一样；"小大一如"，建筑尺度的小与大也一样。如能知道（欣赏、感受）这小岛就是那海上神山的话，便可用半升的平锅去煮整个的江山了。换言之，艺术创作，做假可以成真，即小能够见大，从艺术形象中能感受到那特定的**意境**之美，就能理解"移天缩地"的道理，把握"寓大于小"、"寓少于多"、从有限达于无限的中国园林艺术了。

那么，**蓬岛瑶台**是如何创造的呢？

"蓬岛瑶台"，在福海中是一大两小，相距很近的三岛。以大岛"蓬岛瑶台"为主；东面小岛"瀛海仙山"与之并列；西北小岛"北岛玉宇"错后。三岛均为方形，小岛仅为大岛面积的 1/4 左右，有曲桥与大岛通连。建筑集中在大岛，以"**神州三岛**"堂为主，组合成四合院：门殿"蓬岛瑶台"三楹，左右各接五间配房。门殿临水，且形制特殊，硬山卷棚顶当中建有一方形歇山卷棚顶的亭楼。院东厢为"**畅襟楼**"，西厢有"**极乐世界、安养道场**"，是平顶建筑，上有围栏，北有天井，下面大概是回廊。（参见本书图 3-2　北京圆明园蓬岛瑶台）

"神州三岛"堂，为七间两卷式建筑，前有五间歇山卷棚顶抱厦。堂东山为"**随安室**"，西山是一方小天井，中有一四方攒尖顶亭；西垣辟门，过曲桥可至

"**北岛玉宇**"，岛上为一两合小院，而东小岛上只一空亭，假山叠石，垂柳如烟。

"蓬岛瑶台"的意匠之精，"建筑形体虽极臻变化，但却不追求崇楼高阁的气势，这正是造园者高明之处，因为岛小才能对比出水面之大，距离之远，相应地就要求建筑尺度小些。借形体的变化、屋顶的大小和高低错落，在树木掩映和浮光泛影中，给人以虚幻缥缈的海上仙山的意趣"^㊷。

从取古人诗情画意造景的三例看，都存在一个建筑尺度的问题。如"杏花春馆"，立意在疏旷而有乡野风致，"团团篱落，处处桑麻"。问题是：房舍少了不成村落，房舍多了则空间难以疏旷，房舍更不能高大，否则山峦就倍觉其小，平畴亦不觉其大。所以"杏花春馆"的房舍，均体量不大，尺度适宜。

"武陵春色"立意隐僻、幽邃而具山林隐逸之境。是以山重水狭，地小而曲，衬托山的深邃和高峻，逸民之居只能宜于简而小。"蓬岛瑶台"之建筑，以体量小而多变，对比出水面之大和距离之遥等等。

其实，圆明园用水分隔成众多的洲岛，正是用"**化整为零**"的手法，这种做法同以自然山水为主题的造景，在空间上是矛盾的。如何能使人"**小中见大**"？

"寓大于小"、"小中见大"，只能是诸多因素综合的结果，如不同景境的山水布局和造型。在不同景境的山水空间环境里，建筑的组合、布局方式、体量与尺度、形制与材料等等，用《园冶》的话说，就是要"**因境而成**"，"**巧而得体**"。简单粗略地说，就是相应地缩小尺度，而且要在人的**视觉心理**允许的范围内。乾隆皇帝弘历不愧为**造园艺术家**，他在"蓬岛瑶台"诗序中，已十分明确地指出：生活真实与艺术真实的辩证关系，"**真妄一如，小大一如**"也，在"小大一如"的基础上，才能达到"真妄一如"的效果。

我认为作为中国的造园家，如英国建筑师钱伯斯（Sir William Chambers，1723—1796）的认识，还应是个哲学家，首先要有辩证唯物史观，没有科学的、正确的指导思想，对《老子》、《庄子》、《孟子》、《周易》等古典哲学思想，以及现代西方各种理论思潮，就难以有比较正确的理解。尤其要懂得点辩证法，正如恩格斯所说的那样：

> 蔑视辩证法是不能不受惩罚的。无论对一切理论的思维多么轻视，可是没有理论的思维，就会连两件自然的事实也联系不起来，或者就会连二者之间所存在的联系都无法了解。惟一的问题是一个人的思维正确或不正确，而轻视理论显然是自然主义思维的最确实的道路。但是，根据一个老

早就为大家所熟知的辩证法规律，错误的思维一旦贯彻到底，就必然要走到和它的出发点恰恰相反的地方去。[27]

中国建筑与造园学界，以轻理论重实践为自得者颇多，这大概是学术思想之混乱、理论上极为落后的重要原因；相应地，实践中抄袭模仿之风，拼凑、庸俗、浅薄而缺乏思想深度和艺术水平作品之多，又正反映了理论的贫乏和因此而造成的不幸！

〰〰〰〰〰〰〰〰〰〰〰〰

注：

①明·计成：《园冶·立基》。

②《园冶·相地·傍宅地》。

③《园冶·立基·门楼基》。

④《园冶·相地·傍宅地》。

⑤清·李渔：《闲情偶寄》。

⑥童寯：《江南园林志·造园》，第9页，中国建筑工业出版社，1984年，第二版。

⑦清·笪重光：《画筌》。

⑧《园冶·相地·山林地》。

⑨清·笪重光：《画筌》。

⑩《园冶·立基》。

⑪⑫⑬《园冶·屋宇》。

⑭张家骥：《园冶全释》，第218页~219页，山西人民出版社，1993年版。

⑮清·沈宗骞：《人物画法》。

⑯《园冶·立基·假山基》。

⑰《人物画法·布景》。

⑱⑲《闲情偶寄·石壁》。

⑳《园冶·掇山·峭壁山》。

㉑《画筌》。

㉒明·张岱：《陶庵梦忆·不二斋》。

㉓《日下旧闻考·宫室》，卷三十五。

㉔㉕同上。

㉖《日下旧闻考·国朝宫室》，卷十九。

㉗元·脱脱：《宋史·地理志》。

㉘《日下旧闻考·国朝宫室》卷二十六。

㉙明·蒋一葵：《长安客话》。

㉚《日下旧闻考·国朝宫室》卷二十六，《御制塔山西面记》。

㉛明·刘侗、于奕正：《帝京景物略》。

㉜清·孙承泽：《天府广记·岩麓》。

㉝㉞《日下旧闻考·国朝苑囿》卷八十四。

㉟《帝京景物略·西山下·瓮山》。

㊱《长安客话·瓮山·耶律丞相墓》卷四。

㊲《日下旧闻考》卷八十四，《御制万寿山昆明湖记》。

㊳㊴《日下旧闻考·国朝苑囿》卷八十四。

㊵《日下旧闻考》卷八十四，《御制万寿山大报恩延寿寺碑记》。

㊶《日下旧闻考》卷八十四，《万寿山多宝佛塔颂》。

㊷清·吴振棫：《养吉斋丛录》，第 193 页，北京古籍出版社，1983 年版。

㊸张家骥：《中国造园史》，第 163 页，黑龙江人民出版社，1986 年版。

㊹木兰秋狝：木兰，是满语"哨鹿"之意。每年秋分后，鹿群繁殖季节，清帝带侍卫，披鹿皮和模拟的鹿头，藏迹山林，吹木哨模仿鹿鸣，吸引求偶母鹿，鹿近，用花神枪、或陷阱、网套捕捉的方法，叫"哨鹿"。秋狝，秋季打猎。古狩猎之义在练兵，清代的木兰秋狝，也是以"习武绥远"为目的。

㊺宋·郭熙：《林泉高致》。

㊻《养吉斋丛录》，第 206 页。

㊼康熙：《御制避暑山庄记》。

㊽《日下旧闻考·国朝苑囿》卷八十六，《静宜园记》。

㊾《园冶·相地·山林地》。

㊿《画筌》。

51《日下旧闻考·国朝苑囿》卷八十六，《静宜园记》。

52《中国造园史》第二章第四节"秦汉苑囿的社会经济性质"。

53宋·郭熙：《林泉高致》。

54《园冶·相地·山林地》。

55清·张玉书：《扈从赐游记》。

56康熙：《御制避暑山庄记》。

57袁森坡：《避暑山庄与外八庙》，第 19 页～20 页，北京出版社，1981 年版。

58晋·王羲之：《兰亭集序》。

59《热河志》卷七十二"行宫"二。

60北魏·郦道元：《水经注·濡水》。

61康熙：《梨花伴月诗·序》。

62玄烨：《御制避暑山庄诗·序》。

63童隽：《江南园林志》，第 29 页，中国建工出版社，1984 年版。

64清·沈复：《浮生六记》。

65《日下旧闻考》卷八十三，《长春园》。

66《避暑山庄与外八庙》，第 24 页。

⑥⑦康熙：《御制避暑山庄记》。

⑥⑧《热河志·物产》卷九十四。

⑥⑨《日下旧闻考·国朝苑囿》卷八十，《御制圆明园后记》。

⑦⑩⑦①同上。

⑦②《中国造园史》，第 167 页，黑龙江人民出版社，1986 年版。

⑦③《日下旧闻考》卷八十，《圆明园御兰芳诗·序》。

⑦④⑦⑤《日下旧闻考》卷八十一。

⑦⑥《日下旧闻考》卷八十。

⑦⑦乾隆：《如园诗注》。

⑦⑧⑦⑨《日下旧闻考》卷八十二。

⑧⑩⑧①《日下旧闻考》卷八十一。

⑧②《日下旧闻考》卷八十，《御制圆明园后记》。

⑧③《日下旧闻考》卷八十一。

⑧④张家骥：《中国造园史》，第 172 页，黑龙江人民出版社，1986 年版。

⑧⑤《日下旧闻考》卷八十二。

⑧⑥张家骥：《中国造园史》，第 173 页，黑龙江人民出版社，1986 年版。

⑧⑦恩格斯：《自然辩证法》，第 37 页 ~ 38 页，人民出版社，1957 年版。

第十章　得心应手　胸有丘壑

——中国园林建筑师的修养与品德

　　中国造园艺术，是以追求自然精神境界为最终和最高的目的。不是对外界自然的山水形象的模仿，而是在"道"的哲学思想主导下，对自然的加工、提炼和概括，是充分显示了生命的和谐结构，宇宙生生不息的运动变化的自然。所以在中国园林的艺术"意境"中，有着深邃的哲理性。

　　18世纪，中国造园艺术传到欧洲以后，英国的建筑师钱伯斯（Sir William Chambers，1723—1796）深感中国园林的艺术境界，正是他们长期追求而未能达到的，而由衷地钦佩"中国造园家不是花儿匠，而是画家和哲学家"。[①]这是西方的有识之士对中国造园艺术的深刻理解。

　　中国造园家依据自然再造出的，显示了哲学思想的天地之"道"的自然，当然要以高度的技艺才能实现。这就存在着"艺"与"道"的关系问题。了解"艺"与"道"的关系，也是了解中国造园艺术的一个关键。

第一节　"艺"与"道"

　　中国的儒、道思想虽不相同，但在"艺"与"道"的关系上，都认为两者是统一的。孔子说"志于道，据于德，依于仁，游于艺"[②]。儒家的"道"，是建立在社会政治伦理道德的"人道"与自然规律的"天地之道"相通一致的基础之上的，所谓"天地人只一道"（程颐《语录》十八）的天人合一的观念。艺是指：礼、乐、射、御、书、数，即"六艺"，其中包括了艺术"乐"。从孔子的"人而不仁，如乐何？"（《八佾》），说明"乐"不能违背"仁"，而"德"与"仁"是实践"道"的依据，"不仁"则"乐"就无意义。"乐"是"六艺"之一，所以"游于艺"与"志于道"必须是统一的。

道家也主张天人合一，但不是建立在"人道"与"天地之道"相通一致上的合一，而是建立在人类只有顺应自然和效法自然，才能达到绝对精神自由的合一。《庄子》说：

> 通于天者，道也；顺于地者，德也；行于万物者，义也；上治人者，事也；能有所艺者，技也。技兼于事，事兼于义，义兼于德，德兼于道，道兼于天。[③]

这是说：通达于天的是"道"；顺应于地的是"德"；周行万物的是"义"；上位者治理人民，是各任其事；才能有所专精的是技艺。技艺合于事，事合于义理，义理合于德，德合于道，道合于天。从"技兼于事"到"道兼于天"的逻辑推论，"艺"通于"道"。可见，儒、道思想虽不同，但对"艺"与"道"的统一在认识上是一致的。

《庄子》一书有许多寓言，都说明"艺"与"道"是统一的，而且庄子认为最高超的技艺、技能，就是"道"的一种表现。"庖丁解牛"是其中说明"艺"与"道"关系的生动例子。他说：

> 庖丁为文惠君解牛，手之所触，肩之所倚，足之所履，膝之所踦（以一足跪而抵之），砉然（骨肉相离声）响然，奏刀騞然（大于砉的声），莫不中音，合于桑林（殷汤乐名）之舞，乃中经首（尧乐章）之会（节奏）。文惠君曰："嘻，善哉！技盖至此乎？"
>
> 庖丁释刀对曰："臣之所好者道也，进乎技矣。始臣之解牛之时，所见无非全牛者。三年之后，未尝见全牛也，方今之时，臣以神遇而不以目视，官（器官）知止而神欲行（喻心神自运，而随心所欲）。依乎天理（自然纹理）批大郤（批：击，郤筋骨间隙。）导大窾（骨节空处）因其固然（顺牛的自然结构），枝经肯（著骨肉）綮（盘结处）之未尝微碍，而况大軱（大骨）乎！良庖岁更刀，割也；族庖（一般庖丁）月更刀，折也（犹斫）。今臣之刀十九年矣，所解数千牛矣，而刀刃若新发于硎（磨刀石）。彼节者有闲，而刀刃者无厚；以无厚入有闲（间隙），恢恢乎其于游刃必有余地矣。是以十九年而刀刃若新发于硎。虽然，每至于族（交错聚结为族），吾见其难为，怵然为戒（小心谨慎），视为止（眼神专注），

行为迟，动刀甚微，諜（解散）然已解，牛不知其死也，如土委地。提刀而立，为之四顾，为之踌躇满志，善刀而藏之。"

文惠君曰："善哉！吾闻庖丁之言，得养生焉。"④

庄子非常精彩生动地描绘出庖丁目无全牛、游刃于虚、随心所欲、合于乐舞节奏的高超技艺，达到出神入化的境界。技艺达到这种境界，庄子认为已通向"道"了。对"艺"与"道"的辩证关系，宗白华先生做了很深刻的说明，他说：

> 中国哲学是就"生命本身"体悟"道"的节奏。"道"具象于生活、礼乐制度。道尤表象于"艺"。灿烂的"艺"赋予"道"以形象和生命，"道"给予"艺"以深度和灵魂。⑤

中国的"道"，从自然哲学上是始终包含人的自然生命在内的，整个宇宙自然生命的运动与和谐，是从本质上对包含人在内的天地自然生命的"美"的肯定。而"艺"就是"道"的感性显现。

对中国园林建筑师（有别于西方的 Landscape Architecture）来说，理解传统的"艺"与"道"的关系，对表现"道"的园林"意境"的创造显然非常重要。创造"意境"是很高的要求，但"意境"的创作并非高不可及，更不是神秘不可捉摸的东西。"艺"与"道"的统一，说明高度的技艺、技巧可以达到"道"的境界，也就是说通过形象（空间意象）的表现来创造"意境"。宗白华对建筑更能体现"道"的看法，对园林建筑师是很有启发的。他说：

> 因为这意境是艺术家的独创，是从他最深的"心源"和"造化"接触时突然的领悟和震动中诞生的，它不是一味客观的描绘，像一照相机的摄影。所以艺术家要能拿特创的"秩序的网幕"（德诗人诺瓦理斯 novalis 用语）来把住那真理的闪光。音乐和建筑的秩序结构，尤能直接地启示宇宙真体的内部和谐与节奏，所以一切艺术趋向音乐的状态、建筑的意匠。⑥

其中所说"突然的领悟和震动"，这种突发性的精神现象，正是建筑师所乐道的"灵感"。尤其是在建筑系学生做建筑和园林设计方案时，最喜谈的灵感。有的自觉"灵感"很多，颇自负为"天才"；有的很少，或没有这种所谓"灵感"的体验，就自卑缺乏设计"才能"，而没有"天才"。实际上，都是对"灵感"的错觉或误解。

　　建筑和园林，是综合性很强的专业，所从事的既是精神生产，同时也是物质生产。是思想艺术与物质技术的高度统一，掌握它需要多门学科的知识与技能，有个不断深入和充实的学习过程。当所知甚少，知识面很窄，还未能抓住设计中诸矛盾综合地加以解决时，方案构思的制约因素就愈少，想像的模糊性和随意性就愈大，对参考资料形象的某些特点非常新奇敏感，往往忽有"新"得。但不是画出来非伊所思，就是自我感觉良好，却并不适用。这种非深思熟虑的随意性"触发"，并不是"灵感"。

　　那么，什么是"灵感"？

　　我体会：灵感，是对问题长时间的锲而不舍、由浅及深、由此及彼、由表及里的反复思考，已接近于临界点欲达而尚未达到升华，深深地贮存在大脑里，处于待发状态。一遇相关或类似事物的触发，使所追索的问题或其中的主要环节，突然得到明晰的解决，而茅塞顿开，心境也随之豁然开朗，如王国维所喻，"众里寻她千百度，蓦然回首，那人却在，灯火阑珊处"⑦的境界。获得这种境界的现象，就是"灵感"！

　　"灵感"不是什么触发的任意想像，而是必然引起的认识上的"质"的飞跃。是得之于偶然的瞬间，来自于必然的积累。

　　对一个园林建筑师来说，严肃勤奋的拼搏精神、专业知识和经验的丰富积累、哲学美学修养的培养，艺术技巧的熟练掌握、对事业的执著追求、锲而不舍的刻苦钻研与思考，是获得"灵感"的前提，是不断取得成就的基础。

　　我们不否认人有天赋的差别，但更不否认后天的学习和规矩，"天才就是勤奋"的真理。在中国艺术中，既有如"天才豪逸，语多卒然而发"⑧、以天才胜的"诗仙"李白，"变动犹鬼神，不可端倪"的天才书法家"草圣"张旭；更有"铺陈终始，排比声韵"以规矩胜的"诗圣"杜甫，方正庄严、齐整均衡、浑厚刚健的"颜体"书法宗师颜真卿。李白、张旭是一种可至而不可学的天才美，但从杜甫、颜真卿创建的规矩方圆中，却启迪后世的人只要勤学苦练，就能寻求到美，创造出美，从而显示出天才来。

第二节　有道有艺

　　我国宋代著名文学家、艺术家苏轼（1036—1101）提出，艺术家必须"有道有艺"，如"有道而不艺，则物虽形于心不形于手"⑨。

"有道有艺"，简言之，就是既要有思想又要有技艺。如果只有思想而没有技艺，虽然客观事物在心里可以留下形象，但却不能用手和笔把它描绘出来。苏轼把"艺"与"道"确立为绘画的两大原则，很重视两者的内在统一和辩证关系。苏轼还认为：

> 求物之妙，如系风捕影，能使事物了然于心者，盖千万人而不一遇也，而况能使了然于口与手者乎？[⑩]

他是说：寻求事物妙处的奥秘，好像拴住风捕捉影子一样难以捉摸。能使客观事物在心里有透彻了解的人，大概在千万人中遇不到一个，又何况能够透彻地用嘴说用手写反映出来呢？说明一个艺术家对所描绘的对象不单要"了然于心"，而且要"了然于口与手"。苏轼在这里还强调认识客观事物与反映客观事物之间的矛盾，认识客观事物固然不易，反映客观事物较之认识客观事物，是更为艰苦的过程。

从创造意境的要求而言，造园较建筑设计在表现技巧上要求更高。建筑多是单项的，特别在城市中，受基地空间的限制往往是单幢的设计。现代城市建筑的艺术形象，主要体现在城市结构和空间组织中，其自身的环境意匠则不占主要地位，所以通常多是在建筑实体的表现之余，加些装饰性的示意"配景"，甚至习惯地成为二度空间的图面美化，这种表现图实质上很少有造境的意义，还是属"具象"设计。造园则不同，园林建筑功能虽结构比较简单，但任何一幢园林建筑都不是孤立的具象，而是"空间意象"的构成要素，是景境的有机组成部分，要求有很高的整体艺术性。按照具象设计，就不可能创造出具有高度自然精神境界的环境。一个园林建筑师，在创作过程中，不但要从"境"构思出意象，而且能熟练地运用线条，徒手准确地绘出所构思的"意象"，即景点或景区的透视图来。所以说造园设计是一种意象设计。环境设计已日益引起建筑师的重视，在组群建筑和有环境要求的设计中，意象设计也日益受到重视。

正如苏轼所说，园林建筑师能"了然于心"（意象构思）者，大概在千万人中很难遇到一个，而"了然于手"（熟练地画出意象）者就更难寻觅了。在园林专业学生中，能把握树木的生长规律，形象而生动地表现在图纸上的可谓凤毛麟角，这是个较普遍的现象。如果说，中国园林建筑师只会画工程图就行了，因为不是画家，也用不着去当画家（画家，这里可理解为：掌握绘画艺术技巧，而且能熟练地表现造园意象的造园家）。我相信钱伯斯（Chambers）在泉下有知，会瞠目结舌，指着古典园林大惑不解，中国的先贤哲匠们是怎么创造出来的？如此之"艺"（实是"技"），能体现出"道"吗？

园林建筑师要掌握表现技巧，熟练到得心应手的境地，要在长期实践中不懈地努力，这是个艰苦的训练过程。就像不了解中国画的人，见画家挥笔纵横，兔起鹘落，不求形似，瞬间而成，就误以为中国画画家只是临画谱，摹古迹，掌握画山水的"皴"法，即可任意涂鸦，根本不需要进行什么实物写生。殊不知，中国历代的大画家，无不强调"师法自然"的重要。笪重光在《画筌》中就说过：

> 从来笔墨之探奇，必系山川之写照。善师者师化工（造化自然），不善师者抚缣素（临摹画）；拘法者守家数，不拘法者变门庭。⑪

画家要善于观察自然，通过大量的写生，掌握了自然山水的形质特征和规律，才能不拘于陈法而"自成一家"。在诗画理论中常用"奇"这个字，所谓"奇"者，就是指获得"象外之象"立意之"奇"，有别于模仿之所谓真，不是指造型奇特怪异，这是要弄清楚的。画论中有关"奇"的解释很多，不必详述。

其实，中国古代的画家对写生是大下苦功的。如五代大画家荆浩，在太行山写生古松，"凡数万本，方如其真"⑫，为求"真"，是何等的勤奋！元末四大画家之一的黄大痴隐居虞山（今江苏常熟），"日囊笔研，遇云姿树态临勒不舍"⑬，对艺术的追求，又是多么的执著！清代大画家郑板桥，论写意画时说得好："必极工而后能写意，非不能工遂能写意也。"他认为："功夫气候，僭差一点不得。"⑭没有扎实的熟练的功夫和修养，就想信笔挥毫，以意写之，是根本不行的。

写生是基本功，是根基，临摹名作也是必要的学习方法。没有深厚的功底，临摹也不会成功。园林专业学生，短短数年学习时间，学时有限，不可能达到高度纯熟的技巧，但要打下扎实的基础。园林建筑师终日伏案制图，也没有条件像画家那样游历山水大量写生。我的经验补救的办法，可把积累设计资料与不断提高表现技巧结合起来，凡山水名胜古迹和调研摄影的园林照片、图片、画册，只要是供做参考的资料，放缩至一定的尺寸（现可用复印设备已是举手之劳），用晒图的透明纸蒙上，再用钢笔画的线条徒手画成图。由图片而钢笔画，这本身就是一种创作，要有取舍，有主次，有层次，有虚实，有意味。笔者体会：最好用单线白描，长期坚持不懈，日积月累，既收集了大量可供研究和设计的参考资料，又掌握了熟练的技巧，就能迅速地以准确的线条表现出构思的意象。

俗语有"熟能生巧"之说，我看不止是能生巧，熟则对对象理解亦深，诸如对树木水石建筑的形象结构的把握，如何用线来表现其形质，远近虚实的画法，以及对鉴赏能力的提高等等，其中三昧，非三言两语可尽。笔者历来著文中的插图，多选自平日积累。总之，无须天天去画，有则画之，画则不苟，贵在不间断，能持之以恒，坚持不懈，久则其功自见矣！

有人问太"熟"是否就"俗"了？清代画家方薰在《山静居画论》中回答得好，他说："入于俗而不自知者，其人见本庸下，何足与言书画。"一个人书画到庸俗的程度，自己还不觉其俗，甚至自我欣赏，自鸣得意，这种人的思想境界和见识本来就是庸俗低下的，同这种人还有什么书画可谈。可见"俗"者非自技巧的"熟"，而是由于其思想意识的庸下也。

方薰认为"熟"，"乃张伯高（张旭）草书精熟，池水尽墨；杜少陵（杜甫）熟精文选理之熟字"。这样的"熟"，才能达到"书画至神妙，使笔有运斤成风之趣"[15]。唐岱的《绘事发微》从绘画的"功力纯熟"，认为笔墨才能"自然"而合乎造化。唐岱的"熟"则自然见解，是很有意义的。他说：

> 盖自然者，学问之化境。而力学者，又自然之根基。学者专心笃志，手画心摹，无时无处不用其学，火候到则呼吸灵。任意所至，而笔在法中；任笔所至，而法随意转。至此则诚如风行水面，自然成文；信手拈来，头头是道矣！所谓自然者非乎？[16]

这是洞见卓识之谈，任何学问都要融会贯通，把握事物内在规律，才能取得认识上"质"的飞跃和升华，这就是"化境"，否则识而不化则俗，泥古不化则死。学问要达化境，只有建立在勤奋和刻苦学习的基础上。学习必须专心，注意力集中，边画还得边动脑，比较分析所画与对象之间的差距，才能找出毛病，不断改进。往往有的人学习书画，画了不少，写的也很多，却很少有多大长进，问题就在于只顾手画，而无所用心的缘故。经过长期的刻苦训练，直到炉火纯青的时候，就得心应手了。虽任意所至，笔墨亦在法度之中；虽信笔挥毫，法度亦随意之所适。这就是苏轼所说的"有道有艺"，这样才能达到"出新意于法度之中，寄妙理于豪放之外"[17]的境界。

"艺"与"道"是辩证的关系，"艺"的重要，不言而喻，无"艺"就不可能进行创作。有"艺"无"道"，也不行，没有高的思想境界，"艺"也不可能达到所谓鬼斧神工的境界。也就是要能把握住事物内在的客观规律，才能有所发展和创造。苏轼对"艺"与"道"的辩证关系，提出"胸有成竹"的论点，很精辟地阐明了这个问题。他在《筼筜谷偃竹记》中说：

> 画竹必先得成竹于胸中，执笔熟视，乃见其所欲画者，急起从之，振笔直遂，以追其所见，如兔起鹘落，稍纵则逝矣。与可之教予如此，予不能然也，而心识其所以然。夫既心识其所以然而不能然者，内外不一，心手不相应，不学之过也。故凡有见于中而操之不熟者，平居自视了然而临事忽焉丧之，岂独竹乎？[18]

这是一个伟大艺术家的经验之论，对一切艺术创作都是完全适用的。用现代语言说，在画竹之前，必先要在胸中酝酿成熟完整的竹（园林即景境）的意象或意境，即"胸有成竹"。拿笔凝视画幅，将所想像的意象，必须以敏捷的速度作画，像鹘鸟捕捉兔子一样神速捕捉住"灵感"，稍一放松，"灵感"就会很快消逝。"胸有成竹"的理论及兔起鹘落捕捉"灵感"的方法，都是文与可（1018—1079，画家）教给我的，我明白这个道理却不能做到。既然在思想上认识这个道理，行动上却做不到，是因为主观认识能力与反映表现能力，两者不相一致，不能得心应手，问题在绘画技巧的训练不够。所以，凡事平常自以为很清楚，很有想法，由于没有掌握熟练的技巧，临到实践的时候忽然丧失掉了，岂止画竹是这样？做任何事都无不如此。

园林建筑师又何尝不是这样！要取得设计的成功，首先必须要熟悉他所要创作的对象，掌握其规律，才能胸有丘壑，做到"意在笔先"。在这个前提下，还要有熟练的技巧，能把握住稍纵即逝的"灵感"，将构思的意象表现出来，成为客观可见的形象。一个所谓的"造园家"，只能动口不能动手，侃侃而谈，似博学而实杂碎，似深刻而实浅薄，多半在隔靴搔痒而已。若只能动手不能动口，画得好看，说不出道理，设计也一定不高明，挂之聊以自娱尚可，用之则入俗矣！

自魏晋以来，历代都有论画之作，论画者未有不是擅画者，且都是有相当水平的画家。可以看出，艺术修养与水平愈高者其论著也就愈是博大精深，如五代荆浩之《山水诀》、宋郭熙之《林泉高致》、清石涛之《画语录》等等。当然，绘画大师们不会都去著书立说，但能著书立说者，绝非平庸的画手所能为。

第三节　饱游饫看

园林建筑师作为一个造园艺术家，修养是多方面的，首要的是精神的陶冶，"古今画家，无论轩冕（显贵）岩穴（隐士），其人之品质必高"（唐岱《绘事发微》）。品质低下，即使有纯熟的技巧，也不能创造出境界高超的作品。即便是"看山水亦有体，以林泉之心临之则价高，以骄侈之目临之则价低"（郭熙《林泉高致》）。但不论是精神的陶冶还是艺术技巧的提高，都与自然山水有密切的关系。宋代画家郭熙（1023—约1085）曾说，中国名山胜水遍布各地，"奇崛神秀，莫可穷其要妙，欲夺其造化，则莫神于好，莫精于勤，莫大于饱游饫看"⑩。这不仅是画家，也是造园家修养过程中的一个很重要的方面。

"神于好"，是指精神上对自然山水的酷爱，这是一种超世俗和超功利的审美态度和精神。"精于勤"是技巧的刻苦训练，达到纯熟之至的程度。是郭熙所说的，达到"目不见绢素，手不知笔墨"的境界。只有技巧纯熟之至，才能达到心与手相忘，手与画幅笔墨相忘，得心应手，创作中不至拘于技巧不熟而分散精力。要"神于好"、"精于勤"，就必须广为游历，对自然山水进行大量的深入观察和写生，掌握其内在的规律，并加以概括和提炼，做到"积好在心，久则化之，凝念不释，神与物忘"。就是说，经过"饱游饫看"，胸臆中积累了丰富的山水形象，天长日久就不会拘于某某山水的具象。只有掌握山水形质的普遍规律，才能"化"。到作画时，虚一而静，意念专一，进入精神高度集中而物我相忘的创作境界，即主客观合一的化境，如石涛所说的搜尽奇峰打草稿，信笔挥毫，写出山水的精神，即造化自然之"道"。

郭熙认为通过"饱游饫看"，自然山水皆"历历罗列于胸中，而目不见绢素，手不知笔墨，磊磊落落，杳杳漠漠，莫非吾画"。意思和上述一样，但进一步说出画家创作时的心态，"凝念不释"，忘却画幅和笔墨，纸上就会隐现"磊磊落落，杳杳漠漠"欲画的山水意象。画家如果从来没有这种创作境界的体验，是画不出什么传世杰作的。当然，要能进入这种境界并非易事。他批评当时画家的四点意见，今天对我们还是有现实意义的。即：

> 所养之不扩充；
>
> 所览之不纯熟；
>
> 所经之不众多；

所取之不精粹。

"所养之不扩充"：他举了个很生动的例子说，有画手（指平庸的画家）画《仁者乐山图》，画了一老人支颐（用手托腮）于山峰旁；画《智者乐水图》，画一老人侧耳于岩前。他问：难道"仁智所乐，岂止一夫之形状可见哉？""仁者乐山，智者乐水"（《论语·雍也》）说，是孔子以山水比喻"君子之德"的美学思想，是将自然山水的某些形态特征，看做为人高尚品德的精神状态。用一个人的支颐沉思、侧耳倾听的表象形状，如何能表现出这种"仁智之乐"的内在精神？而这种肤浅庸俗的构思和画法，郭熙认为正是"所养之不扩充"的毛病。

"仁智之乐"的精神如何表现呢？他说：像白乐天（白居易）的《草堂图》"山居之意裕足也"，王摩诘（王维）的《辋川图》"水中之乐饶给也"。也就是说，不是通过简单直接的人的形状去表现，而是通过山水隐居的生活图景去表现出高人逸士的生活理想与精神。这样的画，才能得"象外之象"、"味外之旨"的精神境界。在造园中也同样，苏州狮子林造石为舟，不若象征性的"不系舟"，非舟而有舟行水上之意也。"所养之不扩充"，是指画者缺乏审美心胸和艺术思维的想像能力，不知何为"意象"和"意境"的缘故。

"所览之不纯熟"：郭熙说：画山三五峰，画水三五波，单调而乏味。这个批评，不应理解为画的笔墨多少，而是指其表现意的深浅。画得如此单调，是不知山的高下大小"浑然相应"；水的形态"宛然自足"，有脉络源流，有其构成的原因和规律。原因仍在对自然山水观察得不广不深，胸中无丘壑，眼底无性情的缘故。所以，清代唐岱在《绘事发微》中说，山水画"欲求神逸兼到，无过于遍游名山大川，则胸襟开豁，笔无尘俗之气，落笔自有佳境矣"！

"所经之不众多"何谓所经之不众多？在世画手，生吴越者，写东南之耸瘦；居咸秦者，貌关陇之壮阔。学范宽（北宋画家）者乏营丘（宋初画家李成）之秀媚，师王维者阙关同（五代画家）之风骨。

生吴越的画家不知关陇山水之壮阔，居咸秦的画家不知东南山水之耸瘦，是所游不广，受当地自然地貌的局限，眼光狭窄是不善师化工者。学范宽而缺乏李成画风之秀媚，师王维而无关同的风骨，这就是笪重光《画筌》中所说，是"拘法者守家数"而不能"变门庭"。如不能广游博取各地、各家之所长，融而化之，永远也难自成一家的。

"所取之不精粹"：郭熙认为之所以如此，是因为：

　　千里之山不能尽奇，万里之水岂能尽秀？太行枕华夏，而面目者林虑（山名，在河南）。泰山占齐鲁，而胜绝者龙岩。一概画之，版图何异？

说明即使是名山胜水，如太行山、泰山也不可能处处尽奇尽秀，所以要选择其胜绝之处去画。如果不分优劣，一概都画下来，同画地图还有什么不同？那么，怎么选择？"奇"与"秀"的标准又是什么？郭熙的回答是非常精辟的，他说：

　　世之笃论，谓山水有可行者，有可望者，有可游者，有可居者，画凡至此，皆入妙品。但可行可望，不如可居可游之为得。何者？观今山川，地占数百里，可游可居之处，十无三四。而必取可居可游之品，君子之所以渴慕林泉者，正谓此佳处故也。故画者当以此意造，而鉴者又当以此意穷之。此谓之不失其本意。[20]

可见，画家依据体现生生不息宇宙生命之"道"的观念，而重新建构、提炼、概括、再造的自然——可居可游的"意境"，并非是在半空的玄想，而是建立在"渴慕林泉"的生活向往和审美思想的基础之上的。

"所取之不精粹"者，是画手（不够称其为画家也）缺乏艺术概括和提炼的功夫。正是因其"所养之不扩充"、"所览之不纯熟"、"所经之不众多"的缘故。

造园与绘画山水，虽然都是以自然山水为主题，有共同之处。但究竟是不同性质的艺术，"师法自然"的宗旨一致，而"肇自然之性，成造化之功"的手段和目的不同。山水画意造的是可游可居之幻境，园林意造的是可游可居之实境；绘画要表现的是"掇景于烟霞之表，发兴于溪山之颠"的自然山川的艺术形象与气势，园林则是以"一峰则太华千寻，一勺则江湖万里"的人工水石，抽象地、象征地创造出山林意境。因此，自然山水中那些局部的小中见大的景象，如：元结《右溪记》所描绘的清旷而幽深的小溪景境，柳宗元《小石潭记》所写的悄怆幽邃的石潭小景，对造园写意式的山水创作，有直接的启示和借鉴的意义。

造园家是以树木水石建筑等物质手段创造生活的景境，他不仅在审美观照中要把握自然山水的形象特征和精神，而且要以科学的态度和眼光去观察自然山水的地质结构和地理形态，客观地认识不同地域山水形成的条件和构成原因，把握山水的内在结构和规律。所谓"**画无定法，物有常理**"，违背物之常理，必然破坏作品的艺术形象。最典型的例子莫过于近年建造公园所叠的假山了，如果说600多年前元建狮子林的叠山，明沈复评论"以大执观之，竟同乱堆煤渣，积以苔藓，穿以蚁穴，全无山林气势"[②]的话，那么今天所见，竟如鸟兽粪的堆积，既无物趣，更无天趣可言。若计成、南垣再世，也只有闭目而长叹矣！

今人叠山只顾形之奇特，乱石堆砌，不讲石纹石色石性，李渔在300年前就曾说过："至于石性，则不可不依，拂其性而用之，非止不耐观，且难持久。石性维何？斜正纵横之理路是也！"[②]

图 10-1　云南路南石林景观

今天已无须凭经验去观察岩性，如云南的路南石林，湖南张家界山水，怪石嶙峋，千姿万态，莫可名状，较叠石假山的奇妙难以言喻，但大自然本身都有其客观规律性，以路南石林为例：

石林属于深海相沉积，路南的石林为石灰岩，多呈黑灰青色，层厚质纯，产状平缓，岩层与竖向节理面受外力溶蚀、侵蚀作用，形成一系列石柱（石峰）。石峰的垂直面，如斧砍刀凿，痕深而斑驳，形态之奇异，无一雷同，形象之生动，使人浮想联翩。石林奇观，无任何形式美的规律可寻。

但石峰的横向岩层裂隙，却非常明显，就如同用大小不一而上下平整、四周不规则的石块，层层相叠而成，而且横向岩层裂隙的水平高度，却又那么惊人的一致。真是在造化的鬼斧神工之中，显示出大自然的客观规律。[②]（参见图10-1　云南路南石林景观　图10-2　云南路南石林万年灵芝）

这一岩性结构的规律，从形式上加以概括，简约地说：**是垂直面之奇，水平向之齐**。这是从形式结构而言，若从造型的要求，所谓垂直面的"奇"，就要讲究"斜正纵横之理路"了。只有如此，方能如笠翁（李渔）所说，耐观而且持久也！当然，这些都是在意象设计中，叠山的整体艺术形象已具备的前提下而言的。

图 10-2 云南路南石林万年灵芝

石林，对人工叠石的启示，不只在形式结构上。更富有美学意义的是，这大自然的雕塑，有着人工所不能达到的天然魅力，它具有一种原始的犷野之美，显示出生机勃勃无限生命的活力和气势。其实，这就是中国艺术所追求的自然之"道"。

仅此一例，足资说明，"师法自然"的优良传统不可丢，如果只向死人遗产讨生活，必将走进形式主义的死胡同。甚至很有可能把中国的造园艺术创作庸俗化为工程和种植设计，中国的造园家就不是"画家"和"哲学家"，而是西方的"花儿匠"——如果只懂得种植，园林建筑也要请建筑师代劳的话。

"饱游饫看"不仅止"师法自然"，郭熙还提倡取法古人。他说：

> 人之学画，无异学书。今取钟王虞柳，久之必入其仿佛。至于大人达士，不局于一家，必兼收并览，广议博考，以使我自成一家，然后为得。[24]

不论取法于古人、今人，都不能受死人和活人（别人）的驾驭。我国著称世界的大画家齐白石，曾说过"似我者死"的话。这个"死"字，可谓入骨三分。学名家大师能学到惟妙惟肖、可以乱真的地步，不能说不是"天才"，可就是其中没有"我"，艺术创造中若无自己的灵魂"我"在，这"我"的艺术生命就消亡了，非"死"而何？

所以，郭熙的学他人之长，不拘一家，兼收并览，广议博考，自成一家，然后为得，对治学、从艺、作设计，都是至理名言，应铭记不忘的。

绘画艺术的遗存珍品，为收藏之宝，见之不易；造园艺术的历史精粹，是实物而遗存在生活之中，任人游赏，是**"饱游饫看"**最好的学习去处。可以通过广泛的调研鉴赏，使其：

"养之扩充"：开扩审美心胸，提高设计构思的想像能力；

"览之纯熟"：提高观察和分析能力，创作时能"胸有丘壑"，触情俱是，意在笔先。

"经之众多"：积累丰富的景境意匠素材，既提高审美观照的深广度，且贮材日富，适应力强，足资借鉴而得心应手。

"取之精粹"：提高艺术概括能力和提炼的功夫，分析比较，去粗取精，探本求源，能把握造园艺术创作的内在规律，才能获得创作中的真正自由。

将"饱游饫看"与画不离手相结合，是训练技巧和收集资料的好时机。古人有"读书千遍，不如手抄一遍"的经验，造园也一样，"看景千遭，不如画景一回"，既加深记忆和理解，也易积累保存有关资料。

第四节 人格与情操

中国艺术创作强调情景交融，作品中浸透艺术家的思想、感情和意趣，所以认为"书（画）心画也，心画形而人之邪正分焉"（张庚《浦山论画》），因此古代艺术哲学把艺术家的人格修养提到了很高的地位，认为作品就是艺术家人格、人品的表现。在艺术家的人格修养中，首先是超功利审美态度的培养。这个问题最早是由道家提出来的，《庄子》寓言"梓庆为𫘫"很生动地说：

> 梓庆削木为𫘫（乐器，似夹钟），𫘫成，见者惊犹鬼神。鲁侯见而问焉，曰："子何术以为焉？"对曰："臣工人，何术之有！虽然，有一焉。臣将为𫘫，未尝敢以耗气也，必齐（斋）以静心，齐三日，而不敢怀庆赏爵禄；齐五日，不敢怀非誉巧拙；齐七日，辄然忘吾四枝（同"肢"）形体也。当是时也，无公朝（不知有朝廷），其巧专而外滑（乱也）消；然后入山林，观天性；形躯至矣，然后成见𫘫，然后加手焉；不然则已。则以天合天，器之所以疑神者，其由是与！"⑥

今译为：有位名叫庆的木工削木做𫘫，𫘫做成了，看见的人惊为鬼斧神工。鲁侯见了问说："你用什么技术做成的呢？"回答说："我是个工人，哪里有什么技术！不过，却有一点。我要做𫘫的时候，不敢耗费精神，必定斋戒来安静心灵。斋戒三天，不敢怀着庆赏爵禄的心念；斋戒五天，不敢怀着毁誉巧拙的心意；斋戒七天，不再想念我有四肢形体。在这个时候，忘记了朝廷，技巧专一而外扰消失；然后进入山林，观察树木的质性；看到形态极合的，一个形成的镰钟宛然呈现在眼前，然后加以施工；不是这样就不做。这样以我的自然来合树木的自然，乐器所以被疑为神工，就是这样吧！"⑳

　　这个故事说明，在道家看来，只有采取超功利的态度，才能在艺术创作中取得神奇的成就。梓庆"斋以静心"，就是老子所说的虚静极笃的功夫，庄子的"心斋"。梓庆所说的"不敢怀庆赏爵禄"，"不敢怀非誉巧拙"，以至"辄然忘吾四肢形体"等等，都是说他在进入艺术创作时，根本不去想成功之后是否会得到赏赐和爵禄 (做官)，也不管以后人们议论是巧是拙，是好还是坏，以至达到超功利的忘我 (忘吾有四肢形体) 的空明心境，不受外界一切干扰的高度自由的精神状态，物我融合，就创造出"见者惊犹鬼神"的作品来。庄子这个寓言虽不是直接讲艺术，但却深刻地把握住了艺术创作和审美观照中，所特有的审美心理特征，并把它看做是艺术家人格修养的根本。

　　历来中国的哲学家、思想家，不论儒、道都认为人要能领悟"道"，就必须排除世俗的欲念、成见的干扰和束缚，保持内心的"虚静"状态，如荀子提出的"虚一而静" (《荀子·解蔽》)，《管子》作者认为："虚"，就是排除主观的成见和欲念，即"无己"；"静"，就是保持内心的安宁和平静；"一"，就是"一意专心"。只有做到"虚一而静"的主观精神状态，客观事物的本来面目，才能在你面前呈现出来，"美恶自见" (《管子·白心》)。

　　"虚静"的心胸，对艺术家的创作非常重要，对欣赏者也如此。无此胸臆就不能从意境的审美感受中，突破有限的局限而通向无限，以至对整个宇宙、历史、人生产生一种富有哲理性的领悟和感受。如王勃登滕王阁感兴："觉宇宙之无穷"，"识盈虚之有数" (王勃《滕王阁序》)。范仲淹在《岳阳楼记》中，从浩荡江流的审美感兴中，发出"先天下之忧而忧，后天下之乐而乐"的崇高的历史感和人生观。这种心胸的抒发，朱熹称为"感发志意"，也就是孔子所强调的"兴"。明代思想家王夫之认为，人是否能抒发出这种胸臆 (兴)，是同人的品性有关的。他说：

　　　　能兴即谓之豪杰。兴者，性之生乎气者也。拖沓委顺，当世之然而然，不然而不然，终日劳而不能度越于禄位田宅妻子之中，数米计薪，日以挫其志气，仰视天而不知其高，俯视地而不知其厚，虽觉如梦，虽视如盲，虽勤动其四体而心不灵，惟不兴故也。(《俟解》)

　　意思是说，在审美观照中，能感奋而产生联想富于想像力者 (托物兴辞)，可称豪杰。这种精神的感动奋发（朱熹："兴起，感动奋发也。"）是由气而生的人性所致。随波逐流失去个性的人，当世时兴什么、有利于己的就做什么；不时兴什么、不利于己的就不做什么，终日奔忙不能跳出个人名利、钱财、妻子的小圈子，斤斤计较生活琐事，天天在消磨其志气，不知天高地厚，浑浑噩噩，虽然醒着如在梦里，虽能睁眼目视却如瞎子不见美丑，虽四体勤心实愚蒙，惟其不能"兴"——是没有审美心胸的缘故。

　　人的天性经培养都能获得审美的能力，但后天的社会风气环境，也会使人心灵蒙上功利欲念的灰尘，养成追名逐利的庸俗品性。这样庸俗的人，就如王夫之所说："故人胸中无丘壑，眼底无性情，虽读尽天下书，不能道一句。司马卿（司马相如）谓读千首赋便能作赋，自是英雄欺人。"[27]

　　死读书，食而不化不行。而胸中只有名和利，眼底尽是势利、金钱者，即使有一定的甚至较高的写作与绘画技巧的人，也绝不会成为真正的诗人和画家。对造园家来说，"胸中无丘壑，眼底无性情"也不能创造出什么园林的艺术意境来。清代张庚在《浦山论画》中，从人的性情论元代诸画家说：

　　　　大痴（黄公望）为人坦易而洒落，故其画平淡而冲濡，在诸家最醇。梅道人（吴镇）孤高而清介，故其画危耸而英俊。倪云林则一味绝俗，故其画萧远陗逸，刊尽雕华。若王叔明（王蒙），未免食荣附热，故其画近于躁。赵文敏大节不惜，故书画皆妩媚而带俗气。若徐幼文之廉洁雅尚，陆天游方壶之超然物外，宜其超脱绝尘，不囿于畦畛也。记云：德成而上，艺成而下，其是之谓乎。[28]

　　不管这些评论是否那么准确，但却说明画家的思想、品德和人格同他的艺术创作之间，是有内在联系的。现代有些理论宣扬艺术家的人格与他的创作没有必然联系，这正反映出商品经济的观念。不能想像，一个利欲熏心、品质卑劣的灵魂会创造出圣洁伟大的艺术作品来。尽管艺术创作有其特殊的复杂性，但一切被历史所肯定的伟大作品，无不是同艺术家的高尚情操和人格的伟大连在一起。

　　张庚所说"超脱绝尘，不囿于畦畛"，如曾巩《酬李国博诗》："洞无畦畛心常坦，凛若冰霜节最高"，就是胸次坦夷，不为世俗所蔽，超功利的精神状态。艺术家只有保持超功利的审美态度，才能创造出真正成功的艺术作品。清代的盛大士在《溪山卧游录》中说得好：

中国造园论

米（芾）之"颠"，倪（瓒）之"迂"，黄（公望）之"痴"，此画之真性情也。凡人多熟一分世故，即多生一分机智；多一分机智，即少一分高雅。故"颠"而且"痴"者，其性情于画最近；利名心急者，其画必不工，虽工必不能雅也。

所谓"**真性情**"，就是不为名利，不计得失，对艺术的酷爱，对事业的执著追求！正由于他们不入时俗、鄙视钱势的思想行为，世人难以理解，故认为怪诞，而称其为"颠"，为"迂"，为"痴"。从唐岱在《绘事发微》对上述元代画家生活的记载可知：

元吴仲圭（镇）不入城市，诛茅为梅花庵，画渔父图，作渔父词，自名烟波钓叟。倪云林（"迂"）造清秘阁独居，每写溪山自怡。黄子久（"痴"）日断炊，犹坦腹豆棚下，悠然自适，常画虞山。此皆志节高迈、放达不羁之士，故画入神品。尘容俗状不得犯其笔端，职是故也。少陵（杜甫）诗云："五日画一水，十日画一石。能事不受相促迫，王宰（维）始肯留真迹。"斯言得之矣。古人原以笔墨怡情养神，今人用之图利，岂能得画中之妙耶？可慨也已！㉙

把杜甫诗所说王维的生活与黄子久相提并论，很不妥，王维有"辋川别业"的大庄园，晚年是"嘉遁"式的隐士。而黄公望（子久）被誉为元代绘画的四大家之首，一笔千金，本可饫甘餍肥，却"日断炊"，在饿着肚子画虞山，如何不谓其"痴"。这种"颠"而且"痴"，历来皆有，如唐代"草圣"张旭，就叫张颠。但在元代独多，这有其一定的社会原因，元代蒙古族入主中原，"一班气节之士，咸不甘为异族之奴隶，遂多借笔墨以抒其抑郁之情。于是所谓文人画之风乃大昌，非以写愁，即以寄恨，所作不必有其对象，凭意虚构，用笔传神"㉚。如倪云林自述："仆之所谓画者，不过逸笔草草，不求形似"，"聊以写胸中逸气耳！"㉛

可见，所谓"痴"，所谓"颠"，是人的自然情感受到社会性压力所致，或者说是二者互相作用的结果，有其特定的历史环境和具体的社会生活内容和意义，因人的性格不同而有不同的表现形态罢了，并非艺术家的自然本性。但他们有一个根本相同的地方，那就是对艺术如痴如狂的执著追求，以至达到神妙的境界。

总之，不论是绘画还是造园，是搞创作还是做学问，如果没有超功利的态度，高尚的情操，孜孜不倦、锲而不舍的钻研精神，不以消耗大量生命力为代价，想取得真正的成功和杰出的成就，倒真是痴人说梦了。

～～～～～～～～

注

①窦武：《中国造园艺术在欧洲的影响》，清华大学《建筑史论文集》，第三辑。

②《论语·述而》。

③陈鼓应：《庄子今注今译》，第295页～297页，中华书局，1983年版。

④《庄子·养生主》。

⑤宗白华：《美学散步》，第68页，上海人民出版社，1981年版。

⑥宗白华：《美学散步》第66～67页，上海人民出版社，1981年版。

⑦《蕙风词话、人间词话》，第203页，人民文学出版社，1960年版。

⑧严羽：《沧浪诗话·诗评》。

⑨⑩《苏轼论文艺》〔书李伯时山庄图〕，第183页，第111页，北京出版社，1985年版。

⑪《历代论画名著汇编》，第309页，文物出版社，1982年版。

⑫荆浩：《笔法记》，第49页，《历代论画名著汇编》。

⑬沈颢：《画尘》，《历代论画名著汇编》，第239页。

⑭《郑板桥全集·题画》，第202页～203页，齐鲁书社，1985年版。

⑮⑯《历代论画名著汇编》，第581、419页。

⑰⑱《苏轼论文艺》，〔书吴道子画后〕，第180页，第193页～194页。

⑲⑳郭熙：《林泉高致》，《历代论画名著汇编》。

㉑沈复：《浮生六记》。

㉒李渔：《闲情偶寄》。

㉓张家骥：《中国造园史》，第一章第一节"自然山水与古代造园"，黑龙江人民出版社，1987年。

㉔《历代论画名著汇编》。

㉕《庄子·达生》。

㉖陈鼓应：《庄子今注今译》，第490页～491页。

㉗王夫之：《古诗评选》卷五，谢朓《之宣城群山新林浦向板桥》评语。

㉘张庚：《浦山论画·论性情》，《历代论画名著汇编》。

㉙唐岱：《绘事发微·品质》，《历代论画名著汇编》。

㉚沈子丞：《历代论画名著汇编·元画概述》，第150页。

㉛倪瓒：《论画》，《历代论画名著汇编》。

后　记

　　有人曾说写文学理论，实际上也就是写文学史。从史与论的关系而言，可谓学者的经验之谈。其实又何止是文学，就以近年大量出版的美学著作来说，不论是从美学思想还是从艺术实践，是写史还是写论，虽视角不同，但都离不开历史和对历史的总结。这说明对传统文化任一领域的研究，只有在时空的运动中去探索，才有可能揭示出事物发展的客观规律，而对事物内在规律性的揭示和合乎逻辑的系统的阐明，就是科学，就是理论。

　　如果写历史，只是按时序排列年代，按年代划分空间，在既定的空间里罗列资料，把资料罗列形式地串联起来，从现象上描绘一番，这不是在永恒运动中的历史，只不过是被凝固的僵死的历史躯壳而已。

　　理论的研究，不言而喻，要以掌握大量的丰富资料为基础，但如不能把资料置于时空的流变运动中，不用辩证唯物史观去考察，就看不出事物运动（矛盾）中所显示的内在联系和本质，而陷入历史"是想像的主体的想像的活动"[①]的自我矛盾之中，而不能自圆其说。

　　20世纪50年代末60年代初，我由于对传统园林艺术的爱好，自得计成《园冶》一书以后，开始对中国的造园理论产生浓厚的兴趣。长期以来，如我在拙著《中国造园史》序言中所说，常常为许多难以理解的问题而彻夜冥思苦想；又常常为了一点点了悟，而兴奋得废寝忘食，可能由于这种长期的夜以继日"虚一而静"的思考，不觉形成几乎近于"禅定"的思维方式，可以将自觉的意念进入无尽的求索冥想之中，忘乎所以到不闻其声、不见其形的境地，自然也

中
国
造
园
论

就能排除“解脱”了诸多烦恼，沉浸其中而得到无穷的生活乐趣。

　　尤其是我将中国的造园实践放在广阔的历史社会背景中，开始较系统的探索以来，不能说已得其环中，却深深体会到于无字处读书而得意忘言的神悦境界，疑存多年的不解之惑，不觉融会贯通起来。这正是何以在写了《中国造园史》之后，仅用半年时间写出这部《中国造园论》的缘故吧。

　　我每天平均以 2000 字的速度写作，其粗糙和疏漏可想而知，谬误之处更难避免，能得到海内外学者的指正，吾所祈望也。我没有奢望去建构一座中国现代造园艺术理论的殿堂——虽然这座殿堂早该建立了。但如果本书能为建造这座殿堂起个构架“草图”的作用，那也将是著者的生平夙愿了。

　　而本书能顺利地出版，同山西人民出版社对我这个并不熟识的著者的信任与支持是分不开的。特别是赵世莲编辑，在签订约稿合同后，从动笔到完稿始终给予我莫大的信任，对我的要求都尽量给予解决和满足，对著者如此的信任、支持和关切，是激励我奋力笔耕按期交稿的一个重要原因。正因时间有限，我夜以继日，信笔而书，一次草就，无时作任何修改，赵世莲编辑仅为此所付出的辛劳亦可想而知，值此著书难出版亦难之际，我对责任编辑者能这样真挚地通力合作，不由倍增感激之忱。

　　中国的造园学，可以说还在形成之中，见仁见智是正常现象，我对当代国内学者诸多见解持有不同的观点和看法，在书中提出加以讨论，目的是期望如马克思所说，“真理是由争论确立的”[②]，衷心欢迎专家的批评指正！著书立说者都有他的目的和信念，我借葛洪的话说：“虑寡和而废白雪之音，嫌难售而贱倾城之价，余无取焉。非不能属华艳以取悦，非不知抗直言之多忤，然不忍违情曲笔，错滥真伪，欲令心口相契，顾不愧景。”[③]这也就是我的表白。

　　为了在著作中少点谬误，每写完一二章即复印寄给几位常相切磋的老友，得到他们许多帮助。特别应提出的是华南热带作物学院园林系主任艾定增教授，我们已文字交往多年而尚未见过一面，每寄复印稿去，他都详细阅读提出看法和建议，对我的研究思想方法和重要观点非常赞同，鉴于中国造园学至今尚无一部系统的理论专著，极力支持我对本书的著作，并热情惠允作序，在学术的崎岖小路攀登中得一知己，甚幸！可免“师心自任，取笑旁人也”！[④]特志以铭感。

　　我院建筑系刘晓东、夏健、许红燕、陈卫潭几位青年教师，为本书插图绘制需要做了不少工作。山西省古建筑研究所左国保副所长、太原市建筑设计院

中国造园论

吴珉同志也对此书的面世给予热情帮助。

　　我研究室陈全锦秘书，在本书著作过程中参加了测绘、订购、查寻资料的工作。

张家骥

1990 年 10 月于苏州城建环保学院建筑园林研究室

注：

　　①马克思、恩格斯：《德意志意识形态》。

　　②马克思：《马克思致恩格斯》，1853 年 9 月 2 日。

　　③葛洪：《抱朴子·应嘲》。

　　④《颜氏家训·文章篇》。

再版的话

《中国造园论》出版已逾十年了。当时只印了区区二千册，主要是考虑理论性的学术著作很少有人问津之故。却没有料到书出版后于次年即获得当时出版界最高的"中国图书奖"（为山西人民出版社首次获此殊荣）；且在并不长的时间里就销售一空。这种实际状况令出版者和著者都十分欣慰。

20世纪90年代中，我应邀在南宁、福州、昆明等地做造园学的学术报告，方知在这些省会、大城市的书店里都买不到我的这本著作，更不用说在小城市的书店中了。

然从反馈回来的信息中也得知，这本书对一些古文化和哲学基础薄弱的本科生来讲，读懂并加以应用的确不是一件容易的事。最欢迎此书的倒是园林专业的硕士、博士生。据说还对某些人撮抄成文大有用处，确乎？不得而知。但愿我们的莘莘学子和社会各界能真正尊重知识！也希望我的研究成果能对专业学子的业务，真正有所帮助。诚如此，则幸甚矣！

从反馈的信息中同时也了解到，从事设计工作的园林建筑师们，很想知道中国古典园林是如何设计的？如何才能借鉴优秀的传统设计手法？今借山西人民出版社为《中国造园论》再版之机，修正、补充了一些内容并新撰写了"第九章 笔在法中 法随意转——中国古典园林的创作思想方法"。诚希望此书的修订再版能对广大读者更有所启迪和运用。

著者　张家骥

2002.12 于苏州

又及：2008年韩国出版公司购得此书在韩出版的版权，翻译成韩文出版。翌年此书又荣获第八届国家优秀图书输出奖。2011年我社第三次重印。作为理论学术专著，能荣膺多项大奖，数次重印的实况也足以说明此书的水平和影响。

本书责编　赵世莲

2011 年 12 月

中国造园论